中等职业学校规划教材

有 机 化 学

第 二 版

黎春南 编

化学工业出版社

·北京·

本书为适应中等职业教育改革及素质教育的需要，在第一版教材的基础上进行了修订。

本书依据中等职业教育这一层次的特点，突出实用性和实践性的原则，理论基础贯彻必需、够用为度的原则，牢牢抓住教材的基本知识、基本理论和基本技能这条主线，删去了原书中偏深、偏难和陈旧的内容，适当增加了一些有代表性、启发性强的例题。

本书按官能团体系，将脂肪族和芳香族化合物混合编写。内容包括绪论，饱和烃（烷烃），不饱和烃（烯烃、二烯烃和炔烃），脂环烃，芳香烃，卤代烃，醇、酚、醚，醛和酮，羧酸及其衍生物，含氮化合物，杂环化合物，碳水化合物和蛋白质，合成高分子化合物共十三章。本书结构清晰，基本上由烃→烃的衍生物→烃的取代物、杂环化合物及选学内容组成。内容少而精，简明扼要。编排由易到难，循序渐进。每章章前有学习要求，章后有小结及习题。此外，还选编了一些富有趣味性、知识性的阅读资料。

本书为中等职业学校化工工艺专业和工业分析与检验专业的教材，也可作为中等职业学校其他相关专业的教材或参考书，还可供相关专业技术人员学习和参考。

图书在版编目（CIP）数据

有机化学/黎春南编．—2版．—北京：化学工业出版社，2009.1（2024.1重印）
中等职业学校规划教材
ISBN 978-7-122-03856-2

Ⅰ.有⋯　Ⅱ.黎⋯　Ⅲ.有机化学-专业学校-教材
Ⅳ.O62

中国版本图书馆 CIP 数据核字（2008）第 158448 号

责任编辑：陈有华　旷英姿　　　　　文字编辑：昝景岩
责任校对：陈　静　　　　　　　　　装帧设计：张　辉

出版发行：化学工业出版社（北京市东城区青年湖南街 13 号　邮政编码 100011）
印　　装：三河市双峰印刷装订有限公司
787mm×1092mm　1/16　印张 16½　字数 409 千字　2024 年 1 月北京第 2 版第 13 次印刷

购书咨询：010-64518888　　　　　　售后服务：010-64518899
网　　址：http://www.cip.com.cn
凡购买本书，如有缺损质量问题，本社销售中心负责调换。

定　价：45.00 元　　　　　　　　　　　　　　　　　　　　　　　版权所有　违者必究

前 言

本书第一版自 2001 年出版以来，已历七载，多次重印，受到广大师生和读者的欢迎和好评，在此对广大师生和读者表示感谢！

鉴于教学改革在深化，近年来有机化学学科不断取得新的成果，知识需要更新，紧扣时代脉搏，为适应中等职业教育改革及素质教育的需要，有必要对第一版教材进行修订。

这次修订的指导思想是：(1) 教材要依据中等职业教育这一层次的特点，要突出实用性和实践性的原则；教材要贯彻"实用为主，够用为度，应用为本"的特色。(2) 牢牢抓住教材的基本知识、基本理论和基本技能这条主线，删去陈旧和重复的内容，补充了能源、环保、生命科学等热点问题，密切关注生产和生活以及实验等内容。(3) 注意教学内容的启发性和循序渐进，注意学生思维能力的培养。(4) 仍按第一版以官能团体系，将脂肪族和芳香族化合物混合编写的方法，突出结构和性质的依赖关系。

与第一版相比，第二版的变动主要有：(1) 把原来的烯烃、炔烃和二烯烃两章合并为不饱和烃一章，且改为烯烃、二烯烃和炔烃，顺序编写。(2) 删去了分子结构的杂化理论、有机反应历程、亲电、亲核等概念，对诱导效应、共轭效应只简单述及。(3) 删去了各类有机物的制备方法。(4) 删去了原教材中偏深、偏难的内容，如有机合成问题和一些习题。(5) 各章适当增加了一些有代表性、启发性强的例题，并进行解析，对章后稍难的习题增加了解题提示，还补充了有机合成解题方法——倒推法，以提高读者的解题能力。

本书内容包括绪论，饱和烃（烷烃），不饱和烃（烯烃、二烯烃和炔烃），脂环烃，芳香烃，卤代烃，醇、酚、醚，醛和酮，羧酸及其衍生物，含氮化合物，杂环化合物，碳水化合物和蛋白质，合成高分子化合物共十三章。本书结构清晰，基本上由烃→烃的衍生物→烃的取代物、杂环化合物及选学内容组成。内容少而精，简明扼要。编排由易到难，循序渐进。每章章前有学习要求，章后有本章小结及习题。此外，根据课本内容还选编了与生活实际、能源、环境保护和健康等有关，富有趣味性、知识性的阅读资料，以增加学生的学习兴趣。

其中，第一至十一章为各专业必学内容，第十二、十三章及带"＊"号的章节为选学内容。上述内容和演示实验，各校可根据具体情况自行取舍。

本书为中等职业学校化工工艺专业和工业分析与检验专业的教材，也可作为中等职业学校其他相关专业的教材或参考书，还可供相关专业技术人员学习和参考。

限于编者的水平，教材中难免有不妥之处，恳请各校师生及广大读者批评指正。

编 者
2008 年 8 月

第一版前言

为配合当前中等职业学校教育改革的需要，根据中等职业教材要突出实用性和实践性的原则，相关的理论基础要贯彻必须、够用为度的原则，参照 1996 年全国化工中等专业学校教学指导委员会制定的有机化学教学大纲，删去分子结构的杂化理论、有机反应历程、衍生命名法及其他一些偏深和实用性不强内容等要求编写而成。

本书按官能团体系，将脂肪族和芳香族化合物混合编写。教材力求做到少而精和简明扼要，使学生能在较少学时内对有机化学基本知识仍有个较全面的了解。

本书突出了中等职业教育这一层次的特点，重视了学生知识的衔接问题。在选材上，注意了由浅入深，循序渐进，以基本知识和基本反应为主，突出结构与性质的关系；增加了各章小结和章后的选择题、填空题、思考题等题型（凡是标有"*"号的为选做），并对难度较大的习题给予解题"提示"，从而提高学生分析问题和解决问题的能力。教材中还增加了重要有机物性质的演示实验，加强直观性教学。此外，结合教材内容，还选编了有关能源、环境保护和健康的阅读材料，以增加学生的学习兴趣，关注当前社会热点问题。

全书共十四章，其中第一章至第十二章为各专业必学内容，第十三、十四章及带"*"号的内容为选学内容。上述内容和演示实验，均由各校根据具体情况自行取舍。

本书在编写过程中，吉林化工学校初玉霞，武汉化工学校秦芝敏、曾鹰、卢冰熙、曹翠兰等老师对本书的编写提出了许多宝贵意见和帮助。本书成稿后，由安徽化工学校邓苏鲁老师审阅，并提出了许多宝贵意见。在此一并表示由衷的谢意。

本书可作为三年制中等职业学校化工工艺类及化工分析等专业有机化学教材，也可供中职其他专业开设有机化学课选用，以及供职工培训及其他相关人员参考使用。

限于编者的水平，教材中难免有不妥之处，恳请各校老师和读者予以指正。

编　者

2001 年 10 月

目 录

第一章 绪论 ……………………………… 1

第一节 有机化合物和有机化学 ……………… 1
第二节 有机化合物的特性 …………………… 2
第三节 有机化合物的结构 …………………… 3
 一、有机化合物的结构 …………………… 3
 二、共价键的形成及属性 ………………… 4
第四节 有机化合物的分类 …………………… 7
 一、按碳架分类 …………………………… 7
 二、按官能团分类 ………………………… 8
【阅读资料】有机化学和有机化合物的重要性 …………………………………………… 9
本章小结 ………………………………………… 9
习题 ……………………………………………… 10

第二章 饱和烃——烷烃 ……………… 11

第一节 烷烃的结构 …………………………… 11
 一、甲烷的结构——正四面体结构 ……… 11
 二、其他烷烃的结构 ……………………… 12
第二节 烷烃的通式、同系列和同分异构现象 …………………………………………… 13
 一、烷烃的通式和同系列 ………………… 13
 二、烷烃的同分异构现象 ………………… 13
 三、碳原子和氢原子的类型 ……………… 15
第三节 烷烃的命名 …………………………… 15
 一、普通命名法 …………………………… 15
 二、系统命名法 …………………………… 16
第四节 烷烃的物理性质 ……………………… 19
第五节 烷烃的化学性质 ……………………… 20
 一、氧化反应 ……………………………… 21
 二、卤代反应 ……………………………… 21
 三、裂化反应 ……………………………… 23
 四、异构化反应 …………………………… 23
【阅读资料】汽油的辛烷值 …………………… 23
第六节 烷烃的天然来源及重要的烷烃 ……… 24
 一、烷烃的天然来源 ……………………… 24
 二、重要的烷烃——甲烷 ………………… 25
【阅读资料】天然气与"可燃冰" …………… 25

【阅读资料】天然气的综合利用 ……………… 26
本章小结 ………………………………………… 26
习题 ……………………………………………… 27

第三章 不饱和烃——烯烃、二烯烃和炔烃 … 29

第一节 烯烃 …………………………………… 29
 一、烯烃的结构 …………………………… 29
 二、烯烃的通式和同分异构现象 ………… 30
 三、烯烃的命名 …………………………… 31
 四、烯烃的物理性质 ……………………… 31
 五、烯烃的化学性质 ……………………… 32
 六、重要的烯烃 …………………………… 38
习题 ……………………………………………… 40
第二节 二烯烃 ………………………………… 42
 一、二烯烃的通式、分类和命名 ………… 42
 二、共轭二烯烃的结构和性质 …………… 43
 三、天然橡胶和异戊二烯 ………………… 45
第三节 炔烃 …………………………………… 46
 一、炔烃的结构 …………………………… 46
 二、炔烃的通式、构造异构和命名 ……… 47
 三、炔烃的物理性质 ……………………… 47
 四、炔烃的化学性质 ……………………… 48
 五、重要的炔烃——乙炔 ………………… 52
习题 ……………………………………………… 53
本章小结 ………………………………………… 55

第四章 脂环烃 ………………………… 58

第一节 脂环烃的分类和命名 ………………… 58
 一、脂环烃的分类 ………………………… 58
 二、单环脂环烃的命名 …………………… 58
第二节 环烷烃的同分异构现象 ……………… 59
第三节 环烷烃的性质 ………………………… 59
 一、环烷烃的物理性质 …………………… 59
 二、环烷烃的化学性质 …………………… 59
第四节 重要的环烷烃 ………………………… 61
【阅读资料】气态烃(C_xH_y)燃烧前后体积变化规律 …………………………………… 62
本章小结 ………………………………………… 62

习题 ………………………………………… 63

第五章　芳烃 ………………………………… 65

第一节　苯的结构 …………………………… 65
一、苯的凯库勒构造式 ………………… 65
二、苯分子结构的近代概念 …………… 66
第二节　单环芳烃及其衍生物的命名 ……… 67
一、单环芳烃的构造异构和命名 ……… 67
二、单环芳烃衍生物的命名 …………… 68
第三节　单环芳烃的性质 …………………… 69
一、单环芳烃的物理性质 ……………… 69
二、单环芳烃的化学性质 ……………… 70
【阅读资料】烷基苯的鉴别 ……………… 76
第四节　苯环上取代反应的定位规律 ……… 77
一、取代基定位规律 …………………… 77
二、取代定位规律的应用 ……………… 78
第五节　重要的单环芳烃 …………………… 80
一、苯 …………………………………… 80
二、甲苯 ………………………………… 80
三、苯乙烯 ……………………………… 80
第六节　萘 …………………………………… 81
一、萘的结构 …………………………… 81
二、萘衍生物的命名 …………………… 81
三、萘的物理性质 ……………………… 82
四、萘的化学性质 ……………………… 82
第七节　芳烃的工业来源 …………………… 83
一、由炼焦副产物回收芳烃 …………… 84
二、石油的芳构化 ……………………… 84
【阅读资料】致癌烃 ……………………… 85
本章小结 …………………………………… 86
习题 ………………………………………… 86

第六章　卤代烃 ……………………………… 90

第一节　卤代烃的分类、构造异构和命名 … 90
一、卤代烃的分类 ……………………… 90
二、卤代烃的构造异构现象 …………… 91
三、卤代烃的命名 ……………………… 91
第二节　卤代烷的物理性质 ………………… 92
第三节　卤代烷的化学性质 ………………… 93
一、取代反应 …………………………… 93
二、消除反应 …………………………… 95
三、与镁反应 …………………………… 96
第四节　一卤代烯烃与一卤代芳烃 ………… 97
一、一卤代烯烃和一卤代芳烃的分类 … 97
二、一卤代烯烃和一卤代芳烃的性质 … 97
第五节　重要的卤代烃 ……………………… 99
一、三氯甲烷 …………………………… 99
二、四氯化碳 …………………………… 99
三、氯乙烯 ……………………………… 100
四、二氟二氯甲烷 ……………………… 101
五、四氟乙烯 …………………………… 101
六、氯苯 ………………………………… 101
七、氯化苄 ……………………………… 102
【阅读资料】氟氯烃与环境保护 ………… 102
本章小结 …………………………………… 103
习题 ………………………………………… 104

第七章　醇、酚、醚 ………………………… 107

第一节　醇 …………………………………… 107
一、醇的结构、分类、构造异构和命名 … 107
二、醇的物理性质 ……………………… 109
三、醇的化学性质 ……………………… 111
四、重要的醇 …………………………… 116
第二节　酚 …………………………………… 118
一、酚的结构、分类和命名 …………… 118
二、酚的物理性质 ……………………… 119
三、酚的化学性质 ……………………… 120
四、重要的酚 …………………………… 124
第三节　醚 …………………………………… 126
一、醚的结构、分类和命名 …………… 126
二、醚的物理性质 ……………………… 126
三、醚的化学性质 ……………………… 127
四、重要的醚 …………………………… 128
本章小结 …………………………………… 130
习题 ………………………………………… 131

第八章　醛和酮 ……………………………… 134

第一节　醛、酮的结构、分类、构造异构和命名 ……………………………………… 134
一、醛、酮的结构 ……………………… 134
二、醛、酮的分类 ……………………… 135
三、醛、酮的构造异构现象 …………… 135
四、醛、酮的命名 ……………………… 135
第二节　醛、酮的物理性质 ………………… 136
第三节　醛、酮的化学性质 ………………… 138
一、羰基的加成反应 …………………… 138
二、α氢原子的反应 …………………… 143
三、氧化反应及醛、酮的鉴别 ………… 145

四、还原反应 ……………………… 146
　　*五、康尼查罗反应 ………………… 147
第四节　重要的醛、酮 ………………… 147
　　一、甲醛 …………………………… 147
　　二、乙醛 …………………………… 149
　　三、苯甲醛 ………………………… 149
　　四、丙酮 …………………………… 150
　　五、环己酮 ………………………… 150
*第五节　有机合成解题方法——"倒推法" …………………………………… 151
【阅读资料】室内装修防污染 ………… 153
本章小结 ………………………………… 154
习题 ……………………………………… 155

第九章　羧酸及其衍生物 …………… 158

第一节　羧酸 …………………………… 158
　　一、羧酸的结构和分类 …………… 158
　　二、羧酸的命名 …………………… 159
　　三、羧酸的物理性质 ……………… 160
　　四、羧酸的化学性质 ……………… 160
　　五、重要的羧酸 …………………… 165
第二节　羧酸衍生物 …………………… 168
　　一、羧酸衍生物的结构和命名 …… 168
　　二、羧酸衍生物的物理性质 ……… 170
　　三、羧酸衍生物的化学性质 ……… 171
　　四、重要的羧酸衍生物 …………… 174
　　五、碳酰胺——尿素 ……………… 176
*第三节　油脂和表面活性剂 …………… 178
　　一、油脂 …………………………… 178
　　二、表面活性剂 …………………… 180
本章小结 ………………………………… 182
习题 ……………………………………… 184

第十章　含氮化合物 ………………… 187

第一节　硝基化合物 …………………… 187
　　一、硝基化合物的结构、分类和命名 … 187
　　二、芳香族硝基化合物的物理性质 … 188
　　三、芳香族硝基化合物的化学性质 … 188
　　四、重要的硝基化合物 …………… 190
第二节　胺 ……………………………… 191
　　一、胺的结构、分类和命名 ……… 191
　　二、胺的物理性质 ………………… 193
　　三、胺的化学性质 ………………… 194
　　四、重要的胺 ……………………… 200

第三节　重氮和偶氮化合物 …………… 201
　　一、重氮和偶氮化合物的结构和命名 … 201
　　二、芳香族重氮盐的制备——重氮化反应 …………………………………… 201
　　三、芳香族重氮盐的性质及其在合成上的应用 ………………………………… 202
　　四、偶氮化合物和偶氮染料 ……… 205
第四节　腈 ……………………………… 206
　　一、腈的结构和命名 ……………… 206
　　二、腈的物理性质 ………………… 207
　　三、腈的化学性质 ………………… 207
　　四、重要的腈 ……………………… 208
【阅读资料】多官能团化合物的命名 … 208
本章小结 ………………………………… 210
习题 ……………………………………… 212

第十一章　杂环化合物 ……………… 216

第一节　杂环化合物的分类和命名 …… 216
　　一、杂环化合物的分类 …………… 216
　　二、杂环化合物的命名 …………… 217
第二节　五元杂环化合物 ……………… 217
　　一、五元杂环化合物的结构 ……… 217
　　二、五元杂环化合物的性质 ……… 218
　　三、重要的五元杂环衍生物 ……… 220
第三节　六元杂环化合物 ……………… 221
　　一、吡啶 …………………………… 221
　　二、重要的吡啶衍生物 …………… 223
第四节　重要的稠杂环化合物——喹啉 … 223
【阅读资料】生物碱 …………………… 225
本章小结 ………………………………… 226
习题 ……………………………………… 226

*第十二章　碳水化合物和蛋白质 …… 228

第一节　碳水化合物 …………………… 228
　　一、碳水化合物的含义和分类 …… 228
　　二、单糖 …………………………… 228
　　三、二糖 …………………………… 231
　　四、多糖 …………………………… 231
第二节　蛋白质 ………………………… 233
　　一、蛋白质的组成和分类 ………… 233
　　二、蛋白质的性质 ………………… 233
　　三、蛋白质的用途 ………………… 236
　　四、酶 ……………………………… 236
本章小结 ………………………………… 237

习题 ················· 238

*第十三章　合成高分子化合物 ········· 240

第一节　高分子化合物的基本概念 ········· 240
第二节　高分子化合物的分类和命名 ········· 241
一、高分子化合物的分类 ········· 241
二、高分子化合物的命名 ········· 242
第三节　高分子化合物的结构和特性 ········ 242
一、高分子化合物的结构 ········· 242
二、高分子化合物的特性 ········· 242
第四节　高分子化合物的合成 ········· 243
一、加聚反应 ········· 243
二、缩聚反应 ········· 244

第五节　重要的合成高分子材料 ········· 245
一、塑料 ········· 245
二、合成纤维 ········· 246
三、合成橡胶 ········· 248
四、离子交换树脂 ········· 248
五、合成高分子材料的发展趋势 ········· 251
【阅读资料】常见高分子材料的简易鉴别法 ········· 253
本章小结 ········· 254
习题 ········· 254

参考文献 ················· 256

第一章 绪 论

> **学习要求**
> 1. 了解有机化合物和有机化学的含义。
> 2. 熟悉有机化合物的特性。
> 3. 熟悉有机化合物结构的基本内容；了解共价键的形成及属性。
> 4. 了解有机化合物的分类原则，能初步识别常见的官能团。

第一节 有机化合物和有机化学

有机化学是一门什么样的学科呢？有机化学是化学学科的一个重要分支，是研究有机化合物的化学。

有机化合物简称有机物，它广泛存在于自然界，例如，人们吃的食物、穿的衣服，以及日常生活用品，大多数是有机化合物。可见，有机化合物与人类的生活密切相关。

人类对有机化合物的认识是随着生产实践的发展和科学技术的进步不断清晰和深入的。在 19 世纪初期，人们把自然界中的所有物质按其来源分为无机物和有机物两大类。无机物是指来源于无生命的矿产物的物质，而有机物则是指从有生命的动、植物中获得的物质，是指"有生机之物"。当时认为有机物只能从有"生命力"的动、植物体中制造出来，而不能人工合成。这种错误观点束缚了人们用人工方法合成有机物的努力，因而也阻碍了有机化学的发展。

随着人们的生产实践和科学研究的不断发展，1828 年，德国化学家魏勒（F. Wöhler）在实验室内蒸发氰酸铵（一种无机物）溶液得到了尿素（一种有机物）。

$$NH_4OCN \xrightarrow{60℃} H_2N-\overset{\overset{O}{\|}}{C}-NH_2$$

氰酸铵　　　　　尿素

这是人类在实验室内第一次由无机物制得有机物。在此后的二三十年间，人们由简单的无机物又合成了醋酸、油脂、糖类等结构复杂的有机物。随着科学的发展，人们又成功地合成了许多药物、染料、炸药，以及合成纤维、合成橡胶、合成树脂（塑料）等三大合成材料。今天，人们不但能够合成自然界里已有的有机物，而且能合成自然界里原来没有的、性能优良的有机物，开创了有机合成的新时代。

现在绝大多数的有机物已不是从天然的有机体内取得，但由于历史和习惯的原因，"有机"这个名词却一直沿用至今。既然有机化合物不一定来源于动、植物体，那么有机化合物的现代含义是什么呢？

人们通过对有机物的元素分析，发现有机物均含有碳，大多数有机物还含有氢，有的还含有氧、氮、卤素、硫和磷等元素。因此，有人提出"有机化合物就是含碳的化合物，有机化学就是研究碳化合物的化学"。但一氧化碳、二氧化碳及碳酸盐等少数物质，虽然分子中也含有碳元素，但它们的组成和性质跟无机物相似，仍然把它们作为无机物研究。由此也可以看出，有机化合物和无机化合物之间并没有绝对的界限。

从结构上看，也可以把碳氢化合物看做是有机化合物的母体，其他的有机化合物，看做是这个母体中的氢原子被其他原子或基团取代而衍生得到的化合物。因此，可以认为：**有机化合物就是含碳化合物**（一氧化碳、二氧化碳、碳酸盐等少数简单的含碳化合物除外）**或碳氢化合物及其衍生物的总称**。而有机化学就是研究含碳化合物或碳氢化合物及其衍生物的化学，是研究有机化合物的来源、制备、结构、性质、用途和有关理论的一门学科。

第二节 有机化合物的特性

如前所述，有机化合物是含碳化合物，而碳元素位于周期表的第二周期、第ⅣA族（电子构型为 $1s^22s^22p^2$），这个特殊位置决定了它既不易得到电子，也不易失去电子而成为离子，而是以共价键与其他元素的原子相结合。碳元素的结构特点决定了有机化合物与无机化合物的性质存在着明显的差异。一般说来，有机化合物具有下列特性。

1. 容易燃烧

由于有机物大都含有碳、氢两种元素，因此大多数有机物（例如，汽油、酒精、油脂等）都能燃烧，或受热分解炭化变黑。而大多数典型无机物（例如，食盐、碳酸钙等）都不能燃烧。因此，可以通过灼烧试验，初步区别有机物和无机物。

2. 熔点、沸点较低

在室温下，有机化合物一般为气体、液体或低熔点的固体，固体有机物的熔点超过300℃的很少，一般低于400℃，沸点也较低。例如，乙酸的熔点为16.6℃，沸点为118℃。大多数有机物受热至200~300℃时即逐渐分解。而无机物大多为固体，其熔点及沸点一般较高。例如，氯化钠的熔点为801℃，沸点为1413℃。

有机物熔点及沸点较低的原因是由于有机物一般是分子晶体，分子间的晶体排列是靠微弱的范德华力来维系的，晶格易被破坏。而大多数无机化合物是离子晶体，它的晶体排列是靠阴、阳离子间的静电引力来连接的，这种引力较强，要破坏这种引力，需要较多的能量。所以，有机物的熔点比无机物的熔点低。同理，液体有机物分子间也是靠微弱的范德华力维系的，要破坏这种力所需能量较小，所以沸点也较低。

多数纯的有机化合物都有固定的熔点和沸点，这是鉴别有机物及其纯度的重要物理常数。若有杂质，固体有机物的熔点一般会降低。因此，通过测定有机物的熔点及沸点，可鉴别有机物及其纯度。此外，根据液体有机物的沸点，通过蒸馏可分离与提纯液体有机物。

3. 难溶于水，易溶于有机溶剂

大多数有机物，例如油脂、油漆、柴油都不溶于水，却易溶于汽油、乙醚等有机溶剂。这是因为有机物分子中的化学键多数为共价键，一般极性较弱，或者完全没有极性，而水是一种极性较强的溶剂，遵循着"相似相溶"（即结构或极性相似的物质可以相溶）的经验规律，所以多数有机物难溶于水，而易溶于非极性或极性较弱的有机溶剂。而无机物大多是离子化合物，因而易溶于水这一极性溶剂中。

4. 反应速率较慢

无机物的反应大多是离子反应。它们是通过离子间的静电引力相互作用而完成的，因此反应极为迅速。例如氯离子（Cl^-）与银离子（Ag^+）反应，在常温下即可瞬时完成。而有机物的反应，一般是分子反应，全靠分子间的有效碰撞才能完成，所以反应速率较慢，往往需要几小时甚至更长的时间才能完成。例如，氯乙烷与硝酸银的乙醇溶液混合，在常温下不发生反应，只有在加热条件下才生成氯化银白色沉淀。

为了加速有机反应，往往采取加热、搅拌以及使用催化剂等措施来加速反应。

5. 常伴有副反应

有机物的分子结构比较复杂，分子组成的各部分都有可能发生不同程度的反应，因而反应产物复杂，产率也较低，很少达到100%。例如，乙醇（C_2H_5OH）与浓硫酸，若控制在140℃左右反应，除主要生成乙醚（主产物）外，还有少量乙烯（副产物）生成；若控制在170℃左右反应，除主要生成乙烯（主产物）外，还有少量乙醚（副产物）生成。所以有机化学反应式中，反应物与主产物之间通常用箭头"$\longrightarrow$"表示。

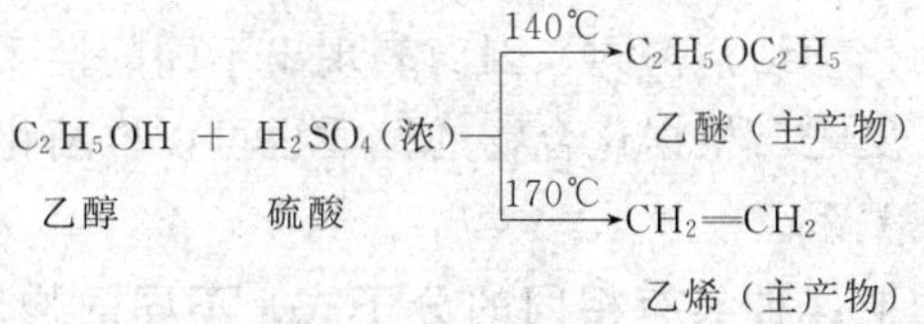

$$C_2H_5OH + H_2SO_4(浓) \begin{cases} \xrightarrow{140℃} C_2H_5OC_2H_5 \text{ 乙醚（主产物）} \\ \xrightarrow{170℃} CH_2=CH_2 \text{ 乙烯（主产物）} \end{cases}$$

乙醇　　　硫酸

为提高主反应的产率，必须严格控制反应温度、压力、催化剂等反应条件。尽管如此，反应产物也往往是混合物，常通过重结晶、升华、蒸馏、离子交换等操作方法进一步分离和提纯产物。

必须指出，上述有机物的特性是相对的，不是绝对的。有的有机物（例如四氯化碳等）不但不能燃烧，而且可用作灭火剂；有的有机物（例如乙醇、乙酸、糖等）易溶于水；有的有机物在一定条件下反应也很迅速（例如2,4,6-三硝基甲苯，俗称TNT，它是一种炸药）。

第三节　有机化合物的结构

如前所述，有机化合物就是碳氢化合物及其衍生物，有机化合物分子中的原子是杂乱无章地堆积，还是按一定的结构相互连接的呢？科学家们进行了长期研究，提出了较完整的、定性的有机结构理论，其要点如下。

一、有机化合物的结构

1. 碳原子为四价，并可自相连接成链（或成环）

有机化合物分子中，碳原子都是四价的。碳原子可以碳碳单键（C—C）、碳碳双键（C=C）或碳碳三键（C≡C）相互连接成碳链或碳环。这一结论，是有机化学结构理论的基础。例如：

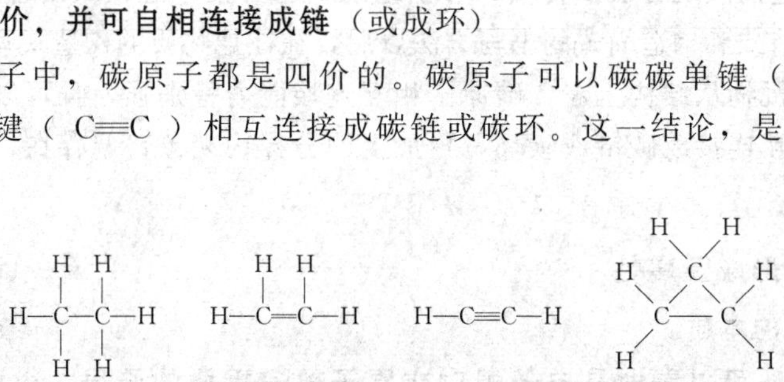

在上述有机化合物中，碳原子都是四价的。

2. 分子的化学结构与性质的关系

结构理论指出，有机物分子中的各原子，是按照一定的排列顺序相互连接的。分子中原子的排列顺序和连接方式，称为化学构造❶。有机物的性质不仅决定于其分子组成（分子式），而且决定于其化学构造。表示有机化合物化学构造的式子称为构造式。

例如，分子式为 C_2H_6O 的化合物，分子中的原子可以有两种不同的排列方式，即有两种不同的化学构造，有下列两种不同的构造式：

$$\begin{array}{ccc} & H\ H & & H\ \ \ \ H \\ & |\ \ | & & |\ \ \ \ \ | \\ H-&C-C-O-H & H-C-O-C-H \\ & |\ \ | & & |\ \ \ \ \ | \\ & H\ H & & H\ \ \ \ H \\ & 乙醇 & & 二甲醚 \end{array}$$

乙醇和二甲醚的分子组成虽相同，但构造式不同，因而它们是两种性质完全不同的化合物。乙醇在常温下是一种液体（沸点为 78.3℃），可溶于水，还可与金属钠反应而放出氢气。而二甲醚在常温下为气体（沸点为 -23℃），不溶于水，也不与金属钠反应。

上述乙醇和二甲醚的化学结构不同，因而表现出不同的性质，可见，物质的性质由其分子组成与化学结构决定；反之，根据化合物的性质也可以推断化合物的结构。这就是物质的化学结构与其性质的辩证关系。

在有机化学中，人们把这种**具有相同的分子式，不同的构造式的现象**称作**同分异构现象**，这些化合物互称**同分异构体**。同分异构体中，如果它们结构的不同是**由于分子中各原子间相互排列的顺序和连接方式不同，即构造不同而引起的**称作**构造异构体**，也常笼统地称为**结构异构体**。上述的乙醇和二甲醚互为构造异构体，这种现象称作构造异构现象。

由于有机化合物同分异构现象普遍存在，因此，不能用分子式表示某一种有机物，而必须用构造式或构造简式来表示。每种化合物，都只有一种合理的构造式。例如：

	乙烷	乙醇	二甲醚
分子式	C_2H_6	C_2H_6O	C_2H_6O
构造式	H-C-C-H	H-C-C-O-H	H-C-O-C-H
构造简式	CH_3CH_3	CH_3CH_2OH	CH_3OCH_3

从上面三个例子可以看出：分子式仅表示了物质的分子组成，即表示了组成分子的原子种类和数目，而不表示原子间如何连接；构造式不仅表示了物质的分子组成，而且表示了各原子间的排列顺序；构造简式既可表示物质的分子组成，也可较好地反映出各原子间的排列顺序。我们在熟练掌握构造式和构造简式的书写方法以后，往往把物质的构造式写成构造简式。

综上所述，有机物从结构上看，碳原子相互连接能力特别强，且可以碳碳单键、碳碳双键、碳碳三键，相互连接成碳链或碳环，再加上同分异构现象普遍存在，是造成有机物种类繁多的根本原因。

二、共价键的形成及属性

1. 共价键形成的本质

共价键的形成，可以看做是电子配对或原子轨道重叠的结果。由两个原子各提供一

---

❶ 化学构造也可笼统地称为化学结构，"构造"和"结构"两词可以并用。但严格地说，化学结构的概念更广，它包括构造、构型和构象。

个电子,进行"电子配对"而形成的共价键,叫做单键,用一条短直线"—"表示。如果两个原子各有两个或三个未成键的电子相互配对,形成的共价键,分别称为双键或三键。例如:

$$
\begin{array}{c}
\quad H\ H \\
H:\overset{..}{C}:\overset{..}{C}:H \\
\quad H\ H
\end{array}
\quad 即 \quad
\begin{array}{c}
H\ H \\
H-C-C-H \\
H\ H
\end{array}
$$

碳碳单键

$$
\begin{array}{c}
H\quad H \\
H:\overset{..}{C}::\overset{..}{C}:H
\end{array}
\quad 即 \quad
\begin{array}{c}
H\quad H \\
H-C=C-H
\end{array}
$$

碳碳双键

$$H:C:::C:H \quad 即 \quad H-C≡C-H$$

碳碳三键

上述电子配对法能较好地阐述共价键与离子键的区别,但没有揭示共价键的真正本质,无法解释有机物结构中的许多问题,如有机物中碳碳单键、碳碳双键和碳碳三键的差别以及分子的立体形象等。应当用近代的原子轨道(实际就是电子轨道)理论揭示共价键形成的本质。

价键理论认为,**共价键的形成是原子轨道重叠或者说电子云交盖的结果**,也就是两个自旋相反的未成对电子能够配对成键。当这两个原子相互接近时,其原子轨道相互重叠,使这两个原子间电子云密度增加,增大了对成键两原子核的吸引力,减少了排斥力,降低了体系的能量,则形成了稳定的共价键,这就是共价键形成的本质。

2. 共价键的属性

键长、键能、键角以及键的极性,都是由共价键表现出来的性质。这些表征化学键性质的物理量,统称作共价键的属性,或称作共价键的键参数。它们对讨论有机物的性质有着重要意义。

(1) 键长 形成共价键的两原子间存在着一定的吸引力和排斥力,当两力平衡时,两原子核之间的距离称为键长。但应注意,即使是同一类型的共价键,在不同的化合物中,其键长也可能稍有不同,因为构成共价键的两原子在分子中不是孤立的,而是受整个分子结构影响的。

一般地说,共价键的键长越短,就表示键越强,结合越牢固。一些常见共价键的键长和键能参看表 1-1。

表 1-1 一些常见共价键的键长和键能

键	键长/nm[①]	键能/(kJ/mol)	键	键长/nm[①]	键能/(kJ/mol)
C—H	0.109	415.3	C—N	0.147	304.6
C—C	0.154	345.6	C—Cl	0.176	338.9
C=C	0.134	610	C—Br	0.194	284.5
C≡C	0.120	835.1	C—I	0.214	217.6
C—O	0.143	357.7	N—H	0.103	390.8
C=O(酮)	0.122	748.9	O—H	0.097	462.8

① 1nm(纳米)=10^{-9}m,即十亿分之一米。

(2) 键能 双原子分子中,当两个 1mol 气态原子结合成 1mol 气态分子时所放出的能量，称为键能。例如：

$$H(g) + H(g) \longrightarrow H_2(g) + 436 \text{kJ/mol}$$

1mol 气态的双原子分子离解为气态原子时所吸收的能量，称为离解能。例如：

$$H_2(g) \longrightarrow H(g) + H(g) - 436 \text{kJ/mol}$$

对于双原子分子来说，其键能等于其离解能。但对于多原子分子来说，其键能是指同一类型共价键的平均离解能，因此，其键能与键的离解能是不同的。例如甲烷（CH_4）分子中 4 个 C—H 键的离解能并不完全相同，而其离解能的总和为 1661.2kJ/mol，其平均离解能即 C—H 键的键能为 1661.2kJ/mol÷4＝415.3kJ/mol。

一般地说，键能愈大，表示键的强度愈大，该键断裂时所需能量也愈多，因此键也愈牢固。一些共价键的键能参看表 1-1。

（3）键角　一个两价或两价以上的原子在与其他原子形成共价键时，两个共价键间的夹角称键角。例如，甲烷分子中四个 C—H 共价键间的夹角均为 109°28′。

（4）键的极性　键的极性是共价键的一个很重要的性质。当成键的两原子相同时，其电子云对称分布在这两原子间，正、负电荷中心重合在一起，这种键没有极性，例如氢分子中的 H—H 键、氯分子中的 Cl—Cl 键等。当成键的原子不同时，电子云则靠近其中电负性较强的原子，使它带微量负电荷，用符号 δ^- 表示。而电负性较弱的原子则带微量正电荷，用 δ^+ 表示。这种键由于正、负电荷中心不重合，所以有极性。例如：

$$\underset{\longrightarrow}{\text{H—Cl}} \quad \text{或} \quad \overset{\delta^+}{\text{H}}-\overset{\delta^-}{\text{Cl}} \quad \text{（有极性）}$$

箭头 $\longrightarrow$ 指向电负性较大的原子一端。形成共价键的两原子间，其元素的电负性差值愈大，键的极性就愈强。

双原子分子的极性与其共价键的极性相同；而多原子分子的极性，取决于其分子结构的对称性，如果分子结构对称，键的极性相互抵消，则整个分子没有极性，例如 CCl_4、CH_4，如果分子结构不对称，则整个分子有极性，例如 CH_3Cl、$CHCl_3$。

四氯化碳　　一氯甲烷　　　　　（简写式）
（没有极性）　（有极性）

分子的极性与物质的物理性质（熔点、沸点、溶解度等）和化学性质，有着极其密切的关系。

共价键在外电场影响下，电子云密度暂时偏向一方，当外电场消失，电子云又恢复原状，因而键的极性也消失，这种现象，称为键的极化。显然，键的极性和极化不同，键的极性决定于两个成键原子的电负性，是键本身固有的性质，是永久极性。而键的极化是受外电场影响下产生的极性，是一种暂时现象，外电场消失，键的极性也就消失。共价键极化的难易程度常用极化度（即可极化性）表示。它显著地影响着有机化合物的化学性质，可用来比较结构相似的有机物的反应活泼性。

第四节 有机化合物的分类

有机化合物种类繁多，现在已知的有机物有一千万种以上（而无机物不足一百万种），而且每年还不断发现或合成出许多新的有机物。为了便于系统学习和研究，必须把它们进行分类。通常有下列两种分类方法。

一、按碳架分类

根据有机物的碳架不同，一般可分为三大类。

1. 开链化合物

这类化合物的结构特征，是碳原子相互连接成链状而无环状结构。例如：

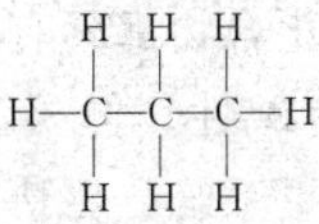

丙烷 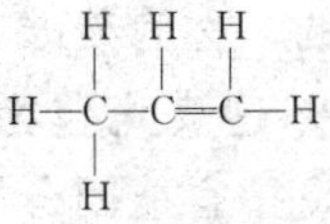   丙烯 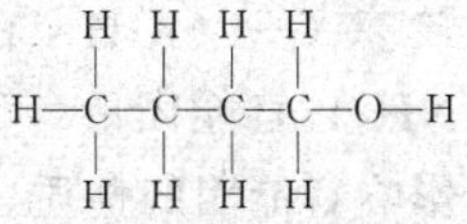   1-丁醇

这类化合物的主要来源是石油和自然界的动、植物。由于这类开链化合物最初是从脂肪中获得的，因此又叫脂肪族化合物。

2. 碳环化合物

这类化合物的结构特征是含有完全由碳原子组成的碳环。这类化合物又可再分为两类。

（1）脂环族化合物 它是一类与脂肪族化合物性质相似的碳环化合物，在结构上把它们看成是由链状化合物关环而成的。例如：

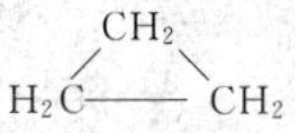

环丙烷 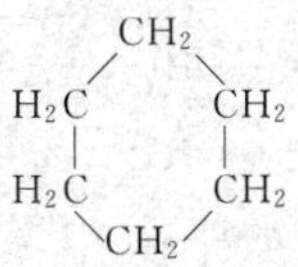   环己烷

（2）芳香族化合物 它是一类由6个碳原子组成的具有特殊苯环结构的化合物。例如：

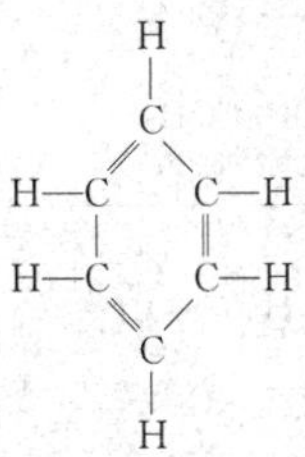

苯 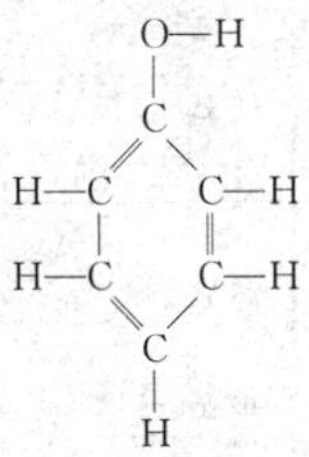   苯酚 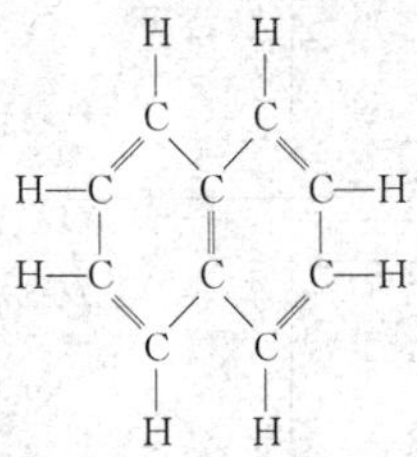   萘

由于这类化合物最初是从香树脂或其他具有芳香气味的有机物中发现的，所以把它们叫做芳香族化合物。

3. 杂环化合物

这类化合物的结构特征是含有碳原子和其他非碳原子（如 O、N、S 等）共同组成的碳环结构。由于非碳原子又称"杂"原子，所以这类化合物称为杂环化合物。例如：

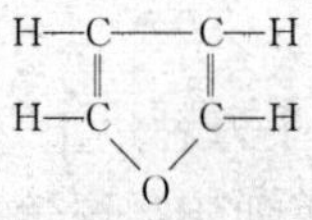

呋喃 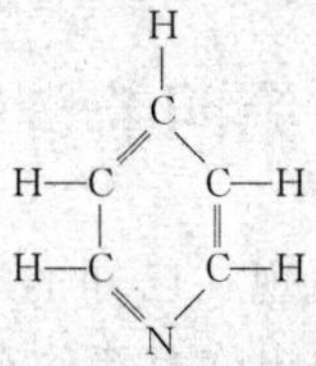　　　　　　吡啶

上述分类方法，虽然在一定程度上反映了各类有机物碳架的结构特征，但并不能反映其化学性质特征，因而也不能反映出其结构的真正本质。

二、按官能团分类

官能团是指决定有机化合物分子主要化学性质的原子或原子团。原子团在有机化学中通称基团。有机化合物的反应，主要发生在官能团上。具有相同官能团的化合物，其性质相似。例如，含有羧基（—COOH）官能团的，称为羧酸，这类化合物都具有羧酸的特性；又如具有氨基（—NH$_2$）官能团的，称为胺，这类化合物都具有碱性。但要注意各类有机物的碳架结构也会影响官能团的性质。显然，按官能团分类，是更系统、更快捷研究有机化合物的方法。常见有机物的官能团及其名称见表1-2。本书就是按官能团体系，把脂肪族化合物与芳香族化合物混合编排研究的。

表1-2　常见有机物的官能团及其名称

有机物类别	官能团结构	官能团名称	实 例	
烯烃	$\diagup$C=C$\diagdown$	碳碳双键	CH$_2$=CH$_2$	乙烯
炔烃	—C≡C—	碳碳三键	HC≡CH	乙炔
卤代烃	—X	卤原子	CH$_3$CH$_2$Cl	氯乙烷
醇	—OH	醇羟基	CH$_3$CH$_2$OH	乙醇
酚	—OH	酚羟基	C$_6$H$_5$OH	苯酚
醚	—O—	醚键	C$_2$H$_5$OC$_2$H$_5$	乙醚
醛	—CHO	醛基	CH$_3$CHO	乙醛
酮	$\rangle$C=O	羰基	CH$_3$COCH$_3$	丙酮
羧酸	—COOH	羧基	CH$_3$COOH	乙酸
硝基化合物	—NO$_2$	硝基	C$_6$H$_5$NO$_2$	硝基苯
胺	—NH$_2$	氨基	CH$_3$NH$_2$	甲胺
腈	—CN	氰基	CH$_3$CN	乙腈
重氮化合物	—N=N$^+$—X$^-$	重氮基	C$_6$H$_5$—N=NCl	氯化重氮苯
偶氮化合物	—N=N—	偶氮基	C$_6$H$_5$—N=N—C$_6$H$_5$	偶氮苯
磺酸	—SO$_3$H	磺酸基	C$_6$H$_5$—SO$_3$H	苯磺酸

📖 【阅读资料】

有机化学和有机化合物的重要性

有机化学和有机化合物与国计民生有着密切的关系。

1. 人们的日常生活离不开有机化合物

在日常生活中，从绚丽多彩的化纤衣着，到色、味、香俱全的精美食品和水果、蔬菜保鲜剂；从新型质轻的建筑材料和美观耐久的建筑涂料，到富丽堂皇的室内装饰材料；从汽车工业的轮胎和塑料零部件，到轻骑摩托的组装部件及燃料；从五光十色的塑料日用品，到关系人民健康的药物，都是由有机化学工业提供的直接或间接产品。有机化学产品已经渗透到人们的衣、食、住、行等日常生活的各个领域。

2. 有机化学工业在国民经济中的重要性

有机化学工业主要包括基本有机合成、合成纤维、合成树脂、橡胶、塑料、涂料、染料、制药以及化肥、农药等工业部门，从国防建设看，军火工业离不开硝化纤维和 TNT 炸药。核武器与导弹的生产也需要硝酸酯、硝化甘油、肼类、胺类、硼烷和石油产品以及其他耐高温、耐辐射、耐磨、耐腐蚀、绝缘性能好的特种材料。可见，有机化学工业在经济建设和国防建设中的重要地位。

3. 有机化学是有机化学工业的重要理论基础

有机化学工业的发展，离不开有机化学的成就。19 世纪后期，以煤焦油为原料发展起来的染料、炸药、药物、香料等有机化学工业，20 世纪 40 年代以石油为主要原料发展起来的有机合成工业，以及近年来以合成纤维、合成橡胶、合成树脂三大合成为主的合成材料工业，都离不开有机化学。目前，人们已能够从简单的有机原料合成许多结构极为复杂、性能比天然有机物优异的有机物及合成材料。事实证明，有机化学和有机化学工业愈发展，对人类文明的贡献也就愈大。

4. 有机化学与其他学科的关系

有机化学对其他学科的发展是有影响的。例如，它是生物学和医学的基础，生物化学就是有机化学和生物学相结合的一门学科，药物的研制也需要坚实的有机化学知识，大多数药物都是有机物。近年来，有机化学与其他学科相互渗透，对复杂的有机分子特别是和生命现象密切相关的蛋白质、核酸等天然有机物的结构、性能和合成方法的研究有了很大的进展，人类基因组图谱也已正式绘就。随着科学的发展，新型有机高分子材料的不断涌现，如医学上研制了人工器官（人工心脏、肺、肝、肾、血管等），电子工业出现了导电塑料等。这些科技成就都对认识生命现象、控制遗传、征服顽症和造福人类，起着愈来愈重要的作用。

本 章 小 结

1. 有机化合物及有机化学的现代含义。
2. 有机化合物的特性——容易燃烧；熔点、沸点较低；难溶于水而易溶于有机溶剂；反应速率慢且常有副反应。
3. 有机化合物的结构
(1) 碳原子为四价，并可自相结合合成链（或成环）。
(2) 有机化合物的性质，主要决定于其化学结构；根据化合物的化学结构，也可以推测化合物的性质。
(3) 分子式相同、化学结构相异的现象，称同分异构现象。
(4) 共价键的形成——可以看做是电子配对或原子轨道重叠的结果。
(5) 共价键的属性——键长、键能、键角以及键的极性。
4. 有机化合物的分类——按碳架分类；按官能团分类。

习　题

1. 有机化合物的现代含义是什么？有机化合物具有哪些特性？
2. 有人认为：(1) 两个熔点相同的样品，一定是同一化合物；(2) 测定熔点比测定沸点更准确。你认为对吗？试阐明你的理由。
3. 下列化合物中，哪些分子有极性？试用箭头表示式表示出来（用箭头由正极指向负极）。

(1) CH_4 (2) $CHCl_3$

(3) CH_3OCH_3 (4) CH_3CH_2Br

(5) CH_3CHCH_3 (6) CH_2I_2
　　　|
　　　OH

4. 一般有机物是以共价键结合的，共价键的键能又比离子键的键能大，而有机物的熔点一般却比无机物低，二者是否有矛盾？试加以解释。

5. 解释下列名词：

(1) 同分异构   (2) 化学构造   (3) 构造式

(4) 共价键   (5) 官能团

6. 下列化合物按碳架区分，各属于哪一族？若按官能团区分，又各属于哪一类？

(1) CH_3CHCH_3 (2) CH_3CH_2OH (3) $CH_3CH_2OCH_2CH_3$
　　　|
　　　Cl

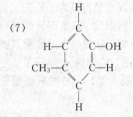

(7)

```
      H
      |
      C
   ╱     ╲
H—C       C—OH
  ║       |
CH₃—C     C—H
   ╲     ╱
      C
      |
      H
```

(8)

```
    CH₂
  ╱     ╲
CH₂     CH—OH
 |       |
CH₂     CH₂
  ╲     ╱
    CH₂
```

7. 选择题

(1) 下列说法中正确的是（　　　　）。

A. 大多数有机物难溶于水，易溶于有机溶剂

B. 有机物都能燃烧

C. 乙醇（CH_3CH_2OH）的分子式是 C_2H_6O

D. 分子式为 C_2H_6O 的物质一定是乙醇

(2) 某有机物在氧气中充分燃烧，生成的二氧化碳和水蒸气的摩尔比为 1∶1。由此可得出结论是（　　　　）。

A. 分子中碳、氢的原子个数比为 1∶2

B. 该有机物中必定含有氧

C. 该有机物中必定不含有氧

D. 无法判断该有机物是否含有氧

8. 填空题

有机物从结构上看，造成有机物种类繁多的根本原因是_____。

第二章 饱和烃——烷烃

学习要求
1. 了解烷烃的结构。
2. 掌握烷烃的通式、同系列、同分异构体的书写方法及烷烃的命名方法。
3. 了解烷烃的物理性质及其变化规律。
4. 熟悉烷烃的化学性质及其应用。
5. 了解烷烃的天然来源及甲烷的实验室制法。

分子中只含有碳、氢两种元素的有机化合物,叫做碳氢化合物,简称为烃。"烃"字是取碳字中的"火"和氢字中的"巠"合并而成的。初中学习过的甲烷就是一种烃。

烃的种类很多,根据烃分子中碳与氢的比例及相互结合的方式不同,可分为开链烃和环状烃两大类。开链烃也称脂肪烃,它又分为饱和烃和不饱和烃两类。环状烃也称为闭链烃,它又分为脂环烃和芳香烃两类。

在脂肪烃分子中,如果碳原子之间都以单键相连接,其余的碳价全部和氢原子结合,氢原子的数目不可能再增加了,即饱和了,这类烃叫做饱和烃,即烷烃。"烷"有完全被氢原子饱和的意思。

第一节 烷烃的结构

一、甲烷的结构——正四面体结构

甲烷是最简单的烷烃,分子式为 CH_4,其电子式和构造式分别为:

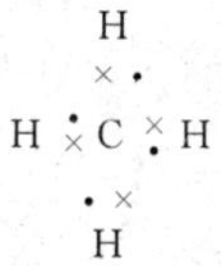

甲烷的电子式 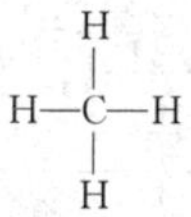　　　　　　　甲烷的构造式

经实验测定,甲烷分子并不像构造式写的那样是一个平面结构,而是在空间分布成正四面体,碳原子位于正四面体的中心,它的四个价键从正四面体中心指向四个顶点。甲烷分子中四个 C—H 键的键长都是 0.109nm,键角都是 109°28′。为了形象地表示分子的立体形状,可以利用球棍模型(或称凯库勒模型)和比例模型[或称斯陶特(Stuart)模型]表示。球棍模型是以不同颜色的球代表各种原子,短棍代表化学键。这种模型制作方便,但不够准确。比例模型是根据分子中原子的大小和键长按一定比例制成的分子模型,因此能反映出分子的相对形状,但制作较困难。甲烷分子的结构模型如图 2-1 所示。

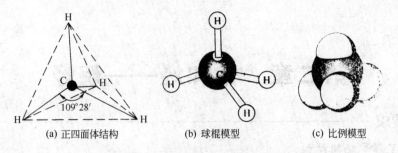

(a) 正四面体结构　　(b) 球棍模型　　(c) 比例模型

图 2-1　甲烷分子的正四面体结构

根据碳原子的正四面体结构，就可解释二氯甲烷虽可写成下列两种平面表示式：

$$\begin{array}{c}\mathrm{H}\\|\\\mathrm{Cl-C-H}\\|\\\mathrm{Cl}\end{array} \qquad \begin{array}{c}\mathrm{H}\\|\\\mathrm{Cl-C-Cl}\\|\\\mathrm{H}\end{array}$$

但实际上只有一种二氯甲烷的事实。如图 2-2 所示。

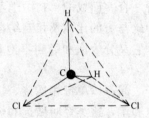

图 2-2　二氯甲烷分子的结构

甲烷分子中每个 C—H 键（单键）叫 σ 键。σ 键的特征是成键电子云沿键轴方向近似圆柱形对称分布，成键的两个原子可以围绕着键轴自由旋转，并不影响价键的强度和键角，这种键较牢固。

二、其他烷烃的结构

其他烷烃的分子结构和甲烷类似。以乙烷（CH_3CH_3）分子为例，乙烷分子中的两个碳原子，除相互连接形成 C—C σ 键外，每个碳原子剩下的三个价键分别与三个氢原子相连，形成三个 C—H σ 键，乙烷分子中所有的碳氢键都是等同的。

$$\begin{array}{c}\mathrm{H}\ \ \mathrm{H}\\|\ \ |\\\mathrm{H-C-C-H}\\|\ \ |\\\mathrm{H}\ \ \mathrm{H}\end{array}$$

由于烷烃中的碳原子均具有正四面体结构，其键角均为 109°28′，这就决定了丙烷以上的高级烷烃碳原子的排列不可能是直线型的（见第二节各种烷烃的球棍模型）。由于 σ 键可以自由旋转，因此，它可以形成多种曲折形式。例如，正戊烷的碳链可以有下列几种形式：

$$\begin{array}{c}\mathrm{CH_2\!-\!CH_2}\\\mathrm{CH_3}\qquad\qquad\mathrm{CH_3}\end{array}$$

$$\begin{array}{c}\mathrm{CH_2}\qquad\mathrm{CH_2}\\\mathrm{CH_3}\qquad\mathrm{CH_2}\qquad\mathrm{CH_3}\qquad\mathrm{CH_2}\\\mathrm{CH_3}\qquad\qquad\mathrm{CH_3}\end{array}$$

但为了方便起见，一般在书写构造式时，仍写成直链形式。

第二节 烷烃的通式、同系列和同分异构现象

一、烷烃的通式和同系列

烷烃广泛存在于自然界。从天然气和石油中分离出来的烷烃有甲烷（CH_4）、乙烷（C_2H_6）、丙烷（C_3H_8）、丁烷（C_4H_{10}）等。它们的构造式及球棍模型如下：

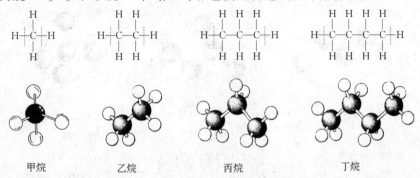

甲烷　　　　乙烷　　　　丙烷　　　　丁烷

从上述构造式可以看出，从甲烷开始，每增加一个碳原子，就相应地增加两个氢原子，如果碳原子数为 n，则氢原子数为 $2n+2$，因此，可用 C_nH_{2n+2} **的式子来表示这一系列化合物的组成，这个式子即为烷烃的通式**，式中 n 代表碳原子数。

在有机化学中，把结构和化学性质相似，在组成上相差一个或多个 CH_2，**具有同一通式的一系列化合物称为同系列，同系列中的各化合物互称同系物**。相邻的两个同系物分子组成相差的 CH_2，称为系差（即同系列差）。

同系物具有类似的化学性质，其物理性质随着相对分子质量的改变而有规律地变化。这样，只要掌握了同系物中某几个典型化合物的性质，就可推知其他同系物的一般性质。这对学习和研究有机化学是很有用的。

二、烷烃的同分异构现象

在甲烷、乙烷、丙烷分子中，碳原子之间只有一种连接方式（直链连接）。从丁烷开始，分子中碳原子之间可有不同的连接方式（除直链连接外，还有侧链连接），从而产生了构造异构体。例如，丁烷（C_4H_{10}）有下列两种构造异构体，它们的构造式及相应的球棍模型如下：

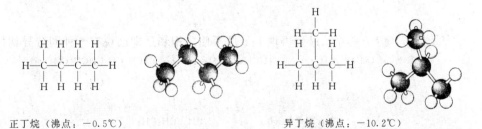

正丁烷（沸点：$-0.5℃$）　　　　异丁烷（沸点：$-10.2℃$）

上述构造异构现象，是由于分子中碳链的连接方式不同而引起的，称为碳链异构（或碳架异构）现象。正丁烷和异丁烷互为碳链异构体。

戊烷有三种同分异构体，其构造式为：

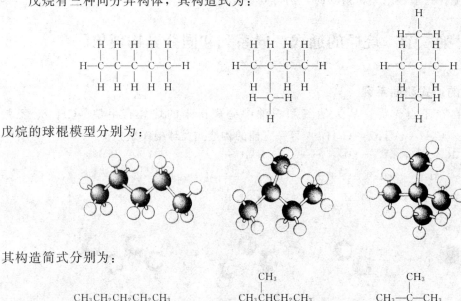

戊烷的球棍模型分别为：

其构造简式分别为：

$CH_3CH_2CH_2CH_2CH_3$　　　　$CH_3CHCH_2CH_3$　　　　$CH_3\underset{\underset{CH_3}{|}}{\overset{\overset{CH_3}{|}}{C}}CH_3$

或　$CH_3(CH_2)_3CH_3$　　　　$(CH_3)_2CHCH_2CH_3$　　　　$C(CH_3)_4$

正戊烷(沸点 36.1℃)　　　　异戊烷(沸点 29.9℃)　　　　新戊烷(沸点 9.4℃)

*关于烷烃同分异构体的导出方法，从上述丁烷和戊烷的同分异构体可以看出，同分异构体的产生是由于碳原子的排列方式即碳架不同而引起的。因此，导出同分异构体的基本步骤如下（以 C_6H_{14} 为例）：

（1）写出该烷烃的最长碳链。

　　　　　　C—C—C—C—C—C　　①

（2）写出比式①少一个碳原子的碳链，把减少的这个碳原子当成支链，依次连接在除端位以外的各个碳原子上。

$\underset{\underset{C}{|}}{C}$—C—C—C—C　　②　　　　C—C—$\underset{\underset{C}{|}}{C}$—C—C　　③

（3）写出比式①少两个碳原子的碳链，把减少的这两个碳原子分作两个支链，或作为一个支链，分别连在主链除端位以外的各个碳原子上。

C—$\underset{\underset{C}{|}}{\overset{\overset{C}{|}}{C}}$—C—C　④　　C—$\underset{\underset{C}{|}}{C}$—$\underset{\underset{C}{|}}{C}$—C　⑤　　C—C—C—C　⑥
$$$\underset{\underset{C}{|}}{\overset{\overset{}{}}{}}$

但式⑥与式③相同，应予剔除。最后再填上氢原子使之饱和。即己烷有 5 种同分异构体：

$CH_3CH_2CH_2CH_2CH_2CH_3$　　$CH_3CHCH_2CH_2CH_3$　　$CH_3CH_2CHCH_2CH_3$
$$$CH_3$$$$CH_3$

　　　　　CH_3　　　　　　　　　　CH_3
　　　　　$|$　　　　　　　　　　　$|$
　　　$CH_3CHCHCH_3$　　　　$CH_3CCH_2CH_3$
　　　　　　　$|$　　　　　　　　　　$|$
　　　　　　CH_3　　　　　　　　　CH_3

在烷烃分子中，随着碳原子数的增加，同分异构体的数目也越来越多，某些烷烃的同分异构体数目见表 2-1。

表 2-1 烷烃的同分异构体数目

碳原子数	同分异构体数目	碳原子数	同分异构体数目	碳原子数	同分异构体数目	碳原子数	同分异构体数目
1	1	4	2	7	9	10	75
2	1	5	3	8	18	15	4347
3	1	6	5	9	35	20	366319

目前，含 9 个碳原子以下的烷烃异构体均已合成出来。

三、碳原子和氢原子的类型

从上述构造式中看出，烷烃分子中的碳原子，它们相互连接的碳原子数目是不相同的，为区别起见，可把它们分为四类：**碳原子只与另外一个碳原子相连的，叫做伯碳原子**（或一级碳原子），常用 1°表示；**碳原子与另外两个碳原子相连的，叫做仲碳原子**（或二级碳原子），常用 2°表示；**碳原子与另外三个碳原子相连的，叫做叔碳原子**（或三级碳原子），常用 3°表示；**碳原子与另外四个碳原子相连的，叫做季碳原子**（或四级碳原子），常用 4°表示。与伯、仲、叔碳原子相连的氢原子，分别叫做伯、仲、叔氢原子。由于季碳原子的价键已经饱和，所以没有季氢原子。例如：

$$\overset{1°}{CH_3}-\overset{3°}{CH}-\overset{2°}{CH_2}-\overset{4°}{\underset{\underset{CH_3}{\underset{1°}{|}}}{\overset{\overset{1°}{CH_3}}{\overset{|}{C}}}}-\overset{1°}{CH_3}$$
$$\underset{1°}{\underset{CH_3}{|}}$$

要注意，不同类型的氢原子，反应的活泼性是不同的，因此，应加以识别。

第三节 烷烃的命名

烷烃的命名方法，是各类有机化合物命名的基础，因此，极为重要。

烷烃的命名方法主要有普通命名法和系统命名法两种，其中以系统命名法最为重要。

一、普通命名法

普通命名法也称习惯命名法，这种命名法的基本原则如下。

（1）**根据烷烃分子中碳原子的数目叫做"某烷"，"某"是指烷烃中碳原子的数目**。碳原子数由一到十的，分别用甲、乙、丙、丁、戊、己、庚、辛、壬、癸表示；十个碳原子以上的，用中文数字表示。例如：

C_6H_{14}　　　C_8H_{18}　　　$C_{13}H_{28}$　　　$C_{20}H_{42}$
己烷　　　　辛烷　　　　十三烷　　　　二十烷

（2）为了区分异构体，常把直链烷烃叫做"正"某烷；把链端第二位碳原子上连有一个甲基支链（即具有 CH_3-CH- 结构），此外再无其他支链的，叫做"异"某烷；把链端第二 $\underset{CH_3}{|}$

位碳原子上连有两个甲基支链（即具有 $CH_3-\underset{\underset{CH_3}{|}}{\overset{\overset{CH_3}{|}}{C}}-$ 结构）的，叫做"新"某烷。例如：

$CH_3CH_2CH_2CH_3$　　　$CH_3CH_2CH_3$　　　$CH_3-\underset{\underset{CH_3}{|}}{\overset{\overset{CH_3}{|}}{C}}-CH_3$
　　　　　　　　　　　　　　$|$
　　　　　　　　　　　　　　CH_3

正戊烷　　　　　　异戊烷　　　　　　新戊烷

普通命名法仅适用于含碳原子数较少、结构简单的烷烃。

烷烃分子中去掉一个氢原子后剩下的一价基团，叫做烷基。通式为 C_nH_{2n+1}，常用 R— 表示。

烷基的命名方法，可由相应的烷烃名称得来。例如：

$$CH_4 \xrightarrow{\text{去掉一个氢原子}} CH_3— \qquad CH_3CH_3 \xrightarrow{\text{去掉一个氢原子}} CH_3CH_2—$$
$$\text{甲烷} \qquad\qquad \text{甲基} \qquad\qquad \text{乙烷} \qquad\qquad\qquad \text{乙基}$$

而丙烷分子中有两种不同的氢原子，当它去掉一个氢原子后就有两种不同的丙基。

$$CH_3—CH_2—CH_3 \begin{cases} \xrightarrow{\text{去掉一个伯氢原子}} CH_3—CH_2—CH_2— \quad \text{正丙基} \\ \xrightarrow{\text{去掉一个仲氢原子}} CH_3—\underset{\underset{CH_3}{|}}{CH}—CH_3 \text{（即 } CH_3\overset{|}{C}H—\text{）异丙基} \end{cases}$$
$$\text{丙烷}$$

同理，丁烷有下列四种丁基：

$$CH_3—CH_2—CH_2—CH_2— \qquad\qquad CH_3—\underset{\underset{CH_3}{|}}{C}H—CH_2—$$

$$\text{正丁基} \qquad\qquad\qquad\qquad\qquad \text{异丁基}$$

$$CH_3—CH_2—\underset{\underset{CH_3}{|}}{C}H— \qquad\qquad CH_3—\underset{\underset{CH_3}{|}}{\overset{\overset{CH_3}{|}}{C}}—$$

$$\text{仲丁基} \qquad\qquad\qquad\qquad \text{叔丁基}$$

此外，我们把只在链端第二个碳原子上连有一个甲基此外别无支链的烷基

$$\underset{\underset{CH_3}{|}}{CH_3CH}(CH_2)_n—$$

叫做"异某基"。相应的烷称异某烷。例如：

$$\underset{\underset{CH_3}{|}}{CH_3—CH}—CH_2—CH_2— \qquad\qquad \underset{\underset{CH_3}{|}}{CH_3—CH}—CH_2—CH_3$$

$$\text{异戊基} \qquad\qquad\qquad\qquad\qquad \text{异戊烷}$$

但衡量汽油品质的基准物质异辛烷（ $CH_3\overset{|}{C}HCH_2—\underset{\underset{CH_3}{|}}{\overset{\overset{CH_3}{|}}{C}}—CH_3$ ）则属例外，因为异辛烷这一名称沿用已久，成为习惯了。

二、系统命名法

系统命名法是一种普遍适用的命名方法。它是采用国际上通用的 IUPAC[①] 命名原则，结合中国文字特点制定出的命名方法。

系统命名法对于直链烷烃的命名，与普通命名法相同，但不写"正"字。例如：

$$\qquad\qquad\qquad\qquad CH_3CH_2CH_2CH_2CH_3 \qquad\qquad CH_3(CH_2)_9CH_3$$

普通命名法 　　　　　　　　正戊烷 　　　　　　　　　　正壬烷

系统命名法 　　　　　　　　戊烷 　　　　　　　　　　　壬烷

对于带支链的烷烃，可以看做是直链烷烃的烷基衍生物，应按下列步骤命名。

（1）选择主链（母体）　从烷烃的构造式中，选择含碳原子数最多的碳链做主链，而把主链以外的其他烷基看做主链上的取代基。例如：

---

① International Union of Pure and Applied Chemistry，国际纯粹与应用化学联合会。

若分子中有两条以上等长的最长碳链时,要选择连取代基最多的最长碳链作主链。例如:

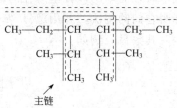

四条最长碳链均为 6 个碳原子,但虚线碳链连接两个或三个取代基,而实线碳链连接四个取代基,故应选择上述实线碳链为主链。

(2) 主链编号 在主链上,从靠近取代基(支链)一端的碳原子开始,依次用阿拉伯数字 1、2、3…编号。遵循碳链编号的"最低系列"[1] 原则,即碳链以不同方向编号,得到不同编号的系列时,要顺次逐项比较各系列的不同位次,最先遇到的取代基位次最小者,定为"最低系列"。例如:

a.
$$\underset{4'\ \ 3'\ \ \ \ 2'\ \ \ 1'\cdots\cdots(编号错误)}{\overset{1\ \ \ 2\ \ \ 3\ \ \ \ 4\cdots\cdots(编号正确)}{CH_3CHCH_2\ CH_3}}$$
$$\underset{CH_3}{|}$$

b.
$$\underset{10'\ \ |9'\ \ \ \ \ \ \ \ \ 4'\ \ 3'\ \ 2'\ \ 1'\cdots\cdots(编号错误)}{\overset{1\ \ \ 2\ \ \ \ \ \ \ \ \ 7\ \ 8\ \ 9\ \ 10\cdots\cdots(编号正确)}{CH_3CH(CH_2)_4CH\ CHCH_2\ CH_3}}$$
$$\underset{CH_2\ \ \ \ \ \ \ \ \ \ \ \ CH_3CH_3}{|}$$

上述 b 例中,从左到右编号,取代基位次为 2,7,8;从右到左编号,取代基位次为 3′,4′,9′。两者比较,第一个位次 2 小于 3′,是最先遇到的取代基位次最小者,故从左到右编号为"最低系列"[2]。

c.
$$\underset{6\ \ |5\ \ 4\ \ \ \ |3\ \ 2\ 1\cdots\cdots(编号正确)}{\overset{1'\ \ 2'\ \ 3'\ \ 4'\ \ 5'\ \ 6'\cdots\cdots(编号错误)}{CH_3CHCH_2\ CH\ CHCH_3}}$$
$$\underset{CH_3\ \ \ \ \ \ CH_3CH_3}{|}$$

从左到右编号,取代基的位次为 2′,4′,5′;从右到左编号,取代基的位次为 2,3,5。两者比较,第一个位次均为"2",但第二个位次"3"小于"4",故上述从右到左编号为"最低系列"。

如果两个不同支链处于主链两端相对应的位置,则把结构比较简单的支链编为较小位次。例如:

$$\underset{1'\ \ 2'\ \ \ |3'\ 4'\ 5'\ \ 6'\cdots\cdots(编号错误)}{\overset{CH_3}{\underset{|}{\ \ \ \ \ \ \ \ \ \ \ }}}$$
$$\overset{6\ \ 5\ \ 4\ \ 3|\ \ 2\ \ 1\cdots\cdots(编号正确)}{CH_3CH_2\ CHCHCH_2\ CH_3}$$
$$\underset{CH_2CH_3}{|}$$

(3) 写出全称 根据烷烃主链的碳原子数目,称"某烷"(母体)。再把取代基的位次、数目、名称依次写在母体名称的前面,即得全称。

---

[1] 参见中国化学会编. 有机化学命名原则 (1980):2.13 碳链的编号. 北京:科学出版社,1983:14.

[2] 中国化学会《有机化学命名原则》(1980) 关于碳链编号的"最低系列"原则,取消了 1960 年《有机化学物质的系统命名原则》中关于取代基编号数目总和最小的原则。参见化学通报,1980,(10):628.

命名时，在取代基的位次（阿拉伯数字）与取代基名称之间要加半字线"-"隔开。例如：

$$CH_3CHCH_2CH_2CH_3$$
$$|$$
$$CH_3$$

2-甲基戊烷

主链上连有几个不同的取代基时，简单的取代基写在前面，复杂的写在后面。如果连有几个相同的取代基时，要逐个标明它们的位次，并用逗号","隔开，相同的取代基要合并，并用中文数字二、三、四、…表明其数目。例如：

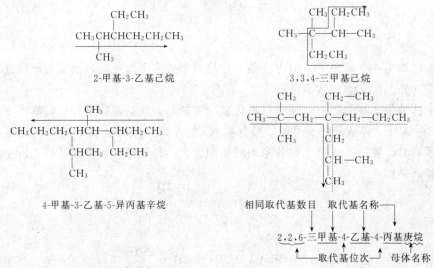

2-甲基-3-乙基己烷　　　　3,3,4-三甲基己烷

4-甲基-3-乙基-5-异丙基辛烷　　2,2,6-三甲基-4-乙基-4-丙基庚烷

命名中要特别注意阿拉伯数字用来表示取代基的位次，中文数字则表示取代基的数目，两者不可混淆。命名中的逗号和半字线要注意标出，不得遗漏。

【例 2-1】　写出 2,2,4-三甲基-3-乙基己烷的构造式

【解析】　① 根据母体烷烃（己烷）含碳数写出最长直链（主链），并从主链任意一端开始依次编号：

$$C^1—C^2—C^3—C^4—C^5—C^6$$

② 在相应碳原子上连接相应的取代基：

$$\begin{array}{c} \quad\quad CH_3 \quad CH_3 \\ \quad\quad | \quad\quad\quad | \\ C^1—C^2—C^3—C^4—C^5—C^6 \\ \quad\quad | \quad\quad\quad | \\ \quad\quad CH_3 \quad CH_2CH_3 \end{array}$$

③ 将不满 4 价的碳原子用氢原子饱和，即得完整的构造式：

$$\begin{array}{c} \quad\quad CH_3 \quad CH_3 \\ \quad\quad | \quad\quad\quad | \\ CH_3—C—CH—CH—CH_2—CH_3 \\ \quad\quad | \quad\quad\quad | \\ \quad\quad CH_3 \quad CH_2CH_3 \end{array}$$

【例 2-2】　写出相当于 2-乙基-3-异丙基丁烷的构造式，若原名称不符合系统命名法的要求，请给出正确的名称

【解析】　① 根据题目名称，写出相应的构造式：

$$\begin{array}{c} \quad\quad\quad CH_3 \\ \quad\quad\quad | \\ \quad\quad\quad CH—CH_3 \\ \quad\quad\quad | \\ CH_3—CH—CH—CH_3 \\ \quad\quad\quad | \\ \quad\quad\quad CH_2CH_3 \end{array}$$

② 审核构造式的名称，显然不符合系统命名法。
③ 按系统命名法给出正确名称。
a. 根据上式，选好最长主链。
b. 从上述最长主链中用正、逆两种编号法进行命名得：3,4,5-三甲基己烷，2,3,4-三甲基己烷。两者名称相比，根据命名中的"最低系统"命名原则，显然，正确名称为：2,3,4-三甲基己烷。

第四节　烷烃的物理性质

有机化合物的物理性质，通常包括化合物的状态、密度、沸点、熔点、溶解度等物理常数。这些物理常数是鉴定一种化合物的常规数据。表 2-2 列出了一些直链烷烃的物理常数。

表 2-2　一些直链烷烃的物理常数

名　称	构　造　式	熔点/℃	沸点/℃	相对密度 d_4^{20}	状　态（25℃）
甲烷	CH_4	-182.5	-164.0	0.4240	气体
乙烷	CH_3CH_3	-183.2	-88.6	0.5462	气体
丙烷	$CH_3CH_2CH_3$	-187.7	-42.2	0.5824	气体
丁烷	$CH_3(CH_2)_2CH_3$	-138.3	-0.5	0.5788	气体
戊烷	$CH_3(CH_2)_3CH_3$	-129.5	36.1	0.6263	液体
己烷	$CH_3(CH_2)_4CH_3$	-95.3	68.7	0.6594	液体
庚烷	$CH_3(CH_2)_5CH_3$	-90.6	98.4	0.6837	液体
辛烷	$CH_3(CH_2)_6CH_3$	-56.8	125.6	0.7028	液体
壬烷	$CH_3(CH_2)_7CH_3$	-53.7	150.7	0.7179	液体
癸烷	$CH_3(CH_2)_8CH_3$	-29.7	174.0	0.7299	液体
十五烷	$CH_3(CH_2)_{13}CH_3$	10.0	270.5	0.7688	液体
十六烷	$CH_3(CH_2)_{14}CH_3$	18.1	286.5	0.7733	液体
十七烷	$CH_3(CH_2)_{15}CH_3$	22.0	303	0.7767	液体
十八烷	$CH_3(CH_2)_{16}CH_3$	28.0	317	0.7768	固体
十九烷	$CH_3(CH_2)_{17}CH_3$	32.0	330	0.7776	固体
二十烷	$CH_3(CH_2)_{18}CH_3$	37	342.7	0.786	固体
三十烷	$CH_3(CH_2)_{28}CH_3$	66	446.4	0.810	固体

1. 物态

物质的状态可从物质的熔点和沸点判断出来。在室温（25℃）和常压下，直链烷烃中 $C_1 \sim C_4$（指 1~4 个碳原子，其余类推）的烷烃为气体，$C_5 \sim C_{17}$ 的烷烃为液体，C_{18} 以上的烷烃为固体。

2. 沸点

从图 2-3 看出，直链烷烃的沸点，随着烷烃碳原子数的增加而升高。这是因为烷烃是非极性分子，随着碳原子数的增加，其相对分子质量也随之增大，范德华引力增强，要破坏其引力使之沸腾，就必须提供更多的能量。所以直链烷烃的沸点随着碳原子数的增加而升高。在相同碳原子数的烷烃异构体中，直链烷烃沸

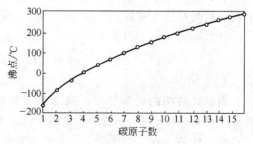

图 2-3　直链烷烃的沸点曲线

点最高，支链烷烃沸点较低，支链愈多，沸点愈低。例如：

CH₃CH₂CH₂CH₂CH₃   CH₃CHCH₂CH₃   CH₃
                              | |
                             CH₃   CH₃—C—CH₃
                                                  |
                                                 CH₃

沸点   36.1℃   27.9℃   9.5℃

这是由于烷烃支链增多时，空间阻碍增大，分子间引力相应减弱的缘故。含有相同碳原子数的支链化合物比直链化合物的沸点低，这也是各类有机化合物中比较普遍的现象。

3. 熔点

固体受热熔化为液体时的温度称熔点。直链烷烃的熔点 $C_1 \sim C_3$ 的变化不规则，但 C_4 以上直链烷烃的熔点随着碳原子数的增加而升高，其中含偶数碳原子烷烃的熔点比相邻奇数碳原子烷烃的熔点都要高一些，各构成一条熔点曲线，偶数在上，奇数在下。随着碳原子数增加，两条熔点曲线逐渐接近。如图 2-4 所示。这是因为在晶体中，分子间的引力不仅取决于分子的大小，而且取决于它们在晶格中的排列情况。通过 X 射线结构分析证明，固体直链烷烃的碳链在晶体中排列为锯齿形，但奇数碳原子的锯齿状链中，两端的甲基处于同一侧，而偶数碳链中两端的甲基处于异侧的位置，因此，偶数碳链比奇数碳链具有较高的结构对称性，如图 2-5 所示，分子间的引力也就更强，所以其熔点较奇数碳原子的烷烃为高。一般说来，当碳原子数相同时，物质的熔点是随着分子的对称性增加而升高的。

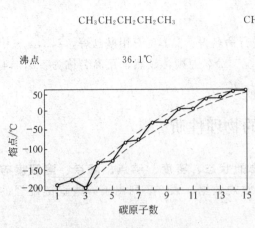

图 2-4　直链烷烃的熔点曲线

偶数碳原子链　　　　　　　　　奇数碳原子链

图 2-5　烷烃偶数与奇数碳原子链排列示意图

4. 相对密度

直链烷烃的相对密度，也随着碳原子数的增加而增大，但都小于1。碳原子数相同的烷烃，支链多的相对密度较小。

5. 溶解性

烷烃难溶于水，易溶于有机溶剂。这是由于烷烃是非极性分子，而水是一种极性溶剂，根据"相似相溶"规律，烷烃难溶于水，易溶于极性小或非极性的有机溶剂。

第五节　烷烃的化学性质

有机化合物的化学性质，决定于其化学结构。烷烃是饱和烃，分子中除了 **C—C σ 键**外，还有 **C—H σ 键**，σ 键结合比较牢固。因此，烷烃的化学性质很不活泼，尤其直链烷烃具有更大的稳定性。在常温下，它们对强酸（如硫酸）、强碱（如氢氧化钠）、强氧化剂（如高锰酸钾）、强还原剂等都不起作用。由于烷烃性质稳定，生产中常用作溶剂。但是烷烃的化学稳定性也是相对的，例如，在光照、加热、加压或加催化剂等条件下，也能发生一些化学反应，主要有氧化反应、取代反应（如卤代）、裂化反应、异构化反应等。

一、氧化反应

烷烃在空气中完全燃烧时，都生成二氧化碳和水，并放出大量的热。例如：

$$CH_4 + 2O_2 \xrightarrow{燃烧} CO_2 + 2H_2O + 878.6 kJ/mol$$

$$C_{10}H_{22} + 15\frac{1}{2}O_2 \xrightarrow{燃烧} 10CO_2 + 11H_2O + 6778 kJ/mol$$

一般式为：

$$C_nH_{2n+2} + \frac{3n+1}{2}O_2 \xrightarrow{燃烧} nCO_2 + (n+1)H_2O + 热量$$

这是甲烷用作能源及汽油和柴油作为内燃机燃料的依据。因此，烷烃可以用作能源。但这种燃烧通常是不完全的，特别是在空气不充足的情况下，易生成大量有毒的一氧化碳。

低级烷烃的蒸气与空气混合，达到一定的比例时，遇到火花就发生爆炸。例如，甲烷的爆炸极限❶是 5.3%～14%（体积分数），煤矿矿井里的"瓦斯爆炸"事故，实质即在于此。因此，在矿坑中必须采取加强通风、严禁烟火等安全措施，防止爆炸事故发生。

若控制适当条件，烷烃可发生部分氧化，生成醇、醛、酮和羧酸。由于这些产品用途广泛，而原料烷烃来源丰富，价廉易得，因此是多年来科研攻关的课题。目前重要的成功实例是用丁烷或轻汽油（$C_4 \sim C_5$）在乙酸钴催化下，用空气氧化制得乙酸（CH_3COOH）。

$$CH_3CH_2CH_2CH_3 + O_2 \xrightarrow[\substack{140\sim155℃\\4\sim5MPa}]{乙酸钴} \underset{(60\%\sim67\%)}{CH_3COOH} + \underset{(16\%)}{CH_3\overset{O}{\overset{\|}{C}}CH_3} + H_2O$$

又如高级烷烃石蜡（$C_{20} \sim C_{30}$）在 120～150℃时，以锰盐为催化剂，可被空气氧化成高级脂肪酸。

$$R-CH_2-CH_2-R' + O_2 \xrightarrow[\triangle]{锰盐} R-COOH + R'-COOH$$

式中 R 表示烷基。

反应中生成的 $C_{12}\sim C_{18}$ 的脂肪酸可代替动、植物油脂制造肥皂。

甲烷在 NO 的催化作用下，可被空气中的氧部分氧化为甲醛，甲醛是重要的有机原料。

$$CH_4 + O_2 \xrightarrow[600℃]{NO} \underset{甲醛}{H-\overset{O}{\overset{\|}{C}}-H} + H_2O$$

二、卤代反应

烷烃中的氢原子被卤原子（如氯原子、溴原子）**取代的反应，叫做卤代反应**（习惯上也叫卤化反应）。卤代反应是烷烃的典型反应。

在室温下，烷烃与氯气在黑暗中不起反应，但在日光的照射下反应却很剧烈。例如，甲

---

❶ 爆炸极限是指一种可燃性气体或蒸气和空气的混合物能发生爆炸的浓度范围，在此浓度范围内遇到火花就会爆炸。可燃性气体浓度高于这个范围则只会燃烧而不会发生爆炸。

烷与氯气的混合物在日光照射下可发生爆炸反应,生成氯化氢和碳。

$$CH_4 + 2Cl_2 \xrightarrow{日光} C + 4HCl$$

若在漫射光或热(约450℃)的作用下,甲烷中的氢原子可逐渐被氯原子取代,得到一氯甲烷、二氯甲烷、三氯甲烷和四氯化碳等四种产物的混合物。

$$CH_4 + Cl_2 \xrightarrow[\text{或}\triangle]{\text{漫射光}} CH_3Cl + HCl \quad \text{一氯甲烷}$$

$$CH_3Cl + Cl_2 \xrightarrow[\text{或}\triangle]{\text{漫射光}} CH_2Cl_2 + HCl \quad \text{二氯甲烷}$$

$$CH_2Cl_2 + Cl_2 \xrightarrow[\text{或}\triangle]{\text{漫射光}} CHCl_3 + HCl \quad \text{三氯甲烷}$$

$$CHCl_3 + Cl_2 \xrightarrow[\text{或}\triangle]{\text{漫射光}} CCl_4 + HCl \quad \text{四氯化碳}$$

若控制反应条件,特别是调节甲烷与氯气的摩尔比,可使某种氯代烷成为主要产品。例如,$n(CH_4):n(Cl_2)=50:1$ 时,一氯甲烷的产量可达98%;如果 $n(CH_4):n(Cl_2)=1:50$,产物几乎全都是四氯化碳。

其他烷烃的氯代反应比甲烷的氯代反应更为复杂,不同类型的氢原子,都有可能发生反应,生成各种卤代物。例如:

$$CH_3CH_2CH_2CH_3 + Cl_2 \xrightarrow{光} \underset{(28\%)}{CH_3CH_2CH_2CH_2Cl} + \underset{(72\%)}{CH_3CH_2CHClCH_3}$$

$$\underset{CH_3}{\overset{CH_3}{\underset{|}{\overset{|}{C}}}}\!\!-\!\!H + Cl_2 \xrightarrow{光} \underset{(36\%)}{(CH_3)_3CCl} + \underset{(64\%)}{(CH_3)_2CHCH_2Cl}$$

一般地说,烷烃与卤素进行卤代反应时,其反应速率次序是:$F_2 > Cl_2 > Br_2 > I_2$。但氟代反应过于激烈,也难以控制;而碘代反应又难于进行。因此,烷烃的卤代反应,通常是指氯代反应和溴代反应。

实验表明,不同类型的氢原子被取代的反应活性是不同的。其活性次序是:

$$\text{叔氢} > \text{仲氢} > \text{伯氢}[①] > CH_4 \text{中的氢}$$

它们的反应活性可以从各种C—H键的离解能大小来解释,叔氢的离解能最小,最易断裂。

有机物分子中的某些原子或原子团,被其他原子或原子团所代替的反应,叫做取代反应。要注意,有机化学的取代反应和无机化学的置换反应是两个不同的概念。取代反应的产物是生成两种化合物;而置换反应是生成一种单质和一种化合物。

[①] 从上述氯代反应得率的计算得知,叔、仲、伯氢在室温氯代时的相对反应速率为:$5.0:3.8:1$。

三、裂化反应

在隔绝空气及高温条件下，使含碳原子数较多的烷烃裂开化小，生成小分子烷烃（和烯烃）的反应，叫裂化反应。裂化反应的实质是 C—C 键和 C—H 键的断裂，其产物是复杂的混合物。例如：

$$CH_3CH_2CH_2CH_3 \xrightarrow[\text{裂化}]{\triangle} \begin{cases} CH_4 + CH_3CH=CH_2 \\ \text{甲烷}\quad\text{丙烯} \\ CH_3CH_3 + CH_2=CH_2 \\ \text{乙烷}\quad\text{乙烯} \\ CH_3CH_2CH=CH_2 + H_2 \\ \text{1-丁烯} \\ CH_3CH=CHCH_3 + H_2 \\ \text{2-丁烯} \end{cases}$$

由于 C—C 键的键能（345.6kJ/mol）小于 C—H 键的键能（415.3kJ/mol），因此，C—C 键一般比 C—H 键较易断裂。

在石油炼制过程中，由原油经分馏得到的汽油、煤油、柴油等轻质燃料油只占原油总量的 25% 左右，不能满足生产发展及人们生活的需要，为提高轻质燃料油的产量和质量，工业上利用重油进行裂化。

裂化反应分为热裂化和催化裂化两种。一般把**不用催化剂的裂化叫做热裂化**，热裂化需较高温度（500～700℃），而且要求有一定压力（一般为 5MPa 左右）。**在催化剂**（一般使用硅酸铝）**存在下的裂化叫做催化裂化**。由于催化剂的存在，催化裂化的反应条件比较缓和，一般在 450～500℃ 及常压下进行，因此，催化裂化被广泛采用。

若**在更高的温度**（高于 700℃）**下将石油进行深度裂化**，这个过程在石油工业中**叫做裂解**，可以得到更多的化工基本原料，如乙烯、丙烯、丁烯、丁二烯等。裂解的主要目的是为了得到更多的低级烯烃（化工原料），而裂化是为了得到更多的高质量汽油，这是裂解和裂化的不同之处。

四、异构化反应

由一种异构体转化为另一种异构体的反应，叫异构化反应。例如：

$$CH_3-CH_2-CH_2-CH_3 \xrightleftharpoons{AlBr_3,\ HBr,\ 27℃} CH_3-\underset{\underset{CH_3}{|}}{CH}-CH_3$$

$$(20\%) \qquad\qquad\qquad (80\%)$$

烷烃的异构化反应被用于石油加工工业中。如将直链烷烃异构化成带支链的烷烃，可以提高汽油的辛烷值，从而提高汽油的质量。

【阅读资料】

汽油的辛烷值

"辛烷值"是人们用来衡量汽油质量的一种重要指标，它表示了汽油爆震程度的大小。我们知道，当汽油和空气混合物在汽油机的汽缸中点火燃烧时，有些汽油会发生爆炸式的、不完全的燃烧，使汽油机发出响声或震动，这种现象称为爆震。汽油的爆震既浪费燃料，也损失能量，还损坏汽缸。汽油爆震程度的大小与汽油的分子结构有关。一般来说，芳香烃最不易发生爆震，环烷烃和带支链的烷烃次之，烯烃又次之，正链烷烃最易发生爆震。

为了衡量汽油爆震程度的大小，通常以烷烃中爆震程度最大的正庚烷和爆震程度最小的异辛烷（系统名称为 2,2,4-三甲基戊烷）为标准，规定正庚烷的辛烷值为 0，异辛烷的辛烷值为 100，在两者配成的混合液中，异辛烷所占的百分比即为其辛烷值。例如，某种汽油样品的爆震性与 90% 的异辛烷和 10% 的正庚烷的混合液相当，则该样品的辛烷值即为 90。汽油的辛烷值愈大，其抗爆性能愈好，质量也愈高。我国目前使用的车用汽油的牌号就是按照汽油的辛烷值大小划分的，有 90、93、95、97 号汽油等。例如 93 号汽油表示该汽油的辛烷值不低于 93。

为了提高汽油的辛烷值，过去广泛采用在汽油中添加抗爆震剂四乙基铅。四乙基铅是一种带水果味、有毒性的液体。这种含铅汽油会使大气污染，使人铅中毒。在我国，一些城市都已实现汽油无铅化。汽油既要无铅化，又要提高汽油的辛烷值，目前主要是改进炼油技术，开发能提高汽油辛烷值的炼油新工艺；研究和开发能提高汽油辛烷值的新型调合剂代替四乙基铅来提高汽油的辛烷值。

为了减少大气污染，许多城市推广使用汽车清洁燃料，目前使用的清洁燃料主要有两类：一类是压缩天然气（CNG）；另一类是液化石油气（IPG）。

第六节　烷烃的天然来源及重要的烷烃

一、烷烃的天然来源

烷烃的天然来源主要是石油和天然气。

1. 石油

石油是古代动、植物体深埋地下经细菌、地热、压力及其他无机物的催化作用而生成的物质。虽然因产地不同而成分各异，但其主要成分是各种烃类（开链烷烃、环烷烃、芳香烃等）的复杂混合物。由油田得到的原油通常是深褐色的黏稠液体，经过分馏处理可得到各种不同的馏分，如经过常压蒸馏，可得到汽油、煤油、柴油、重油；重油再经过减压蒸馏，又可得到润滑油、凡士林、石蜡、燃料油、沥青等。原油整个加工工艺过程，合称**常、减压蒸馏**。原油各馏分的组成和用途见表 2-3。

表 2-3　原油各馏分的组成和用途

馏分名称		主要成分	沸点范围/℃	用途
石油气（炼厂气）		$C_1 \sim C_4$ 的烷烃	20℃ 以下	化工原料、燃料
粗汽油	石油醚（轻汽油）	$C_5 \sim C_6$ 的烷烃	20~60	溶剂、化工原料
	汽油	$C_5 \sim C_8$ 的烷烃	40~150	溶剂、内燃机燃料
	溶剂汽油	$C_7 \sim C_9$ 的烷烃	120~150	溶剂（溶解橡胶、油漆等）
煤油	航空煤油	$C_8 \sim C_{15}$ 的烷烃	150~250	喷气式飞机燃料
	煤油	$C_{11} \sim C_{17}$ 的烷烃	160~300	燃料、工业洗涤油
柴油		$C_{12} \sim C_{19}$ 的烷烃	180~350	柴油机燃料
重油	润滑油	$C_{16} \sim C_{20}$ 的烷烃	>350	机械润滑
	凡士林	$C_{18} \sim C_{22}$ 的烷烃	>350	防锈剂、医药软膏基质
	石蜡	$C_{20} \sim C_{30}$ 的烷烃	>350	蜡烛、蜡纸、高级脂肪酸
渣油	燃料油	C_{30} 以上的烷烃	>350	船用燃料、锅炉燃料
	沥青		>350	铺路、防腐绝缘材料、建筑材料

2. 天然气

天然气是蕴藏在地层内的可燃性气体，它的主要成分是甲烷。根据天然气中甲烷含量的不同，天然气可分为两种：一种称为干天然气，它含甲烷86%～99%（体积分数），干天然气常温时加压不能液化。另一种称为湿天然气，它除含60%～70%（体积分数）的甲烷外，尚含有一定量的乙烷、丙烷、丁烷等气体。湿天然气加压，可部分液化成液化石油气。我国天然气分布很广，尤以四川、新疆最为丰富。

二、重要的烷烃——甲烷

甲烷大量存在于自然界，是天然气、油田气和沼气的主要成分。油田气是指开采石油时逸出的可燃性气体。沼气是指埋藏在水底或地下的动、植物残体在隔绝空气的情况下腐烂、分解而得到的可燃性气体。由于人类最先是从沼泽地中发现甲烷的，因此甲烷又称"沼气"。因为煤矿矿坑中也存在这种气体，因此也称"坑气"。现在我国许多农村也在利用农作物秸秆、杂草、人畜粪便等经发酵制取沼气，做燃气使用。

甲烷是一种无色、无味的气体，比空气轻，大约是空气相对密度的一半。它极难溶于水。

在实验室里，甲烷是由无水乙酸钠（CH_3COONa）和碱石灰（氢氧化钠和生石灰的混合物）混合通过高温加热制得的。

$$CH_3COONa + NaOH \xrightarrow[\text{高温}]{CaO} CH_4\uparrow + Na_2CO_3$$

实验中使用碱石灰的目的，是防止固体氢氧化钠吸湿潮解，不利于甲烷的制备；同时减少高温下固体氢氧化钠对玻璃仪器的侵蚀，防止试管破裂。

甲烷不仅是重要的能源（直接作为燃料），也是重要的化工原料。例如，甲烷在不完全燃烧时可生成炭黑。

$$CH_4 + O_2 \xrightarrow{\text{不完全燃烧}} \underset{\text{炭黑}}{C} + 2H_2O$$

炭黑在工业上可用作橡胶的填料和油墨的原料。

甲烷在瞬间通过电弧的高温，则发生裂解反应生成乙炔。

$$2CH_4 \xrightarrow{1500℃} \underset{\text{乙炔}}{HC\equiv CH} + 3H_2$$

乙炔是合成氯乙烯、聚氯乙烯、冰醋酸的原料。

甲烷和水蒸气的混合物，在高温下以镍为催化剂可转变为一氧化碳和氢气的混合物。其反应式为：

$$CH_4 + H_2O \xrightarrow[725℃]{Ni} CO + 3H_2$$

CO和H_2是合成氨、尿素、甲醇等的重要原料。而合成氨和合成甲醇是天然气化工的主要产品。

【阅读资料】

天然气与"可燃冰"

近年来，科学家发现，在深海底部存在一种形似冰雪，像固体酒精一样可被点燃的物质，称"可燃冰"。它是由沉积于海底的生物遗体分解出的天然气，与水分子在深海地层高压（＞10MPa）和低温（0～10℃）条件下，合成的一种固态结晶物质（$CH_4 \cdot xH_2O$）——天然气水合物。它一般为淡灰色，纯者呈白色，每立方"可燃冰"可释放出164～200m^3的天然气。现已探明"可燃冰"蕴藏量比地球上的煤炭、石油、天然气总量还要大几百倍。但目前开发技术问题尚待解决，一旦获得技术上的突破，"可燃冰"将会是人类未来最理想的新能源之一。

【阅读资料】

天然气的综合利用

天然气是优良的能源，且有"绿色能源"之誉，我国四川、新疆等西部地区有着丰富的天然气资源。

全世界天然气储量较石油更为丰富。在能源结构上，天然气在21世纪将逐渐替代石油成为能源的主力。但在化工利用方面，由于石油化工产品的经济成本低于天然气产品，因此，长期以来，天然气化工只在合成氨工业和合成甲醇工业中占主导地位。

在我国，国家发改委近期颁布实施的《天然气利用政策》规定，天然气由国家统筹规划，确保优先用于城市燃气，禁止以天然气为原料生产甲醇，禁止在大型煤矿基地所在地区建设基荷燃气发电站，禁止以大、中型气田所产天然气为原料建设液化天然气项目。在21世纪，如何对甲烷进行有效的化学转化，由一个碳原子转化成两个或三个碳原子以上的有机物，促进天然气化工的发展，一直是化学工作者面临的难题和挑战。

本 章 小 结

1. 烷烃的通式：C_nH_{2n+2}

同系列：结构和化学性质相似，组成上相差一个或多个CH_2，具有同一通式的一系列化合物，称同系列。同系列中的各化合物，称同系物。

2. 烷烃同分异构体的书写方法。

3. 烷烃的系统命名法（本章重点）

要遵循下列三项原则：

（1）选主链 选择碳原子最长、支链最多的碳链。

（2）编号 从靠近支链一端开始。

（3）写全称 把取代基位次、数目、名称写在母体烷烃名称前面。不同的取代基按先简后繁次序；相同的取代基要合并写出；并遵循"最低系列"原则。

4. 烷烃的结构

甲烷为正四面体结构。烷烃中所有C—C键及C—H键均为σ键。σ键可围绕键轴自由旋转，σ键较牢固。

5. 烷烃的化学反应

(1) C_nH_{2n+2}
- $\xrightarrow[\text{燃烧}]{O_2}$ $nCO_2+(n+1)H_2O+$热量
- $\xrightarrow[\text{催化剂}]{O_2}$ 各种羧酸、醇、醛、酮等
- $\xrightarrow[\text{裂解}]{400～600℃}$ 碳数较少的烷烃、烯烃及氢气
- $\xrightarrow[\text{光或热}]{X_2}$ $C_nH_{2n+1}X+HX$（卤代烷通常为混合物）

反应活性　X_2：$F_2 \gg Cl_2 > Br_2$（I_2 困难）

氢：叔氢＞仲氢＞伯氢

(2) 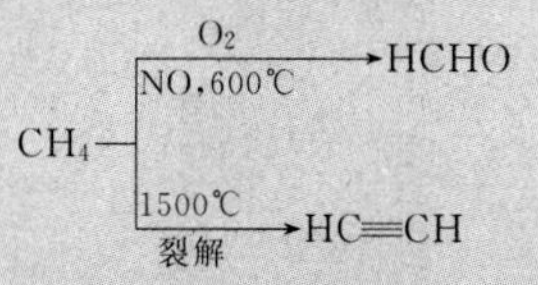 CH_4 $\xrightarrow[NO,600℃]{O_2}$ HCHO

$\xrightarrow[\text{裂解}]{1500℃}$ HC≡CH

(3) $CH_3CH_2CH_3$ $\xrightarrow[\text{异构化}]{AlBr_3,HBr,27℃}$ CH_3CHCH_3（带CH_3支链）

$\xrightarrow[4\sim5MPa]{O_2,\text{乙酸钴},140\sim155℃}$ CH_3COOH

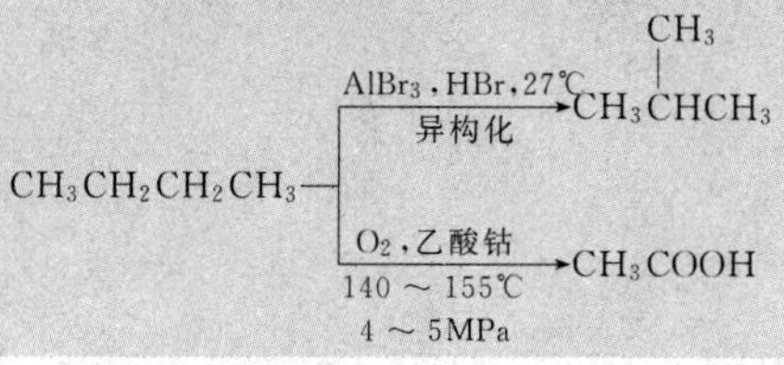

习　题

1. 写出 C_6H_{14} 的同分异构体，并用系统命名法进行命名。

2. 写出下列烷基的构造式。
(1) 甲基　(2) 乙基　(3) 正丙基　(4) 异丙基　(5) 异丁基　(6) 叔丁基　(7) 异戊基

3. 用系统命名法命名下列化合物，并用 1°、2°、3°、4°分别指出（3）、（4）题中的伯、仲、叔、季碳原子。

(1) 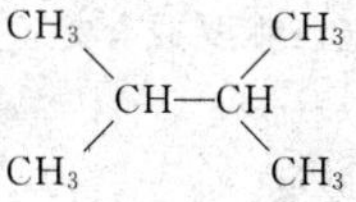 $(CH_3)_2CHCH(CH_3)_2$

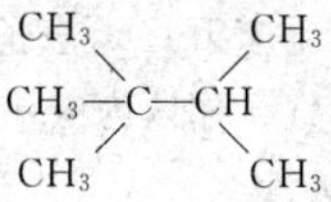

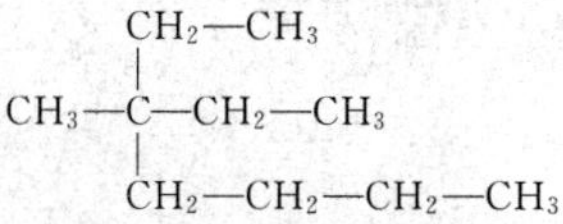

(2) $(CH_3)_2C(CH_3)CH(CH_3)_2$ 型结构

(3) CH_3—C(CH_2CH_3)(CH_2—CH_2—CH_3)—CH_2CH_3 型结构

(4) CH_3CH—C(CH_3)(CH_3)—CH_2—CH_2CH_3 型结构

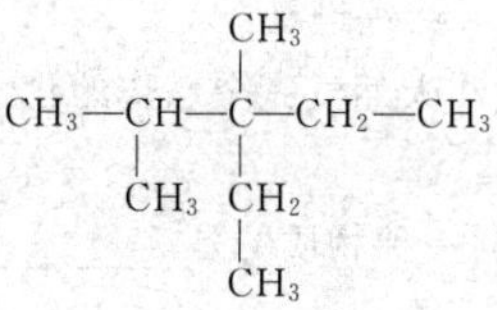

4. 写出下列化合物的构造式。
(1) 2,3-二甲基己烷
(2) 2-甲基-3-异丙基庚烷
(3) 2,4-二甲基-3-乙基己烷
(4) 2,3,4-三甲基-3-乙基戊烷

5. 下列构造式中，哪些代表相同的化合物（仅写法不同）？
(1) $CH_3C(CH_3)_2CH_2CH_3$
(2) $CH_3CH_2CH(CH_3)CH_2CH_3$
(3) $CH_3CH(CH_3)CH_2CH_2CH_3$
(4) 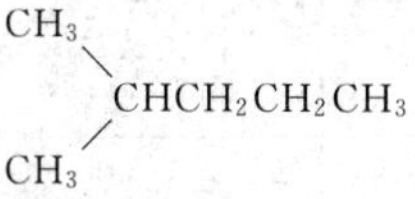 $(CH_3)_2CHCH_2CH_2CH_3$（带CH_3支链）
(5) $CH_3CH_2CH_2$—$C(CH_3)_2$—H
(6) CH_3CH_2—C(CH_3)(CH_2CH_3)—H
(7) CH_3—C(CH_3)_2—CH_2CH_3
(8) $CH_3(CH_2)_2CH(CH_3)_2$

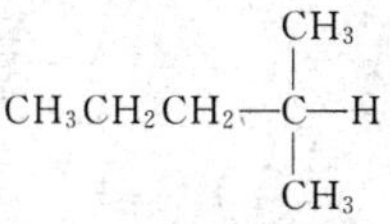

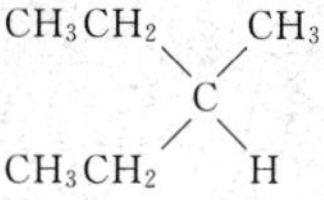

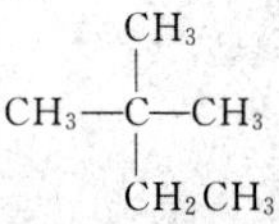

6. 不参看物理常数表，试推测下列化合物的沸点高低，并按顺序排列。
(1) 正庚烷　　　　(2) 正己烷　　　　(3) 2-甲基戊烷
(4) 正癸烷　　　　(5) 2,2-二甲基丁烷

7. 已知烷烃分子式为 C_5H_{12}，根据下列氯代反应产物的不同：

(1) 如果一元氯代产物只有一种；

(2) 如果一元氯代产物可以有三种；

(3) 如果一元氯代产物可以有四种；

(4) 如果二元氯代产物只可能有两种。

试写出上述各烷烃的相应构造式。

[提示]先写出 C_5H_{12} 各异构体后,再依题意逐个分析确定。

8. 选择题

*(1) $CH_3CH_2\underset{\underset{CH_2CH_3}{|}}{\overset{\overset{CH_3}{|}}{CH}}CH_2CH_2\overset{\overset{CH_3}{|}}{CH}CH_3$ 的正确名称是( )。

A. 2-乙基-5-异丙基庚烷　　　　　　B. 2-甲基-3,6-二乙基庚烷

C. 2,6-二甲基-3-乙基辛烷　　　　　D. 3-甲基-6-异丙基辛烷

(2) 碳原子数在 10 以内的烷烃中,其一卤代烷不存在同分异构体的烷烃数目有（　　）。

A. 2 种　　　　　　B. 3 种　　　　　　C. 4 种　　　　　　D. 5 种

*(3) 甲烷分子是以碳原子为中心的正四面体结构,而不是正方形的平面结构,其理由是（　　）。

A. CH_3Cl 不存在同分异构体　　　　B. CH_2Cl_2 不存在同分异构体

C. $CHCl_3$ 不存在同分异构体　　　　D. CH_4 是非极性分子

(4) 我国"西气东输"工程,为千家万户送来了天然气。现有一套以石油气（主要成分是 $C_3～C_5$ 的烷烃）为燃料的灶具,欲改为烧天然气,你认为应该采取的正确措施是（　　）。

A. 减小空气进量,增大天然气进量　　B. 减小空气进量,减小天然气进量

C. 增大空气进量,增大天然气进量　　D. 增大空气进量,减小天然气进量

[提示] 要从液化石油气和天然气完全燃烧的化学反应式思考。

9. 填空题。

下列各组物质中,表示同一种物质的是_____；表示互为同系物的是_____；表示互为同分异构体的是_____。

A. $CH_3(CH_2)_2C(CH_3)_3$ 与 $(CH_3)_3C—CH(CH_3)_2$

B. $CH_3(CH_2)_2\underset{\underset{CH_3}{|}}{CH}CH_3$ 与 $(CH_3)_2\underset{\underset{CH_3—CH_2}{|}}{CH}CH_3$

C. $\underset{\underset{CH_3}{|}}{\overset{\overset{CH_3}{|}}{CH}}CH_2CH_2CH_3$ 与 $\underset{\underset{CH_3}{|}}{CH_2}—\underset{\underset{CH_3}{|}}{\overset{\overset{CH_3}{|}}{CH}}$

第三章 不饱和烃——烯烃、二烯烃和炔烃

> **学习要求**
>
> 1. 熟悉烯烃、二烯烃和炔烃的结构特点。
> 2. 掌握烯烃、二烯烃和炔烃的通式;掌握烯烃、二烯烃和炔烃的构造异构现象及其命名方法。
> 3. 了解烯烃、炔烃的物理性质;掌握烯烃、炔烃的化学性质及其应用。
> 4. 了解二烯烃的分类;熟悉1,3-丁二烯的1,2-加成和1,4-加成反应以及聚合反应的实际应用;了解共轭二烯烃的鉴别方法。
> 5. 掌握烯烃、炔烃的鉴别方法。
> 6. 了解乙烯的工业来源及乙烯、乙炔的实验室制法。

分子结构中含有碳碳双键（ $\overset{}{C}=\overset{}{C}$ ）、碳碳三键（ $-C\equiv C-$ ）的开链烃,由于它比相应饱和烃中的氢原子"稀少"、"缺乏",碳碳双键和碳碳三键的碳原子都没有被氢原子所饱和,因此,这种类型的烃叫做开链不饱和烃。

分子结构中含有一个碳碳双键的开链不饱和烃,叫做单烯烃,简称烯烃。分子结构中含两个碳碳双键的开链不饱和烃,叫做二烯烃。分子结构中含一个碳碳三键的开链不饱和烃,叫做炔烃。烯烃、二烯烃和炔烃都属于不饱和烃。现分别讨论之。

第一节 烯 烃

一、烯烃的结构

烯烃的结构特征是分子结构中含有碳碳双键。 现以乙烯为例讨论烯烃的结构。

乙烯分子由2个碳原子和4个氢原子组成,分子式为 C_2H_4,电子式为 $H\overset{H}{\underset{}{\times}}C::C\overset{H}{\underset{}{\times}}H$,构造式为 $H-\overset{H}{\underset{|}{C}}=\overset{H}{\underset{|}{C}}-H$。为了形象地描述乙烯的分子结构,我们常用分子模型来表示,如图3-1所示。

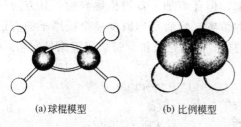

图 3-1 乙烯分子的模型

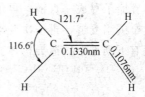

图 3-2 乙烯分子中的键长和键角

近代物理方法测定证明，碳碳双键（C═C）并不等于两个碳碳单键（C—C）之和。例如，碳碳双键的键能为 610kJ/mol，小于碳碳单键键能 345.6kJ/mol 的两倍。由此可见，**碳碳双键是由一个 σ 键和一个 π 键（较 σ 键更弱）组成的**。

据测定，乙烯分子中的六个原子都在同一平面上，是平面型分子，其中的碳原子具有平面三角形结构，键角接近 120°。其键长和键角如图 3-2 所示。其他烯烃的碳碳双键也类似乙烯的结构。

在书写烯烃构造式时，为方便起见，仍采用两条短横线表示双键，但它们表示的这两个键是不相同的。σ 键和 π 键的不同点如表 3-1 所示。

表 3-1　σ 键和 π 键对比

项　目	σ 键	π 键
存在情况	可存在于任何共价键中	不能单独存在，必须与 σ 键共存
键的性质	① 以 σ 键为轴可自由旋转 ② 键能较大 ③ σ 电子云流动性小，不易极化，σ 键较稳定	① π 键不能自由旋转 ② 键能较小 ③ π 电子云流动性较大，易极化，π 键性质活泼

二、烯烃的通式和同分异构现象

1. 烯烃的通式

烯烃含有一个碳碳双键（C═C），它比同碳原子数的烷烃少两个氢原子。因此，**烯烃的通式为 C_nH_{2n}（$n \geq 2$）**。这个通式代表一系列的烯烃。例如 CH_2═CH_2、CH_3CH═CH_2、CH_3CH_2CH═CH_2 等，它们都是烯烃的同系列。

2. 烯烃的同分异构现象

由于烯烃含有碳碳双键，碳碳双键又不能自由旋转，因此，同分异构现象比烷烃复杂。在烯烃同系物中，乙烯、丙烯没有构造异构体，从丁烯开始才有构造异构体。

烯烃的构造异构，除由于碳链异构外，还由于双键在链中的位置不同，即官能团位置异构而产生。因此，烯烃的构造异构体，比同碳数烷烃异构体的数目多。例如，丁烷只有两种构造异构体，而丁烯有三种构造异构体。

$$CH_3CH_2CH═CH_2 \qquad CH_3CH═CHCH_3 \qquad CH_3-\underset{\underset{CH_3}{|}}{C}═CH_2$$

（Ⅰ）　　　　　　　　　　　（Ⅱ）　　　　　　　　　　（Ⅲ）

1-丁烯　　　　　　　　　　2-丁烯　　　　　　　　　2-甲基-1-丙烯

其中（Ⅰ）和（Ⅱ）是碳碳双键位置异构体，（Ⅰ）与（Ⅲ）及（Ⅱ）与（Ⅲ）是碳链异构体。

烯烃构造异构体的书写方法，基本与烷烃相似，但还需加上双键位置异构。其方法是：首先把所有碳原子写成一直链，再依次变动双键的位置，然后写出减少一个碳原子的直链，把减少的这个碳当支链，再依次变动支链和双键的位置。其余类推。最后用氢原子饱和。例如，戊烯就有下列五个构造异构体。

$$CH_3CH_2CH_2CH═CH_2 \qquad\qquad CH_3CH_2CH═CHCH_3$$

1-戊烯　　　　　　　　　　　　　　　　2-戊烯

$$CH_3\underset{\underset{CH_3}{|}}{CH}CH═CH_2 \qquad CH_3\underset{\underset{CH_3}{|}}{C}═CHCH_3 \qquad CH_2═\underset{\underset{CH_3}{|}}{C}CH_2CH_3$$

3-甲基-1-丁烯　　　　　　　　2-甲基-2-丁烯　　　　　　　2-甲基-1-丁烯

三、烯烃的命名

烯烃的命名和烷烃相似，也有普通命名法和系统命名法。

1. 普通命名法

少数结构简单的低级烯烃，可像烷烃那样用"正"、"异"等词头加在烯烃名称之前命名。例如：

$$CH_3CH_2CH=CH_2 \qquad\qquad CH_3-\underset{\underset{CH_3}{|}}{C}=CH_2$$

$$\text{正丁烯} \qquad\qquad\qquad \text{异丁烯}$$

2. 系统命名法

结构复杂的烯烃要采用系统命名法命名，其命名方法和烷烃相似。

（1）选主链。选取含双键的最长碳链作为主链（母体烯烃），按主链碳原子的数目命名为"某烯"。例如：

$$\overline{CH_3-\underset{\underset{CH_3}{|}}{C}=\underset{\underset{CH_3}{|}}{C}-CH_2-CH_3} \longleftarrow \text{主链，母体为戊烯}$$

$$\overline{CH_2=C-\underset{|}{C}H-CH_3}$$
$$\quad\;\;|\qquad\;\;|$$
$$\;\;CH_2CH_3\;\;CH_2CH_3 \longleftarrow \text{主链，母体为己烯}$$

（2）编号。从靠近双键一端开始，把主链的碳原子依次用阿拉伯数字编号。例如：

$$\overset{5}{CH_3}-\overset{4}{CH}-\overset{3}{C}=\overset{2}{CH}-\overset{1}{CH_3} \qquad \overset{1}{CH_2}=\overset{2}{C}-\overset{3}{CH}-\overset{4}{CH_3}$$
$$\qquad\;\;|\quad\;\;|\qquad\qquad\qquad\qquad |\quad\;\;|$$
$$\;\;\;CH_3\;CH_3 \qquad\qquad\qquad\qquad CH_2\;CH_3$$
$$\qquad\qquad\qquad\qquad\qquad\qquad\qquad\qquad\;\;\overset{5}{}\;\;\overset{6}{}$$

（3）以双键碳原子中编号较小的数字表示双键的位次，写在母体烯烃的前面。

（4）支链当取代基看待，这与烷烃的命名原则相似。例如：

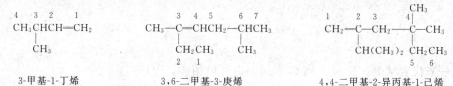

$$\qquad\text{3-甲基-1-丁烯}\qquad\qquad\text{3,6-二甲基-3-庚烯}\qquad\qquad\text{4,4-二甲基-2-异丙基-1-己烯}$$

与烷烃不同的是，当烯烃主链的碳原子数超过 10 个时，在命名的汉字数字与烯字之间应加一个"碳"字，例如：

$$CH_3(CH_2)_8CH=CH_2$$

$$\text{1-十一碳烯}$$

碳碳双键位于链端的烯烃，也称为 α-烯烃。 如：$CH_2=CH_2$、$CH_3CH=CH_2$、$CH_3CH_2CH=CH_2$ 等。

当烯烃去掉一个氢原子后剩下的一价基团叫烯基。 烯基常用俗名。重要而常见的烯基有：

$$CH_2=CH- \qquad\qquad CH_3CH=CH- \qquad\qquad CH_2=CH-CH_2-$$

$$\quad\text{乙烯基} \qquad\qquad\qquad \text{丙烯基} \qquad\qquad\qquad\;\;\text{烯丙基}$$

四、烯烃的物理性质

烯烃的物理性质与烷烃相似，也是随着碳原子数的递增而递变。在常温下，具有 $C_2\sim C_4$ 的烯烃为气体，$C_5\sim C_{18}$ 的烯烃为液体，C_{19} 以上的烯烃为固体。烯烃的沸点、熔点和相对密度都是随着分子中碳原子数（或相对分子质量）的增加而升高，但相对密度都小于1。

烯烃都是无色物质，不溶于水，易溶于四氯化碳、1,2-二氯乙烷等有机溶剂。乙烯稍带甜味，液态烯烃有汽油味。一些常见烯烃的物理常数见表3-2。

表 3-2 一些常见烯烃的物理常数

名 称	结 构 式	熔点/℃	沸点/℃	相对密度 d_4^{20}
乙烯	$CH_2=CH_2$	−169.1	−103.7	0.5699
丙烯	$CH_3-CH=CH_2$	−185.2	−47.4	0.5193
1-丁烯	$CH_3-CH_2-CH=CH_2$	−184.3	−6.3	0.5951
2-甲基-1-丙烯	$\begin{array}{c}CH_3\\ \mid \\ C=CH_2\\ \mid \\ CH_3\end{array}$	−140.3	−6.9	0.5942
1-戊烯	$CH_3-(CH_2)_2-CH=CH_2$	−138	30.0	0.6405
1-己烯	$CH_3-(CH_2)_3-CH=CH_2$	−139.8	63.3	0.6731
1-庚烯	$CH_3-(CH_2)_4-CH=CH_2$	−119	93.6	0.6970
1-十八碳烯	$CH_3-(CH_2)_{15}-CH=CH_2$	17.5	179	0.7891

五、烯烃的化学性质

碳碳双键是烯烃的官能团，烯烃的化学性质主要发生在碳碳双键上。π键比σ键的键能小，在化学反应中易断裂，性质活泼，易发生加成、氧化和聚合反应，此外，α-氢原子易发生取代反应等。

1. 加成反应

加成反应是烯烃最典型、最重要的反应。

烯烃（或不饱和有机物）**与其他试剂反应时，π键断裂，试剂中的两个一价原子或原子团分别加到双键两端的碳原子上，形成两个新的σ键，这种反应叫做加成反应。**可用式子表示如下：

$$\begin{array}{c}\diagdown\\ C=C\\ \diagup\end{array}\begin{array}{c}\diagup\\ \\ \diagdown\end{array} + X-Y \longrightarrow \begin{array}{c}\diagdown\\ \\ \diagup\end{array}\begin{array}{c}C-C\\ \mid\ \ \mid\\ X\ \ Y\end{array}\begin{array}{c}\diagup\\ \\ \diagdown\end{array}$$

式中，X—Y代表试剂，X与Y可以不同，也可以相同。

（1）催化加氢 烯烃在常温常压下很难与氢气作用，但在催化剂铂（Pt）、钯（Pd）或镍（Ni）存在下，可以与氢气加成，生成饱和烃。工业上使用活性低的催化剂时，要在高温（200~300℃）和加压下进行。

$$CH_2=CH_2 + H-H \xrightarrow[\triangle]{Ni} CH_3-CH_3$$

$$RCH=CHR' + H-H \xrightarrow[\triangle]{Ni} RCH_2CH_2R'$$

这种在催化剂影响下的加氢反应，叫做催化加氢（或叫接触氢化）。在加氢催化剂中，以铂的催化性能最好，但其价格昂贵。工业上常用镍为催化剂。近年来，发现雷尼（Raney）镍是一种催化能力很强的加氢催化剂。它是用氢氧化钠处理镍铝合金（1∶1）溶去铝后得到的疏松多孔、活性很强的黑色镍粉，因此，雷尼镍又叫骨架镍。它在中压（4~5MPa）及低于100℃的情况下，就能使烯烃氢化。

催化加氢无论在工业上还是研究上都很重要。例如，石油裂化得到的粗汽油中常混有少量烯烃，若贮存过久，烯烃易发生氧化或聚合等反应，影响汽油的质量。若把这种汽油加氢处理，把其烯烃转变为烷烃，可以提高汽油的质量。这种加氢处理后的汽油叫做加氢汽油。又如在有机分析中，可以根据试样吸收氢气的体积，计算试样含双键的数目或混合物中不饱和化合物的含量。

（2）加卤素　氯和溴都很容易与烯烃发生加成反应，双键的两个碳原子上各连一个卤素原子，生成二卤烷（称邻二卤代烷）。

$$\diagdown C=C\diagup + X\!\!-\!\!X \longrightarrow -\underset{X}{\overset{|}{C}}-\underset{X}{\overset{|}{C}}-$$

例如：

$$CH_2=CH_2 + Br\!\!-\!\!Br \xrightarrow[\text{常温}]{CCl_4} CH_2-CH_2$$
$$\qquad\qquad\qquad\qquad\qquad\qquad |\quad\ |$$
$$\qquad\qquad\qquad\qquad\qquad\qquad Br\ Br$$

（红棕色）　　1,2-二溴乙烷（无色）

$$CH_3CH=CH_2 + Br\!\!-\!\!Br \xrightarrow{CCl_4} CH_3CHCH_2$$
$$\qquad (R)\qquad\qquad\qquad\qquad\qquad (R)\ |\quad\ |$$
$$\qquad\qquad\qquad\qquad\qquad\qquad\quad Br\ Br$$

（红棕色）　　　　（无色）

在常温下，烯烃与溴的四氯化碳溶液（或溴水）作用时，溴的红棕色很快消失，实验室常用这个反应来检验物质分子中是否有碳碳双键存在。

卤素与烯烃反应的活泼性顺序为：$F_2 > Cl_2 > Br_2 > I_2$。氟与烯烃反应非常剧烈，以致使双键氧化。乙烯和氯气反应也很剧烈，必须在惰性溶剂稀释下进行。

$$CH_2=CH_2 + Cl_2 \xrightarrow[40\sim50℃, 0.1\sim0.2MPa]{FeCl_3, 1,2\text{-二氯乙烷}} CH_2CH_2$$
$$\qquad\qquad\qquad\qquad\qquad\qquad\qquad\qquad\qquad |\quad\ |$$
$$\qquad\qquad\qquad\qquad\qquad\qquad\qquad\qquad\qquad Cl\ Cl$$

1,2-二氯乙烷

这是工业上制备1,2-二氯乙烷的一个方法。1,2-二氯乙烷可用作脂肪、橡胶等的溶剂，谷物的消毒杀虫剂以及制备氯乙烯等。

（3）加卤化氢　烯烃通常在加热条件下，在 CS_2、石油醚或冰醋酸等溶剂中，与卤化氢气体或很浓的氢卤酸溶液加成，生成相应的一卤代烷。

$$\diagdown C=C\diagup + HX \xrightarrow{\triangle} -\underset{H}{\overset{|}{C}}-\underset{X}{\overset{|}{C}}-$$

卤化氢的活泼性顺序为：$HI > HBr > HCl$

由于氯化氢不活泼，与乙烯加成时，要在加热及催化剂（$AlCl_3$）存在下进行，生成氯乙烷。

$$CH_2=CH_2 + HCl \xrightarrow[130\sim250℃]{AlCl_3} CH_3CH_2Cl$$

氯乙烷在有机合成中是重要的乙基化试剂，也可作溶剂和冷冻剂。它能在皮肤表面快速蒸发，使皮肤冷至麻木而不冻伤皮下组织，因此可用作局部麻醉剂。

乙烯是个对称分子，不论氢或卤原子加到哪个碳原子上，都是生成同一产物。而丙烯是一个不对称烯烃，它与HX加成时，可生成两种产物。

$$CH_3CH=CH_2 \xrightarrow{H-X} \begin{array}{l} CH_3CH_2CH_2X \\ \text{1-卤丙烷} \\ \\ CH_3CHCH_3 \\ \quad\ |\\ \quad\ X \\ \text{2-卤丙烷} \end{array}$$

实验证明，2-卤丙烷是主要产物。

1869年，俄国科学家马尔科夫尼科夫（Markovnikov）从许多实验结果中总结出下列一条经验规则：**不对称烯烃与HX等极性试剂加成时，试剂中带正电荷部分（如酸中的氢原子）主要加到含氢较多的双键碳原子上。带负电荷的原子或原子团（如HX中的X）则加到含氢较少的双键碳原子上。这个规则叫做马尔科夫尼科夫规则（简称马氏规则），也叫不对称加成规则**。例如：

$$CH_3CH_2CH=CH_2 + HBr \xrightarrow{乙酸} CH_3CH_2CHCH_3$$
$$\qquad\qquad\qquad\qquad\qquad\qquad |$$
$$\qquad\qquad\qquad\qquad\qquad\qquad Br$$
$$\qquad\qquad\qquad\qquad\qquad (80\%)$$

$$(CH_3)_2C=CH_2 + HCl \xrightarrow{乙酸} (CH_3)_2C-CH_3$$
$$\qquad\qquad\qquad\qquad\qquad\qquad\qquad |$$
$$\qquad\qquad\qquad\qquad\qquad\qquad\qquad Cl$$
$$\qquad\qquad\qquad\qquad\qquad\qquad (100\%)$$

应用这个规则，可以预测许多烯烃加成的主要产物。

当有过氧化物（如 H_2O_2、ROOR 等）存在时，不对称烯烃与溴化氢反应，其主要产物违反马氏规则（简称反马氏规则），也称过氧化物效应。例如：

$$CH_2CH=CH_2 + HBr \xrightarrow{过氧化物} CH_3CH_2CH_2Br$$

过氧化物的存在，对 HCl、HI 与不对称烯烃的加成方式没有影响，即仍遵守马氏规则。

* 不对称烯烃与不对称试剂加成时，为什么遵守马氏规则呢？现以丙烯为例加以解释。

丙烯（$CH_3CH=CH_2$）分子中，由于甲基中碳原子的电负性大于氢原子，甲基3个 C—H 键的电子云略偏向于碳原子，在碳原子周围电子云密度较高，当它与双键碳相连时，甲基表现出向双键供电子，我们称甲基为供电子基（同理，其他烷基也是供电子基）。在丙烯分子中，由于甲基的供电子作用，碳碳双键上的 π 电子云发生了偏移，使双键中含氢原子较多的碳原子上带部分负电荷（δ^-），双键中含氢原子较少的碳原子上带部分正电荷（δ^+）。

$$CH_3 \longrightarrow \overset{\delta^+}{CH}=\overset{\delta^-}{CH_2}$$

当丙烯与卤化氢加成时，卤化氢离解为 H^+ 和 X^- 两种离子，在静电引力作用下，带正电荷的 H^+ 首先加到含氢较多带部分负电荷的双键碳原子上，带负电荷的卤原子，再加到含氢较少而带部分正电荷的双键碳原子上。

$$CH_3\overset{\delta^+}{CH}=\overset{\delta^-}{CH_2} + H^+X^- \longrightarrow CH_3CHCH_3$$
$$\qquad\qquad\qquad\qquad\qquad\qquad\qquad |$$
$$\qquad\qquad\qquad\qquad\qquad\qquad\qquad X$$

（4）**加硫酸** 烯烃与冷的浓硫酸反应，生成硫酸氢烷基酯（也称酸式硫酸酯）。例如：

$$CH_2=CH_2 + HOSO_2OH \xrightarrow{0～15℃} CH_3CH_2OSO_2OH$$
$$\qquad\qquad\qquad\qquad (98\%～100\%) \quad 硫酸氢乙酯$$
$$\qquad\qquad\qquad\qquad\qquad\qquad\qquad\quad （酸式硫酸乙酯）$$

这个反应过程与卤化氢的加成相似。不对称烯烃与硫酸加成时也符合马氏规则，即硫酸中带正电荷部分（H^+）主要加在含氢原子较多的双键碳原子上，带负电荷部分（$^-OSO_2OH$）加到含氢原子较少的双键碳原子上。例如：

$$CH_3CH=CH_2 + HOSO_2OH \xrightarrow{50℃} CH_3CHCH_3$$
$$\qquad\qquad\qquad\qquad\qquad\qquad\qquad\qquad |$$
$$\qquad\qquad\qquad\qquad\qquad\qquad\qquad\quad OSO_2OH$$
$$\qquad\qquad\qquad (75\%～85\%) \quad 硫酸氢异丙酯$$

$$CH_3-\underset{CH_3}{\underset{|}{C}}=CH_2 + HOSO_2OH \xrightarrow{30℃} CH_3-\underset{CH_3}{\underset{|}{\overset{CH_3}{\overset{|}{C}}}}-OSO_2OH$$

(63%~65%) 硫酸氢叔丁酯

从乙烯、丙烯、异丁烯与硫酸加成的诸反应可看出，**烯烃中烯键上连的烷基愈多，与其反应的硫酸浓度愈低**，即**愈易与硫酸加成**（也愈易与溴、卤化氢等试剂加成）。

烯烃与硫酸反应，生成的硫酸氢烷基酯容易水解，而得到相应的醇，这是工业上大规模利用石油裂解气体制备醇类的方法。

$$CH_3CH_2-OSO_2OH + H-OH \xrightarrow[\triangle]{水解} CH_3CH_2OH + H_2SO_4$$

乙醇

$$CH_3-CH-CH_3 + H-OH \xrightarrow[\triangle]{水解} CH_3CHCH_3 + H_2SO_4$$
$$\underset{OSO_2OH}{|} \qquad\qquad\qquad \underset{OH}{|}$$

异丙醇

$$CH_3-\underset{CH_3}{\underset{|}{\overset{CH_3}{\overset{|}{C}}}}-OSO_2OH + H-OH \xrightarrow[\triangle]{水解} CH_3-\underset{CH_3}{\underset{|}{\overset{CH_3}{\overset{|}{C}}}}-OH + H_2SO_4$$

叔丁醇

上述制醇的方法，是通过烯烃与硫酸加成后再水解，生成相应的醇和硫酸，相当于烯烃通过硫酸的桥梁作用再与水化合生成醇。所以此法称为烯烃的间接水合法。

此外，利用烯烃与硫酸作用可生成能溶于硫酸的硫酸氢烷基酯的性质，可分离、提纯某些不与硫酸反应，又不溶于硫酸的有机物（如烷烃、卤代烃等）。在石油工业中，可将含少量烯烃的烷烃（或卤代烃）与适量的浓硫酸一起振荡、静置分离，便可除去烷烃（或卤代烃）中的少量烯烃杂质。

【例 3-1】 石油工业中得到的己烷常含有少量的烯烃杂质，试用化学方法提纯除去。

【解析】 可加入适当的化学试剂，使它与杂质发生反应除去。其法是在常温下加入少量浓硫酸振荡，杂质烯烃生成硫酸氢烷基酯，并溶于过量浓硫酸中沉于下层，静置分离除去。上层为纯己烷。

也可用下列简式表示：

$$\left.\begin{array}{l}己烷\\烯烃\end{array}\right\} \xrightarrow[振荡、静置、分离]{加入冷的浓硫酸} \begin{array}{l}上层：有机层（己烷）\\下层：酸层（硫酸氢烷基酯）\end{array}$$

弃去下层，上层为纯己烷。

（5）加水 烯烃在通常条件下，与水不易直接加成，但在强酸性催化剂（附着在硅藻土上面的磷酸或硫酸）及加压条件下，可与水直接加成，生成相应的醇。不对称烯烃按马氏规则加成。例如：

$$CH_2=CH_2 + H-OH \xrightarrow[300℃，7\sim8MPa]{H_3PO_4/硅藻土} CH_3CH_2OH$$

$$CH_3CH=CH_2 + H-OH \xrightarrow[195\sim200℃，2MPa]{H_3PO_4/硅藻土} CH_3\underset{OH}{\underset{|}{C}HCH_3}$$

这种由**烯烃与水直接化合生成醇的方法**，称**直接水合法**。此法无间接水合法所产生的废酸及对设备严重腐蚀的问题，我国在工业上已经采用。

(6) 与次卤酸加成　次卤酸（常用次氯酸或次溴酸）是弱酸，它们与烯烃加成时，是与强酸的加成不同的。在次卤酸中，由于氧原子的电负性（3.5）大于氯（3.0）和溴（2.8），故可使分子极化成 $\overset{\delta^-}{H}\overset{}{O}\overset{\delta^+}{X}$，与烯烃反应后生成卤（代）醇。

$$\underset{|}{\overset{|}{C}}=\underset{|}{\overset{|}{C}} + H\overset{\delta^-}{O}\overset{\delta^+}{X} \longrightarrow \underset{X}{\overset{|}{C}}-\underset{OH}{\overset{|}{C}}$$

$$CH_2=CH_2 + HOCl \xrightarrow{70℃} \underset{Cl\ OH}{CH_2CH_2}$$

氯乙醇

不对称烯烃与次卤酸加成时，仍按马氏规则进行。次卤酸中带部分正电荷的卤原子，主要加到含氢较多的双键碳原子上，带部分负电荷的羟基（—OH）加到含氢较少的双键碳原子上。例如：

$$CH_3CH=CH_2 + H\overset{\delta^-}{O}\overset{\delta^+}{Cl} \xrightarrow{30～40℃} \underset{OH\ Cl}{CH_3CHCH_2} + \underset{Cl\ OH}{CH_3CHCH_2}$$

1-氯-2-丙醇　　2-氯-1-丙醇
（90%）

但在实际生产中，常用卤素和水代替相应的次卤酸。

$$Cl_2 + H_2O \rightleftharpoons HOCl + HCl$$

生成的卤（代）醇是重要的有机原料，例如氯乙醇在医药上是制造普鲁卡因、驱蛔灵的原料。

2. 氧化反应

烯烃分子中双键的活泼性，还表现在双键易被氧化。当氧化剂和氧化条件不同时，生成的产物也不同。用高锰酸钾溶液作氧化剂时，高锰酸钾溶液的浓度、pH 的大小和加热与否，对产物的影响很大。

烯烃与冷、稀高锰酸钾中性或碱性溶液作用时，烯烃 π 键断裂，双键的两个碳原子上各加上一个羟基（—OH），生成邻二醇。同时，高锰酸钾的紫红色迅速褪去，并产生褐色的二氧化锰沉淀。由于反应现象明显，可用来检验分子中不饱和键的存在。

$$\underset{|}{\overset{|}{C}}=\underset{|}{\overset{|}{C}} + KMnO_4 + H_2O \xrightarrow[\text{室温}]{\text{中性或碱性}} \underset{OH\ OH}{\overset{|}{C}-\overset{|}{C}} + MnO_2\downarrow + KOH$$

（紫红色）　　　　　　　　　（无色）　（褐色）

上述反应不易停留在生成二元醇阶段，产物复杂，此反应只用于鉴别，不能用于制备。

烯烃在酸性高锰酸钾或过量的、热的高锰酸钾溶液中强烈氧化时，双键中的 π 键和 σ 键全部断裂，生成相应的氧化产物，实验证明，$H_2C=$ 生成二氧化碳和水，$RCH=$ 生成羧酸（RCOOH），$\underset{R}{\overset{R}{C}}=$ 生成酮($R\overset{O}{\overset{\|}{C}}R'$)。例如：

$$RCH=CH_2 \xrightarrow[H_2SO_4]{KMnO_4} R-\overset{O}{\overset{\|}{C}}-OH + H-\overset{O}{\overset{\|}{C}}-OH$$

羧酸　　　$\xrightarrow{[O]}$ $CO_2 + H_2O$

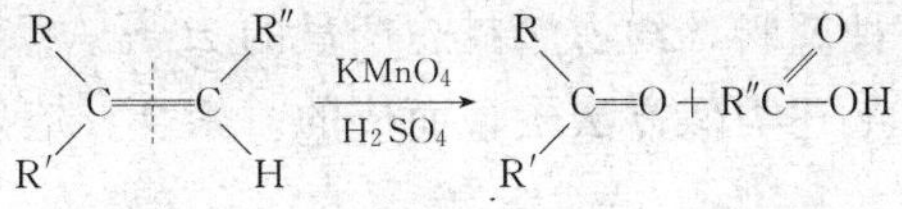

$$\underset{R'}{\overset{R}{>}}C=C\underset{H}{\overset{R''}{<}} \xrightarrow[H_2SO_4]{KMnO_4} \underset{R'}{\overset{R}{>}}C=O + R''C\overset{O}{-}OH$$
酮　　羧酸

MnO_4^- 还原为 Mn^{2+}。

反之，上式从右向左看，根据氧化产物，可推知原来烯烃的结构。因所得的羧酸或酮，都是烯烃经氧化后双键断裂而生成的。如果把所得氧化产物分子中的氧都去掉，剩余部分经双键连接起来，即为原来的烯烃。

【例 3-2】 某结构为 C_5H_{10} 的烯烃，用酸性高锰酸钾溶液氧化后生成乙酸（$CH_3\overset{O}{C}-OH$）和丙酮（$CH_3\overset{O}{C}CH_3$），试推测该烯烃的构造式。

【解析】 把氧化后产物的构造式写出来：$CH_3\overset{O}{C}-\boxed{OH} + \boxed{O}=\overset{CH_3}{\underset{CH_3}{C}}$，再消去所有氧原子，并把双键连起来，即得到原烯烃的构造式：$CH_3\overset{H}{\underset{}{C}}=\overset{CH_3}{\underset{CH_3}{C}}$

或直接写成：$CH_3\overset{O}{C}-OH + CH_3\overset{O}{C}CH_3 \xrightarrow[H^+]{KMnO_4} CH_3\overset{H}{\underset{}{C}}=\overset{CH_3}{\underset{CH_3}{C}}$

3. 聚合反应

烯烃（特别是低级的 α-烯烃）在引发剂和催化剂作用下，π 键断裂，以头尾相连的形式自相加成，生成相对分子质量很大的化合物。这种**由相对分子质量小的化合物相互作用转变为相对分子质量很大的化合物的反应，叫聚合反应。能起聚合反应的相对分子质量小的化合物叫单体。聚合后的产物叫聚合物或高聚物**。由两个、三个或多个单体进行的聚合反应叫二聚、三聚或多聚反应，所得产物分别叫二聚体、三聚体或多聚体。

由许多乙烯分子聚合可生成聚乙烯，反应式如下：

$CH_2=CH_2 + CH_2=CH_2 + CH_2=CH_2 + \cdots\cdots \xrightarrow{聚合} -CH_2-CH_2-+-CH_2-CH_2-+-CH_2-CH_2-+\cdots\cdots \rightarrow$
$-\!\!\!-\!\!\![CH_2-CH_2-CH_2-CH_2-CH_2-CH_2]\!\!\!-\!\!\!-\cdots\cdots$

简写式：$nCH_2=CH_2 \xrightarrow{聚合} -[CH_2-CH_2]_n-$
乙烯（单体）　聚乙烯（聚合物）

式中，—CH_2—CH_2—叫做链节；n 叫做聚合度，也叫链节数。高聚物的平均相对分子质量＝n×单体（或链节）的相对分子质量。

* 目前，工业上生产聚乙烯随聚合条件不同，有高压、中压和低压法之别。高压法是指在较高压力（50～300MPa）下，300℃左右，在有机过氧化物等引发剂存在下聚合，产品称高压聚乙烯，其平均相对分子质量在 2.5 万～5 万，密度较低（约 0.92g/cm^3），比较柔软，所以高压聚乙烯又称低密度聚乙烯或软聚乙烯。低压法是指在较低压力（0.1～1MPa）下，温度在 60～150℃，在齐格勒-纳塔催化剂（三乙基铝、四氯化钛）存在下聚合，产品称低压聚乙烯，其平均相对分子质量在 10 万～30 万之间，密度较高（约为 0.94g/cm^3），也较坚硬，所以又叫高密度聚乙烯或硬聚乙烯。

聚乙烯是无臭、无毒、无味的乳白色固体，具有热塑性、电绝缘性、耐化学腐蚀性、耐溶剂性等优良性能，主要用于食品包装、贮存及农用塑料薄膜、电绝缘材料等。它的用途广泛，是世界上产量最高的一种塑料，约占塑料总产量的20%。

聚丙烯在工业上也是由上述类似方法聚合而成的。聚合反应发生在不饱和键上。聚丙烯也可用低压法生产。

$$n \underset{\underset{CH_3}{|}}{CH}=CH_2 \xrightarrow[50\sim 60℃,\ 1.01\sim 1.52MPa]{TiCl_4/Al(C_2H_5)_3,\ 汽油} \underset{\underset{CH_3}{|}}{+CH}-CH_2\underset{}{\xrightarrow{}}_n$$

　　　　丙烯　　　　　　　　　　　　　　　聚丙烯

它是一种耐热、耐腐蚀、电绝缘性及力学性能优良的塑料。

4. α-氢原子的反应

在有机化合物分子中，**与官能团（例如烯烃的碳碳双键）直接相连的碳原子叫做 α-碳原子。与 α-碳原子相连的氢原子叫做 α-氢原子**。α-氢原子由于受烯烃双键的影响，在一定条件下比较活泼，容易发生取代反应。

丙烯与氯气作用，温度低于250℃时，主要发生加成反应；在500℃左右时，主要发生 α-氢原子的氯代反应。

$$\overset{\alpha}{CH_3}CH=CH_2+Cl_2 \begin{cases} \xrightarrow{<250℃} \underset{\underset{}{}}{CH_3}\underset{\underset{Cl}{|}}{CH}-\underset{\underset{Cl}{|}}{CH_2} \quad \text{1,2-二氯丙烷}\\ \xrightarrow{500℃} \underset{\underset{Cl}{|}}{CH_2}CH=CH_2+HCl \\ \quad\quad\quad\text{3-氯-1-丙烯} \end{cases}$$

3-氯-1-丙烯是制造甘油、环氧树脂等的原料。

其他烯烃在高温下与氯气或溴作用，也发生 α-氢原子的取代反应。例如：

$$\underset{\underset{CH_3}{|}}{CH_3-CH}-CH=CH_2+Br_2 \xrightarrow{高温} \underset{\underset{CH_3}{|}}{CH_3-\overset{\overset{Br}{|}}{C}}-CH=CH_2$$

　　　　　　　　　　　　　　　　　3-甲基-3-溴-1-丁烯

【例 3-3】 试以丙烯为原料，合成 $\underset{\underset{Cl}{|}}{CH_2}-\underset{\underset{Cl}{|}}{CH}-\underset{\underset{Cl}{|}}{CH_2}$ 。

【解析】 1. 解合成题一般要依题意先写出原料与合成物相应的构造式：

$$CH_3-CH=CH_2 \longrightarrow \underset{\underset{Cl}{|}}{CH_2}-\underset{\underset{Cl}{|}}{CH}-\underset{\underset{Cl}{|}}{CH_2}$$

2. 再从原料和合成物构造式进行对比可知：原料 $CH_3-CH=CH_2$ 中的 α-氢原子被氯原子取代了，烯键左、右两边各缺少一个 Cl 原子，可见，$CH_3CH=CH_2$ 经过① 丙烯中的 α-氢原子被氯原子取代；② 再与 Cl_2 加成即可。合成路线如下：

$$CH_3CH=CH_2+Cl_2 \xrightarrow{500℃} \underset{\underset{Cl}{|}}{CH_2}CH=CH_2 \xrightarrow{Cl_2} \underset{\underset{Cl}{|}}{CH_2}-\underset{\underset{Cl}{|}}{CH}-\underset{\underset{Cl}{|}}{CH_2}$$

必须指出：$CH_3CH=CH_2$ 中 α-氢原子的取代反应，必须在第一步进行；如果第一步先与 Cl_2 加成，分子中就不再存在烯键了，自然也就不再存在烯烃的 α-氢原子取代了。

六、重要的烯烃

在化学工业中，乙烯、丙烯、丁二烯、苯、甲苯、二甲苯、乙炔、萘，合称为有机合成的八大基础原料，可见乙烯、丙烯的重要性。

工业上，烯烃主要来自石油裂解。由于化学工业对乙烯的需求量日益增加，因此石油裂解的工艺设计，一般都是以获得最大量的乙烯为其主要目的。例如：

$$C_6H_{14} \xrightarrow[\text{（裂解）}]{700\sim900℃} CH_4 + CH_2=CH_2 + CH_3CH=CH_2 + 其他$$

$$\quad\quad\quad\quad\quad (15\%) \quad (40\%) \quad\quad (20\%)$$

我国近年来就建立了多套石油裂解年产 30 万～80 万吨的乙烯装置。下面介绍三种最重要的烯烃。

1. 乙烯

在实验室中，乙烯是通过加热乙醇（CH_3CH_2OH）和浓硫酸的混合物，使乙醇脱水而制得的。反应式如下：

$$\underset{\text{乙醇}}{\begin{array}{c} H\ H \\ | \ \ | \\ HC-C-H \\ | \ \ | \\ \fbox{H\ OH} \end{array}} \xrightarrow[170℃左右]{浓硫酸} \underset{\text{乙烯}}{CH_2=CH_2\uparrow} + H_2O$$

在上述反应中，浓硫酸起了脱水剂和催化剂的作用。

乙烯为无色、略带甜味的可燃性气体，沸点-103.7℃，燃烧时发出明亮而有烟的火焰。乙烯与空气混合，能形成爆炸性混合物，其爆炸极限为 3%～29%（体积分数）。它不溶于水，易溶于汽油、四氯化碳等有机溶剂。

乙烯具有烯烃的典型化学性质。主要用途如下：

```
             加氯──→1,2-二氯乙烷──→氯乙烯──→聚氯乙烯(塑料)
             加卤化氢──→卤乙烷(乙基化剂、重要合成中间体)
             水合──→乙醇──→乙醛──→乙酸──→乙酸酯类(香料)
             加次氯酸──→氯乙醇──→环氧乙烷──→乙二醇(涤纶原料)
 乙烯─┤                              └─→乙醇胺(表面活性剂、气体吸收剂)
             聚合──→聚乙烯(塑料)
             丙烯(共聚合)──→乙丙橡胶(合成橡胶)
             苯烷基化──→乙苯──→苯乙烯──→聚苯乙烯(塑料)
```

目前，乙烯的系列产品，在国际上占全部石油化工产品产值的一半以上，因此，往往以乙烯的生产水平来衡量一个国家石油化学工业的发展水平，可见乙烯在石油化工中占有极为重要的地位。

此外，乙烯还用作水果催熟剂等。

2. 丙烯

丙烯在常温、常压下为无色可燃气体，在空气中的爆炸极限是 2%～11%（体积分数），沸点-48℃，不溶于水，易溶于汽油、四氯化碳等有机溶剂。

丙烯具有烯烃的一般化学性质，它的 α-氢原子由于受到双键中 π 电子的影响而非常活泼，可发生高温取代及氨氧化反应。

$$CH_2=CH-CH_3 + NH_3 + \frac{1}{2}O_2 \xrightarrow[470\sim500℃]{含铈的磷钼酸铋} \underset{\text{丙烯腈}}{CH_2=CHCN} + H_2O$$

生成的丙烯腈是合成腈纶的原料。

丙烯的主要用途如下：

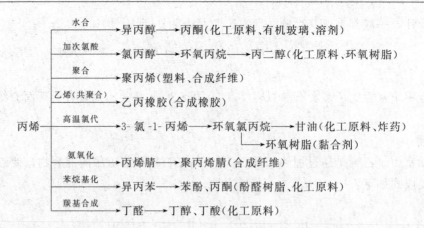

3. 异丁烯

异丁烯是无色可燃气体，沸点 $-70℃$。它主要来源于石油裂解。它是制备丁基橡胶、有机玻璃、环氧树脂和叔丁醇等的原料。此外，其二聚体经催化加氢可生成异辛烷（测定汽油辛烷值的标准物质）。

【生活小实验】

乙烯催熟水果

你身边如果有青香蕉、绿橘子、柿子等尚未完全成熟的水果，你又想把它们尽快催熟，可以把青香蕉等生水果和熟苹果等熟水果放在同一个塑料袋里，系紧袋口，放置几天，青香蕉等生水果就会变黄、成熟。这是因为水果在成熟过程中，自身能放出乙烯气体，利用成熟水果放出的乙烯可以催熟生水果。也可以在生水果中喷洒能释放乙烯的乙烯利（水果催熟剂）代替熟水果做此小实验。

[乙烯利的构造式为 $ClCH_2CH_2PO(OH)_2$]

习 题

1. 不看课本，试写出 C_5H_{10} 烯烃的所有构造异构体，并用系统命名法加以命名。
2. 用系统命名法命名下列化合物。

(1) $CH_3CH=CHCH—CH_3$
         $\quad\quad\quad\quad\quad\quad\quad |$
         $\quad\quad\quad\quad\quad\quad\quad CH_3$

(2) $CH_3—C=CHCHCH_3$
         $\quad\quad\quad\quad |\quad\quad |$
         $\quad\quad\quad\quad CH_3\;\;CH_3$

(3) $CH_3CH—CH=CHCH_2CH_3$
         $\quad\quad\quad\quad |$
         $\quad\quad\quad\quad CH_2CH_3$

(4) $CH_3C=CHC(CH_3)_3$
         $\quad\quad |$
         $\quad\quad CH_2CH_3$

(5) $CH_2=CHCH(CH_3)_2$
         $\quad\quad\quad\quad |$
         $\quad\quad\quad\quad CH_2CH_3$

(6) $CH_3CH=C—CH(CH_3)_2$
         $\quad\quad\quad\quad\quad |$
         $\quad\quad\quad\quad\quad CH_3$

3. 写出异丁烯与下列含溴试剂或氧化剂反应的主要产物。

(1) $CH_3C=CH_2 + Br_2 \xrightarrow{\text{光或高温}} ?$
         $\quad\quad |$
         $\quad\quad CH_3$

(2) $CH_3C=CH_2 + Br_2 \xrightarrow{CCl_4} ?$
         $\quad\quad |$
         $\quad\quad CH_3$

(3) $CH_3C=CH_2 + Br_2 + H_2O \longrightarrow$
         $\quad\quad |$
         $\quad\quad CH_3$

(4) $CH_3C=CH_2 \xrightarrow{\text{冷、稀高锰酸钾溶液}} ?$
         $\quad\quad |$
         $\quad\quad CH_3$

(5) $CH_3C=CH \xrightarrow{\text{酸性高锰酸钾溶液}} ?$
         $\quad\quad |$
         $\quad\quad CH_3$

4. 完成下列反应式。

(1) $CH_3CH=CH_2 + Cl_2 \xrightarrow[500℃]{<250℃}$?

(2) $CH_3C=CH_2 \xrightarrow[\text{过氧化物}]{HBr}$?
         |
         CH_3

(3) $(CH_3)_2C=CH_2 + Cl_2 + H_2O \longrightarrow$?

(4) $CH_3CH_2CH=CH_2 + H_2O \xrightarrow{H^+}$?

(5) $CH_3—C=CH_2 + H_2SO_4 \longrightarrow ? \xrightarrow[\Delta]{H_2O}$?
          |
          CH_3

(6) $nCH_3CH=CH_2 \xrightarrow{Al(CH_2CH_3)_3\text{-}TiCl_4}$?

5. 试指出和碘化氢作用时可生成下列碘代烷的烯烃的结构。

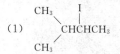

[提示] 此类题要从与碘（I）相连的碳原子左、右两边碳原子上的氢，共同脱去碘化氢后的两个烯烃结构式去思考。

6. 试把下列各组烯烃与溴、卤化氢及浓硫酸等试剂加成的反应活性，由大到小排列成序。

(1) $CH_2=CH_2$、$CH_3CH=CH_2$、$CH_3—C=CH_2$
                                                |
                                                CH_3

(2) 1-丁烯、2-丁烯、异丁烯

(3) 1-戊烯、2-甲基-1-丁烯、2-甲基-2-丁烯

[提示] 双键碳上连的供电子基团愈多，其电子云密度愈大，愈易发生上述加成反应。

7. 在聚丙烯的生产中，常用己烷或庚烷作溶剂，但要求溶剂中不能含有烯烃。请列举两种化学方法，检验该溶剂中有无烯烃杂质。若有，该如何除去？

8. 现有三瓶标签已脱落的药品，已知它们是庚烷、1-庚烯和 3-庚烯，试用化学方法把它们一一鉴别出来。

9. 甲、乙两烯烃，分子组成均为 C_6H_{12}，把它们分别用酸性高锰酸钾溶液氧化，甲生成 $CH_3CHC\overset{O}{\underset{OH}{\|}}$、$CO_2$ 和水，乙仅生成一种丙酮（$CH_3\overset{O}{\overset{\|}{C}}CH_3$），试推测甲、乙两烯烃的构造式。
         |
         CH_3

10. 以 C_4 或 C_4 以下的烯烃和必要的无机试剂合成下列化合物：

(1) 2-溴丙烷   (2) 1-溴丙烷   (3) 异丙醇

(4) 叔丁醇   (5) CH_3CHCH_2Br (6) CH_2CHCH_2
                          | | |
                          OH Cl $OHBr$

11. 选择题。

(1) 汽油中有少量烯烃杂质，在实验室中使用最简便的提纯方法是（   ）。

A. 催化加氢   B. 加入 HBr，使烯烃与其反应

C. 加入浓硫酸振荡、静置、再分离   D. 加入水洗涤，再分离

*(2) 乙烯和丙烯按 1∶1（摩尔比）聚合时生成聚合物乙丙橡胶，该聚合物的结构式可能是（   ）。

A. $\text{-}[CH_2-CH_2-CH-CH_2]_n\text{-}$ B. $\text{-}[CH_2-CH_2-CH_2CH]_n\text{-}$
                    | |
                    CH_3 CH_3

C. $\text{-}[CH_2-CH_2-CH=CH-CH_2]_n\text{-}$ D. $\text{-}[CH_2-CH_2-CH_2-CH_2-CH_2]_n\text{-}$

12. 填空题

(1) 石油裂解时，生成大量的乙烯、丙烯、异丁烯气体，用浓硫酸吸收后水解生成醇，其产物构造式分别是_____、_____、_____。

(2) 实验室鉴别烯烃和烷烃的常用试剂是＿＿＿＿＿＿溶液和＿＿＿＿＿＿溶液，其现象是＿＿＿＿＿＿＿＿＿＿＿＿＿＿＿＿＿＿＿＿＿＿＿＿＿＿。

(3) 烯烃能使溴的 CCl_4 溶液褪色，是烯烃与溴发生＿＿＿＿＿反应的结果；烯烃能使高锰酸钾酸性溶液褪色，是烯烃与高锰酸钾溶液发生＿＿＿＿＿反应的结果。

(4) 不对称烯烃与卤化氢等极性试剂加成时，试剂中带正电荷部分，主要加到连着双键含氢较＿＿＿＿的双键碳原子上；带负电荷部分，主要加到连着双键含氢较＿＿＿＿的双键碳原子上。在 HOX 中，带正电荷部分是＿＿＿＿；带负电荷部分是＿＿＿＿。

第二节 二 烯 烃

前已述及，含有两个碳碳双键的开链不饱和烃，叫二烯烃。

一、二烯烃的通式、分类和命名

1. 二烯烃的通式

开链二烯烃比烯烃多一个碳碳双键，因此，它比相应烯烃少两个氢原子，其通式为 C_nH_{2n-2}（式中 $n \geqslant 3$）。

2. 二烯烃的分类

二烯烃的性质和其分子中两个碳碳双键的相对位置有密切关系，根据两个双键的相对位置不同，可将二烯烃分为下列三类。

(1) 累积二烯烃　两个双键连在同一个碳原子上的二烯烃（即分子中含有 $\mathrm{C{=}C{=}C}$ 体系的二烯烃），叫做累积二烯烃。例如：

$$CH_2{=}C{=}CH_2$$
丙二烯

(2) 共轭二烯烃　两个双键被一个单键隔开的二烯烃（即分子中含有 $\mathrm{C{=}C{-}C{=}C}$ 体系的二烯烃），叫做共轭二烯烃。例如：

$$CH_2{=}CH{-}CH{=}CH_2$$
1,3-丁二烯

凡被一个单键隔开的两个双键，叫做共轭双键。

(3) 孤立二烯烃　两个双键被两个或两个以上的单键隔开的二烯烃〔即分子中含有 $\mathrm{C{=}C{-}(C)_n{-}C{=}C}$（$n \geqslant 1$）体系的二烯烃〕，叫做孤立二烯烃。例如：

$$CH_2{=}CH{-}CH_2{-}CH{=}CH_2$$
1,4-戊二烯

上述三种二烯烃中，累积二烯烃不稳定，数量少，实际应用也不多。孤立二烯烃的性质与一般单烯烃相似。共轭二烯烃由于结构特殊，在理论和实际应用上都很重要，是本节讨论的重点。

3. 二烯烃的命名

二烯烃的系统命名法与烯烃相似。不同之处是分子中含两个双键，故称二烯。其命名要点如下。

(1) 选取含两个双键的最长碳链做主链，称"某二烯"。

(2) 从距双键最近的一端依次编号，并用阿拉伯数字标明两个双键的位次于"某二烯"名称之前。

(3) 取代基的位次、数目、名称写在母体二烯烃名称的前面。例如：

$$\underset{\text{2-甲基-1,3-丁二烯}}{\text{CH}_2=\underset{\underset{\text{CH}_3}{|}}{\text{C}}-\text{CH}=\text{CH}_2} \qquad \underset{\text{2-乙基-1,4-戊二烯}}{\text{CH}_2=\text{CHCH}_2-\underset{\underset{\text{CH}_2\text{CH}_3}{|}}{\text{C}}=\text{CH}_2}$$

二、共轭二烯烃的结构和性质

1. 共轭二烯烃的结构

1,3-丁二烯是最简单且最重要的共轭二烯烃。现以它为例，讨论共轭二烯烃的结构和特性。根据近代物理方法测定，它的分子结构和键长、键角，如图 3-3 所示。

1,3-丁二烯分子中，C═C 双键的键长比烯烃中 C═C 双键键长较长；而 C—C 单键键长比一般烷烃中的 C—C 单键键长较短。这说明 1,3-丁二烯分子中不存在典型的碳碳单键和碳碳双键，而是键长趋于平均化。

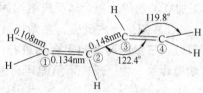

图 3-3 1,3-丁二烯分子中的键长和键角

*这种由 π 键和 σ 键交替排列（或者说具有共轭 π 键结构）的体系，称共轭体系。在共轭体系中，由于分子中原子间的相互影响，而引起电子云密度平均化的效应，称共轭效应（亦称离域效应）。共轭效应具有下列特点。

(1) **键长趋于平均化**。

(2) **极性交替，相互传递** 共轭体系受到外界试剂进攻，共轭体系的 π 电子云转移时，键上出现正、负极性交替现象，共轭效应沿共轭键传递，并不因键的增长而减弱。例如：

$$A^+ \longrightarrow \overset{\delta^-}{\text{CH}_2}=\overset{\delta^+}{\text{CH}}-\overset{\delta^-}{\text{CH}}=\overset{\delta^+}{\text{CH}_2}$$

(3) 共轭体系的能量较低，分子较稳定。

2. 共轭二烯烃的性质

共轭二烯烃的物理性质和烷烃、烯烃相似。常温下，碳原子数较少的（例如 1,3-丁二烯，沸点为 -4℃）为无色气体，碳原子数较多的（例如 2-甲基-1,3-丁二烯，沸点为 34℃）为无色液体。它们都不溶于水，而溶于有机溶剂。相对密度都小于 1。

共轭二烯烃的化学性质，由于它含有两个碳碳双键，因而具有一般烯烃的性质，可发生加成、聚合等反应。但因共轭二烯烃分子中两个共轭双键结构特殊，与一般双键不同，因而又具有下列特性。

(1) **1,2-加成和 1,4-加成反应** 1,3-丁二烯等共轭二烯烃能与卤素、卤化氢等发生加成，且一般比烯烃容易。试剂中的两个原子不仅可在同一个双键的两个碳原子上加成，还可在共轭体系两端的碳原子上，即 C-1 和 C-4 上加成，原来的两个双键消失，且在 C-2 和 C-3 间形成一个新的双键。前者称为 1,2-加成；后者称为 1,4-加成。例如：

$$\underset{4\quad 3\quad 2\quad 1}{\overset{\delta^+}{\text{CH}_2}=\overset{\delta^-}{\text{CH}}-\overset{\delta^+}{\text{CH}}=\overset{\delta^-}{\text{CH}_2}} + \overset{\delta^+}{\text{Br}}-\overset{\delta^-}{\text{Br}} \xrightarrow[\text{乙酸}]{4℃} \begin{cases} \xrightarrow{1,2\text{-加成}} \underset{\text{3,4-二溴-1-丁烯(30\%)}}{\text{CH}_2=\text{CH}-\underset{\underset{\text{Br}}{|}}{\text{CH}}-\underset{\underset{\text{Br}}{|}}{\text{CH}_2}} \\ \xrightarrow{1,4\text{-加成}} \underset{\text{1,4-二溴-2-丁烯(70\%)}}{\underset{\underset{\text{Br}}{|}}{\text{CH}_2}-\text{CH}=\text{CH}-\underset{\underset{\text{Br}}{|}}{\text{CH}_2}} \end{cases}$$

上述反应若在非极性溶剂（如正己烷）中，在-15℃低温下进行，1,4-加成产物只占46％。

1,3-丁二烯能发生1,2-加成和1,4-加成的原因，是Br^+加到C-1上后，Br^-可加到带正电荷的C-2或C-4上，即发生1,2-加成或1,4-加成。

1,3-丁二烯与卤化氢等不对称试剂加成时，按马氏规则进行。例如：

$$\overset{\delta^+}{CH_2}=\overset{\delta^-}{CH}-\overset{\delta^+}{CH}=\overset{\delta^-}{CH_2} + H^+Br^- \longrightarrow CH_2Br-CH=CHCH_3 + CH_2=CH-\underset{Br}{\overset{|}{C}H}-CH_3$$

$\quad\quad$ 4 3 2 1

40℃时　　　　　　　　　　　　　　　　　　　　80％　　　　　　20％
-80℃时　　　　　　　　　　　　　　　　　　　　20％　　　　　　80％

可以看出，1,2-加成和1,4-加成反应是同时发生的，两种产物的比例，决定于试剂的性质和反应条件（例如溶剂的极性、反应温度等）。但一般地，1,4-加成产物通常是主要的。1,4-加成产物的比例会随反应温度的升高和溶剂极性的增加而增加。

*(2) 双烯合成反应　在光和热的作用下，1,3-丁二烯等共轭二烯烃可以和某些具有碳碳双键、三键的不饱和化合物进行1,4-加成，生成六元环状化合物，叫做双烯合成反应，产物通称加合物。反应不但能顺利进行，且产率很高。例如：

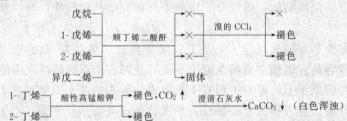

顺丁烯二酸酐　　　　　（固体,100％）

该反应是可逆的，加热到较高温度，它又可分解为原来的共轭二烯烃和与共轭二烯烃发生双烯合成的不饱和化合物。因此，**上述反应常用来检验和提纯共轭二烯烃**。

双烯合成反应，是共轭二烯烃特有的反应，这类反应在理论上和生产实践上都很重要，是经一步反应生成六元环的重要方法。

【例3-4】 有四瓶无色液体，不慎标签遗失，已知它们是戊烷、1-戊烯、2-戊烯、异戊二烯，试用化学方法把它们一一鉴别出来。

【解析】 要鉴别物质，必须利用物质的特性反应，要求加入的鉴别试剂，能使待检物质呈现特殊现象，例如有气体或沉淀生成，或者发生颜色变化等，从而把物质鉴别出来。本题可用下列表解法鉴别：

```
戊烷　　　　　　　　　　　→×　　　　　　　→×
1-戊烯　顺丁烯二酸酐　　　→×　　溴的CCl₄　→褪色
2-戊烯　　　　　　　　　　→×　　　　　　　→褪色
异戊二烯　　　　　　　　　→固体

1-丁烯　酸性高锰酸钾　→褪色,CO₂↑　澄清石灰水　→CaCO₃↓（白色浑浊）
2-丁烯　　　　　　　　→褪色
```

(3) 聚合反应　与加成反应相似，1,3-丁二烯既可1,2-加成聚合，也可以1,4-加成聚合，而1,4-加成聚合是1,3-丁二烯和异戊二烯合成橡胶的基础。

自20世纪50年代后，随着催化剂和聚合反应研究的发展，工业上用齐格勒-纳塔（Ziegler-Natta）催化剂（$TiCl_4$-AlR_3型催化剂），获得了基本上都按1,4-加成方式聚合，由"首尾相连"而成的顺丁橡胶。

$$n\begin{matrix}CH_2CH_2\\C=C\\HH\end{matrix}\xrightarrow[60\sim70℃]{齐格勒-纳塔催化剂}\left[\begin{matrix}CH_2CH_2\\C=C\\HH\end{matrix}\right]_n$$
顺丁橡胶

由于上述反应产物的每一"链节"中,相同的氢原子或亚甲基(CH_2)都处在碳碳双键同侧,故称顺式。这种选择性的聚合催化剂,叫定向聚合催化剂,这样的聚合方式叫定向聚合❶。

由定向聚合生成的顺丁橡胶,由于结构排列有规律,具有耐磨、耐低温、耐老化、弹性良好等优良性能,在合成橡胶中的产量占世界第二位,仅次于丁苯橡胶(丁苯橡胶的制备见第十三章的合成橡胶)。

3. 1,3-丁二烯的制法和用途

1,3-丁二烯主要从石油裂解气的 C_4 馏分中经分离得到。此外,还可从 C_4 馏分中的丁烷、丁烯再脱氢制取。

$$CH_3CH_2CH_2CH_3 \xrightarrow[600℃]{Al_2O_3-Cr_2O_3} CH_2=CH-CH=CH_2+2H_2$$

$$\begin{matrix}CH_3CH_2CH=CH_2\\CH_3CH=CHCH_3\end{matrix}+O_2 \xrightarrow[400\sim500℃]{Sn\text{ 或 }Sn\text{ 氧化物}} CH_2=CH-CH=CH_2+H_2O$$
(55%~57%)

随着石油化学工业的发展,此法是大量制备价格低廉的1,3-丁二烯的工业方法。

1,3-丁二烯是合成橡胶和某些树脂的重要单体,如丁苯橡胶(与苯乙烯共聚)、顺丁橡胶、丁腈橡胶(与丙烯腈共聚)等都以1,3-丁二烯为主要原料。此外,1,3-丁二烯也是重要的有机原料,如制备己二腈和癸二酸,前者是生产尼龙66的原料,后者用来制备聚乙烯的增塑剂。

三、天然橡胶和异戊二烯

天然橡胶主要来自橡胶树。从橡胶树得到的白色胶乳,经脱水加工即凝结成块状的生橡胶,它是工业上橡胶制品的原料。

把天然橡胶进行干馏,可得到异戊二烯。

$$天然橡胶 \xrightarrow{干馏} CH_2=\underset{\underset{CH_3}{|}}{C}-CH=CH_2$$
2-甲基-1,3-丁二烯(异戊二烯)

因此,可以认为天然橡胶是异戊二烯的聚合物。经长期研究认为,天然橡胶可以看成是由异戊二烯单体以1,4-加成方式聚合而成的:

$$\begin{matrix}CH_3H\\C=C\\CH_2CH_2-CH_2\\C=C\\CH_3H\end{matrix}\cdots\begin{matrix}CH_3H\\C=C\\CH_2CH_2\end{matrix}\cdots$$
天然橡胶

式中,亚甲基($-CH_2-$)都位于碳碳双键同侧,因此叫顺式构型。

近年来,利用齐格勒-纳塔催化剂,由异戊二烯单体成功聚合成性能与天然橡胶相似的合成天然橡胶。

---

❶ 德国化学家齐格勒和意大利化学家纳塔由于在定向聚合等方面的卓越贡献,共同获得了1963年诺贝尔化学奖。

$$n\ CH_2=\underset{\underset{CH_3}{|}}{C}-CH=CH_2 \xrightarrow[\text{庚烷, 5~15℃}]{TiCl_4\text{-}Al(CH_2CHCH_3)_3} \left[\underset{\underset{CH_3}{|}}{CH_2}\underset{}{\overset{}{C}}=\underset{\underset{H}{|}}{\overset{\overset{CH_2}{|}}{C}}\right]_n$$

合成天然橡胶

不论是天然橡胶还是合成橡胶，性能都不好，软且发黏，缺少弹性，必须经过"硫化"❶处理，才能进一步加工成橡胶制品。

异戊二烯常温下为无色稍有刺激性的液体，沸点34℃，难溶于水，易溶于有机溶剂。

异戊二烯在工业上也可从石油裂解的C_5馏分中脱氢制取。

$$\underset{\underset{CH_3}{|}}{\overset{\overset{CH_3}{|}}{CH_3CHCH=CH_2}} \xrightarrow[540\sim620℃]{Cr_2O_3,\ Al_2O_3} CH_2=\underset{\underset{CH_3}{|}}{C}-CH=CH_2 + H_2$$

异戊二烯主要用于制造合成天然橡胶及其他高聚物，例如，由异戊二烯和异丁烯共聚制造丁基橡胶等。

第三节　炔　烃

在不饱和烃中，除烯烃、二烯烃外，还有炔烃。

炔烃是分子中含有碳碳三键（—C≡C—）的开链不饱和烃。 炔烃有比相应的烷烃、烯烃缺少氢的意思。

一、炔烃的结构

炔烃的结构主要是指碳碳三键的结构，现以最简单且最重要的代表物乙炔为例加以讨论。

乙炔分子由2个碳原子和2个氢原子组成，分子式为C_2H_2，电子式为H:C::C:H，构造式为 H—C≡C—H。图3-4是乙炔的分子模型。

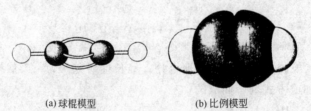

(a) 球棍模型　　　(b) 比例模型

图3-4　乙炔的分子模型

近代物理方法测定表明，**乙炔（HC≡CH）是直线型分子**，它的H、C、C、H四个原子都在同一直线上，分子中各键的键长与键角如下式所示：

$$H\xrightarrow{0.108nm}C\xrightarrow{0.12nm}C\xrightarrow{0.108nm}H$$
$$180°\qquad 180°$$

碳碳三键（C≡C）的键长比碳碳单键、碳碳双键的键长短，说明乙炔分子中两个碳原

---

❶ 所谓"硫化"，是将天然橡胶或合成橡胶与硫黄及其他添加剂及填料一起加热炼制，以改善橡胶性能的加工过程。

子较乙烯靠拢了。碳碳三键的键能（835kJ/mol）小于1个碳碳单键的键能（345.6kJ/mol）和1个碳碳双键的键能（610.0kJ/mol）之和，也小于3个碳碳单键的键能之和。由此可见，碳碳三键不等于1个碳碳单键和1个碳碳双键之和，也不等于3个碳碳单键之和。现代结构理论证明，**碳碳三键（C≡C）是由1个σ键和两个互相垂直的π键组成的**，π键的键能小于σ键的键能，在化学反应中π键容易断裂。

其他炔烃的碳碳三键结构和乙炔相同。

二、炔烃的通式、构造异构和命名

1. 炔烃的通式

由于炔烃含有碳碳三键，它比含相同碳原子数的烯烃少两个氢原子，因此，**炔烃的通式为 C_nH_{2n-2}（$n \geq 2$）**，与二烯烃的通式相同。炔烃与碳原子数相同的开链二烯烃互为不同系列的同分异构体。

2. 炔烃的构造异构

炔烃的构造异构现象和烯烃相似。乙炔、丙炔无异构体，从丁炔开始，有构造异构体存在。炔烃构造异构体的产生，也是由于碳链不同和官能团碳碳三键位置不同引起的，但由于碳链分支的地方不可能连有三键，所以炔烃的构造异构体比碳原子数相同的烯烃少。例如：戊烯有五种构造异构体，而戊炔只有三种。

$CH_3CH_2CH_2C≡CH$　　　　$CH_3CH_2C≡CCH_3$　　　　$CH_3CHC≡CH$
　　　　　　　　　　　　　　　　　　　　　　　　　　　　|
　　　　　　　　　　　　　　　　　　　　　　　　　　　　CH_3

　　1-戊炔　　　　　　　　　　2-戊炔　　　　　　　　3-甲基-1-丁炔

3. 炔烃的命名

炔烃的系统命名法与烯烃相似，只需将"烯"字改成"炔"字即可。即选取含官能团碳碳三键的最长碳链作为主链（母体），从靠近三键的一端开始编号，再把取代基的位次、数目、名称和三键的位次写在母体炔烃名称的前面。例如：

$CH_3CH_2C≡CCH_3$　　　　　　　2-戊炔

$CH_3CHC≡CH$　　　　　　　　　3-甲基-1-丁炔
|
CH_3

$CH_3CHCHC≡CH$　　　　　　　　4-甲基-3-乙基-1-戊炔
|　　|
H_3C　CH_2CH_3

此外，某些简单炔烃也常采用衍生命名法，即以乙炔为母体，把其他炔烃看成是乙炔的烃基衍生物❶。例如：

$CH_2=CH-C≡CH$　　　乙烯基乙炔

三、炔烃的物理性质

炔烃是低极性化合物，有类似于烷烃、烯烃的物理性质。

在常温常压下，$C_2 \sim C_4$ 的炔烃为气态，$C_5 \sim C_{15}$ 的炔烃为液态，C_{16} 以上的炔烃为固态。炔烃比水轻。简单炔烃的沸点、熔点和相对密度比相应的烷烃、烯烃略高。炔烃极性极弱，难溶于水，易溶于低极性的有机溶剂（如石油醚、苯、乙醚和丙酮等）。一些炔烃的物理常数如表 3-3 所示。

---

❶ 由较简单化合物中原子或基团被置换而生成的较复杂的化合物，叫做原化合物的衍生物，多用于有机化合物。

表 3-3 一些炔烃的物理常数

名称	构造式	沸点/℃	熔点/℃	相对密度 d_4^{20}
乙炔	HC≡CH	-84.0	-80.8	0.618 (-32℃)
丙炔	$CH_3C≡CH$	-23 (升华)	-101.5	0.706 (-50℃)
1-丁炔	$CH_3CH_2C≡CH$	8.1	-125.7	0.678 (0℃)
2-丁炔	$CH_3C≡CCH_3$	27.0	-32.3	0.691
1-戊炔	$CH_3CH_2CH_2C≡CH$	40.2	-90.0	0.690
2-戊炔	$CH_3CH_2C≡CCH_3$	56.1	-101.0	0.710
3-甲基-1-丁炔	$(CH_3)_2CHC≡CH$	29.3	-89.7	0.666
1-十八碳炔	$CH_3(CH_2)_{15}C≡CH$	180 (2kPa)	22.5	0.6896 (0℃)

四、炔烃的化学性质

碳碳三键（C≡C）是炔烃的官能团，炔烃的化学性质主要表现在碳碳三键上。炔烃和烯烃相似，由于分子中含有不饱和键，因此也具有不饱和性，能发生加成、氧化及聚合反应。但由于三键和双键有所不同，炔烃和烯烃又有差异，例如炔烃三键碳上的氢原子（炔氢原子）易被取代等。现分别讨论如下。

1. 加成反应

炔烃的碳碳三键（C≡C）含有两个π键，能与两分子试剂加成。反应过程一般分两步进行。第一步，炔烃的一个π键断裂，先与一分子试剂加成，生成烯烃或烯烃的衍生物；第二步，烯烃或烯烃衍生物的π键断裂，再与一分子试剂加成，生成饱和化合物。

（1）催化加氢 炔烃加氢和烯烃相似，但比烯烃容易进行，原因是催化剂对炔烃的吸附作用比烯烃强。当使用铂、钯、镍等催化剂时，在氢气过量的情况下，加氢反应不易停留在生成烯烃阶段，而是生成烷烃。

$$R-C≡C-R' \xrightarrow{H_2}{Ni} RCH=CHR' \xrightarrow{H_2}{Ni} RCH_2CH_2R'$$

若使用林德拉（Lindlar）催化剂，并控制氢气的用量，可使反应停留在烯烃阶段。例如：

$$HC≡CH + H_2 \xrightarrow[\text{(或林德拉催化剂)}]{Pd-CaCO_3-\text{喹啉}} CH_2=CH_2$$

林德拉催化剂是以钯附着在碳酸钙或硫酸钡上，再用乙酸铅、氧化铅或喹啉进行部分毒化而得的活性较低的加氢催化剂，工业上往往利用这一反应，使乙烯中含有的微量乙炔经催化加氢成为乙烯，用来提高乙烯的纯度。

（2）加卤素 炔烃可以和氯、溴加成，首先生成二卤化物，若氯和溴过量，可继续加成，生成四卤化物。

$$RC≡CR' \xrightarrow{X_2} RC(X)=C(X)R' \xrightarrow{X_2} R-C(X_2)-C(X_2)-R'$$

例如：

$$HC≡CH \xrightarrow[FeCl_3]{Cl_2} HC(Cl)=CH(Cl) \xrightarrow{Cl_2} H-C(Cl_2)-C(Cl_2)-H$$

1,2-二氯乙烯　1,1,2,2-四氯乙烷

反应比较剧烈，工业上往往使用氯化铁作催化剂，以对称四氯乙烷作稀释剂，以使反应顺利进行。生成的四氯乙烷毒性大，它是生产1,2-二氯乙烯和三氯乙烯的原料。

炔烃与溴也能进行上述反应。**与烯烃相似，也可根据溴的褪色来检验炔烃三键的存在。**

炔烃与碘加成较困难，乙炔通常只能与一分子碘加成，生成1,2-二碘乙烯。

$$HC{\equiv}CH + I_2 \xrightarrow{140\sim160℃} \underset{I}{HC}{=}\underset{I}{CH}$$

炔烃和烯烃比较，虽然炔烃的不饱和程度比烯烃大，可以和两分子试剂加成，但它与溴、卤化氢等试剂加成时不及烯烃活泼，其原因是三键碳原子比双键碳原子与π电子结合更紧密，不易给出电子与试剂结合。

(3) 加卤化氢　炔烃与卤化氢加成也比烯烃困难。卤化氢活泼性为 $HI>HBr>HCl$。乙炔与氯化氢加成时，要在氯化汞或氯化亚铜催化下进行，这是工业上生产氯乙烯的一种方法。

$$HC{\equiv}CH + HCl \xrightarrow[150\sim160℃]{HgCl_2} CH_2{=}CHCl$$
氯乙烯

氯乙烯是合成聚氯乙烯的单体。在催化剂存在下，氯乙烯还可以与氯化氢继续反应，按马氏规则进行，生成同碳二氯乙烷。

$$CH_2{=}CHCl + HCl \longrightarrow CH_3CHCl_2$$
1,1-二氯乙烷

不对称炔烃与卤化氢加成时，也按马氏规则进行。

$$RC{\equiv}CH + HX \longrightarrow RC{=}CH_2 \xrightarrow{HX} R\underset{X}{\overset{X}{C}}-CH_3$$
$$\phantom{RC{\equiv}CH + HX \longrightarrow R}X$$

当炔烃与溴化氢加成时，也存在过氧化物效应。

(4) 加水　炔烃在硫酸汞和稀硫酸存在下可与水加成。首先生成"烯醇"（即双键碳原子直接与羟基相连的化合物 $\overset{|}{C}{=}\overset{|}{\underset{OH}{C}}$ ），烯醇不稳定，立刻进行分子重排，羟基上的氢原子转移到连有双键的另一碳原子上，碳氧间由单键变双键，最后生成含羰基（C=O）的化合物（乙醛或酮）。我们将这种在反应过程中，分子内的原子发生重新排列和电子云密度重新分布，最后生成较稳定的化合物的反应，叫做"分子重排反应"。

$$HC{\equiv}CH + H{-}OH \xrightarrow[100℃,0.15MPa]{5\% HgSO_4,10\% H_2SO_4} \left[H\underset{}{\overset{H}{C}}{=}\underset{O{-}H}{\overset{H}{C}} \right] \xrightarrow{分子重排} CH_3\overset{O}{\overset{\|}{C}}{-}H$$
乙醛

此法称"乙炔直接水合法"，是工业上合成乙醛的重要方法之一。

不对称炔烃与水加成时，按马氏规则进行，先生成烯醇，烯醇不稳定，最后经分子重排生成酮。

$$RC{\equiv}CH + H{-}OH \xrightarrow[HgSO_4]{稀 H_2SO_4} \left[R{-}\underset{O{-}H}{C}{=}CH_2 \right] \xrightarrow{分子重排} R{-}\overset{O}{\overset{\|}{C}}{-}CH_3$$
酮

上述炔烃水合，生成乙醛或酮的反应，称库切洛夫（М. Т. Кучеров）反应。由于汞及汞盐毒性很大，并严重污染环境，现在已有采用铜、锌的磷酸盐等非汞催化剂代替汞盐的生产工艺。

(5) 加醇　在碱存在下，乙炔与醇进行加成反应，生成乙烯基醚。

$$HC\equiv CH+CH_3OH \xrightarrow[160\sim 165℃,2\sim 2.2MPa]{20\% \ KOH} CH_2=CH-OCH_3$$
甲基乙烯基醚

甲基乙烯基醚是制造涂料、胶黏剂和增塑剂的原料。

*(6) 加乙酸 乙炔在乙酸锌存在下通入乙酸中，则生成乙酸乙烯酯。

$$HC\equiv CH+HO-\overset{O}{\underset{}{C}}-CH_3 \xrightarrow[170\sim 230℃]{乙酸锌} CH_2=CHO\overset{O}{\underset{}{C}}-CH_3$$
乙酸　　　　　　　　　　乙酸乙烯酯

乙酸乙烯酯是合成维纶的原料。

应当注意，炔烃与醇、乙酸的加成反应，是属于另外一种类型的加成反应，烯烃与醇、乙酸一般是不发生反应的。

2. 氧化反应

炔烃和烯烃类似，也可被高锰酸钾溶液氧化，碳碳三键断裂。乙炔的最终氧化产物为二氧化碳，其他炔烃氧化则生成两分子羧酸或羧酸及二氧化碳等物。

$$3HC\equiv CH+10KMnO_4+2H_2O \longrightarrow 6CO_2\uparrow+10KOH+10MnO_2\downarrow$$

$$RC\equiv CH \xrightarrow[H_2O]{KMnO_4} RCOOH+CO_2\uparrow$$

$$RC\equiv CR' \xrightarrow[100℃]{KMnO_4} RCOOH+R'COOH$$

高锰酸钾则被炔烃还原，原来的紫色消失，并析出褐色的二氧化锰沉淀。

这个反应可用来检验炔烃三键的存在，也可由反应的产物推测原来炔烃的结构。

3. 聚合反应

乙炔与乙烯相似，也能发生聚合反应。当催化剂及反应条件不同时，乙炔聚合的产物也不同。例如，将乙炔通入含有少量盐酸的氯化亚铜-氯化铵的水溶液中，则发生二聚，生成乙烯基乙炔。

$$HC\equiv CH+HC\equiv CH \xrightarrow[HCl,84\sim 95℃]{Cu_2Cl_2-NH_4Cl} CH_2=CHC\equiv CH$$
乙烯基乙炔

乙烯基乙炔与氯化氢加成，可生成 2-氯-1,3-丁二烯，它是合成氯丁橡胶的单体。

20 世纪后期，乙炔在齐格勒-纳塔催化剂的作用下，还能聚合成线型高分子化合物——聚乙炔。

$$nCH\equiv CH \xrightarrow{齐格勒-纳塔催化剂} \left[CH=CH\right]_n$$
聚乙炔

聚乙炔分子具有单、双键交替排列结构，有较好的导电性，因此聚乙炔薄膜可用于包装计算机元件以消除其静电。若在聚乙炔中掺杂 I_2、Br_2 或 BF_3 等，其电导率可提高到金属水平。掺杂聚乙炔是不熔、不溶、高电导率的结晶性高聚物半导体材料，因此，有"合成金属"之誉。目前正在研究把聚乙炔用作太阳能电池、电极和半导体材料等。

4. 炔氢原子的反应

在炔烃分子中，**与三键碳原子直接相连的氢原子**（—C≡CH），叫做炔氢原子。炔氢原子之间的电子云更靠近碳原子，使三键碳原子的 C—H σ 键极性增加，氢原子较易离解，因而具有微弱的酸性，易被某些金属原子取代，生成金属炔化物。例如，将乙炔通入硝酸银的氨溶液或氯化亚铜的氨溶液中，立即生成乙炔银白色沉淀或乙炔亚铜棕红色沉淀。

$$HC\equiv CH + 2Ag(NH_3)_2NO_3 \longrightarrow AgC\equiv CAg\downarrow + 2NH_4NO_3 + 2NH_3\uparrow$$
乙炔银（白色）

$$HC\equiv CH + 2Cu(NH_3)_2Cl \longrightarrow CuC\equiv CCu\downarrow + 2NH_4Cl + 2NH_3\uparrow$$
乙炔亚铜（棕红色）

具有 —C≡CH 结构的炔烃也有上述类似反应。

$$RC\equiv CH \begin{cases} \xrightarrow{Ag(NH_3)_2NO_3} RC\equiv CAg\downarrow \\ \quad\quad\quad\quad\quad\quad 炔银（白色） \\ \xrightarrow{Cu(NH_3)_2Cl} RC\equiv CCu\downarrow \\ \quad\quad\quad\quad\quad\quad 炔亚铜（棕红色） \end{cases}$$

上述反应非常灵敏，便于观察，常用于具有炔氢（ —C≡CH ）结构炔烃的定性检验。

由于炔氢的氢原子，比连在双键和饱和碳原子上的氢原子都要活泼，因此，通常又把"炔氢"称为"活泼氢"。不含活泼氢的炔烃（RC≡CR'）就没有上述反应。反应中生成的炔银或炔亚铜干燥时不稳定，因撞击、震动或受热会发生爆炸，生成金属和碳。所以，试验完毕后，必须把这些重金属的炔化物用浓盐酸或稀硝酸分解，并释放出原来的炔烃。

$$AgC\equiv CAg + 2HCl \longrightarrow HC\equiv CH + 2AgCl\downarrow$$
$$2RC\equiv CCu + 2HCl \longrightarrow 2RC\equiv CH + Cu_2Cl_2\downarrow$$

因此，利用上述性质，可用来区别及分离具有炔氢（ —C≡C—H ）结构（也叫末端炔）的炔烃。

乙炔和 RC≡CH 型的炔烃，在液态氨中与氨基钠（或金属钠）作用，可生成炔化钠。

$$HC\equiv CH + NaNH_2 \xrightarrow{液氨} HC\equiv CNa + NH_3\uparrow$$
乙炔钠（白色）

$$HC\equiv CH + 2Na \xrightarrow[190\sim 220℃]{液氨} NaC\equiv CNa + H_2\uparrow$$
乙炔二钠

$$RC\equiv CH + NaNH_2 \xrightarrow{液氨} RC\equiv CNa + NH_3\uparrow$$
炔化钠

乙炔钠与卤代烷（R—X）作用可生成高级炔，这是一个在乙炔分子中引入烷基，增长碳链的合成方法。例如：

$$H-C\equiv C\boxed{Na + Br}-CH_2CH_3 \longrightarrow HC\equiv C-CH_2CH_3 + NaBr$$
$$R-C\equiv C\boxed{Na + X}-R' \longrightarrow RC\equiv CR' + NaX$$

【例 3-5】 用化学方法鉴别己烷、1-己烯、1-己炔、2-己炔、异戊二烯五种无色液体。
【解析】

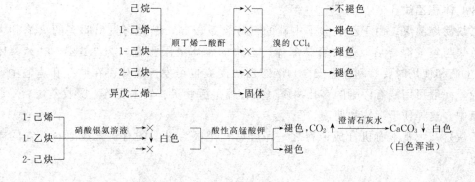

五、重要的炔烃——乙炔

乙炔是最重要的炔烃。它不仅是一种重要的有机合成原料，而且大量地用作高温氧炔焰的燃料。

1. 乙炔的制法

乙炔的工业制法，有以煤炭为原料的电石法和以天然气为原料的部分氧化法。

（1）电石法　电石的化学名称叫碳化钙。工业上是将焦炭和生石灰（氧化钙）放在高温电炉中，用电弧强热熔融而制得碳化钙。碳化钙用水分解，即生成乙炔。因此，乙炔俗称"电石气"。

$$CaO + 3C \xrightarrow{2500\sim3000℃} \underset{\substack{\text{碳化钙}\\\text{(电石)}}}{CaC_2} + CO\uparrow$$

$$\underset{C}{\overset{C}{|||}}Ca + \begin{matrix}H\!-\!OH\\H\!-\!OH\end{matrix} \longrightarrow HC\equiv CH\uparrow + Ca(OH)_2$$

这种方法生产乙炔的缺点是耗电量很大（生产 1t 乙炔约需 3t 电石，耗电量约 10^4 kW·h），成本较高。且生产过程中生成大量的氢氧化钙（俗称电石糊）而污染环境，增加治理"三废"的困难。但此法工艺简单，生产技术比较成熟，产品纯度高（可达 99%），目前我国仍有采用此法生产的。

（2）天然气部分氧化法　天然气的主要成分是甲烷，将天然气一部分燃烧，利用其产生的热量将剩余的甲烷高温裂解，生成乙炔。

$$2CH_4 \xrightarrow[\substack{0.01\sim0.1s\;\;0.1\sim0.61MPa}]{1500℃} HC\equiv CH + 3H_2$$

$$4CH_4 + O_2 \longrightarrow HC\equiv CH + 2CO + 7H_2$$

上述反应控制在短时间（一般为 0.01～0.1s）内进行的原因，是为了避免乙炔在高温下分解为碳和氢，因此，要求反应中生成的乙炔必须迅速冷却。反应中同时得到的副产物一氧化碳和氢气，称"合成气"，可用作合成氨、甲醇等的原料。

天然气部分氧化法对生产技术及设备要求较高，但原料便宜，成本低，副产的合成气又可综合利用，经济效益优于电石法，对天然气资源丰富的国家此法尤为适用。

2. 乙炔的性质和用途

纯净的乙炔是无色无味的气体，但由电石法制得的乙炔，因混有硫化氢、磷化氢等杂质（分别由电石中的 CaS、Ca_3P_2 等杂质水解而产生），使气体具有臭味。乙炔稍溶于水，易溶于丙酮等有机溶剂。在常压及 15℃ 时，1 体积丙酮可溶解 25 体积乙炔；在 1.2MPa 下，能溶解 300 体积乙炔。

乙炔易燃易爆。由于乙炔分子中碳的百分含量较高，燃烧时发出明亮的火焰和大量黑烟。乙炔与空气混合后，遇火容易爆炸。乙炔的爆炸极限很宽，为 2.5%～80%（体积分数），生产和使用时要特别注意安全。液态乙炔受震也可发生爆炸。在贮存和运输中，为避免危险，一般可用浸有丙酮的多孔物质（如石棉、活性炭、软木屑等）吸收乙炔后一起贮存在钢瓶中，这样便于运输和使用。

乙炔是八大基本有机合成原料之一，可见它是极为重要的有机合成原料。它的主要用途如下：

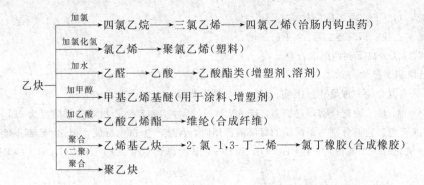

此外，乙炔在纯氧中燃烧时，生成的氧炔焰能达到 3000℃ 以上的高温，工业上广泛用来切割和焊接金属。

习 题

1. 写出 C_5H_8 所有炔烃的同分异构体，并用系统命名法命名。

2. 用系统命名法命名下列化合物。

(1) HC≡C—CH—CH$_3$
　　　　　|
　　　　CH$_2$CH$_3$

(2) $(CH_3)_3CC≡CCH(CH_3)_2$

(3) CH$_3$CH—CH$_2$—CH$_3$
　　　|　　　|
　　CH$_2$CH$_3$　C≡CH

(4) CH$_3$CHCH=CHCH=CH$_2$
　　　　|
　　　CH$_3$

(5) CH$_3$C—CH=CH$_2$
　　　　|
　　　CH$_2$

(6) CH$_3$—C=C—(CH$_2$)$_2$CH=CH$_2$
　　　　　|　|
　　　　　H CH$_2$CH$_3$

3. 写出下列化合物的构造式。

(1) 乙烯基乙炔
(2) 4-甲基-3-异丙基-2-庚炔
(3) 异戊二烯
(4) 3,5-二甲基-4-乙基-1-己炔

4. 下列几种说法对吗？为什么？如有不对，请予改正。

(1) 具有 C_2H_6 和 C_4H_{10} 结构的烃互为同系物。
(2) 具有 C_4H_6 和 C_5H_8 结构的烃一定互为同系物。

5. 完成下列反应。

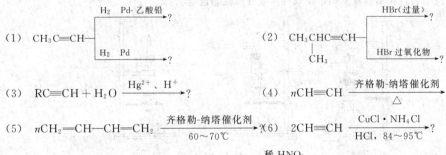

6. 写出 2-丁炔与两分子溴分两阶段加成的化学反应式，并指出为使反应有利于限制在第一阶段，在试剂配比上，采用什么比例为宜？在操作上是将 2-丁炔逐滴加入溴的四氯化碳溶液中，还是将溴的四氯化碳溶液逐滴加到 2-丁炔溶液中？为什么？

7. 用简便的化学方法鉴别下列各组化合物。

(1) 2-甲基戊烷、4-甲基-1-戊烯、4-甲基-1-戊炔、1,3-戊二烯

53

(2) 丁烷，1,3-丁二烯、1-丁炔、2-丁炔
(3) 乙烯基乙炔、1,5-己二烯、2,4-己二烯

8. 用化学方法分离下列两组混合物。
(1) 1-己炔和 2-己炔　　　　　　　　(2) 戊烷、2-戊烯、1-戊炔
[提示] 分离混合物一般要经过沉淀、溶解、蒸馏等步骤。

*9. 有 A、B、C 三种化合物，它们都含碳 88.24%，含氢 11.76%，相对分子质量为 68，它们都能使溴的 CCl_4 溶液褪色。它们分别与硝酸银的氨溶液作用时，A 能产生白色沉淀，但 B、C 都不能。当用热的高锰酸钾溶液氧化时，A 能得到 $CH_3CHCOOH$ 和 CO_2；B 能得到 CH_3COOH 和 CH_3CH_2COOH；C 能得到
　　　　　　　　　　　　　　　　$|$
　　　　　　　　　　　　　　　CH_3
$HOOCCH_2COOH$ 和 CO_2。试推测 A、B、C 的构造式。
[提示] 先从碳、氢的百分含量求其分子组成，再从其分子组成考虑它属何类有机物，再结合题意判断它属何种结构。

10. 化合物 A、B，都具有相同的分子组成，氢化后都能生成 2-甲基丁烷，也都能与 2mol 溴加成，它们分别与硝酸银的氨水溶液作用时，A 能产生白色沉淀，而 B 不产生沉淀。若把 B 与顺丁烯二酸酐作用，B 能生成双烯加成物。问 A、B 该是什么样的结构？

11. 从乙炔、丙炔中选取适当原料及其他无机试剂合成下列化合物。
(1) CH_3CHO　　　　(2) 1,1-二溴乙烷　　　　(3) 1-丁炔
　　　　O
　　　　‖
(4) CH_3CCH_3　　　(5) $CH_2ClCHBrCH_2Br$　　*(6) $CH_3CHC\equiv CCH_3$
　　　　　　　　　　　　　　　　　　　　　　　　　　　　$|$
　　　　　　　　　　　　　　　　　　　　　　　　　　　CH_3

12. 选择题
(1) 下列物质中，与 1-丁炔互为同系物的是（　　　）。
A. $CH_3C\equiv CH$　　B. $CH_3C\equiv CCH_3$　　C. $CH_3CHCH_2C\equiv CH$　　D. $CH_2=CHCH=CH_2$
　　　　　　　　　　　　　　　　　　　　　　　$|$
　　　　　　　　　　　　　　　　　　　　　　CH_3
(2) 在室温下，下列物质分别与硝酸银氨溶液作用，能立即产生沉淀的是（　　　）。
A. 乙烯基乙炔　　B. 1,3-己二烯　　C. 2-戊炔　　D. 3-甲基-1-丁炔

13. 填空题
(1) 炔烃和烯烃均能发生水合反应。烯烃在酸的催化下水合，其产物是＿＿＿＿＿。炔烃在 Hg^{2+} 催化下水合，产物是＿＿＿＿＿。
(2) 具有＿＿＿＿＿结构的炔烃与硝酸银氨溶液或氯化亚铜氨溶液作用时，都发生沉淀反应。
(3) 如下图所示装置在实验室常用于制取气体或分离液态混合物：

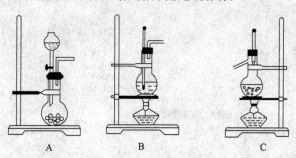

① 制取乙烯气体用＿＿＿＿装置。　　② 制取乙炔气体用＿＿＿＿装置。
③ 石油分馏用＿＿＿＿装置。
④ 制取乙烯和石油分馏时都要在烧瓶内加入几片碎瓷片（或沸石），其作用是＿＿＿＿；二者都要使用温度计，其水银球的位置分别在＿＿＿＿；其作用分别是＿＿＿＿。
(4) 在实验室，用乙醇与浓硫酸共热制取乙烯时，洗气瓶中的洗液是＿＿＿＿溶液，以洗去生成的＿＿＿＿副产物。用电石制取乙炔时，洗气瓶中的洗液是＿＿＿＿溶液，以洗去气体中的＿＿＿＿副产物。

本 章 小 结

1. 不饱的烃的分类、通式、结构特点和构造异构。

分类	通式	结构特点	构造异构
烯烃	C_nH_{2n}	含一个碳碳双键（ C=C ），其中一个为σ键，另一个为π键	有碳链异构和双键位置异构
二烯烃	C_nH_{2n-2}	含两个碳碳双键（ C=C ）。共轭二烯烃分子中含有共轭双键（ C=C—C=C ）	有碳链异构和双键位置异构
炔烃	C_nH_{2n-2}	含一个碳碳三键（ —C≡C— ），其中一个σ键，两个π键	有碳链异构和三键位置异构

2. 不饱和烃的系统命名法要点

（1）选主链（母体） 分别选取含官能团（ C=C 、两个 C=C 、 —C≡C— ）的最长碳链为主链，根据主链含碳数分别称为某烯、某二烯、某炔，并标明不饱和键的位次。

（2）主链编号 从靠近官能团一端开始，顺序编号。

（3）写出全称 把取代基位次、数目、名称写在母体名称前面。若取代基不同，则简单基团写在前面，复杂基团写在后面，即得全称。

3. 不饱和烃的化学性质

（1）烯烃的主要化学性质

① 加成反应 烯烃最典型、最重要的性质。

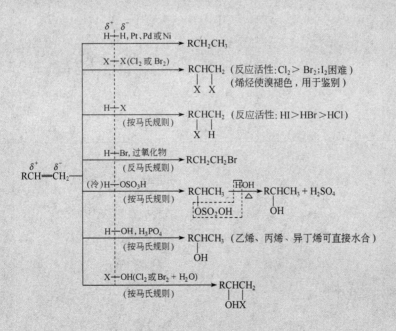

55

② 氧化反应

$$\diagup C=C\diagdown + (冷、稀) KMnO_4 \xrightarrow{中性或 OH^-} -\underset{OH\ OH}{\overset{|\ |}{C-C}}- + MnO_2\downarrow + KOH$$

（紫红色）　　　　　　　（无色）　（棕褐色）

（烯烃能使冷、稀高锰酸钾溶液褪色，用于烯烃的鉴别）

$$\underset{R'}{\overset{R}{>}}C=CH_2 \xrightarrow[\text{或 } KMnO_4,\ H^+]{热、浓\ KMnO_4} \underset{R'}{\overset{R}{>}}C=O + CO_2\uparrow + H_2O$$

$$\underset{R'}{\overset{R}{>}}C=CHR'' \xrightarrow[\text{或 } KMnO_4,\ H^+]{热、浓\ KMnO_4} \underset{R'}{\overset{R}{>}}C=O + R''\overset{O}{\underset{OH}{\overset{\|}{C}}}$$

③ 聚合反应（在双键处断键）

$$n\ \underset{H(CH_3、\bigcirc、Cl)}{\overset{|}{CH}}=CH_2 \xrightarrow{引发剂} {\left[\underset{H(CH_3、\bigcirc、Cl)}{\overset{|}{CH}}-CH_2\right]}_n$$

④ α-氢原子的卤代反应

$$-\underset{H}{\overset{|}{C}}-CH=CH_2 + X_2 \xrightarrow[\text{或高温}]{500℃} -\underset{X}{\overset{|}{C}}-CH=CH_2 \quad (X_2=Cl_2\ \text{或}\ Br_2)$$

2. 共轭二烯烃的主要化学性质（以 1,3-丁二烯为例）

$$CH_2=CH-CH=CH_2 \begin{cases} \xrightarrow{Br_2} \underset{Br\ Br}{\overset{|\ \ |}{CH_2-CH-CH}}=CH_2 + \underset{Br\ \ \ \ \ Br(主)}{\overset{|\ \ \ \ \ \ \ \ \ \ |}{CH_2CH=CHCH_2}} \\[6pt] \xrightarrow{HBr} \underset{H\ Br}{\overset{|\ \ |}{CH_2CHCH}}=CH_2 + \underset{H\ \ \ \ \ Br(主)}{\overset{|\ \ \ \ \ \ \ \ \ \ |}{CH_2CH=CHCH_2}} \\[6pt] \xrightarrow{顺丁烯二酸酐}\ \text{（固体）} \\ \quad\quad\quad（用于鉴别、分离、提纯）\\[6pt] \xrightarrow[\text{（定向聚合）}]{TiCl_4-三乙基铝} \text{顺丁橡胶} \end{cases}$$

3. 炔烃的主要化学性质

① 加成反应

$$HC \equiv CH \xrightarrow[\text{Pt,Pd 或 Ni}]{H_2} \overset{(R)}{HCH=CH_2} \xrightarrow[\text{Pt,Pd 或 Ni}]{H_2} \overset{(R)}{HCH_2CH_3}$$

$$\xrightarrow[\text{林德拉催化剂}]{H_2} \overset{(R)}{HCH=CH_2}$$

$$\xrightarrow{X_2} \overset{(R)}{\underset{X\ X}{HC=CH}} \xrightarrow{X_2} \overset{(R)}{\underset{X\ X}{\overset{X\ X}{H-C-C-H}}} \quad (X_2=Cl_2 \text{ 或 } Br_2) \text{（炔烃能使溴褪色，用于鉴别）}$$

$$\xrightarrow[\text{(按马氏规则)}]{HX} \overset{(R)}{\underset{X}{HC=CH_2}} \xrightarrow{HX} \overset{(R)}{\underset{X}{\overset{X}{H-C-CH_3}}} \quad \text{（反应活性：HI > HBr > HCl）}$$

$$HC\equiv CH \xrightarrow[\text{(反马氏规则)}]{HBr(\text{过氧化物})} \overset{(R)}{HCH=CHBr}$$

$$\xrightarrow[\text{(按马氏规则)}]{H-OH\ HgSO_4\ H_2SO_4} \left[\overset{(R)}{\underset{OH}{HC=CH_2}}\right] \xrightarrow{\text{重排}} \overset{(R)}{\underset{}{H-\overset{O}{\overset{\|}{C}}-R'}}$$

② 氧化反应

$$RC\equiv CH \xrightarrow[\text{或 } KMnO_4, H^+]{\text{浓、热 } KMnO_4} RCOOH+CO_2$$

$$RC\equiv CR' \xrightarrow[\text{或 } KMnO_4, H^+]{\text{浓、热 } KMnO_4} RCOOH+R'COOH \quad \text{（炔烃能使 } KMnO_4 \text{ 褪色，用于鉴别）}$$

③ 聚合反应

$$H-C\equiv CH \xrightarrow[\text{HCl(二聚)}]{Cu_2Cl_2, NH_4Cl, 84\sim 95℃} CH_2=CHC\equiv CH$$

$$\xrightarrow[\text{(多聚)}]{\text{齐格勒-纳塔催化剂}} \pm CH=CH\pm_n$$

④ 炔氢原子的反应

$$HC\equiv CH \begin{cases} \xrightarrow{Ag(NH_3)_2NO_3} \overset{(R)}{AgC\equiv CAg}\downarrow \text{（白色）} \xrightarrow{\text{稀 } HNO_3} \overset{(R)}{HC\equiv CH} \\ \xrightarrow{Cu(NH_3)_2Cl} \overset{(R)}{CuC\equiv CCu} \text{（棕红色）} \xrightarrow{\text{稀 } HNO_3} \overset{(R)}{HC\equiv CH} \\ \xrightarrow[\text{液氨}]{NaNH_2} \overset{(R)}{HC\equiv CNa}\downarrow \xrightarrow{R'X} \overset{(R)}{HC\equiv CR'} \end{cases}$$

4. 不饱和烃的特征反应——鉴别方法

试 剂	烯烃	共轭二烯烃	炔烃 $RC\equiv CR$	炔烃 $RC\equiv C-H$
硝酸银氨溶液	—	—	—	↓白色（炔银）
氯化亚铜氨溶液	—	—	—	↓棕红色（炔亚铜）
顺丁烯二酸酐	—	固体	—	—
溴水或溴的 CCl_4 溶液	红棕色褪色	红棕色褪色	红棕色褪色	红棕色褪色
冷、稀高锰酸钾溶液	紫红色褪色	紫红色褪色	紫红色褪色	紫红色褪色

注：1. 表中"—"表示反应液中的现象没有变化。

2. α-烯烃（$RCH=CH_2$）遇酸性高锰酸钾溶液，紫红色褪去，并有 $CO_2\uparrow$ 放出。

3. 部分醛、醇、芳胺、草酸等也能被高锰酸钾溶液氧化，使高锰酸钾溶液褪色。因此，不能认为能使高锰酸钾溶液褪色的就一定是不饱和烃或不饱和化合物。

第四章 脂环烃

> **学习要求**
> 1. 了解脂环烃的分类,掌握简单环烷烃的命名方法,了解简单环烯烃的命名。
> 2. 了解环烷烃的同分异构现象。
> 3. 掌握环烷烃的化学性质及其在生产实际中的应用。

前面各章讨论的都是开链烃。本章讨论的是**结构上具有环状碳架,而性质上与开链脂肪烃相似的碳氢化合物,即脂环烃**。

第一节 脂环烃的分类和命名

一、脂环烃的分类

脂环烃可按照分子中碳环的数目分为单环脂环烃、二环脂环烃及多环脂环烃。按分子中组成环的碳原子数,又可分为三元环、四元环、五元环、六元环等。单环脂环烃又按成环的碳碳键是否饱和,分为饱和脂环烃和不饱和脂环烃两类。环烷烃为饱和脂环烃,环烯烃、环炔烃为不饱和脂环烃。其中环烷烃主要来源于石油,在应用上尤为重要,是本章讨论的重点。

石油中所含的环烷烃主要是环戊烷、环己烷及其衍生物,如甲基环戊烷、乙基环己烷等。此外,石油中还含有少量的环烷酸,它们是环戊烷和环己烷的衍生物。

环烷烃及其衍生物还广泛存在于自然界的许多动、植物体内。例如,存在于香精油、胡萝卜素、樟脑、薄荷、胆固醇以及各类激素之中。在香精油中,含有大量的不饱和脂环烃或含氧的脂环化合物。

二、单环脂环烃的命名

脂环烃与相应的开链烃相似,在相同碳原子数的开链烃名称前加一"环"字即可。环烷烃有两个或多个不同的取代基时,要以含碳原子数最少的取代基作为1位。当环上有不饱和键及取代基时,要用阿拉伯数字编号,不饱和键位次愈小愈好,并应小于取代基的位次。环上其他取代基按最低系列原则循环编号,环上取代基的列出次序与链烃相同。例如:

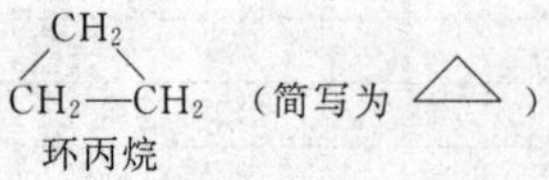

$$\begin{matrix} & CH_2 & \\ CH_2 & — & CH_2 \end{matrix}$$ （简写为 △）
环丙烷

$$CH_2—CH—CH_3 \\ CH_2—CH—CH_3$$ （简写为 □ 带 CH_3、CH_3）
1,2-二甲基环丁烷

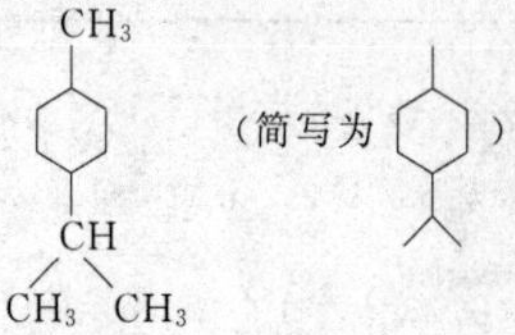

（中间为含 CH_3 及异丙基的六元环结构，简写为六边形带取代基）
1-甲基-4-异丙基环己烷

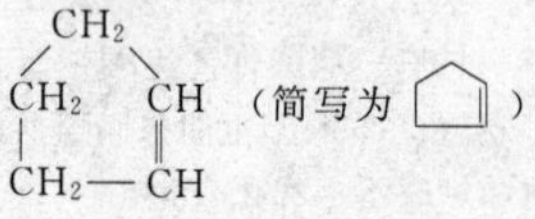

$$\begin{matrix} CH_2 & CH \\ | & \| \\ CH_2 & CH \end{matrix}$$ （简写为 ⬠）
环戊烯

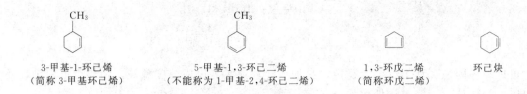

第二节 环烷烃的同分异构现象

环烷烃可看成链状烷烃分子内两端的伯碳原子上各去掉一个氢原子后相互连成的环状化合物，它比相应烷烃少两个氢，因此，**环烷烃的通式为 C_nH_{2n}（$n \geqslant 3$），与烯烃的通式相同**。因此，**环烷烃与相同碳原子数的烯烃互为同分异构体**。例如，C_3H_6 有丙烯及环丙烷两种异构体：

$$CH_3CH=CH_2 \qquad \begin{array}{c} CH_2 \\ CH_2-CH_2 \end{array}$$

环烷烃的异构现象比烷烃复杂，因成环碳原子数目的不同、取代基的不同，以及取代基在环上相对位置的不同，都可产生构造异构体。例如：C_5H_{10} 的环烷烃有下列五种构造异构体。

环戊烷　　　甲基环丁烷　　　乙基环丙烷　　　1,1-二甲基环丙烷　　　1,2-二甲基环丙烷

第三节 环烷烃的性质

一、环烷烃的物理性质

环丙烷、环丁烷常温下为气体，环戊烷以上为液体，高级环烷烃为固体。环烷烃的沸点、熔点、相对密度比相应的烷烃高。

常见环烷烃的物理常数如表 4-1。

表 4-1　常见环烷烃的物理常数

名　称	沸点/℃	熔点/℃	相对密度 d_4^{20}	名　称	沸点/℃	熔点/℃	相对密度 d_4^{20}
环丙烷	−33	−127		环己烷	81	−6.5	0.778
环丁烷	13	−80		环庚烷	118	−12	0.810
环戊烷	49	−94	0.746	环辛烷	149	14	0.830

二、环烷烃的化学性质

环烷烃的化学性质与环烷烃环的大小有关。

1. 开环加成反应

小环环烷烃与烯烃相似，易发生环破裂而与试剂加成，称开环反应，或称加成反应，也可合称开环加成反应。

（1）加氢　环烷烃催化加氢后，环被破坏，生成烷烃，但环的大小不同，加氢反应难易不同。

$$\triangle + H_2 \xrightarrow[80℃]{Ni} CH_3CH_2CH_3$$

$$\square + H_2 \xrightarrow[120℃]{Ni} CH_3CH_2CH_2CH_3$$

$$\pentagon + H_2 \xrightarrow[300℃以上]{Ni} CH_3CH_2CH_2CH_2CH_3$$

可见，环丙烷、环丁烷不太稳定，易加成。环愈大，反应温度愈高，加成也愈困难，环戊烷以上的环烷，一般不能催化加氢。

（2）加卤素　环丙烷及其烷基衍生物，在常温即可与卤素加成，环丁烷要在加热下进行，生成链状化合物。

$$\triangle + Br_2 \xrightarrow[常温]{CCl_4} \underset{Br}{CH_2}-\underset{}{CH_2}-\underset{Br}{CH_2}$$

$$\square + Br_2 \xrightarrow[\triangle]{CCl_4} \underset{Br}{CH_2}-CH_2-CH_2-\underset{Br}{CH_2}$$

环戊烷及更高级的环烷烃与溴不加成，但能发生取代反应。

由此看出，环丙烷、环丁烷和烯烃类似，也能使溴褪色，而与烷烃性质不同。

（3）加卤化氢　环丙烷及环丙烷的烷基衍生物易与卤化氢加成，开环在连接氢原子最多和连接氢原子最少的两个碳原子之间进行，而且符合马尔科夫尼科夫的**不对称加成规律**，例如：

$$\triangle + HI \xrightarrow{常温} CH_3CH_2CH_2I$$

$$CH_3-\triangle + HI \xrightarrow{常温} CH_3\underset{I}{CH}CH_2CH_3$$

$$(CH_3)_2C-\underset{CH_2}{\triangle}-CHCH_3 + HBr \xrightarrow{常温} CH_3-\underset{Br}{\overset{CH_3}{\underset{|}{C}}}-CH-CH_3$$

环丁烷在加热下才与卤化氢加成，环戊烷以上的环烷烃不易加成。

总之，小环烷烃的加成反应不及烯烃活泼，其加成反应的活泼性顺序为：

$$烯烃 > \triangle > \square$$

2. 取代反应

与烷烃相似，在光或热的作用下，环戊烷、环己烷以及更高级的环烷与溴作用，发生环上氢原子的取代反应。

$$\pentagon + Br_2 \xrightarrow[或300℃]{紫外线} \pentagon\text{-}Br + HBr$$

3. 氧化反应

室温下，环烷烃与一般氧化剂（例如高锰酸钾水溶液）不起反应。即使性质较活泼的环丙烷，也不能使高锰酸钾水溶液褪色，因此，用高锰酸钾水溶液可区别烯烃和环烷烃。同理，**当环丙烷含有微量丙烯时，也可用高锰酸钾水溶液洗涤除去。**

环烷烃在特殊条件下，例如在催化剂存在下，在加热及强氧化剂条件下，也可被氧化，条件不同，产物也不同。例如：在125～165℃和1～2MPa压力下，以环烷酸钴为催化剂，用空气氧化环己烷，可得到环己醇和环己酮的混合物。

$$\text{环己烷} + O_2 \xrightarrow[\text{(空气)1~2MPa}]{\text{环烷酸钴} \atop 125\sim165℃} \text{环己醇-OH} + \text{环己酮}$$

环己醇和环己酮都是重要的化工原料，环己酮主要用于制己内酰胺，后者是合成尼龙6的单体。

若氧化条件更强，例如环己烷用热硝酸氧化，可生成己二酸，己二酸是合成尼龙66的单体。

$$\text{环己烷} \xrightarrow[\triangle]{HNO_3} \begin{array}{c} CH_2CH_2COOH \\ | \\ CH_2CH_2COOH \end{array}$$
己二酸

综上所述，环烷烃既像烷烃，又像烯烃。环戊烷、环己烷和烷烃化学性质相似，性质稳定，易发生取代反应。小环环烷烃（环丙烷、环丁烷）与烯烃相似，易开环发生加成反应。环丙烷、环丁烷可使溴水褪色（与烷烃区别），不能使高锰酸钾水溶液褪色（与烯烃区别）。

此外，环烯烃、环炔烃的性质，与相应的烯烃、炔烃性质相似。

【例 4-1】 有 A、B、C 三种烃，其分子式均为 C_5H_{10}，它们与 HI 反应时，生成相同的碘代烷，室温下它们都能使溴的 CCl_4 溶液褪色；与高锰酸钾酸性溶液发生反应时，A、B 都能使其褪色，C 却不能褪色，A 同时还能产生 CO_2 气体。试推测 A、B、C 的构造式。

【解析】 C_5H_{10} 符合 C_nH_{2n} 的通式，故 A、B、C 三种烃为烯烃或环烷烃。而烯烃和环丙烷及其烷基衍生物都易与 HI 按马氏规则加成，但能生成同一碘代烷的，只有

$$CH_2=\underset{CH_3}{\overset{CH_3}{\underset{|}{C}}}-CH_2CH_3 \text{、} CH_3-\underset{CH_3}{\overset{CH_3}{\underset{|}{C}}}=CHCH_3 \text{ 及 } \underset{CH_3}{\overset{CH_3}{\triangle}}$$

三种烃。因为这三种烃与 HI 加成时，都生成同一的 $CH_3-\underset{I}{\overset{CH_3}{\underset{|}{C}}}-CH_2CH_3$，三者都能使溴的 CCl_4 溶液褪色，三者分别与高锰酸钾酸性溶液发生反应时，不能褪色的为 C（$\underset{CH_3}{\overset{CH_3}{\triangle}}$），A、B 都能褪色，A 同时还能生成 CO_2，即 A 为 α-烯烃 $CH_2=\underset{CH_3}{\overset{CH_3}{\underset{|}{C}}}-CH_2CH_3$，B 为 $CH_3-\underset{CH_3}{\overset{CH_3}{\underset{|}{C}}}=CHCH_3$。

第四节 重要的环烷烃

环己烷是最重要的环烷烃。

环己烷是无色液体，沸点 80.8℃，易挥发，有汽油气味，易燃烧。其蒸气与空气能形成爆炸性混合物，爆炸极限 1.3%～8.3%（体积分数）。其密度 0.779g/cm³，比水轻，不溶于水，溶于有机溶剂。它是一种良好的溶剂，能溶解许多有机物，而且毒性较苯小。

环己烷的化学性质与烷烃相似，具有类似烷烃的稳定性，除能发生取代反应外，还可进行去氢和氧化等反应。

环己烷的工业制法，主要是通过石油馏分分离法和苯催化加氢法，而苯催化加氢法是目前普遍采用的方法。

$$\text{苯} + 3H_2 \xrightarrow[180\sim250℃\ 3.9MPa]{Ni} \text{环己烷}$$

此反应产率很高，产品纯度也较高。

环己烷是重要的化工原料，主要用于合成尼龙纤维，也是大量使用的工业溶剂。例如，可用作树脂、涂料、清漆和制造聚乙烯等的溶剂，溶解导线涂层的树脂，还可作为油漆的脱漆剂、精油萃取剂等。

【阅读资料】

气态烃（C_xH_y）燃烧前后体积变化规律

气态烃（C_xH_y）燃烧的一般通式：

$$C_xH_y + \left(x+\frac{y}{4}\right)O_2 \xrightarrow[100℃以上]{燃烧} xCO_2 + \frac{y}{2}H_2O(g)$$

体积关系：　　　　　　1L　　$\left(x+\dfrac{y}{4}\right)$L　　　　　　xL　　$\dfrac{y}{2}$L

据此，通过计算，在反应前后同温同压下，气态烃（C_xH_y）燃烧前后的体积变化有下列规律：

(1) $y=4$，即**含有 4 个氢原子的烃**，如 CH_4、C_2H_4、C_3H_4，**燃烧前后体积相等**。
(2) $y<4$，即**含有少于 4 个氢原子的烃**（只有 C_2H_2），**燃烧后体积减小**。
(3) $y>4$，即**含有大于 4 个氢原子的烃**，如 C_2H_6、C_3H_6、C_4H_8、C_5H_{12} 等，**燃烧后体积增大**。

本 章 小 结

1. 环烷烃的通式是 C_nH_{2n}，与烯烃相同，因此，环烷烃与相同碳原子数的烯烃，互为不同系列的同分异构体。

2. 单环脂环烃的命名原则和相应的链烃相似，命名时在相应链烃名称前加一"环"字即可。

3. 环烷烃的构造异构：因成环碳原子数目的不同、取代基的不同，以及取代基在环上相对位置的不同，都可产生构造异构体。

4. 环烷烃的化学性质

总的来说，"小环"似烯，"大环"似烷。

$$\underset{\underset{H(R')}{|}}{\overset{(R)}{H-C}}\overset{CH_2}{\underset{\diagup\diagdown}{}}\underset{(R'')}{CH-H}$$

反应：
- H_2, Pt、Ni, △ → $\underset{H(R')}{\overset{(R)}{H-}}\overset{H}{\underset{|}{C}}-\overset{CH_3}{\underset{(R'')}{CH}}-H$
- X_2 室温 → $\underset{H(R')}{\overset{(R)}{H-}}\overset{X}{\underset{|}{C}}-\overset{CH_2X}{\underset{(R'')}{CH}}-H$ （$X=Cl_2, Br_2$）
  （环丙烷及其烷基衍生物能使溴的 CCl_4 溶液褪色，用于与烷烃鉴别）
- HX → $\underset{H(R')}{\overset{(R)}{H-}}\overset{X}{\underset{|}{C}}-\overset{CH_2-H}{\underset{(R'')}{CH}}-H$
- $KMnO_4$、水 室温 → 无反应（"小环"环烷烃与烯烃的鉴别）

$$\text{环己烷} \begin{cases} \xrightarrow{\text{Br}_2,\ \text{高温}} \text{环己基-Br} + \text{HBr} \\ \xrightarrow[\text{环烷酸钴}]{O_2,\ 125\sim165℃} \text{环己醇} + \text{环己酮} \\ \xrightarrow{\text{HNO}_3,\ \triangle} \begin{array}{l}\text{CH}_2\text{CH}_2\text{COOH}\\ |\\ \text{CH}_2\text{CH}_2\text{COOH}\end{array} \end{cases}$$

5. 环烯烃、环炔烃的化学性质与相应的烯烃、炔烃相似。

习 题

1. 写出分子式为 C_6H_{12} 的环烷烃的所有构造异构体，并用系统命名法命名。

2. 命名下列化合物。

(1) 1-甲基-1-异丙基环丙烷 (结构图) (2) 1,1-二甲基环丁烷 (结构图) (3) 1-甲基-2-乙基环戊烷 (结构图)

(4) 乙烯基环戊烷 (结构图) (5) 1-甲基-4-异丙基环己烷 (结构图) (6) 1,2-二甲基环戊烯 (结构图)

*(7) 乙基环戊二烯 (结构图) (8) 联环丙烷 (结构图)

3. 试写出下列化合物的构造式。

(1) 1-甲基-2-乙基环丁烷   (2) 3-异丙基环己烯

(3) 环戊基环戊烷   (4) 1,1,2,3-四甲基环己烷

4. 写出下列各反应的主要有机产物的化学反应式。

(1) 环丙烷与环己烷分别与溴作用

(2) 1,1-二甲基-2-乙基环丙烷与溴化氢作用

(3) 1-甲基-2-丙烯基环丁烷与热的高锰酸钾溶液作用

(4) 环戊烯分别与冷的及热的高锰酸钾溶液作用

5. 完成下列反应式。

(1) 甲基环丙烷 $\xrightarrow{H_2,\ Ni}$? $\xrightarrow{\triangle,\ Br_2}$? $\xrightarrow{HI}$?

(2) 1-甲基环己烯 $\xrightarrow{H_2,\ Ni}$? $\xrightarrow{Br_2}$? $\xrightarrow{HI}$? $\xrightarrow{H_2O,\ H^+}$?

(3) CH_3-(环丙基取代)-$CHCH_3$（带 CH_3 取代）$+ HI \longrightarrow$?

6. 用简便的化学方法区别下列各组化合物。

(1) 丙烷、丙烯、环丙烷

(2) 1,2-二甲基环丙烷、环戊烷和 1-戊烯

(3) 环己烷、环己烯 和 $CH_3CH_2CH_2C\equiv CH$

7. 环丙烷中含有微量丙烯，如何用化学方法除去杂质丙烯？

8. 化合物 A 和 B，分子式都是 C_4H_8，常温下它们都能使溴溶液褪色，与高锰酸钾溶液作用时 B 能褪

色，但 A 却不褪色。1mol 的 A 或 B 和 1mol 溴化氢作用时，都生成同一化合物 C。试推测 A、B、C 的结构，并写出各步化学反应式。

9. 有 A、B、C 三种烃，其分子式都是 C_5H_{10}，它们与碘化氢反应时，生成相同的碘代烷。常温下它们都能使溴褪色，与高锰酸钾酸性溶液反应时，A 不能使高锰酸钾溶液褪色，B 和 C 都能使高锰酸钾溶液褪色，C 还同时有气泡（CO_2）产生，试推测 A、B、C 的构造式。

10. 选择题

(1) 在室温下，下列物质中能使溴褪色，但不能使高锰酸钾溶液褪色的是（　　）。

A. ☐ B. ⌂

C. $CH_3C\equiv CCH_2CH_3$ D.  CH_3—△—CH_3

(2) △(CH₃)(CH₂CH₃) 与 HBr 反应的主要产物是（　　）。

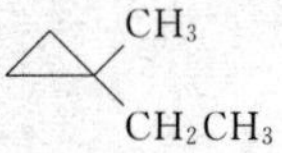

A. $BrCH_2-\overset{CH_3}{\underset{CH_3}{C}}-CH_2CH_3$

B. $BrCH_2CH\overset{CH_3}{}CH_2CH_3$

C. $CH_3CH_2-\overset{CH_3}{\underset{Br}{C}}-CH_2CH_3$

D. 上述都不对

(3) 某气态烃在密闭容器中与氧气混合，完全燃烧后容器压强与燃烧前相等，燃烧前后的温度均保持在 150℃，该气态烃可能是（　　）。

A. CH_4　　　　B. C_2H_6　　　　C. C_2H_4　　　　D. C_2H_2

[提示] 此类题宜巧解。只需依据本章阅读资料"气态烃燃烧前后体积变化规律"的结论，即只需根据分子式中氢原子的数目，不需写出反应方程式和推算，便可快速判断作答。

*(4) 两种气态烃以任何比例混合，在 105℃时，1L 该混合烃与 9L O_2 混合，充分燃烧后恢复到原来状态，所得气体体积仍为 10L。下列各组混合烃中不符合此条件的是（　　）。

A. CH_4、C_2H_4　　B. CH_4、C_2H_6　　C. C_2H_4、C_3H_4　　D. C_2H_2、C_3H_6

[提示] 此类题是上一小题的延伸题，都是根据题目分子式中氢原子的数目作答的。

第五章 芳 烃

> **学习要求**
> 1. 了解苯的结构特点及单环芳烃的构造异构。
> 2. 掌握单环芳烃及其衍生物的命名方法。
> 3. 熟悉单环芳烃的化学性质及其应用,掌握烷基苯的鉴别方法。
> 4. 初步掌握苯环上取代定位规律及其在有机合成中的应用。
> 5. 了解萘的结构并掌握萘的化学性质。

芳香族碳氢化合物称为芳香烃,简称芳烃。最初的芳香族是指天然香树脂、香精油等的提取物,是按气味划分的。随着科学的发展,实验证明具有芳香气味的化合物分子中,大多具有六个碳原子和六个氢原子组成的苯环结构,但后来发现,许多含苯环结构的物质并无香味。可见按气味划分是不科学的,但芳香族的名称一直沿用下来了。

芳香族化合物,是指分子中含有苯环结构的那一类化合物,其中分子中含有苯环结构的碳氢化合物,称为芳烃,它是芳香族化合物的母体。换言之,芳香族化合物即是芳烃及其衍生物的总称。

芳烃的化学性质与烷、烯、炔烃及脂环烃不同,它**较易进行取代反应,不易进行加成和氧化反应,并具有特殊的稳定性**。这些特殊的化学性质,**称为芳香族化合物的特性或简称"芳香性"**。苯及其衍生物是芳香族化合物中最重要、最有代表性的化合物。

分子中只含一个苯环的芳烃,叫做单环芳烃,包括苯及其同系物。例如:

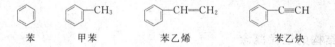

单环芳烃是本章讨论的重点。

第一节 苯的结构

苯是芳烃中最重要、最典型的代表物,芳烃分子中都含有苯环,因此,我们首先讨论苯的结构。

一、苯的凯库勒构造式

苯的分子式是 C_6H_6,其碳氢原子个数比为 $1:1$,与乙炔相似,应具有高度的不饱和性。但实践证明,苯与一般的不饱和烃不同,在一般条件下,它不易与溴及硫酸等发生加成反应,也不易被高锰酸钾溶液氧化,却易起取代反应。例如,苯环上的氢原子易被卤原子 (—X)、硝基 (—NO₂)、磺酸基 (—SO₃H) 取代等。

1865 年,凯库勒 (Kekule) 从苯的分子式 C_6H_6 出发,根据苯的一元取代物只有一种的事实，说明苯分子中六个氢原子具有同等位置，首先提出了苯分子的环状结构。并为满足碳原子的四价，提出了下列碳碳双键与碳碳单键相间排列的环状结构：

这个式子，称为苯的凯库勒构造式，或简称为苯的凯库勒式。

苯的凯库勒式可说明苯分子的组成及碳氢原子间的相互连接顺序，也可以说明苯加氢生成环己烷，或在光照下加氯生成"六六六"等事实。

但此式仍存在着缺点，不能说明苯的全部性质。

第一，苯的凯库勒式既然含有三个双键，但在一般条件下，却不易发生类似烯烃的加成反应，也不被高锰酸钾氧化。

第二，根据上述构造式，苯的邻二元取代物似乎应有下列两种异构体：

（Ⅰ）　　（Ⅱ）

但实际上只有一种。

第三，苯的凯库勒式有三个碳碳双键和三个碳碳单键，在通常情况下，碳碳双键与碳碳单键的键长并不相等，因此，苯环自然不是正六边形。但实验证明，苯环是平面正六边形结构，碳碳间的键长是完全相等的。这些事实说明，苯的凯库勒构造式未能确切地表达出苯的真实结构。

二、苯分子结构的近代概念

近代物理方法（X 射线法、光谱法以及偶极矩的测定等）研究证明，苯环上的六个碳原子和六个氢原子都在同一平面上，具有平面正六边形的结构，键角等于 120°，碳碳键的键长都相等，为 0.14nm。这些数据说明苯分子中既无典型的碳碳单键，也无典型的碳碳双键，而是键长完全平均化，充分说明了苯分子的对称性和稳定性。如图 5-1 所示。

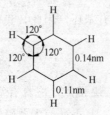

图 5-1　苯分子的
形状及键长、键角

图 5-2　苯分子的比例模型

对苯分子结构的进一步研究表明：**苯是一个具有平面正六边形的对称性分子，分子中并**

非像苯的凯库勒式那样三个碳碳双键和三个碳碳单键交替排列的结构，而是一个包括六个碳原子组成的、电子云密度完全平均化的大 π 键，是一个正六元碳环的闭合共轭体系。因此，体系能量降低，分子稳定，表现出芳香族化合物易取代、难加成的特性（即芳香性）。

苯的分子结构模型可见图 5-2 苯分子的比例模型。

为书写方便起见，苯的结构仍用凯库勒式表示，但在使用时不能把它误解为有单、双键之分，而要明确苯分子结构的近代观念。苯的结构有的书刊也用 ⬡ 表示。

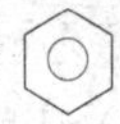

第二节　单环芳烃及其衍生物的命名

一、单环芳烃的构造异构和命名

苯是最简单的单环芳烃，其同系物可以看做是苯环上的氢原子被烷基取代的衍生物，称烷基苯。根据苯环上氢原子被烷基取代的数目，有一烷基苯、二烷基苯、三烷基苯等。烷基苯的通式是 C_nH_{2n-6}（式中 $n \geqslant 6$）。当 $n=6$ 时，分子式为 C_6H_6，即为苯。苯没有构造异构体。

简单的一烷基苯只有一种，也没有构造异构体。例如：

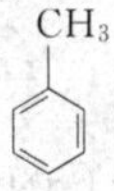

　　　　　　　甲苯 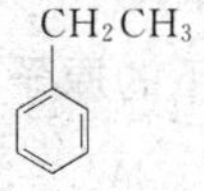　　　　　　乙苯

但是当取代基含有三个或三个以上的碳原子时，由于碳链结构不同，可产生异构体。例如：

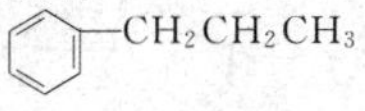

　　　　　　　正丙苯 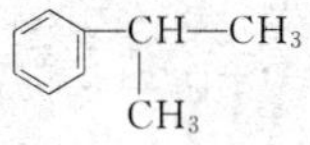　　　　　异丙苯

简单烷基苯的命名，是以苯为母体，烷基作取代基，称为"某烷基苯"（基字常省略），例如上述的甲苯、乙苯、异丙苯等。

复杂的烷基苯及不饱和烃基苯的命名，往往以链烃当母体，苯环作取代基。例如：

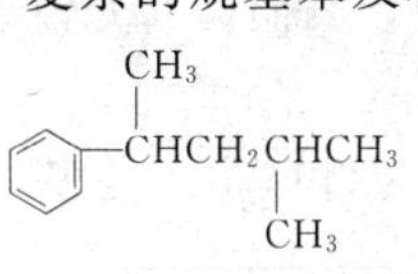

2-甲基-4-苯基戊烷 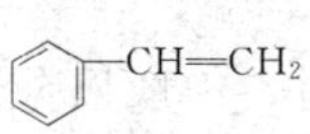　　苯乙烯 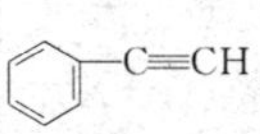　　苯乙炔 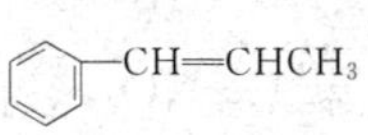　　1-苯基-1-丙烯 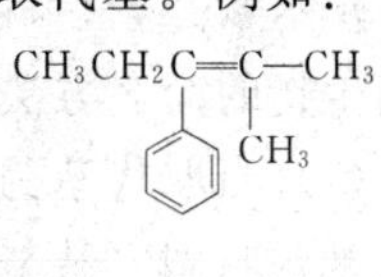　　2-甲基-3-苯基-2-戊烯

二烷基苯由于两个取代基在苯环上的相对位置不同，可产生三种异构体。如取代基相同，命名时需在名称前标明取代基的相对位置。即可用"邻"、"间"、"对"或分别用外文字母 o-（ortho-）、m-（meta-）、p-（para-）表示，也可分别用 1,2-、1,3-、1,4- 等阿拉伯数字表示。例如二甲苯的三个异构体的构造式和命名为：

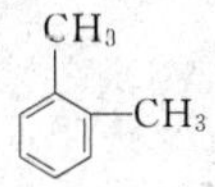

邻（或 o-）二甲苯　　　间（或 m-）二甲苯　　　对（或 p-）二甲苯
（1,2-二甲苯）　　　　　（1,3-二甲苯）　　　　　（1,4-二甲苯）

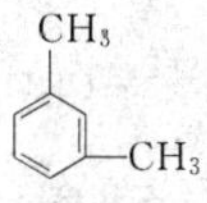

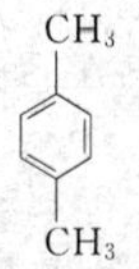

67

如取代基不同，根据 IUPAC 命名法的规定，甲苯、异丙苯、苯乙烯等少数几个芳烃可作为母体来命名其衍生物。母体基连接的碳原子，编为芳环第 1 位。例如：

对（或 4-）叔丁基甲苯　　　　　　　间（或 3-）乙基异丙苯
[不称为对（或 4-）甲基叔丁苯]　　[不称为间（或 3-）异丙基乙苯]

三烷基苯按取代基相对位置不同，也有三种异构体。如取代基相同时，命名可用"连"（或 1,2,3-）、"偏"（或 1,2,4-）、"均"（或 1,3,5-）表示。例如，三甲苯的三种异构体的构造式和命名：

连三甲苯　　　　　偏三甲苯　　　　　均三甲苯
1,2,3-三甲苯　　　1,2,4-三甲苯　　　1,3,5-三甲苯

苯分子去掉一个氢原子后剩下的原子团（ 　 或 C_6H_5— ）叫做苯基，可用 ph-（英文 phenyl 的缩写）表示。芳烃分子去掉一个氢原子后剩下的基团称芳基，可用 Ar—（英文 Aryl 的缩写）表示。若需编号时，把苯基上含有自由键的碳原子编为第 1 位。例如：

邻甲苯基　　　　　对甲苯基　　　　　苯甲基或叫苄基
或叫 2-甲苯基　　或叫 4-甲苯基

二、单环芳烃衍生物的命名

从本章开始，将陆续遇到具有多元取代基的芳烃衍生物及有关反应，因而需要先讨论芳烃衍生物的命名方法。

（1）当取代基为硝基（—NO_2）、卤素（—X）等时，一般以芳烃为母体，上述基团为取代基，叫做"某基（代）芳烃"。例如：

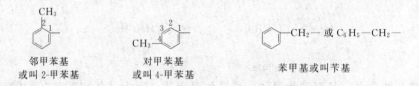

硝基苯　　　溴苯

（2）当取代基为氨基（—NH_2）、羟基（—OH）、醛基（—CHO）、羧基（—COOH）、磺酸基（—SO_3H）等时，则把它们各看成一类化合物，分别叫做苯胺、苯酚、苯甲醛、苯甲酸、苯磺酸等。

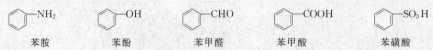

苯胺　　　苯酚　　　苯甲醛　　　苯甲酸　　　苯磺酸

（3）当苯环上有多种取代基时，首先要选好母体。选母体要遵照取代基团的优先次序，见表 5-1。

表 5-1　常见取代基团的优先次序

优先次序	基团结构	基团名称	母体名称	优先次序	基团结构	基团名称	母体名称
1	—C(O)OH	羧基	羧酸	9	—OH	羟基	醇、酚
2	—SO$_3$H	磺(酸)基	磺酸	10	—NH$_2$	氨基	胺
3	—C(O)OR	烷氧羰基	羧酸酯	11	C=C	烯基	烯
4	—C(O)X	卤甲酰基	酰卤	12	—OR	烷氧基	醚
5	—C(O)NH$_2$	氨基甲酰基	酰胺	13	—C$_6$H$_5$	苯基	苯
6	—C≡N	氰基	腈	14	—R	烷基	烷
7	—C(O)H	醛基	醛	15	—X	卤原子	
8	—C(O)—	氧代或酮基	酮	16	—NO$_2$	硝基	

在上述优先次序中，排在愈前面的基团愈宜选为母体，排在后面的基团为取代基。要注意，作为母体的基团，命名时总是编为1位。再按照支链的"最低系列"编号原则，把苯环其他碳原子依次编号。例如：

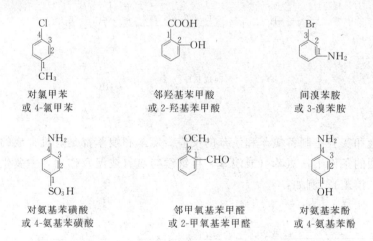

对氯甲苯　　　　　　　邻羟基苯甲酸　　　　　　间溴苯胺
或4-氯甲苯　　　　　　或2-羟基苯甲酸　　　　　或3-溴苯胺

对氨基苯磺酸　　　　　邻甲氧基苯甲醛　　　　　对氨基苯酚
或4-氨基苯磺酸　　　　或2-甲氧基苯甲醛　　　　或4-氨基苯酚

第三节　单环芳烃的性质

一、单环芳烃的物理性质

单环芳烃一般为无色液体，比水轻（相对密度在0.86～0.93之间），不溶于水，易溶于石油醚、乙醚、四氯化碳等有机溶剂。单环芳烃易燃，燃烧时带有较浓的黑烟。单环芳烃具有特殊气味，有毒，长期吸入其蒸气会损坏肝脏等造血器官以及神经系统等，并能导致白血病。单环芳烃的沸点随相对分子质量的增加而升高，熔点除与相对分子质量有关外，还与结构有关。二取代苯通常是对位异构体，熔点较高，溶解度较小，这是由于对位异构体分子对称，晶格能较大之故。一些常见单环芳烃的物理常数如表5-2所示。

表 5-2 一些常见单环芳烃的物理常数

化合物	熔点/℃	沸点/℃	相对密度 d_4^{20}	化合物	熔点/℃	沸点/℃	相对密度 d_4^{20}
苯	5.5	80.1	0.879	乙苯	-95	136.2	0.867
甲苯	-95	110.6	0.876	正丙苯	-99.6	159.3	0.862
邻二甲苯	-25.5	144.4	0.880	异丙苯	-96	152.4	0.862
间二甲苯	-47.9	139.1	0.864	苯乙烯	-33	145.8	0.906
对二甲苯	13.2	138.4	0.861				

二、单环芳烃的化学性质

单环芳烃都具有苯环结构,而苯环是一个闭合的共轭体系,具有特殊的稳定性,因此易发生取代反应。芳环中不存在典型的碳碳双键,因此它没有烯烃的典型性质,不易加成和氧化。但在特殊条件下也能发生加成和氧化反应,这些性质是芳香族化合物的特性。

1. 取代反应

苯环上的氢原子,可被多种官能团取代,其中以卤代、硝化、磺化、傅-克(Friedel-Crafts)反应最重要。**取代反应是单环芳烃最主要的化学反应,无论在理论上还是工业生产上都具有重要价值。**

(1) 卤代反应 在催化剂(如铁粉或卤化铁)存在时,在不高的温度下,**苯分子中的氢原子易被卤原子取代,生成卤(代)苯**,并放出卤化氢,这个反应叫做卤代反应,习惯上也叫卤化反应。例如:

$$\text{C}_6\text{H}_5\text{-H} + \text{Cl-Cl} \xrightarrow[90\%]{\text{Fe 或 FeCl}_3, 25℃} \text{C}_6\text{H}_5\text{-Cl} + \text{HCl}$$
氯苯

$$\text{C}_6\text{H}_6 + \text{Br}_2 \xrightarrow[55\sim60℃]{\text{Fe 或 FeBr}_3} \text{C}_6\text{H}_5\text{-Br} + \text{HBr}$$
溴苯

这是工业上和实验室制备氯苯和溴苯的反应。氯苯和溴苯都是有机合成的重要原料。

在比较强烈的条件下,氯苯(或溴苯)可继续与氯(或溴)作用,主要生成邻位和对位的二氯苯(或二溴苯)。例如:

$$\text{C}_6\text{H}_5\text{Cl} + \text{Cl}_2 \xrightarrow[\triangle]{\text{Fe 或 FeCl}_3} \text{邻-C}_6\text{H}_4\text{Cl}_2 + \text{对-C}_6\text{H}_4\text{Cl}_2 + \text{间-C}_6\text{H}_4\text{Cl}_2 + \text{HCl}$$

邻二氯苯(39%)　对二氯苯(55%)　间二氯苯(6%)

卤代反应中,卤素的活泼性顺序是:

$$F_2 > Cl_2 > Br_2 > I_2$$

氟代反应过于剧烈;碘代反应难于进行,且属可逆反应,若加入氧化剂(如硝酸、碘酸、氧化汞等)令 HI 分解,可使反应顺利进行。但氟苯和碘苯一般不用此法制备。

烷基苯在适当条件下也能发生卤代反应。按卤代条件不同,又分为芳环卤代和侧链卤代两种。

在催化剂（如铁粉或三卤化铁）存在下，**烷基苯比苯更易发生芳环卤代，主要生成烷基的邻位及对位产物**。例如：

$$\text{C}_6\text{H}_5\text{CH}_3 + \text{Cl}_2 \xrightarrow{\text{Fe 或 FeCl}_3} \text{邻氯甲苯}(58\%) + \text{对氯甲苯}(42\%) + 2\text{HCl}$$

当没有催化剂存在时，在光或热作用下，烷基苯进行侧链卤代。例如，在紫外线照射下，在甲苯中通入氯气，或将氯气通入沸腾的甲苯中，即进行侧链氯代。

$$\text{C}_6\text{H}_5\text{CH}_3 + \text{Cl}_2 \xrightarrow[\text{或 400～600℃}]{\text{紫外线}} \underset{\text{(氯化苄)}}{\text{苯一氯甲烷}} \xrightarrow[\text{光}]{\text{Cl}_2} \text{苯二氯甲烷} \xrightarrow[\text{光}]{\text{Cl}_2} \text{苯三氯甲烷}$$

烷基苯侧链卤代，较烷烃易于控制，工业上控制氯气的用量和反应条件，可使任一产物为主要产物。

多碳烷基苯进行侧链卤代时，往往发生在 α-氢原子上。例如：

$$\text{C}_6\text{H}_5\overset{\alpha}{\text{CH}_2}\overset{\beta}{\text{CH}_3} + \text{Br}_2 \xrightarrow[\triangle]{\text{光}} \text{C}_6\text{H}_5\text{CHBrCH}_3 \text{（}\alpha\text{-溴代乙苯，唯一产物）}$$

（2）**硝化反应** 苯与浓硝酸和浓硫酸的混合物（通常称混酸）共热，苯环上的氢原子被硝基（—NO_2）取代，生成硝基苯，这类反应叫做硝化反应。

$$\text{C}_6\text{H}_5\text{—H} + \text{HO—NO}_2\text{（浓）} \xrightarrow[50\sim 60℃]{\text{浓 H}_2\text{SO}_4} \text{C}_6\text{H}_5\text{—NO}_2 + \text{H}_2\text{O}$$
硝基苯（75%～85%）

硝化反应是放热反应，反应宜缓慢进行。上述反应中的反应温度和混酸的用量，对硝化程度影响很大。例如在混酸过量、温度较高时，生成的硝基苯还可继续硝化，生成间二硝基苯。

$$\text{C}_6\text{H}_4(\text{NO}_2)\text{—H} + \text{HO—NO}_2\text{（发烟）} \xrightarrow[95\sim 100℃]{\text{发烟 H}_2\text{SO}_4} \text{C}_6\text{H}_4(\text{NO}_2)_2 + \text{H}_2\text{O}$$
间二硝基苯（93.2%）

但导入第二个硝基比导入第一个硝基困难，导入第三个硝基则更为困难。

烷基苯在混酸的作用下，也发生环上取代反应，且比苯容易进行，主要生成烷基的邻位和对位的取代物。例如甲苯与混酸在 30℃ 下即可发生反应，且主要生成邻硝基甲苯和对硝基甲苯。如温度提高，继续硝化，最后可得到 2,4,6-三硝基甲苯（梯恩梯，TNT），它是一种炸药。

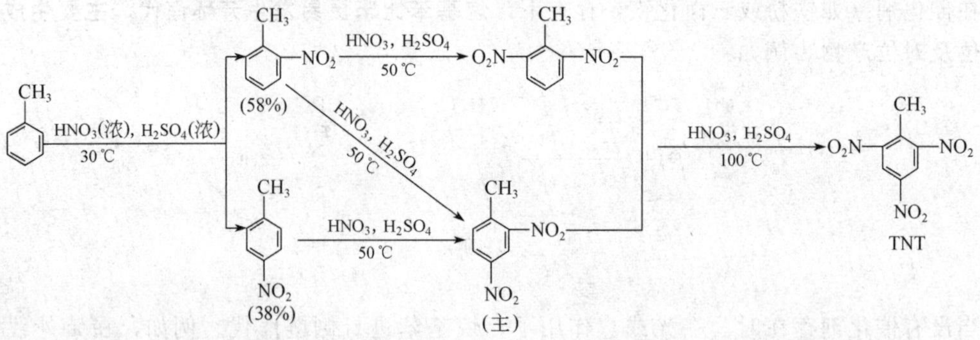

硝化反应中，最常用的硝化剂是混酸，此外，还有稀硝酸、发烟硝酸和浓硫酸（或发烟硫酸）、硝酸盐和硫酸、硝酸和乙酸混合物等。

(3) **磺化反应**　苯与浓硫酸或发烟硫酸作用，苯环上的氢原子被磺酸基（—SO_3H）取代生成苯磺酸，这类反应叫做磺化反应。磺化反应与卤代、硝化反应不同，它是一个可逆反应。

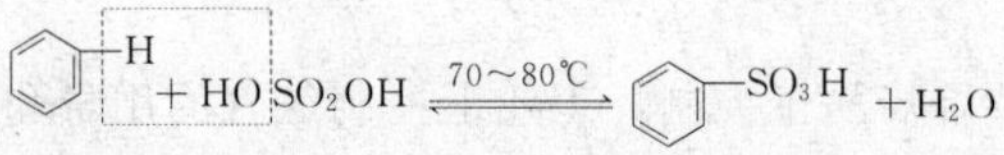

随着反应的进行，水不断增加，硫酸浓度变稀，磺化速率变慢，不利于苯磺酸的生成。相反，苯磺酸的水解速率会加快。如果控制反应条件，可以使反应向人们需要的方向进行。

磺化时，常使用大大过量的浓硫酸或发烟硫酸，以确保高浓度的磺化试剂，并及时蒸出反应中不断生成的水。

使用发烟硫酸作磺化剂比使用浓硫酸更为优越，因为既可利用发烟硫酸的三氧化硫除去反应中生成的水，并同时产生硫酸，增强磺化能力，又可使反应在较低温度下进行。例如，苯与发烟硫酸在常温下即可发生磺化反应：

要去掉苯磺酸的磺酸基时，常使用稀酸，并将过热水蒸气通过反应混合物，利用过热水蒸气蒸去较易挥发的芳烃。 苯磺酸经稀酸水解，生成原来的芳香化合物。

芳烃的磺化及芳磺酸脱磺酸基的反应，在有机合成及分离提纯上具有重要意义。可利用磺酸基暂时占据环上某个位置，待其他反应完成后，再经水解除去磺酸基，这种方法对于制备或分离某些异构体是很有用的。此外，芳香磺酸极易吸湿，水溶性大，染料、药物合成中经常引入磺酸基，目的在于增加其水溶性和酸性。芳香磺酸与硫酸相似，呈强酸性，但没硫酸那么大的破坏作用，所以常代替硫酸作酸性催化剂使用。

上述苯磺化生成苯磺酸的反应，若在较高温度及发烟硫酸作用下，还可继续磺化，主要生成间苯二磺酸。

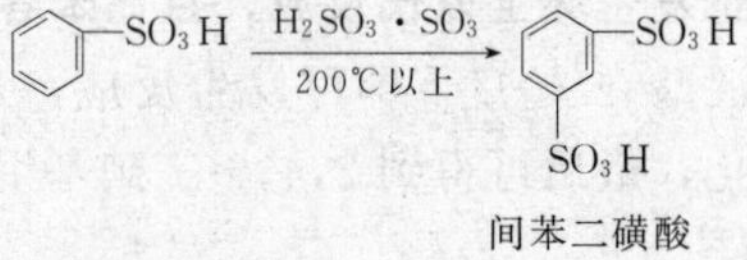

烷基苯比苯较易磺化，例如用浓硫酸在常温下就可使甲苯磺化，且主要生成烷基的邻位

及对位取代物。一般地说，低温有利于邻位取代物生成，高温有利于对位取代物生成。邻位及对位取代物的比例随温度不同而异。

$$\text{C}_6\text{H}_5\text{CH}_3 \xrightarrow{\text{浓 H}_2\text{SO}_4} \begin{array}{l} \xrightarrow{\text{常温}} \text{对-CH}_3\text{C}_6\text{H}_4\text{SO}_3\text{H} (62\%) + \text{邻-CH}_3\text{C}_6\text{H}_4\text{SO}_3\text{H} (32\%) \\ \xrightarrow{100℃} \text{对-CH}_3\text{C}_6\text{H}_4\text{SO}_3\text{H} (79\%) + \text{邻-CH}_3\text{C}_6\text{H}_4\text{SO}_3\text{H} (13\%) \end{array}$$

苯和烷基苯都不溶于硫酸，而磺酸却易溶于硫酸，反应的完成与否很容易从烃层的消失而看出来。

【演示实验 5-1】 取两支干燥的试管，分别加入苯和甲苯各 2mL，再分别加入 5mL 浓硫酸，充分振荡几分钟后，其中甲苯的试管反应液不再分层（如无此现象，可把试管放入温水浴中温热片刻，注意不要把甲苯蒸干！），而苯的试管仍有分层现象。稍冷后，分别把反应液慢慢加入各盛 20～30mL 冷水的两个小烧杯中，搅拌后静置，观察现象，对比苯和甲苯的反应活性。

(4) 傅列德尔-克拉夫茨（Friedel-Crafts）反应　在无水氯化铝等催化剂的催化下，芳烃环上的氢原子被烷基（—R）或酰基（$R-\overset{O}{\underset{\|}{C}}-$）取代，分别称烷基化反应或酰基化反应，统称傅列德尔-克拉夫茨反应，简称傅-克反应。傅-克反应应用范围很广，是有机合成中最有用的反应之一。

① 烷基化反应　使苯环引入烷基的反应，称烷基化反应。例如：

$$\text{C}_6\text{H}_5\text{—H} + \text{X—R} \xrightarrow{\text{无水 AlCl}_3} \text{C}_6\text{H}_5\text{—R} + \text{HX}$$
　　　　　　　卤代烷

反应中能提供烷基的试剂，称烷基化剂。常用的烷基化剂有卤代烷、烯烃和醇类，其中以卤代烷最为常用。但要注意，卤代芳烃不能代替卤代烷发生反应。**烷基化反应最常用且最有效的催化剂为无水 $AlCl_3$**，此外有 HF、BF_3、H_2SO_4、H_3PO_4 等。其中烷基化剂为卤代烷时，一般使用无水 $AlCl_3$ 为催化剂；烷基化剂为烯烃和醇时，一般使用 HF 或 BF_3 为催化剂；而 H_2SO_4 及 H_3PO_4 比较适用于含氧化合物的烷基化及酰基化反应。例如：

$$\text{C}_6\text{H}_5\text{—H} + \text{Br—CH}_2\text{CH}_3 \xrightarrow[0～25℃]{\text{无水 AlCl}_3} \text{C}_6\text{H}_5\text{—CH}_2\text{CH}_3 (76\%) + \text{HBr}$$
　　　　　　　　溴乙烷

$$\text{C}_6\text{H}_6 + \text{CH}_2\text{=CH}_2 \xrightarrow[\triangle]{\text{BF}_3 \text{ 或 HF}} \text{C}_6\text{H}_5\text{—CH}_2\text{CH}_3$$
　　　（或 CH_3CH_2OH）

烷基化反应是在芳环上引入烷基的重要方法，应用较广，如合成乙苯、异丙苯、十二烷基苯等。20 世纪 90 年代后，世界上一些著名石油化工公司开发了采用新型分子筛催化剂合成乙苯、异丙苯的新工艺，产品收率可达 99.5%，提高了经济效益，改善了环境污染。

应当注意的是,在烷基化反应过程中,常常发生多元取代,产物为混合物,不易分离。例如:

$$\text{C}_6\text{H}_6 \xrightarrow[\text{AlCl}_3]{\text{CH}_3\text{Cl}} \text{C}_6\text{H}_5\text{CH}_3 \xrightarrow[\text{AlCl}_3]{\text{CH}_3\text{Cl}} \text{对-二甲苯} + \text{邻-二甲苯} \xrightarrow[\text{AlCl}_3]{\text{CH}_3\text{Cl}} \text{1,2,4-三甲苯}$$

上述反应中如苯大大过量,则可减少副产物的产生,主要生成一元取代物。

烷基化剂的烷基是三个碳原子以上的直链时,还会发生异构化反应。例如:

$$\text{C}_6\text{H}_6 + \text{CH}_3\text{CH}_2\text{CH}_2\text{Cl} \xrightarrow[18\sim80℃]{\text{无水 AlCl}_3\text{(或 HF)}} \text{异丙苯}(65\%\sim69\%) + \text{丙苯}(35\%\sim31\%)$$
(或 CH$_3$CH=CH$_2$)

烷基化反应也会发生歧化反应,即一分子烷基苯脱烷基,另一分子烷基苯增加烷基。例如:

$$\text{甲苯} + \text{甲苯} \xrightarrow{\text{AlCl}_3} \text{二甲苯} + \text{苯}$$
(o, m, p 混合二甲苯)

在石油分馏中,甲苯的产量大于二甲苯,但二甲苯比甲苯应用更广泛,上述反应是目前工业上增产二甲苯的重要反应之一。

② 酰基化反应　在无水氯化铝等催化剂的催化下,苯可与酰卤或酸酐反应,在苯环上引入一个酰基$\left[\text{R}-\overset{\text{O}}{\underset{\|}{\text{C}}}-\right]$,生成芳香酮,这个反应叫做酰基化反应。这是制备芳香酮的主要方法。例如:

$$\text{C}_6\text{H}_5\text{H} + \text{CH}_3\overset{\text{O}}{\underset{\|}{\text{C}}}\text{Cl} \xrightarrow{\text{无水 AlCl}_3} \text{C}_6\text{H}_5\overset{\text{O}}{\underset{\|}{\text{C}}}\text{CH}_3 + \text{HCl}$$
乙酰氯　　　　　苯乙酮(97%)

$$\text{C}_6\text{H}_5\text{H} + (\text{CH}_3\text{CO})_2\text{O} \xrightarrow{\text{无水 AlCl}_3} \text{C}_6\text{H}_5\text{COCH}_3 + \text{CH}_3\text{COOH}$$
乙酸酐　　　　　(80%)

酰基化反应与烷基化反应不同,既不发生异构化,也不发生多元取代,歧化反应也很少见到。例如:

$$\text{C}_6\text{H}_5\text{H} + \text{CH}_3\text{CH}_2\text{CH}_2\overset{\text{O}}{\underset{\|}{\text{C}}}\text{Cl} \xrightarrow[\triangle]{\text{AlCl}_3} \text{C}_6\text{H}_5\overset{\text{O}}{\underset{\|}{\text{C}}}\text{CH}_2\text{CH}_2\text{CH}_3 + \text{HCl}$$

生成的酮经还原即得正丁苯。因此,芳烃的酰基化反应是在芳环上引入正构烷基的一个重要方法。

需要指出的是,**当苯环上连有强烈吸电子基团**(如—NO$_2$、—SO$_3$H、R—$\overset{\text{O}}{\underset{\|}{\text{C}}}$—、—CN

等）时，一般不发生烷基化及酰基化反应，这是应当特别注意的。但苯环上如果还有一个活泼的邻、对位定位基团，则反应仍可进行。

上述芳烃的取代反应，包括卤代、硝化、磺化、烷基化等反应，在有机化学中极为重要。

2. 加成反应

芳烃易起取代反应而难于加成，但在一定条件下（如催化剂、高温、高压、光照等），仍可发生加成反应。例如苯催化加氢，生成环己烷。

$$\text{C}_6\text{H}_6 + 3\text{H}_2 \xrightarrow[180\sim250℃, 3.9\text{MPa}]{\text{Ni 或 Pt}} \text{环己烷}$$

苯的一些衍生物还可还原为环己烷的衍生物。例如：

$$\text{C}_6\text{H}_5\text{CH}_3 + 3\text{H}_2 \xrightarrow[\triangle]{\text{Ni 或 Pt}} \text{甲基环己烷}$$

3. 氧化反应

芳烃的氧化反应分苯环氧化和侧链氧化两种。

（1）苯环氧化　苯环一般不被常见的氧化剂（如高锰酸钾、重铬酸钾加硫酸、稀硝酸等）氧化，但在强烈条件下如高温及催化剂作用下，也可被氧化，苯环开裂，生成顺丁烯二酸酐。

$$2\,\text{C}_6\text{H}_6 + 9\text{O}_2 \xrightarrow[450\sim500℃]{\text{V}_2\text{O}_5} 2\,\text{顺丁烯二酸酐} + 4\text{CO}_2 + 4\text{H}_2\text{O}$$

顺丁烯二酸酐（70%）

顺丁烯二酸酐主要用来制不饱和聚酯树脂，也可用作环氧树脂的固化剂。

（2）侧链氧化

【演示实验5-2】取3支试管，分别加入苯、甲苯和环己烯各3mL，再分别加入5～6滴5g/L高锰酸钾溶液和8～9滴浓硫酸，剧烈振荡，观察苯和甲苯常温下不被高锰酸钾氧化。再把未褪色的试管同时置于60～70℃的水浴中加热数分钟，再观察并比较苯、甲苯和环己烯被酸性高锰酸钾氧化的情况。

实验表明，烷基苯比苯易被氧化。烷基苯在高锰酸钾或重铬酸钾的酸性溶液等强氧化剂的作用下，无论烷基长短，只要含有 α-氢原子，都被氧化成羧基（—COOH），生成苯甲酸。例如：

$$\begin{array}{c}\text{C}_6\text{H}_5\text{—}\overset{\alpha}{\text{C}}\text{H}_3 \\ \text{C}_6\text{H}_5\text{—}\overset{\alpha}{\text{C}}\text{H}_2\text{CH}_3 \\ \text{C}_6\text{H}_5\text{—}\overset{\alpha}{\text{C}}\text{H}(\text{CH}_3)_2\end{array} \xrightarrow[\text{KMnO}_4,\ \text{H}^+,\ \triangle]{[\text{O}]} \text{C}_6\text{H}_5\text{—COOH}$$

从上述反应中看出，长链烷基苯氧化通常发生在苯环侧链的 α-氢原子上。若 α-碳原子上不含 α-氢原子（如叔丁基），则在上述条件下不被氧化。

若芳环上有烷基长度不等的多烷基苯氧化时，通常是长的、带支链的烷基先被氧化。

例如:

$$\underset{\text{CH(CH}_3)_2}{\underset{|}{\text{CH}_3-\text{C}_6\text{H}_4}} \xrightarrow[\text{回流}]{\text{稀 HNO}_3} \underset{\text{COOH}}{\underset{|}{\text{CH}_3-\text{C}_6\text{H}_4}}$$

$$\underset{\text{CH}_3}{\underset{|}{\text{CH}_3-\text{C}_6\text{H}_4}} \xrightarrow[\text{KMnO}_4, \text{OH}^-, \text{回流}]{\text{[O]}} \underset{\text{COOH}}{\underset{|}{\text{HOOC}-\text{C}_6\text{H}_4}}$$

烷基苯的侧链氧化反应,多用于合成羧酸或鉴别烷基苯。

【阅读资料】

烷基苯的鉴别

关于烷基苯的鉴别方法,概述如下。

① 烷基苯与烷烃的鉴别。常温下烷基苯很易被发烟硫酸所磺化,从而溶于发烟硫酸中,而烷烃不被发烟硫酸磺化,借此可与烷烃相区别。

② 烷基苯与烯烃的鉴别。常温下,能使溴的四氯化碳溶液或冷的稀高锰酸钾溶液褪色的为烯烃。

虽然烷基苯的烷基也可被高锰酸钾溶液氧化,但需要加热且长时间作用或在酸性条件下,才能使高锰酸钾溶液褪色,这是二者不同之处。

③ 烷基苯与中性含氧有机物(如醇、醚等)的鉴别。能迅速溶于冷的浓硫酸的为中性含氧有机物,不能迅速溶的为烷基苯。

④ 烷基苯与稠环芳烃的鉴别。溶于氯仿中的芳烃,与无水升华的氯化铝作用时,溶液呈橙或红色的为苯及烷基苯,蓝色的为萘,紫色的为菲,绿色的为蒽。

⑤ 鉴定烷基苯的芳烃侧链数目及其相对位置,常可通过酸性高锰酸钾溶液将其氧化成相应的羧酸来确定。不同的羧酸,很容易从它们的熔点或从它们衍生物的熔点来区别。

【例 5-1】 某石油化工厂有苯、甲苯、直馏汽油、裂化汽油 4 瓶无色液体有机物,试用化学方法把它们鉴别出来。并用化学方法证明裂化汽油中有少量甲苯或二甲苯等苯的同系物(要求简要说明实验操作步骤)。

【解析】 本题的难点是裂化汽油中除主要含烷烃外,还有少量烯烃及甲苯、二甲苯等苯的同系物存在。而烯烃对检验苯的同系物的试剂——酸性高锰酸钾溶液也褪色。因此,在检验苯的同系物是否存在前,必须先排除待检物质中烯烃双键的存在。具体步骤表示如下:

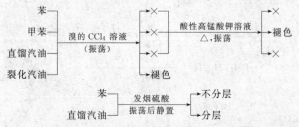

另取少量裂化汽油置于洁净试管中,逐滴加入溴的 CCl_4 溶液并振荡,滴至溴不再褪色为止(说明此时溶液中已无烯烃的双键存在)。然后再加入 2~3 滴酸性高锰酸钾溶液并用力振荡,若褪色,则证明裂化汽油中含有甲苯或二甲苯等苯的同系物。

第四节 苯环上取代反应的定位规律

一、取代基定位规律

在讨论芳烃的取代反应时，不难发现，烷基苯的取代反应不仅比苯容易进行，而且新导入的取代基主要进入烷基的邻位和对位。例如：

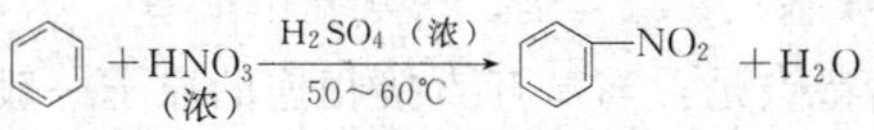

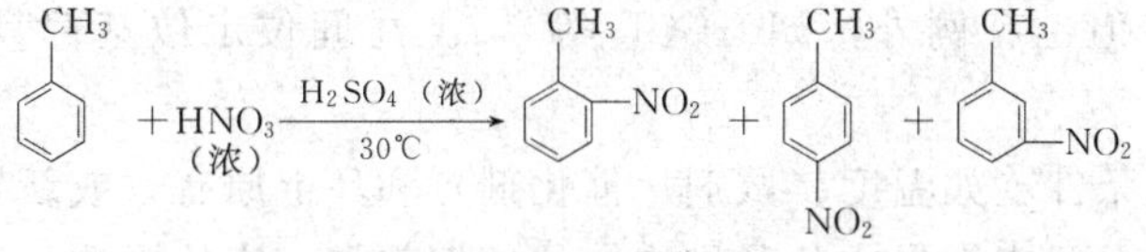

$$C_6H_6 + HNO_3(浓) \xrightarrow{H_2SO_4(浓)}_{50\sim60℃} C_6H_5NO_2 + H_2O$$

$$C_6H_5CH_3 + HNO_3(浓) \xrightarrow{H_2SO_4(浓)}_{30℃} \text{邻硝基甲苯}(58\%) + \text{对硝基甲苯}(38\%) + \text{间硝基甲苯}(4\%)$$

甲苯硝化比苯的硝化所需反应温度较低，而硝基苯进一步硝化时，不仅需要提高反应温度（说明反应比苯难于进行），而且新导入的取代基主要进入硝基的间位。例如：

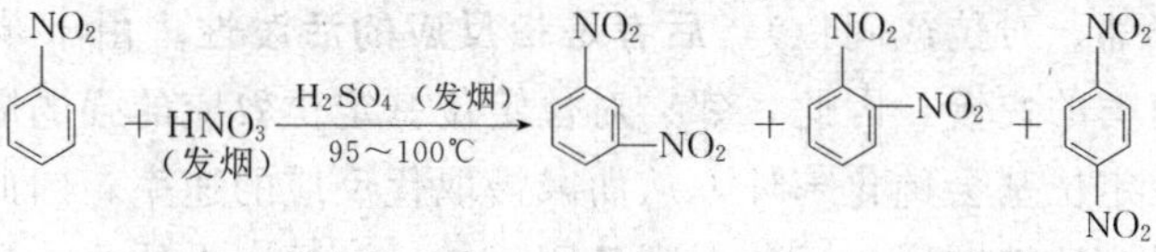

$$C_6H_5NO_2 + HNO_3(发烟) \xrightarrow{H_2SO_4(发烟)}_{95\sim100℃} \text{间二硝基苯}(93.3\%) + \text{邻二硝基苯}(6.4\%) + \text{对二硝基苯}(0.3\%)$$

由此可见，**新导入取代基进入苯环的位置，主要由苯环上原有的取代基支配**，也就是说，苯环上第一个取代基对第二个取代基起着定位作用，**苯环上原有的取代基称为"定位基"**，定位基起的定位作用也称定位效应。

根据大量的实验事实，可把苯环上的定位基按照它们的定位效应分为两类。

1. 邻对位定位基

这类定位基能使新导入的基团主要进入邻位和对位（邻位体＋对位体＞60％），同时使苯环活化（卤素例外），反应比苯易于进行。

常见的邻对位定位基按其定位效应由强至弱排列如下：

—O⁻（氧负离子）、—N(CH$_3$)$_2$（二甲氨基）、—NHCH$_3$（甲氨基）、—NH$_2$（氨基）、—OH（羟基）、—OCH$_3$（甲氧基）、—NHCOCH$_3$（乙酰氨基）、—R（烷基）、—OCOCH$_3$（乙酰氧基）、—CH=CH$_2$（乙烯基）、—X（卤素原子，包括—F、—Cl、—Br、—I）、—CH$_2$COOH（羧甲基）。

不难看出，上述邻对位定位基在结构上的特点是：与苯环直接相连的原子一般都是饱和的（但也有例外，如 —CH=CH$_2$），这些基团多数具有未共用电子对，大多数具有能供给电子的性能，是供电子取代基。

2. 间位定位基

这类定位基能使新导入的基团主要进入它的间位（间位体＞40％），同时使苯环钝化，反应比苯难于进行。

常见的间位定位基按其定位效应由强至弱排列如下：

$-\overset{+}{N}H_3$（铵基）、$-\overset{+}{N}(CH_3)_3$（三甲铵基）、$-N\overset{O}{\underset{O}{\diagdown\!\!\diagup}}$（硝基）、$-CCl_3$（三氯甲基）、

$-C\equiv N$（氰基）、$-\overset{O}{\underset{O}{S}}-OH$（磺酸基）、$-\overset{O}{\underset{H}{C}}$（醛基）、$-\overset{O}{C}-CH_3$（乙酰基）、$-\overset{O}{C}-OH$

（羧基）、$-\overset{O}{C}-OCH_3$（甲氧羰基）、$-\overset{O}{C}-NH_2$（氨基甲酰基）。

上述间位定位基的结构特点是：与苯环直接相连的原子一般都是不饱和（即连有不饱和键）或带正电荷的（但也有例外，如$-CCl_3$等），上述间位定位基都具有很强的吸电子性能，是吸电子取代基。

应当注意：反应条件（如温度、试剂、催化剂）和环上原有（或新导入）基团的体积大小（空间位阻）等，对反应中生成各种异构体的比例都有一定的影响，但一般不会改变取代基的类型。就邻、对位定位基的反应而言，空间位阻愈大，生成邻位异构体的比例愈小，而生成对位异构体的比例就愈大。

还应注意：**取代基的定位效应和反应活性是两个不同的概念，前者是指新导入基团进入原有取代基的位置**（邻、对位或间位），**后者是指反应的活泼性**。由于苯环上电子云密度的大小决定着其反应速率的快慢，因此，邻、对位定位基定位效应的强弱顺序与其反应活性顺序是一致的，但间位定位基会钝化苯环，从而减慢取代反应的速率，因此间位定位基定位效应的强弱顺序与其反应活性顺序相反。下列基团反应活性顺序大体为：

$$-\overset{+}{N}R_3 < -NO_2 < -CN < -SO_3H < -CHO < -COOH$$

二、取代定位规律的应用

1. 预测反应的主要产物

根据苯环上第一个取代基（即定位基）的类型，就可判断第二个取代基进入苯环的位置。如果苯环上已经有了两个取代基，则第三个取代基进入苯环的位置就取决于原有两个取代基的性质和相对位置。归纳起来有两种情况。

(1) 如果原有的两个定位基不属于同一类，第三个取代基进入苯环的位置，主要由邻、对位定位基决定。因为邻、对位定位基的反应速率大于间位定位基，此外，原有定位基的空间位阻，对新导入取代基进入苯环的位置也有一定的影响，例如（以箭头表示新导入取代基进入苯环的位置）：

定位效应：　　　$-CH_3 > -SO_3H$　　　　$-NHC\overset{O}{\underset{CH_3}{\|}} > -NO_2$

(2) 若原有两取代基属于同一类，第三个取代基进入苯环的位置，主要由较强的定位基决定。例如：

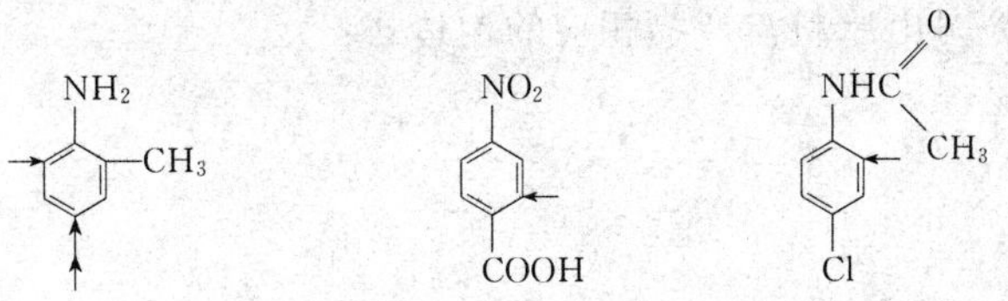

定位效应：　　—NH$_2$ > —CH$_3$　　　—NO$_2$ > —COOH　　—NHC(=O)CH$_3$ > —Cl

2. 选择合理的合成路线

定位规律对于合成苯的衍生物具有重要的指导作用，因为在合成苯的二元或多元取代物时，定位基的定位效应在取代反应中起着主导作用。通过适当地安排各步合成反应的先后顺序，可以获得较高的产率，避免复杂的分离手续，从而提高经济效益。

【例 5-2】 由甲苯合成邻氯甲苯（纯）。

【解析】 依题意先写出原料及产物的构造式：

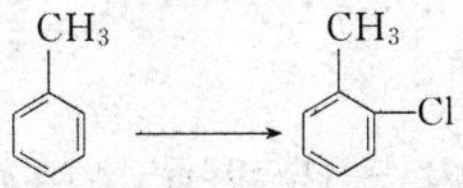

甲基是邻、对位定位基，表面上看，邻氯甲苯可由甲苯直接氯代制取，但实际上产物是邻氯甲苯（沸点 159.15℃）和对氯甲苯（沸点 162℃）的混合物，二者的产率相差不大，沸点也比较接近，难于分离提纯。工业生产上是先将甲苯进行高温磺化，使磺酸基占据甲基的对位，然后进行氯代，此时甲基和磺酸基的定位效能一致，氯原子自然进入甲基的邻位（也是磺酸基的间位），产率也较高。最后，进行水解除去磺酸基，即得到纯的邻氯甲苯。合成路线如下：

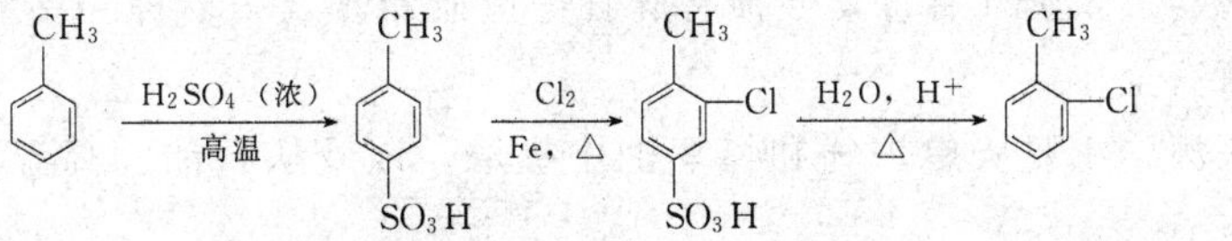

【例 5-3】 由苯合成间硝基苯甲酸。

【解析】 依题意先写出原料及产物相应的构造式：

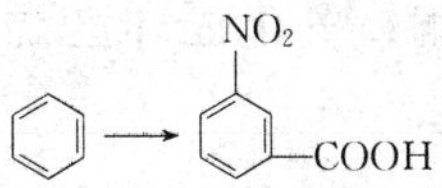

间硝基苯甲酸苯环上含有硝基及羧基（—COOH），但羧基不能直接引入，它是由烷基氧化生成的。因此，由苯合成间硝基苯甲酸，必须经过烷基化、硝化、氧化三步反应。而硝基是强烈吸电子基团，若苯环先引入硝基，则不能再发生烷基化反应了。因此，反应的第一步必须先引入烷基。第二步若进行硝化，则硝基主要引入烷基的邻、对位，这与题意不符。因此，烷基要先行氧化，转化为羧基后再进行硝化。合成路线为：

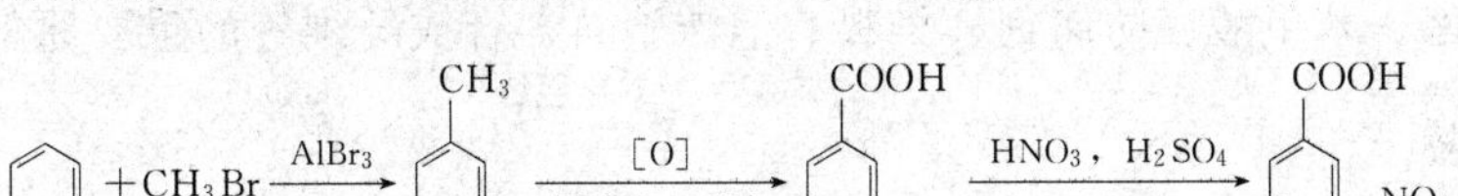

【例 5-4】 由苯合成 3-硝基-4-氯苯磺酸。

【解析】 依题意先写出原料与产物相应的构造式:

$$\bigcirc \longrightarrow \begin{array}{c} Cl \\ \bigcirc-NO_2 \\ SO_3H \end{array}$$

产物含有 —Cl、—NO$_2$、—SO$_3$H 三个取代基,因此,必须经过氯代、硝化、磺化三步反应。而分子中的氯原子是在硝基的邻位及磺酸基的对位,显然,硝基及磺酸基不能比氯原子优先导入苯环,第一步反应只能是氯代。第二步,由于磺化反应在较高温度进行时,反应产物以对位为主,这正符合题意。如先进行硝化,就有邻位和对位两种异构体生成,不仅分离操作麻烦,也降低了产率,因此,第二步应为磺化。合成对氯苯磺酸后,再进行硝化。由于分子中的氯原子和磺酸基的定位效应一致,产率自然较高。因此,合成的路线为:

$$\bigcirc + Cl_2 \xrightarrow{Fe} \begin{array}{c} Cl \\ \bigcirc \end{array} \xrightarrow[100℃]{H_2SO_4} \begin{array}{c} Cl \\ \bigcirc \\ SO_3H \end{array} \xrightarrow[\triangle]{HNO_3, H_2SO_4} \begin{array}{c} Cl \\ \bigcirc-NO_2 \\ SO_3H \end{array}$$

第五节 重要的单环芳烃

一、苯

苯是无色、易挥发的易燃液体,熔点 5.5℃,沸点 80℃,相对密度(20℃)0.879,有类似汽油的特殊气味,不溶于水,易溶于乙醇、乙醚、四氯化碳等有机溶剂。苯燃烧时发出光亮而带浓烟的火焰。苯的蒸气与空气混合会生成爆炸性的混合物,爆炸极限为 1.5%~8.0%(体积分数)。苯蒸气有毒,会损害肝脏等造血器官及中枢神经系统,易引起白血病,使用苯时要注意安全。

苯的工业来源,主要从焦炉气和煤焦油中提取,以及从石油的高温裂解或石油的铂重整得到。

苯的用途很广,它是化学工业和医药工业重要的基本原料,可用来制备染料、塑料、树脂、农药、合成药物、合成橡胶、合成纤维、合成洗涤剂等。其中用量最大的为苯烷基化制苯乙烯;经异丙苯氧化制苯酚和丙酮;氢化成环己烷,再经氧化得环己酮,进一步合成锦纶等。

二、甲苯

甲苯为无色、易挥发的易燃液体,熔点 −95℃,沸点 111℃,气味与苯相似,不溶于水,易溶于乙醇、乙醚等有机溶剂,毒性亦与苯相似。

甲苯的主要工业来源,一部分来自煤焦油,大部分从石油的芳构化得到。

甲苯的主要用途是用作化工原料及溶剂等。例如,甲苯是制造 2,4,6-三硝基甲苯(TNT)、苯甲醛、苯甲酸、防腐剂、染料、泡沫塑料、合成纤维等的重要原料。

三、苯乙烯

苯乙烯为无色、易燃的液体,沸点 145.2℃,熔点 −33℃,相对密度 0.906,难溶于水,有毒,在空气中的允许浓度在 0.1mg/L 以下。

苯乙烯的工业制法是苯与乙烯先进行傅-克烷基化反应生成乙苯，再经催化脱氢，即得苯乙烯。

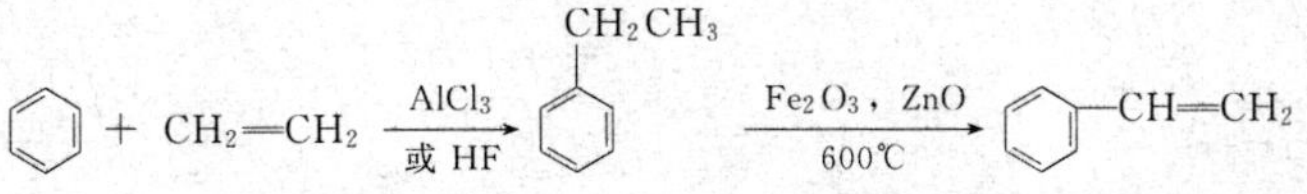

$$\text{C}_6\text{H}_6 + \text{CH}_2=\text{CH}_2 \xrightarrow[\text{或 HF}]{\text{AlCl}_3} \text{C}_6\text{H}_5\text{CH}_2\text{CH}_3 \xrightarrow[600℃]{\text{Fe}_2\text{O}_3,\text{ZnO}} \text{C}_6\text{H}_5\text{CH}=\text{CH}_2$$
苯乙烯（90%）

苯乙烯极易聚合，生成聚苯乙烯：

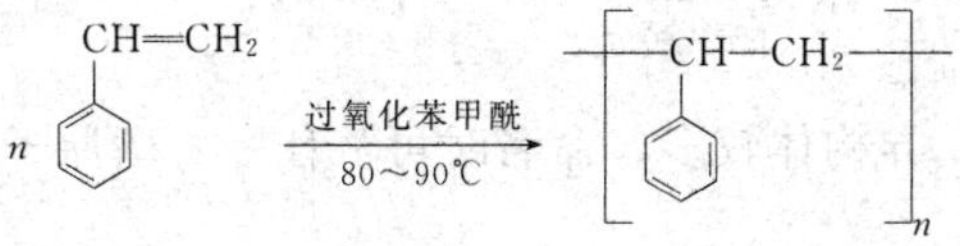

$$n \, \text{C}_6\text{H}_5\text{CH}=\text{CH}_2 \xrightarrow[80\sim90℃]{\text{过氧化苯甲酰}} [\text{CH}-\text{CH}_2]_n$$
聚苯乙烯

聚苯乙烯是一种性能优良的塑料。

苯乙烯在室温时也会慢慢聚合，因此，贮存时往往加入少量阻聚剂，如对苯二酚等。

苯乙烯除能自身聚合生成聚苯乙烯外，还大量用于与其他单体共聚，合成丁苯橡胶、离子交换树脂等。

第六节 萘

萘是最常见、最重要的稠环芳烃。它是煤焦油中含量最多的一种化合物，约含 6%～10%，存在于中油、重油馏分中，经冷却即结晶析出。

$$煤焦油 \begin{cases} 中油 \\ (170\sim230℃) \\ 重油 \\ (230\sim270℃) \end{cases} \xrightarrow{冷却} 粗萘 \xrightarrow[洗去酚]{稀\,\text{NaOH}} \xrightarrow[洗去吡啶]{稀\,\text{H}_2\text{SO}_4} \xrightarrow[或升华]{水蒸气蒸馏} 纯萘$$

一、萘的结构

萘的分子式为 $C_{10}H_8$，从碳氢原子个数比看，应当是一个高度不饱和的化合物，但其化学性质与苯相似，具芳香性，结构也与苯相似。

萘是由两个苯环共用两个相邻的碳原子稠合而成的，其结构式为

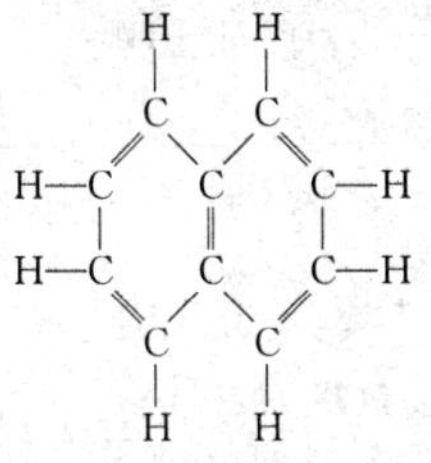

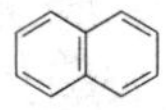

根据X射线分析，两个苯环同处在同一平面上。碳碳键长既不同于碳碳单键，也不同于碳碳双键。但又与苯不同，分子中的碳碳键长并不完全相同。萘分子结构中各键键长及碳原子的编号如图 5-3 所示。

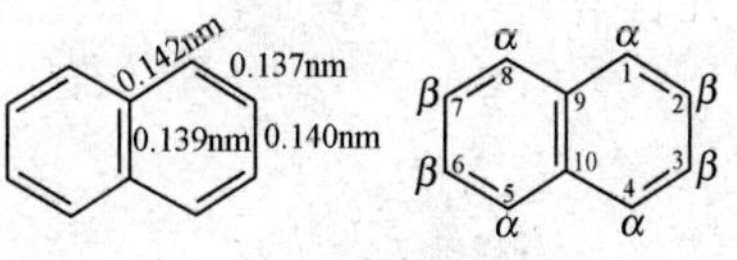

图 5-3 萘分子结构中的键长及碳原子的编号

二、萘衍生物的命名

萘构造式中，1,4,5,8 四个碳原子都与两个苯环共用的

碳原子直接相连，其位置相同，称α-位；2，3，6，7四个碳原子位置也相同，称为β-位。因此，萘的一元取代物有两种异构体，即α-取代物（也称1-取代物）和β-取代物（或2-取代物），如：

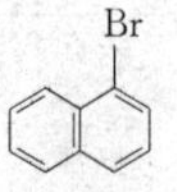

α-溴萘　　　　β-溴萘
（1-溴萘）　　（2-溴萘）

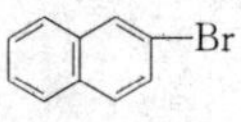

对于萘的二元取代物，异构体较多，命名时可从任一α-碳原子开始编为1位，再按图5-3的方法循环编号。例如：

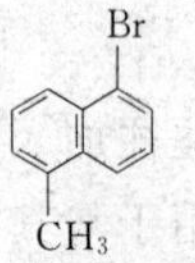

5-溴-1-甲基萘 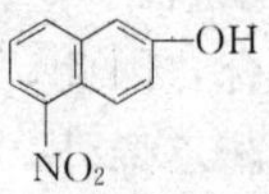　　5-硝基-2-萘酚

三、萘的物理性质

萘是白色光亮的片状结晶，熔点80.2℃，沸点218℃，有特殊气味，易升华，不溶于水，易溶于醇（热的）、醚等有机溶剂。

四、萘的化学性质

萘的分子结构可看成是由两个苯环稠合而成的，萘环分子中的电子云密度又没有苯那样完全平均化，因此，萘的化学性质与苯类似，但芳香性比苯差，比苯容易发生取代、加成和氧化反应。

1. 取代反应

由于萘α位上的电子云密度较大，所以取代反应一般在α位上进行。

（1）卤代　萘的卤代比苯容易进行，即使在没有催化剂的情况下也能与溴反应，主要生成α-溴萘。在碘的催化下，用苯作溶剂，与氯作用，主要生成α-氯萘。

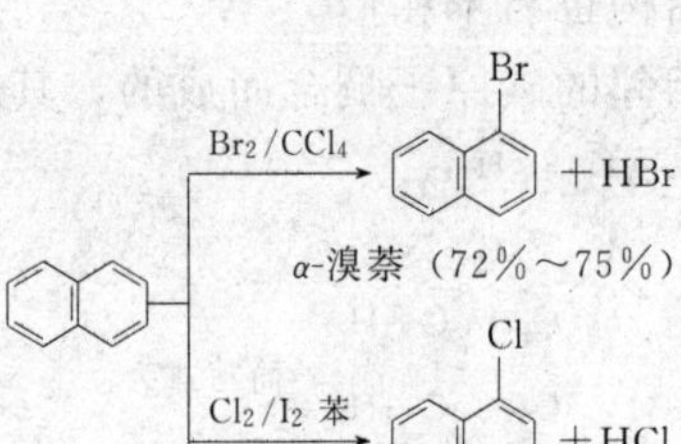

萘 $\xrightarrow{Br_2/CCl_4}$ α-溴萘（72%～75%）+ HBr

萘 $\xrightarrow[\triangle]{Cl_2/I_2\ 苯}$ α-氯萘（92%）+ HCl

（2）硝化　萘与混酸在常温下即可发生反应，产物几乎全是α-硝基萘。反应速率比苯快几百倍。

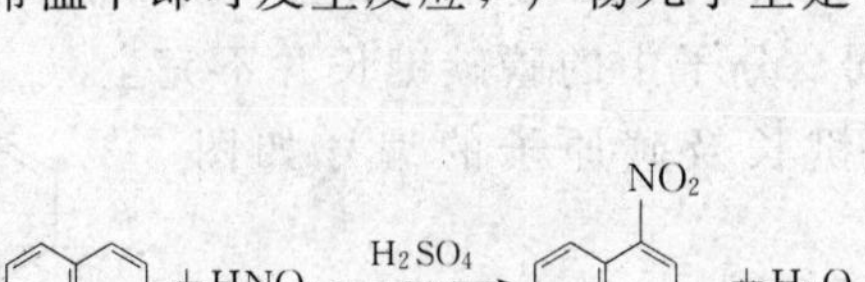

萘 + HNO_3 $\xrightarrow[25\sim50℃]{H_2SO_4}$ α-硝基萘（92%～94%）+ H_2O

α-硝基萘是黄色针状结晶，熔点 61℃，不溶于水，易溶于有机溶剂，常用于制备 α-萘胺及 α-萘酚。

（3）磺化　与卤代、硝化不同，磺化反应的产物与反应温度有关。较低温度（<80℃）时，主要产物为 α-萘磺酸，较高温度（165℃）时，主要产物为 β-萘磺酸。α-萘磺酸与浓硫酸共热至 165℃时，大多数转化为 β-萘磺酸。

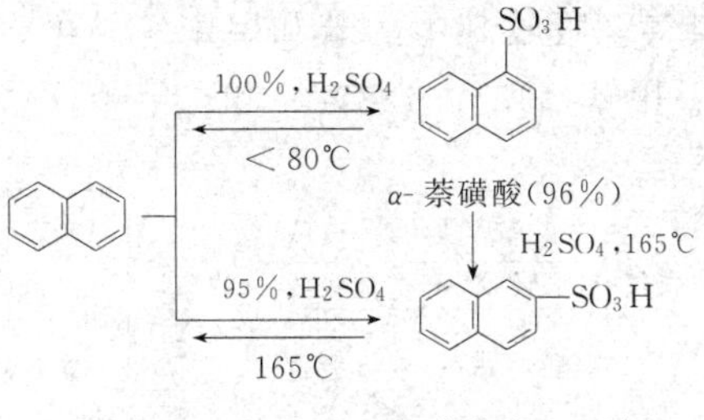

$$\text{萘} \xrightarrow[<80℃]{100\%, H_2SO_4} \alpha\text{-萘磺酸}(96\%) \xrightarrow{H_2SO_4, 165℃} \beta\text{-萘磺酸}(85\%)$$

$$\text{萘} \xrightarrow[165℃]{95\%, H_2SO_4} \beta\text{-萘磺酸}(85\%)$$

这两种萘磺酸都是有机合成的重要中间体，特别是 β-萘磺酸，通过它可制备某些萘的 β-衍生物（如 β-萘酚、β-萘胺等），因此，上述萘高温磺化生成 β-萘磺酸的反应尤为重要。

2. 加成反应

萘比苯易发生加成反应，在不同条件下，可发生部分加氢或全部加氢。

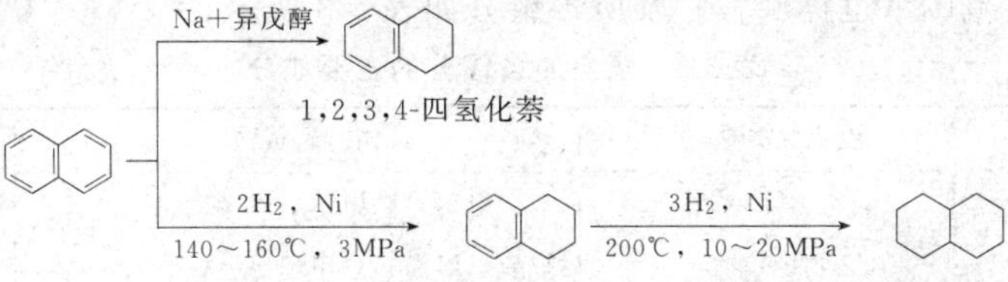

$$\text{萘} \xrightarrow{Na+异戊醇} 1,2,3,4\text{-四氢化萘}$$

$$\text{萘} \xrightarrow[140\sim160℃, 3MPa]{2H_2, Ni} \text{四氢化萘} \xrightarrow[200℃, 10\sim20MPa]{3H_2, Ni} \text{十氢化萘}$$

萘还原生成的四氢化萘及十氢化萘，都是重要的高沸点有机溶剂，能溶解硫黄、蜡、树脂、脂肪及其他有机化合物，常用于涂料工业。

3. 氧化反应

萘比苯容易氧化。以五氧化二钒为催化剂，萘的蒸气可被空气氧化生成邻苯二甲酸酐。

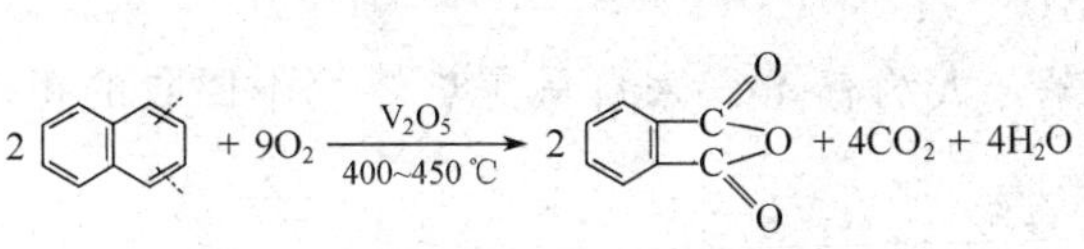

$$2 \text{萘} + 9O_2 \xrightarrow[400\sim450℃]{V_2O_5} 2 \text{邻苯二甲酸酐} + 4CO_2 + 4H_2O$$

邻苯二甲酸酐是重要的有机化工原料。

萘目前大部分用于制邻苯二甲酸酐，也用于制造染料、农药、合成纤维、萘胺、萘酚、萘磺酸和增塑剂等，是重要的有机化工原料。萘也常用作防蛀剂，市场上出售的"卫生球"就是用萘压成的。

第七节　芳烃的工业来源

苯、甲苯、二甲苯等芳烃是塑料、纤维、橡胶三大合成材料和医药、农药、炸药等工业的基本原料，用途很广。在 19 世纪和 20 世纪初期，芳烃主要从煤焦油分馏提取。近年来，随着石油化工的迅速发展,工业上主要由石油芳构化制得。

一、由炼焦副产物回收芳烃

炼焦是把煤放入密闭的炼焦炉内,隔绝空气加热到1000~1300℃的高温,使煤分解,得到焦炭(固体)、焦炉煤气(气体)和煤焦油(液体)的工艺过程。

焦炉煤气中含有氨和未被冷凝的低沸点芳烃,如苯和甲苯等。将焦炉煤气经过水吸收,制成氨水,然后经重油洗涤煤气,吸收其中的苯和甲苯等,再将此重油进行蒸馏,即得粗苯。其中含苯(50%~70%)、甲苯(15%~22%)和二甲苯(4%~8%)等。

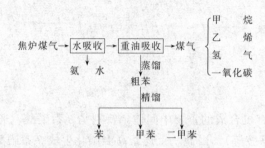

煤焦油是黑褐色黏稠的油状物,组成十分复杂,估计会有一万种以上的有机物,目前已分离鉴定的有480种之多。煤焦油的分离,主要采用分馏法和精馏法,逐步把各种组分分离,各馏分的温度范围(也称沸程)及所含组分如表5-3所示。

表5-3 煤焦油各馏分的主要成分

馏分名称	沸点范围/℃	主要成分	含量/%
轻 油	<170	苯、甲苯、二甲苯、乙苯等	1~3
酚 油	170~210	苯酚、甲酚、二甲酚等	6~8
萘 油	210~230	萘、甲基萘、二甲基萘等	8~10
洗 油	230~300	联苯、苊、芴、喹啉等	8~10
蒽 油	300~360	蒽、菲及其衍生物等	15~20
沥 青	>360	沥青、游离碳	40~50

注:各厂生产条件和要求不同,沸点范围和组分也不完全一致。

由炼焦工业得到的苯,大约有90%来自从焦炉煤气中回收的粗苯,只有约10%来源于煤焦油的轻油馏分中。

二、石油的芳构化

天然石油中芳烃的含量随产地而异,我国石油除台湾省出产的以外,多为石蜡基类,芳烃含量很少(约1%~4%)。为了满足工业上对芳烃需要量的不断增加,目前主要从石油制取。

从石油制取芳烃的原料是轻汽油中含6~8个碳原子的烃类(烷烃、环烷烃),在铂(或钯)催化剂的催化下,于高温(430~510℃)和一定压力(1.5~2.5MPa)下进行脱氢、环化、异构化等一系列复杂的化学反应而转变为芳烃,主要有苯、甲苯、二甲苯等。这种转化称石油的芳构化。工业上把在铂催化剂作用下,上述烷烃、环烷烃的分子结构重新调整变为芳烃的工艺过程,称为铂重整。铂重整的结果使芳烃含量由原来的2%左右增加到25%~60%。

芳构化的主要反应如下。

（1）环烷烃催化脱氢，生成芳烃。

$$\text{环己烷} \xrightarrow[\text{Pt-Re}]{-3H_2} \text{苯}$$

$$\text{甲基环己烷} \xrightarrow[\text{Pt}]{-3H_2} \text{甲苯}$$

（2）环烷烃异构化，脱氢生成芳烃。

$$\text{甲基环戊烷} \xrightarrow{\text{异构化}} \text{环己烷} \xrightarrow{-3H_2} \text{苯}$$

（3）烷烃脱氢环化再脱氢。

$$\text{正己烷} \xrightarrow{-H_2} \text{环己烷} \xrightarrow{-3H_2} \text{苯}$$

此外，从裂解焦油中提取芳烃也是芳烃的工业来源之一。

【阅读资料】

致 癌 烃

在 20 世纪初，人们发现长期从事煤焦油作业的人员易发生皮肤癌的病例。后来，有人用动物做试验，长期在动物身上涂抹煤焦油，也证实了煤焦油的某些高沸点馏分能引起癌症，即具有致癌作用。经长期研究证明，煤焦油中的微量 3,4-苯并芘有强烈的致癌性，是典型的致癌烃。

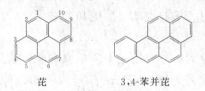

芘　　　　　3,4-苯并芘

3,4-苯并芘是浅黄色固体，熔点 179℃。多种含纤维素的物质、烃类热解均能产生它。汽油机、柴油机产生的废气和煤、木材、烟草燃烧的废气（或烟雾）中都含有 3,4-苯并芘。要注意尽量避免吸入这些气体。被污染的大气中致癌物质主要也是 3,4-苯并芘，因此要注意保护环境。烧焦的鱼、肉中也含有此类物质，因此也不能食用。

此外，经近年来的研究发现，还有一些致癌烃，主要是稠环芳烃中蒽和菲的某些衍生物。当蒽的 9,10-位上连有烃基时，其致癌性会增强。例如：

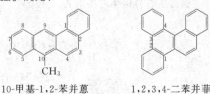

10-甲基-1,2-苯并蒽　　　　1,2,3,4-二苯并菲

本 章 小 结

1. 结构上具有平面正六元碳环闭合共轭体系的烃类,称为芳烃。它们都具有"芳香性"——易取代,难加成和氧化。

2. 单环芳烃的异构现象包括芳环上烷基的碳链异构及烷基在环上及侧链的位置异构。

3. 单环芳烃的命名:简单的烷基苯是以苯为母体,烷基作取代基。苯环上连有复杂的烷基或不饱和烃基时,则把侧链当母体,苯环当作取代基命名。

4. 芳烃衍生物的命名:首先按照取代基的优先次序(见表 5-1)选择母体并编为 1 位,再按照支链的"最低系列"编号原则循环编号,取代基列出顺序按次序规则,指定"较优基团"后列出。

5. 单环芳烃的化学性质

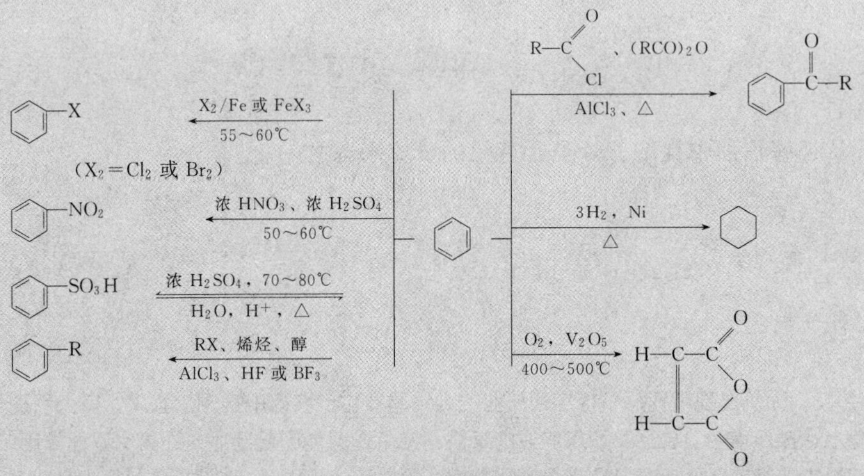

注意:烷基化反应在芳环上引入 C_3 以上的直链烷基时,易发生异构化,易发生多元取代。芳环上连有间位定位基时,不起烷基化反应和酰基化反应。

6. 苯环上取代反应的定位规律

苯环上新引入取代基的位置,主要决定于环上原有取代基的性质。苯环上原有的取代基分两类,一类是邻、对位定位基,如—NH_2、—OH、—OCH_3、—R、—X 等;另一类是间位定位基,如—NO_2、—SO_3H、—$COOH$ 等。此外,苯环上取代反应有时还要考虑空间位阻问题,如取代基体积较大时,不易在邻位发生取代。

萘的取代反应,一般易在 α-位进行。

习 题

1. 写出分子式为 C_9H_{12} 的单环芳烃的所有异构体的构造式,并命名。

2. 命名下列化合物。

(1) 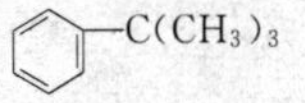 C₆H₅—C(CH₃)₃

(2) CH₃—C₆H₄—CH(CH₃)₂

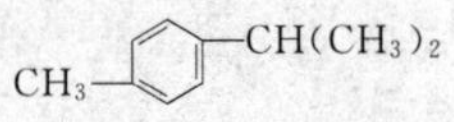

(3) 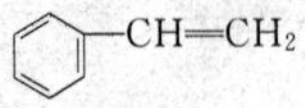 C₆H₅—CH=CH₂

*(4) 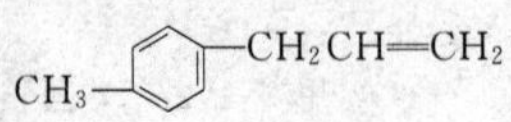 CH₃—C₆H₄—CH₂CH=CH₂

(5) 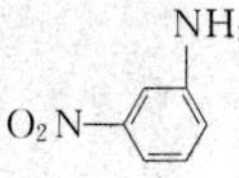 邻硝基苯胺结构 O₂N-C₆H₄-NH₂

(6) 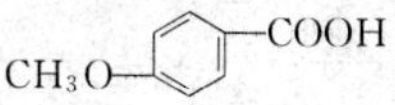 对甲氧基苯甲酸 CH₃O-C₆H₄-COOH

(7) 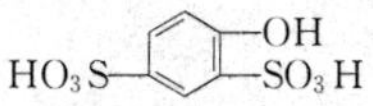 HO₃S-C₆H₃(OH)(SO₃H)

(8) 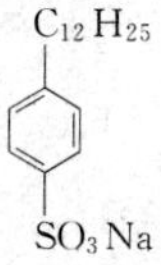 C₁₂H₂₅-C₆H₄-SO₃Na

3. 写出下列化合物的构造式。
(1) 间二甲苯 (2) 2,4-二硝基氯苯
(3) 对甲基苯胺 (4) 邻氯苯甲醛
(5) 对烯丙基苯乙烯 (6) 2-乙基-4-异丙基苯酚
(7) 2,6-二硝基-4-甲氧基苯甲酸 (8) α-溴萘
(9) 2-硝基-4-羟基苯磺酸 (10) β-萘磺酸

4. 在下列化合物中，若发生苯环上取代（如硝化）反应，取代基容易导入环上哪个位置？请用箭头表示出来。

(1) 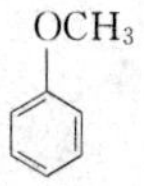 苯甲醚 (OCH₃) (2) 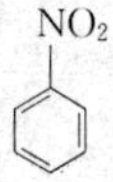 硝基苯 (NO₂)
(3) 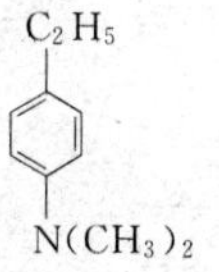 对乙基-N,N-二甲基苯胺 (4) 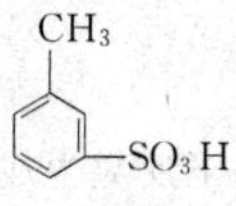 间甲基苯磺酸
(5) 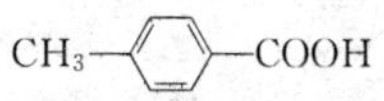 对甲基苯甲酸 (6) 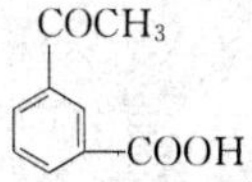 间乙酰基苯甲酸
(7) 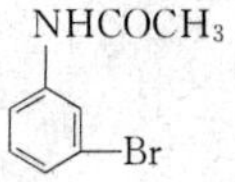 间溴乙酰苯胺 (8) 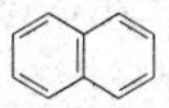 萘

5. 把下列各组化合物按其卤代、硝化等取代反应的活性，由大到小排列成序。

(1) 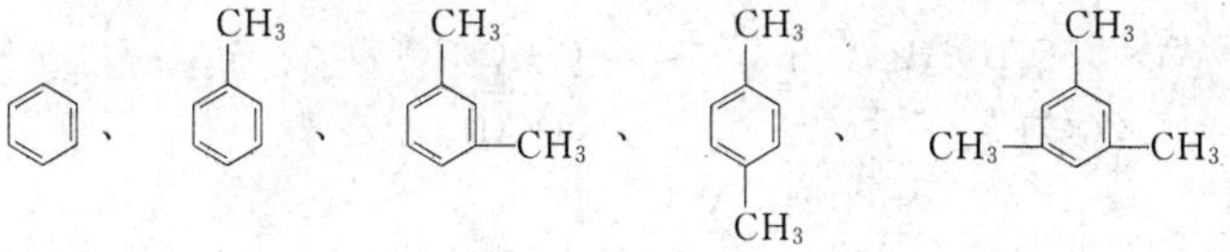 苯、甲苯、间二甲苯、对二甲苯、1,3,5-三甲苯

(2) 硝基苯、氯苯、苯胺、苯酚

(3) 溴苯、甲苯、苯酚、苯磺酸

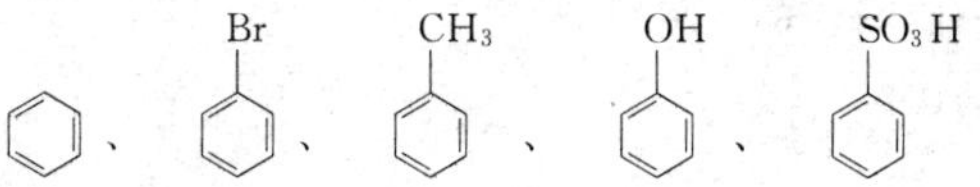

6. 完成下列反应式。

(1) 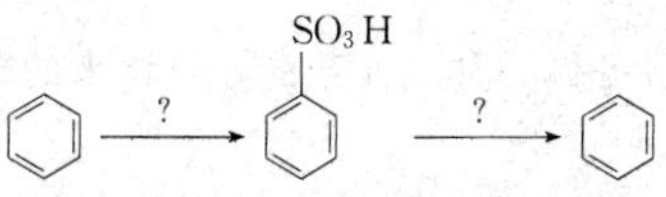 苯 $\xrightarrow{?}$ 苯磺酸 $\xrightarrow{?}$ 苯

(2) 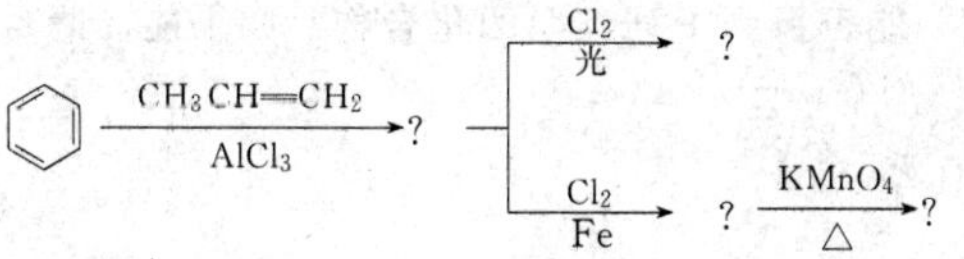 苯 $\xrightarrow[\text{AlCl}_3]{\text{CH}_3\text{CH}=\text{CH}_2}$? $\begin{cases} \xrightarrow[\text{光}]{\text{Cl}_2} ? \\ \xrightarrow[\text{Fe}]{\text{Cl}_2} ? \xrightarrow[\triangle]{\text{KMnO}_4} ? \end{cases}$

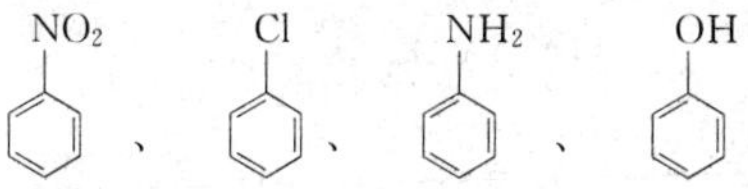

(3) $C_6H_5OCH_3$ + $CH_3CH_2CH_2Cl$ $\xrightarrow{AlCl_3}$?

(4) $C_6H_5CH_3$ + $(CH_3CO)_2O$ $\xrightarrow{AlCl_3}$?

(5) 对-$CH_3C_6H_4CH(CH_3)_2$ $\xrightarrow[\text{回流}]{\text{稀 }HNO_3}$?

(6) C_6H_6 $\xrightarrow[HF]{(CH_3)_2C=CH_2}$? $\xrightarrow[AlCl_3]{C_2H_5Cl}$? $\xrightarrow[H_2SO_4]{K_2Cr_2O_7}$?

(7) $C_6H_5CH_3$ $\xrightarrow[100℃]{H_2SO_4(\text{浓})}$? $\xrightarrow[H_2SO_4]{HNO_3}$? $\xrightarrow[\Delta]{H_3^+O}$?

(8) 萘 + H_2SO_4(浓) $\begin{cases} \xrightarrow{80℃} ? \\ \xrightarrow{165℃} ? \end{cases}$

(9) 萘 + O_2 $\xrightarrow[400℃]{V_2O_5}$?

7. 写出异丙苯与下列试剂在所给条件下反应生成的主要有机产物。

(1) Br_2，Fe (2) Br_2，光或加热
(3) HNO_3，H_2SO_4 (4) $H_2SO_4 \cdot SO_3$
(5) 热 $KMnO_4$ 溶液 (6) 异丙醇，BF_3

*8. 下列各步合成反应有无错误？若有错误，请予指正。

(1) C_6H_6 + $CH_3CH_2CH_2Cl$ $\xrightarrow[(A)]{AlCl_3}$ $C_6H_5CH_2CH_2CH_3$ $\xrightarrow[(B)]{KMnO_4, H^+}$ $C_6H_5CH_2CH_2COOH$

(2) $C_6H_5NO_2$ + CH_3CH_2OH $\xrightarrow[(A)]{AlCl_3}$ 间-$O_2N-C_6H_4-CH_2CH_3$ $\xrightarrow[(B)]{Cl_2, 光}$ 间-$O_2N-C_6H_4-CH_2CH_2Cl$

(3) C_6H_6 + $(CH_3CO)_2O$ $\xrightarrow[(A)]{AlCl_3}$ $C_6H_5COCH_3$ $\xrightarrow[(B)]{(CH_3CO)_2O, AlCl_3}$ 间-$CH_3CO-C_6H_4-COCH_3$

(4) C_6H_6 + $CH_3CH_2CH_2COCl$ $\xrightarrow{AlCl_3}$ $C_6H_5-CO-CH(CH_3)_2$

9. 试用简便的化学方法区别下列化合物。

苯、甲苯、苯乙烯、苯乙炔、环己烷。

10. 某芳烃分子式为 C_9H_{12}，用高锰酸钾硫酸溶液剧烈氧化后可得一种二元羧酸，将原来的芳烃硝化，得两种一硝基化合物，试推导该芳烃的结构，并写出各步反应式。

11. 以苯为基本原料，通过连续两步取代反应，能否得到下列纯净的化合物？如果能，请写出其反应步骤；如果不能，试阐述理由。

(1) 间-$CH_3CO-C_6H_4-SO_3H$

(2) 间-$CH_3CO-C_6H_4-COCH_3$

(3) ![m-nitrotoluene] (4) ![p-chlorotoluene]

12. 以苯或甲苯及其他必要试剂合成下列化合物。

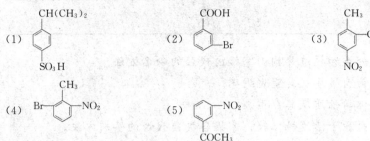

(4) ![2-bromo-3-nitrotoluene] (5) ![3-nitroacetophenone]

13. 选择题

(1) 下列各组物质中，属于同系物的是（　　）。
A. CH_3—〇—CH_3 和 〇—CH_2CH_3
B. 〇 和 〇—$CHCH_3$ | CH_3
C. 〇—OH 和 〇—CH_2OH
D. $CH_3C\equiv CH$ 和 $CH_2=CH-CH_3$

(2) 下列烷基苯中，不宜由苯通过烷基化反应直接制取的是（　　）。
A. 丙苯　　B. 异丙苯　　C. 正丁苯　　D. 叔丁苯

(3) 由苯合成 ![3-nitro-4-bromobenzoic acid] ，在下列诸合成路线中，最佳合成路线是（　　）。

A. 先烷基化，继而溴代，再氧化，最后硝化。
B. 先烷基化、继而溴代，再硝化，最后氧化。
C. 先溴代、再烷基化，继而氧化，最后硝化。
D. 先溴代，继而硝化，再烷基化，最后氧化。

第六章 卤代烃

> **学习要求**
> 1. 了解卤代烃的分类和构造异构；掌握卤代烃的命名方法。
> 2. 了解卤代烃的物理性质及其变化规律。
> 3. 掌握卤代烃的化学性质及其应用。
> 4. 掌握卤代烃中卤原子活泼性比较；掌握各类卤代烃的鉴别方法。

以前各章，都是讨论烃，从本章起，讨论烃的衍生物。

烃分子中一个或多个氢原子被卤原子取代后生成的化合物，称为卤代烃，简称卤烃。卤代烃的通式为 R—X 或 Ar—X，其中，卤原子是卤代烃的官能团。

卤代烃（特别是一卤代烃）的化学性质一般比烃类活泼，在有机合成中起着重要的桥梁作用。卤代烷是重要的烷基化剂，在工农业及日常生活中也非常重要，如用作溶剂、农药、冷冻剂、灭火剂、麻醉剂和防腐剂等。由此可见，卤代烃是一类极为重要的有机化合物。

卤代烃在自然界存在很少，绝大多数是用人工合成的。由于氟代烃的性质特殊，故卤代烃一般是指氯代烃、溴代烃和碘代烃。

第一节 卤代烃的分类、构造异构和命名

一、卤代烃的分类

（1）根据卤代烃分子中所含卤原子的种类，可分为氟代烃、氯代烃、溴代烃和碘代烃。

（2）根据卤代烃烃基结构的不同，可分为饱和卤代烃、不饱和卤代烃、卤代脂环烃和芳香族卤代烃。例如：

$$RCH_2X \qquad RCH=CHX \qquad \text{环己基-X} \qquad \text{苯基-X}$$

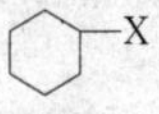

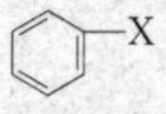

卤代烷　　　卤代烯烃　　　卤代脂环烃　　　卤代芳烃

（X=Cl、Br、I）

（3）根据卤代烃分子中所含卤原子数目的多少，分为一卤代烃和多卤代烃。例如：

一卤代烃　　CH_3Br　　C_6H_5Cl

多卤代烃　　$CH_2Cl—CH_2Cl$　　$C_6H_4Br_2$　　CHI_3

（4）根据卤代烃中卤原子直接相连的碳原子类型分类。卤代烃中卤原子直接相连的碳原子为伯碳（一级碳）、仲碳（二级碳）或叔碳（三级碳）原子时，分别称为伯（一级）卤代烃、仲（二级）卤代烃和叔（三级）卤代烃。

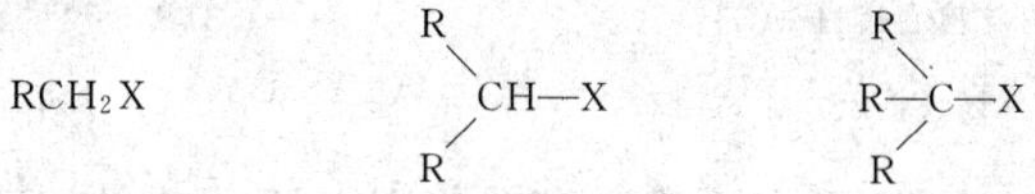

第六章 卤代烃

$$RCH_2X \qquad \underset{R}{\overset{R}{\vphantom{|}}}CH-X \qquad \underset{R}{\overset{R}{\vphantom{|}}}\!\!\underset{|}{\overset{|}{C}}\!-\!X$$

伯卤代烃　　　　　仲卤代烃　　　　　叔卤代烃

例如：　　$CH_3CH_2CH_2CH_2Cl$　　　$CH_3CH_2\underset{Br}{CH}CH_3$　　　$CH_3-\underset{CH_3}{\overset{CH_3}{\underset{|}{\overset{|}{C}}}}-I$

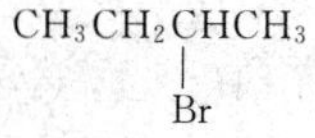

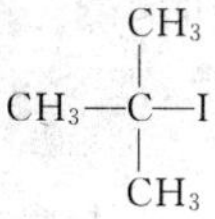

二、卤代烃的构造异构现象

我们仅以卤代烷为例，讨论卤代烃的构造异构现象。

由于卤代烷的碳链不同和卤原子的位置不同都能引起构造异构现象，故其异构体的数目，比相应的烷烃要多。例如丁烷有正丁烷和异丁烷两种异构体，而一氯丁烷（C_4H_9Cl）有下列四种异构体：

$CH_3CH_2CH_2CH_2Cl$　　　$CH_3CH_2\underset{Cl}{CH}CH_3$　　　$CH_3\underset{CH_3}{CH}CH_2Cl$　　　$CH_3-\underset{CH_3}{\overset{CH_3}{\underset{|}{\overset{|}{C}}}}-Cl$

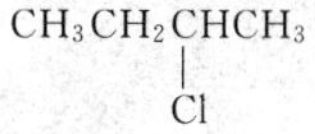

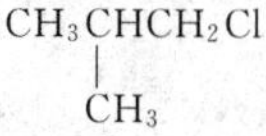

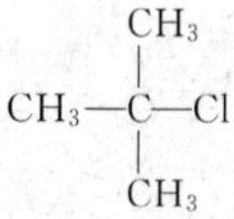

上述四种异构体是分别从正丁烷及异丁烷的碳架变换氯原子的位置衍生出来的。

三、卤代烃的命名

1. 普通命名法

普通命名法是根据卤原子相连的烃基名称命名，称某烃基卤或某基卤。例如：

$CH_3CH_2CH_2Cl$　　　$\underset{CH_3}{\overset{CH_3}{\vphantom{|}}}CH-I$　　　$CH_3-\underset{CH_3}{\overset{CH_3}{\underset{|}{\overset{|}{C}}}}-Br$　　　$C_6H_5CH_2Cl$　　　$CH_2=CHCH_2Cl$

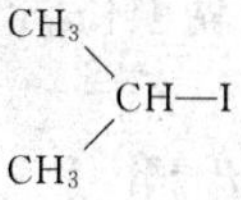

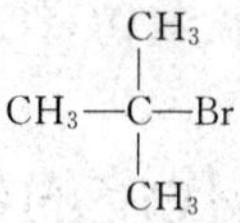

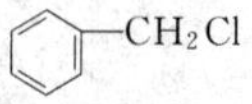

正丙基氯　　　　　异丙基碘　　　　　叔丁基溴　　　　　苄基氯　　　　　烯丙基氯
　　　　　　　　　　　　　　　　　　　　　　　　　　　（或称氯化苄）

此法只适用于命名结构简单的卤代烃。

2. 系统命名法

结构复杂的卤代烃要用系统命名法。此法是把卤代烃看做烃的卤素衍生物，卤原子只作为取代基。因此，它的命名方法和烃相似，按烃的命名法编号，在烃名称前标上卤原子的位置、数目和名称。分子中同时有两个或多个不同的卤原子时，卤原子之间的次序目前尚无统一规定，习惯上多以氟、氯、溴、碘为序命名。

饱和卤代烃的命名，以烷的命名为基础，一般选取连有卤原子的最长碳链做主链，按主链含碳数称某烷。把卤原子及其他支链作为取代基看待，从距离取代基最近的一端开始编号，而取代基按次序规则顺序写出，较优基团后列出。例如：

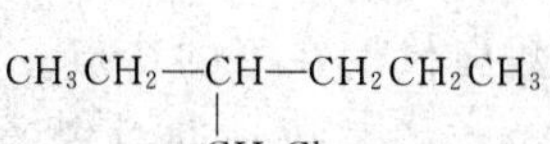

$CH_3CH_2-\underset{\underset{CH_2Cl}{|}}{CH}-CH_2CH_2CH_3$　　　2-乙基-1-氯戊烷

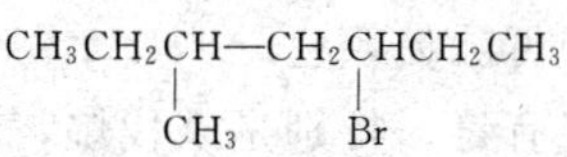

$CH_3\underset{\underset{CH_3}{|}}{CH}-CH_2\underset{\underset{Br}{|}}{CH}CH_2CH_3$　　　3-甲基-5-溴庚烷

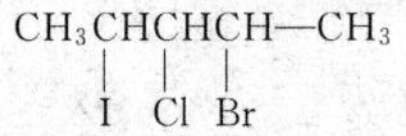

$$\text{CH}_3\text{CHCHCH—CH}_3$$
$$\quad\ \ |\ \ \ |\ \ \ |$$
$$\quad\ \ \text{I}\ \ \ \text{Cl}\ \ \text{Br}$$
3-氯-2-溴-4-碘戊烷

不饱和卤代烃的命名，要选取含不饱和键并连有卤原子的最长碳链做主链，称为某烯或某炔。从靠近不饱和键的一端开始编号。例如：

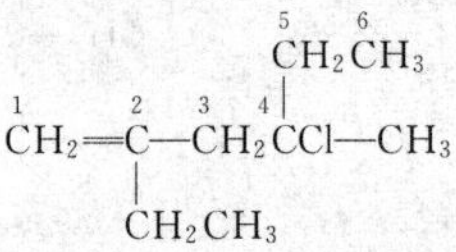

$$\overset{1}{\text{CH}_2}=\overset{2}{\text{C}}\overset{3}{\text{CH}_2}\overset{4}{\text{CCl}}\overset{5}{\text{CH}_2}\overset{6}{\text{CH}_3}$$
4-甲基-2-乙基-4-氯-1-己烯

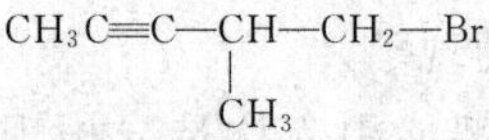

$$\text{CH}_3\text{C}\equiv\text{C—CH—CH}_2\text{—Br}$$
$$\qquad\qquad\ \ |$$
$$\qquad\qquad\text{CH}_3$$
4-甲基-5-溴-2-戊炔

卤代芳烃及卤代脂环烃的命名，是以芳烃及脂环烃为母体，把卤原子作为取代基，再按卤原子的相对位置来命名。例如：

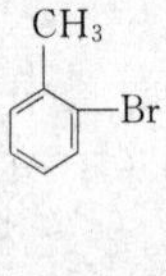

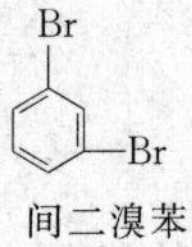

邻溴甲苯　　　　　　2,4-二氯甲苯 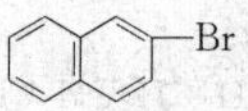　　　　　β-溴萘
（2-溴甲苯）　　　　　　　　　　　　　　　　（2-溴萘）

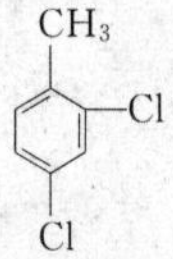

间二溴苯　　　　　　氯代环戊烷
（1,3-二溴苯）

有些多卤代烃常用俗名，如 $CHCl_3$ 叫做氯仿，CHI_3 叫做碘仿。

第二节 卤代烷的物理性质

在常温常压下，除氯甲烷、溴甲烷、氯乙烷为气体外，其余多为液体，高级卤代烷为固体。

在卤原子相同的卤代烷中，沸点随着碳原子数的增加而升高。在烃基相同的卤代烷中，沸点的规律是：RI＞RBr＞RCl。在异构体中，与烷烃相似，支链愈多的卤代烷沸点愈低。此外，由于卤代烷C—X键有极性，其沸点较相应的烷烃为高。

卤代烷的相对密度是值得注意的物理性质。**除一氯代烷相对密度小于1外，其余卤代烷相对密度都大于1**。反应时要注意大多数卤代烷相对密度大于1的特点，反应需加以搅拌，以防止卤代烷沉底。此外，在卤代烷的同系列中，相对密度随着碳原子数的增加反而降低，这是由于卤素在分子中所占比例逐渐减小的缘故。

卤代烷不溶于水，易溶于醇、醚等大多数有机溶剂，因此常用氯仿、四氯化碳从水层中提取有机物。在萃取时要注意水层在上而大多数卤代烷在下的特点。

纯的一卤代烷无色，但碘代烷易分解产生游离碘，故长期放置的碘代烷常带有棕红色。此时若加少许水银振荡，令其转化为碘化汞即可除去颜色。

一卤代烷具有令人不愉快的气味，其蒸气有毒，特别是碘代烷，应尽量避免吸入。常见卤代烃的物理常数见表6-1。

表 6-1　一些常见卤代烃的物理常数

名　称	构　造　式	熔点/℃	沸点/℃	相对密度 d_4^{20}
氯甲烷	CH_3Cl	-97	-24	0.920
溴甲烷	CH_3Br	-93	4	1.732
碘甲烷	CH_3I	-66	42	2.279
二氯甲烷	CH_2Cl_2	-96	40	1.326
三氯甲烷	$CHCl_3$	-64	62	1.489
四氯化碳	CCl_4	-23	77	1.594
氯乙烷	C_2H_5Cl	-139	12	0.898
溴乙烷	C_2H_5Br	-119	38	1.461
碘乙烷	C_2H_5I	-111	72	1.936
1-氯丙烷	$CH_3CH_2CH_2Cl$	-123	47	0.890
2-氯丙烷	$CH_3CHClCH_3$	-117	36	0.860
氯乙烯	$CH_2=CHCl$	-154	-14	0.911
氯苯	C₆H₅—Cl	-45	132	1.107
溴苯	C₆H₅—Br	-31	155	1.499
碘苯	C₆H₅—I	-29	189	1.824

第三节　卤代烷的化学性质

卤代烷中由于卤原子的电负性较强，所以 C—X 键为较强的极性共价键，电子云偏向于卤原子，即 $\overset{\delta+}{C}—\overset{\delta-}{X}$。碳卤键（C—X）的极性大小次序为：

$$C—Cl > C—Br > C—I$$

但在化学反应中，卤代烷在极性试剂的影响下，C—X 键的电子云会发生变形，电负性较大的氯原子，其原子半径比碘原子小，对周围的电子云束缚力较强，因此，极性大的碳卤键其可极化度却较小。碳卤键的可极化度大小次序为：

$$C—I > C—Br > C—Cl$$

可极化度大的共价键，易通过电子云变形而发生键的断裂，因此，各种卤代烷的化学反应活性顺序为：

$$RI > RBr > RCl$$

另外，C—X 键的键能也比 C—H 键的键能小，因此，卤代烷的反应都发生在 C—X 键上，主要有取代反应、消除反应以及与镁的反应等。

一、取代反应

在一定条件下，卤代烷可与许多试剂作用，分子中的卤原子可被其他基团（如—OH、—OR、—CN、—NH₂ 等）取代，生成醇、醚、腈、胺等各类有机化合物。

1. 水解反应

卤代烷不溶或微溶于水，水解很慢，且是一个可逆反应。为了加速反应并使反应进行到底，通常加入强碱（氢氧化钠或氢氧化钾）的稀水溶液与卤代烷共热，使反应中产生的氢卤酸被碱中和，卤原子被羟基（—OH）取代而生成醇。

$$R—X + H—OH \longrightarrow R—OH + HX$$

$$R\text{—}X + NaOH \xrightarrow{\triangle} R\text{—}OH + NaX$$

由于自然界没有卤代烷，一般需通过醇来制备。因此用上述反应制醇没有普遍意义，工业上只用来制少数的醇，例如，将一氯戊烷各异构体混合物水解得戊醇各异构体的混合物，以用作工业溶剂。但在有机合成中，可使结构复杂的有机分子先引入卤原子，再经水解转化为羟基，是制备结构复杂的醇的好方法。

2. 与醇钠反应

卤代烷与醇钠反应，卤原子被烷氧基（RO—）取代而生成醚。

$$R\colon\!X + Na\colon\!OR' \longrightarrow R\text{—}O\text{—}R' + NaX \begin{pmatrix} R = R' \\ \text{或 } R \neq R' \end{pmatrix}$$

      醇钠   醚

这个反应**也称威廉森（Williamson）制醚法**。这是制备醚特别是制备混醚最常用的方法。

例如：

$$CH_3Br + Na\colon\!OC(CH_3)_3 \longrightarrow CH_3OC(CH_3)_3 + NaBr$$

      叔丁醇钠   甲基叔丁基醚

甲基叔丁基醚为无色液体，是一种提高汽油辛烷值的新型调和剂。

3. 与氨反应

卤代烷与氨反应，卤原子被氨基（—NH_2）取代而生成胺。

$$R\colon\!X + H\colon\!NH_2 \longrightarrow RNH_2 + HX$$

4. 与氰化钠反应

卤代烷与氰化钠（或氰化钾）的乙醇溶液共热，卤原子被氰基（—CN）取代而生成腈。

$$\overset{\delta+}{R}\colon\!\overset{\delta-}{X} + \overset{+}{Na}CN^- \xrightarrow[\triangle]{\text{乙醇}} RCN + NaX$$

           腈

$$CH_3CH_2Cl + NaCN \xrightarrow[\triangle]{\text{乙醇}} CH_3CH_2CN + NaCl$$

           丙腈

反应产物比反应物卤代烷增加了一个碳原子，这是有机合成中增长碳链的方法之一，也是制备腈的一种方法。

5. 与硝酸银反应

【**演示实验 6-1**】取 3 支干燥洁净的试管，分别加入 1-氯丁烷、2-氯丁烷、2-甲基-2-氯丙烷各 1mL，再在每支试管里各加入 5mL 50g/L 硝酸银乙醇溶液，振摇各试管，可观察到 2-甲基-2-氯丙烷在常温下有白色沉淀析出。其余两试管如 5min 后仍未见沉淀析出，则把它们同时放入 70～80℃ 的水浴中加热至微沸，再观察现象，注意沉淀的先后顺序及沉淀的颜色。再在产生沉淀的试管中，各加入 1 滴 50g/L 的稀硝酸[❶]，观察沉淀是否溶解（卤化银不

[❶] 在本实验中，切不可加浓硝酸代替 5% 的稀硝酸，因为浓硝酸会与乙醇发生剧烈反应，甚至引起爆炸。

溶于稀硝酸）。如试验结果只是溶液稍变浑浊，可视为无反应。

实验表明，**卤代烷与硝酸银的乙醇溶液反应，卤原子被—ONO$_2$取代，生成硝酸酯和卤化银沉淀**。

$$R{-}X + AgNO_3 \xrightarrow{\text{乙醇}} R{-}O{-}NO_2 + AgX\downarrow$$
硝酸酯

此反应可用于卤代烷的鉴别。反应中卤代烷的活性次序为：叔卤代烷＞仲卤代烷＞伯卤代烷。

从另一角度看，卤代烷的取代反应都是把烷基引入试剂分子中，因此卤代烷的取代反应也是烷基化反应。卤代烷是优良的烷基化剂。

二、消除反应

卤代烷与强碱的浓的醇溶液共热，脱去一分子卤化氢而成烯烃。这种从有机物分子中相邻两个碳原子上共同脱去卤化氢或水等小分子，形成不饱和化合物的反应，称消除反应（去卤化氢反应）。例如：

$$RCHCH_2 + KOH \xrightarrow{\text{乙醇}} RCH{=}CH_2 + KX + H_2O$$
$$H\ X$$

仲卤代烷和叔卤代烷在消除卤化氢时，反应可在碳链卤原子左右两个不同方向进行，生成两种不同产物。例如：

$$\begin{array}{c}CH_3CHCHCH_2\\(2)\ H\ Br\ H\ (1)\end{array} \xrightarrow[\triangle]{KOH\text{-乙醇}} \begin{array}{l}(1)\rightarrow CH_3CH_2CH{=}CH_2\ (19\%)\quad \text{1-丁烯}\\(2)\rightarrow CH_3CH{=}CHCH_3\ (81\%)\quad \text{2-丁烯}\end{array}$$

2-溴丁烷

$$\begin{array}{c}\quad\ CH_3\\CH_2\ C\ CHCH_3\\(2)\ H\ Br\ H\ (1)\end{array} \xrightarrow[\triangle]{KOH\text{-乙醇}} \begin{array}{l}(1)\rightarrow CH_3\underset{|}{\overset{CH_3}{C}}{=}CHCH_3\ (71\%)\quad \text{2-甲基-2-丁烯}\\(2)\rightarrow CH_2{=}\underset{|}{\overset{CH_3}{C}}CH_2CH_3\ (29\%)\quad \text{2-甲基-1-丁烯}\end{array}$$

2-甲基-2-溴丁烷

大量实验证明，**卤原子主要是与其相邻的、含氢较少的碳原子上的氢共同脱去卤化氢。或者说，主要产物是双键碳上连接烷基最多的烯烃**。这个经验规律称查依采夫（Saytzeff）规律。

卤代烷发生消除反应的活泼性次序为：
叔卤代烷＞仲卤代烷＞伯卤代烷

上述卤代烷的消除反应和水解反应，都是在碱的作用下进行的。因此，当卤代烷脱卤化氢时，不可避免地会有卤代烷水解的副产物生成；同理，在卤代烷水解时，也会有脱卤化氢的副反应发生。卤代烷的水解反应和消除反应是同时发生的，哪一种占优势，则与卤代烷的分子结构及反应条件如试剂的碱性、溶剂的极性、反应温度等有关。

一般规律是，伯卤烷、稀碱、强极性溶剂及较低温度有利于取代反应；叔卤烷、浓的强碱、弱极性溶剂及高温有利于消除反应。所以卤代烷的水解反应，要在强碱的稀水溶液中进行，而脱卤化氢的反应，要在强碱的浓醇溶液中进行更为有利。

三、与镁反应

常温下，一卤代烷在绝对乙醚（无水、无醇的乙醚）中与金属镁反应，生成有机镁化合物——烷基卤化镁，通称格利雅（Grignard）试剂，简称格氏试剂。

$$RX + Mg \xrightarrow{\text{绝对乙醚}} RMgX$$

一般伯卤代烷产率好，仲卤代烷次之，叔卤代烷最差。当烷基相同时，各种卤代烷的活泼性顺序为：

$$RI > RBr > RCl$$

但通常使用溴代烷。反应中生成的格氏试剂能溶于乙醚，不需分离即可用于各种合成反应。

在烷基卤化镁分子中，由于碳的电负性（2.5）比镁的电负性（1.2）大得多，$\overset{\delta-}{C}-\overset{\delta+}{Mg}$键是很强的极性键，性质非常活泼，能与含活泼氢的化合物（如水、醇、氨等）作用，生成相应的烷烃。

$$\overset{\delta-}{R}-\overset{\delta+}{MgX} + \begin{cases} H{-}OH \\ H{-}OR' \\ H{-}NH_2 \\ H{-}X \end{cases} \longrightarrow R-H + \begin{cases} Mg{<}{}^{X}_{OH} \\ Mg{<}{}^{X}_{OR'} \\ Mg{<}{}^{X}_{NH_2} \\ Mg{<}{}^{X}_{X} \end{cases}$$

格氏试剂与含有活泼氢的化合物反应是定量的，在有机分析中，常用甲基碘化镁反应定量地测定甲烷体积，计算活泼氢的含量。

格氏试剂还可与醛、酮、二氧化碳等多种试剂反应，生成醇、羧酸等一系列重要产物，以及合成元素有机化合物等，在理论研究及有机合成上都很重要。

由于格氏试剂遇到含活泼氢的化合物会立即分解，所以制备时要在隔绝空气的条件下，使用无水、无醇的绝对乙醚作溶剂；卤代烃的烃基上也不能连有各种带活泼氢的基团（如—OH、—NH_2、—NHR、—COOH等）及羰基（$\diagdown$C=O），因为生成的格氏试剂还会与未反应的原料及产物中的这些基团反应。

前已谈及一卤代烷的化学性质活泼，在有机合成中起着极为重要的桥梁作用。卤原子连在不同碳原子上的多卤代烷，例如CH_2BrCH_2Br，化学性质与一卤代烷相似。但卤原子连在同一碳原子上的多卤代烷，随着卤原子的增加，其反应活泼性一般会依次递减。例如氯代甲烷的反应活性次序是：$CH_3Cl > CH_2Cl_2 > CHCl_3 > CCl_4$。因此，多卤代烷大量用作冷冻剂、灭火剂、烟雾剂和工业溶剂等。

第四节 一卤代烯烃与一卤代芳烃

一、一卤代烯烃和一卤代芳烃的分类

根据卤原子和双键（或芳环）碳原子的相对位置，可把一卤代烯烃和一卤代芳烃分为下列三类。

1. 乙烯型卤代烃

卤原子与双键（或芳环）碳原子直接相连的卤代烃（即分子中含有 $\mathrm{\underset{X}{C=C}}$ 结构），叫做乙烯型卤代烃。例如：

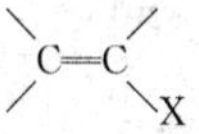

$$CH_2=CHCl \qquad CH_3-CH=C-CH_3 \qquad 氯苯$$
$$\qquad\qquad\qquad\qquad\quad | \\ \qquad\qquad\qquad\qquad\;Br$$

氯乙烯　　　　2-溴-2-丁烯 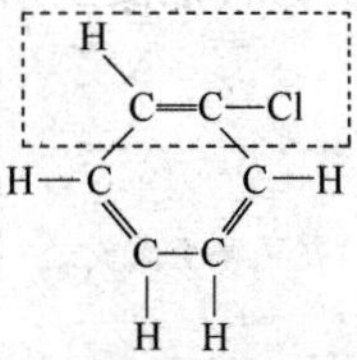　　　　氯苯

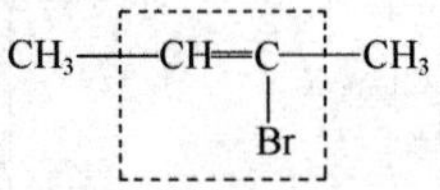

这种类型的卤代烃也可叫乙烯型和苯基型卤代烃。

2. 烯丙基型卤代烃

卤原子与双键（或芳烃）碳原子，相隔一个饱和碳原子的卤代烃（即分子中含有 $\mathrm{C=C-\underset{X}{C}-}$ 结构），叫做烯丙基型卤代烃。例如：

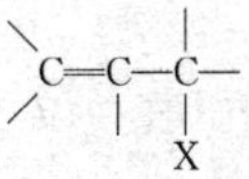

$$CH_2=CHCH_2Cl \qquad CH_3CH=CHCHCH_3 \qquad 苄基氯$$
$$\qquad\qquad\qquad\qquad\qquad\qquad\quad |\\ \qquad\qquad\qquad\qquad\qquad\quad Br$$

烯丙基氯　　　　　4-溴-2-戊烯 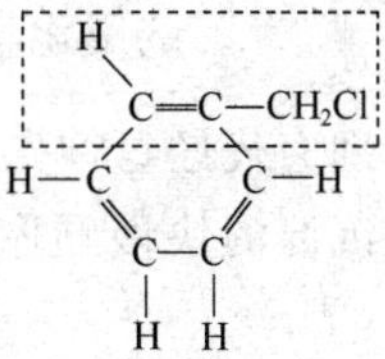　　　　苄基氯（氯化苄）
（3-氯丙烯）

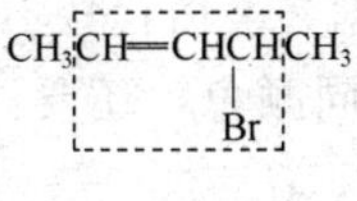

这种类型的卤代烃也可叫烯丙基型和苄基型卤代烃。

3. 孤立型卤代烯烃

卤原子与双键（或芳环）碳原子，相隔两个或两个以上饱和碳原子的卤代烃〔即分子中含 $\mathrm{C=C(C)_n-X}$ 结构，式中 $n \geqslant 2$〕，叫做孤立型卤代烯烃。例如：

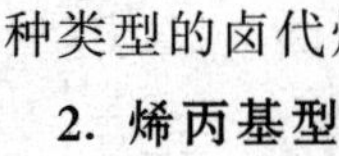

$$CH_2=CHCH_2CH_2Cl \qquad C_6H_5CH_2CH_2Br$$

4-氯 1-丁烯　　　　　β-溴乙苯

二、一卤代烯烃和一卤代芳烃的性质

1. 物理性质

常温下，一卤代烯烃中，氯乙烯、溴乙烯为气体，其余多为液体，高级的为固体。一卤

97

代芳烃大多为有香味的液体,苄基卤有催泪性。一卤代芳烃相对密度都大于1,不溶于水,易溶于有机溶剂。

2. 化学性质

各类卤代烃中,卤原子的反应活性差别很大,其中,**烯丙基型卤代烃（苄基卤）、叔卤代烷**最活泼,在室温下,它们分别与硝酸银的乙醇溶液作用时,能迅速生成卤化银沉淀;孤立型卤代烯烃与仲卤代烷、伯卤代烷反应活性相似,在室温下一般不生成卤化银沉淀,但加热后可生成沉淀;而乙烯型卤代烃（卤苯）最不活泼,与硝酸银醇溶液作用时,即使加热也不能生成卤化银沉淀。

另外,卤代烃与硝酸银醇溶液的反应速率与卤原子的性质也有关系:

$$RI > RBr > RCl$$

碘代烷在室温下与硝酸银醇溶液作用,也生成碘化银沉淀。

综上所述,各类卤代烃反应活性如下:

（烯丙基型卤代烃）
（苄基型卤代烃）
R_3C-X（叔卤代烷）
RI（碘代烷）
> （仲卤代烷）
RCH_2X（伯卤代烷）
（孤立型卤代烯烃）($n \geq 2$）
> （乙烯型卤代烃）
（卤苯型卤代烃）

【例 6-1】 今有五种无色液体,它们是 C₆H₅CH₂Cl、CH₂=CHCH₂Cl、CH₃CH₂CH₂Cl、CH₃CH₂Br、对甲基溴苯,试用化学方法把它们鉴别出来。

【解析】 要鉴别卤代烃,首先要依据各类卤代烃不同的反应活性顺序,与硝酸银乙醇溶液反应生成卤化银沉淀的快慢顺序及不同颜色,还要注意不饱和卤代烃具有不饱和性等特性,具体解法如下:

【例 6-2】 有一个未知物,从它的沸点估计,它可能是下列化合物中的一个,试设计一个系统的化学检验方法把它鉴别出来。

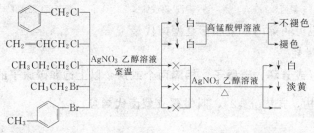

CH₂=CHCH₂Br　　CH₃CH₂CH₂Br　　CH₃CH₂I　　CH₂=C(CH₃)CH₂Cl　　(CH₃)₃C-Br
（沸点71℃）　　（沸点71℃）　　（沸点72℃）　　（沸点72℃）　　（沸点72.3℃）

【解析】 上述化合物均属于卤代烃，但卤原子在分子结构中的位置不同，或者卤代烃中卤原子种类不同，活性也不同。因此，可以利用硝酸银的乙醇溶液来进行系统鉴别。

未知物 $\xrightarrow[\text{室温}]{\text{步骤一} \atop \text{AgNO}_3 \text{乙醇}}$
- 生成黄色沉淀（AgI）者为 CH_3CH_2I
- 生成白色沉淀（AgCl）者为 $CH_2=C-CH_2Cl \atop \qquad\quad |\atop \qquad\quad CH_3$
- 生成微黄色沉淀（AgBr）者为 $CH_2=CHCH_2Br$ 和 $(CH_3)_3CBr$ ⎬→
- 无沉淀产生的为 $CH_3CH_2CH_2Br$

$\xrightarrow[\text{或稀 KMnO}_4 \text{溶液}]{\text{步骤二} \atop \text{稀溴的 CCl}_4 \text{溶液}}$
- 褪色者为 $CH_2=CHCH_2Br$
- 不褪色者为 $(CH_3)_3CBr$

第五节　重要的卤代烃

一、三氯甲烷

三氯甲烷（$CHCl_3$）又称氯仿。工业上，它可从甲烷氯代得到，也可从四氯化碳还原制得。

$$CCl_4 + 2[H] \xrightarrow{Fe, H_2O} CHCl_3 + HCl$$

三氯甲烷是一种无色味甜的液体，沸点 61.2℃，相对密度 d_4^{20} 为 1.482，不溶于水，易溶于醇、醚等有机溶剂。它也能溶解脂肪、蜡、有机玻璃和橡胶等多种有机物，是一种不燃性的优良溶剂。三氯甲烷具麻醉性，在 19 世纪，纯氯仿被用做外科手术时的麻醉剂。但它会损害肝脏，且有其他副作用，现已很少使用。

氯仿中由于三个氯原子强的吸电子效应，使它的 C—H 键变得活泼，容易在光的作用下被空气中的氧所氧化，生成剧毒的光气（$COCl_2$）。

$$CHCl_3 + \frac{1}{2}O_2 \xrightarrow{\text{日光}} \underset{\text{光气}}{\overset{Cl}{\underset{Cl}{>}}C=O} + HCl$$

因此，氯仿要密封保存在棕色瓶中，并加入 1%（体积分数）的乙醇以破坏可能产生的光气。

此外，氯仿也广泛用作有机合成的原料。近年来，氯仿被一些国家列为致癌物，并禁止在食品、药物中使用。

二、四氯化碳

工业上，四氯化碳（CCl_4）可从甲烷或二硫化碳与氯气作用制取。

$$CH_4 + 4Cl_2 \xrightarrow{440℃} CCl_4 + 4HCl$$
$$(96\%)$$

$$CS_2 + 3Cl_2 \xrightarrow{AlCl_3} CCl_4 + S_2Cl_2$$

$$2S_2Cl_2 + CS_2 \longrightarrow CCl_4 + 6S$$

副产物硫可制成二硫化碳（由硫蒸气与红热的炭作用而得），循环使用。

四氯化碳是无色液体，沸点较低（77℃），相对密度 d_4^{20} 较大，为 1.594，遇热易挥发，蒸气比空气重,不能燃烧,不导电。因此,当四氯化碳受热蒸发时,其蒸气可把燃烧物覆盖,隔绝空气而灭火,是常用的灭火剂,它适用于扑灭油类及电气火灾,但高温时它会水解成光气。

$$CCl_4 + H_2O \xrightarrow{500℃} \begin{array}{c} Cl \\ | \\ Cl \end{array}\!\!\!C=O + 2HCl$$
光气

因此,用四氯化碳灭火时,要注意通风,以免中毒。四氯化碳不能扑灭金属钠着火,因为二者作用会发生爆炸。

四氯化碳能溶解脂肪、油漆、树脂、橡胶等多种有机物,是常用的优良有机溶剂和萃取剂,在日常生活中用作干洗剂及去油剂。此外,四氯化碳有毒,会损坏肝脏,使用时要注意安全。

三、氯乙烯

工业上生产氯乙烯($CH_2=CHCl$)主要有乙炔法及乙烯法。

1. 乙炔法

乙炔与氯化氢在氯化汞催化下,进行加成反应,即得氯乙烯。

$$HC\equiv CH + HCl \xrightarrow[150\sim160℃]{HgCl_2} CH_2=CHCl$$

此法技术成熟,流程简单,转化率高,但耗电量大,成本较高,且催化剂汞盐有毒,因此,有被其他方法取代的趋势。

2. 乙烯法

乙烯与氯气加成,得到1,2-二氯乙烷,在高温下后者脱去一分子氯化氢,即得氯乙烯。这是近年来工业上使用的合成方法。

$$CH_2=CH_2 + Cl_2 \xrightarrow[40℃]{FeCl_3} \begin{array}{c} CH_2CH_2 \\ | \quad | \\ Cl \quad Cl \end{array} \xrightarrow[(裂解)]{480\sim520℃} CH_2=CHCl + HCl$$

氯乙烯是无色气体,沸点$-13.4℃$,难溶于水,易溶于乙醇、乙醚和丙酮。氯乙烯有毒,当空气中含量达5%时,即可使人中毒。近年来还发现氯乙烯是一种致癌物,使用时要注意防护。

氯乙烯的化学性质不活泼,分子中的氯原子不易发生取代反应,它发生加成反应时,仍遵守马氏规则。

$$\overset{\delta^-}{CH_2}=\overset{\delta^+}{CH}\rightarrow\ddot{C}l + H^+Br^- \longrightarrow \begin{array}{c} CH_3CHCl \\ | \\ Br \end{array}$$

氯乙烯在少量过氧化物(如过氧化苯甲酰)引发剂存在下,能聚合生成白色粉状的固体高聚物——聚氯乙烯(polyvinylchloride,PVC)。

$$nCH_2=CHCl \xrightarrow{过氧化物} \left[\begin{array}{c} CH_2CH \\ | \\ Cl \end{array}\right]_n \quad (n=800\sim1400)$$

聚氯乙烯性质稳定,具有耐酸、耐碱、耐化学腐蚀,不易燃烧,不受空气氧化,不溶于一般溶剂等优良性能,常用来制造塑料制品、合成纤维、薄膜、管材等,其溶液可做喷漆,在工农业及日常生活中都有广泛的应用。但聚氯乙烯的耐热性、耐寒性较差。其世界塑料总产量仅次于聚乙烯,占第二位。要注意,聚氯乙烯薄膜禁止用作食品保鲜膜。

四、二氟二氯甲烷

二氟二氯甲烷(CCl_2F_2)可由四氯化碳和三氟化锑在五氯化锑催化下,相互反应来制取。

$$3CCl_4 + 2SbF_3 \xrightarrow[110℃, 3MPa]{SbCl_5} 3CCl_2F_2 + 2SbCl_3$$

生成的副产物 $SbCl_3$ 可与 HF 作用,重新生成 SbF_3,可供连续使用。

$$SbCl_3 + 3HF \longrightarrow SbF_3 + 3HCl$$

二氟二氯甲烷是无色无臭气体,沸点 $-29.8℃$,易压缩成液体,解除压力后,立即气化,同时吸收大量的热,因此,可用作冷冻剂。它具有无毒、无臭、无腐蚀性、不燃烧、不爆炸、化学性质稳定等优良性能,从 20 世纪 30 年代起,它代替液氨作冷冻剂,在电冰箱和冷冻器中大量使用,是氟里昂(Freon)冷冻剂的一种。

氟里昂是含一个和两个碳原子的氟氯烷的总称。氟里昂会破坏大气的臭氧层,影响生态环境,有害于人类健康,现已被世界各国禁止或限制生产和使用。

五、四氟乙烯

四氟乙烯($CF_2=CF_2$)在工业上是用氯仿和氟化氢作用,先制得二氟一氯甲烷,然后经高温裂解生成四氟乙烯。

$$CHCl_3 + 2HF \xrightarrow[20\sim30℃]{SbCl_5} CHClF_2 + 2HCl$$

$$2CHClF_2 \xrightarrow[600\sim800℃]{Ni-Cr 管} CF_2=CF_2 + 2HCl$$

四氟乙烯是无色气体,沸点 $-76.3℃$,不溶于水,溶于有机溶剂,它在过硫酸铵的引发下,可聚合成聚四氟乙烯。

$$nCF_2=CF_2 \xrightarrow[加压]{(NH_4)_2S_2O_8} \pmb{\pm}CF_2-CF_2\pmb{\pm}_n$$

聚四氟乙烯

聚四氟乙烯有优良的耐热、耐寒性能,可在 $-100\sim300℃$ 的范围内使用,化学稳定性超过一切塑料,与浓硫酸、浓碱、氟和"王水"等都不起作用,而且机械强度高,在塑料中有"塑料王"之称。其缺点是成本高、成型加工困难。它主要用于国防工业、航空工业、电器工业及尖端科学技术部门等。

六、氯苯

氯苯(⌬—Cl)在工业上可由苯直接氯代,也可将苯蒸气、空气和氯化氢通过氯化亚铜催化剂(浮石为载体)来制备。

$$⌬ + Cl_2 \xrightarrow[55\sim60℃]{Fe 或 FeCl_3} ⌬—Cl + HCl$$
(90%)

$$⌬ + HCl + \frac{1}{2}O_2 \xrightarrow[200℃]{Cu_2Cl_2\text{-}FeCl_3} ⌬—Cl + H_2O$$

氯苯为无色透明液体，沸点为132℃，有苯的气味，不溶于水，比水重，能溶于醇、醚、氯仿和苯等有机溶剂。氯苯有毒，对肝脏有损害作用。

氯苯可作为有机溶剂和有机合成原料，也是某些农药、药物和染料中间体的原料。

七、氯化苄

氯化苄（$$—CH_2Cl）也称苄（基）氯或苯—氯甲烷。工业上是在日光或较高温度下通氯气于沸腾的甲苯中合成，也可由苯经氯甲基化反应来制取。

$$C_6H_5CH_3 + Cl_2 \xrightarrow{光} C_6H_5CH_2Cl + HCl$$

$$3\, C_6H_6 + (HCHO)_3 + 3HCl \xrightarrow[60℃]{ZnCl_2} 3\, C_6H_5CH_2Cl + 3H_2O$$

三聚甲醛

氯化苄是一种催泪性液体，沸点179℃，不溶于水。它是制备苯甲醇、苯甲胺、苯乙腈等的原料，在有机合成上常用作苄基化剂。

【阅读资料】

氟氯烃与环境保护

氟氯烃自20世纪30年代（1931年）由［美］杜邦（Du Pont）公司实现了工业化生产，以商品名氟里昂开始销售。氟里昂以其无毒、无臭、无腐蚀、不燃和化学稳定性好等优异性能在全球范围内广泛用于制冷、轻工、日用化工、医药和电子等行业，可作冰箱和空调器的制冷剂以及气溶胶喷射剂等。长期以来世界各国都在工业化生产。

进入20世纪70年代后，科学家发现了在南极上空臭氧层出现空洞，且还有扩大之势。人们居住的地球在离地面12～15km高度的大气层称为平流层，在平流层中又有一层臭氧层，它像一道天然屏障挡住了太阳光中有害的紫外线辐射，保护着地球上生命的发生与繁衍。经研究发现，氟里昂扩散到平流层后，由于光化学分解，产生氯原子（氯自由基），而一个氯原子经过一连串化学反应，能破坏成千上万个臭氧分子。它是导致平流层中臭氧层破坏的元凶。

紫外线能强烈影响人类基因物质（DNA），从而导致皮肤衰老、长晒斑并引起皮肤癌；杀伤河、海中浮游生物，破坏生物链；伤害高等植物表皮细胞，抑制光合作用。这种影响如恶性发展，会造成饥饿与灾荒。因此，保护臭氧层，就是保护人类自己，这已引起了各国政府和科学家的重视。1985年3月以来，联合国环境规划署（UNEP）主持制定了《保护臭氧层的维也纳公约》及《消耗臭氧层物质的蒙特利尔议定书》，规定到20世纪末停止生产和使用氟氯烷。据了解，根据上述议定书，我国将于2010年成为无氟国家。

我国政府早已将保护环境列为国家基本国策。1991年中国政府正式参与缔结保护臭氧层国际公约，并签署《蒙特利尔议定书》，1997年7月，中国政府正式宣布全面冻结氟里昂在中国的生产消费，标志着研究和开发氟里昂替代品的工作在我国全面启动。

对新型冷冻剂的性能要求（标准），制冷、空调领域的国际权威机构——美国供暖、制冷与空调工程师协会（ASHRAE）提出必须是安全无毒、无腐蚀、不可燃、不可爆，并具有良好的热工性能，且不破坏大气臭氧层的。这一标准已被国际化组织ISO指定为国际通用的制冷剂专业标准。1998年，我国国家环保总局已推荐了符合ASHRAE标准的冷冻剂。

目前，我国和许多国家正研究氟里昂的代用品，其中仍有许多是氟代烷或氟氯烷，但分子中不含或少含氯原子，并取得了可喜成果。

本 章 小 结

1. 卤代烃的化学反应

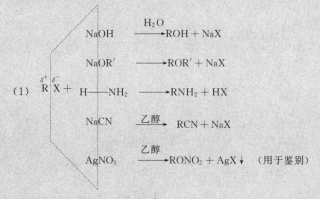

(2) $RX + Mg \xrightarrow{\text{绝对乙醚}} \overset{\delta-}{R}-\overset{\delta+}{MgX}$

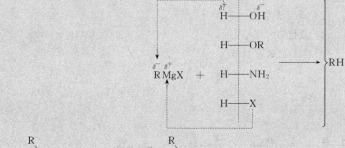

(3) $\underset{\underset{X}{|}}{\overset{R}{\underset{|}{C}}}HCHCH_2R'' \xrightarrow[\triangle]{\text{KOH-乙醇}} \underset{R'}{\overset{R}{C}}=CHCH_2R''$

按查依采夫规律脱卤化氢，生成双键碳原子上连接烃基最多的烯烃。消除反应的活性顺序如下：

叔卤烷＞仲卤烷＞伯卤烷

2. 各种类型卤烃反应活性比较

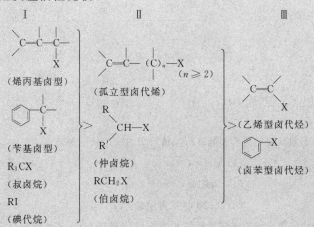

103

当分别加入硝酸银乙醇溶液时，Ⅰ类卤代烃在常温下能迅速产生卤化银沉淀；Ⅱ类卤代烃在加热下才能产生卤化银沉淀；Ⅲ类卤代烃加热也不产生卤化银沉淀。据此可用于各种卤代烃的鉴别。

习　　题

1. 用系统命名法命名下列化合物。

   (1) CHI_3 　　　　　　　　　　(2) CCl_2F_2

   (3) $BrCH_2CH_2Br$ 　　　　　　(4) 1-溴萘

   (5) $CH_3CBr(CH_3)C(CH_2CH_3)(CH_3)I$ 　　(6) 邻氯乙烯基苯

   (7) CH_3CH_2MgBr 　　　　　(8) $CH_2=C(C_2H_5)CH_2CH_2Br$

2. 根据下列名称写出相应的构造式。

   (1) 3-甲基-2-氯戊烷　　　　(2) 异丙基溴

   (3) 烯丙基氯　　　　　　　　(4) 氯化苄

   (5) 氯仿　　　　　　　　　　(6) 2,4-二硝基氯苯

3. 完成下列反应式。

   (1) $CH_3CH=CH_2 + HI \longrightarrow ? \xrightarrow[\text{绝对乙醚}]{Mg} ?$

   (2) $CH_3CH(CH_3)CHBrCH_3$

   $\xrightarrow[\triangle]{KOH+醇} ? \xrightarrow{Br_2} ? \xrightarrow[KOH+醇,\triangle]{-2HBr} ?$

   $\xrightarrow{KOH-H_2O} ?$

   (3) $CH_3C(CH_3)=CH_2 + HBr \xrightarrow{过氧化物} ? \xrightarrow{NaCN} ?$

   (4) 甲苯 $\xrightarrow[Fe]{Cl_2} ? \xrightarrow[\triangle]{KMnO_4} ?$

   甲苯 $\xrightarrow[光]{Cl_2} ? \xrightarrow[\triangle]{NaOH,水} ?$

   *(5) 环己烯-CH_3 $\xrightarrow{HI} ? \xrightarrow[\triangle]{NaOH} ?$

4. 2-溴丁烷能否与下列试剂反应？如能进行，请写出主要产物的构造式。

   (1) C_2H_5ONa 　　　　　　(2) $CH\equiv CNa$

   (3) Mg (普通乙醚) 　　　　(4) NaCN

   (5) NaOH-乙醇　　　　　　(6) $AgNO_3$ (乙醇溶液)

5. 下列二卤有机物中，哪个卤原子较为活泼？当它们分别与1mol其他试剂反应时，主要有机产物是

什么？试用构造式写出来。

(1) 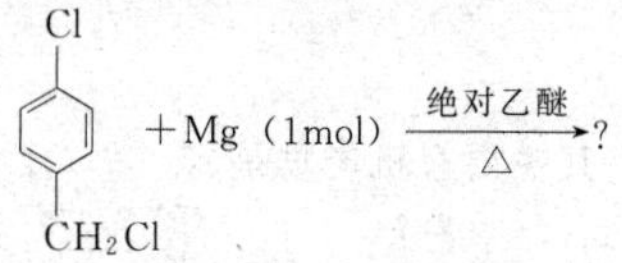 ClC₆H₄CH₂Cl + Mg（1mol） $\xrightarrow[\triangle]{绝对乙醚}$?

(2) CH₃C(Br)=CHCH₂Br $\xrightarrow{H_2O, NaHCO_3}$?

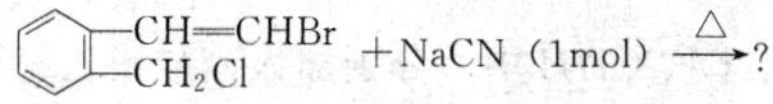

(3) (邻-ClCH₂-C₆H₄-)CH=CHBr + NaCN（1mol） $\xrightarrow{\triangle}$?

(4) (间-Cl-C₆H₄-)CH=CHCH₂Br + C₂H₅ONa（1mol） $\xrightarrow{\triangle}$?

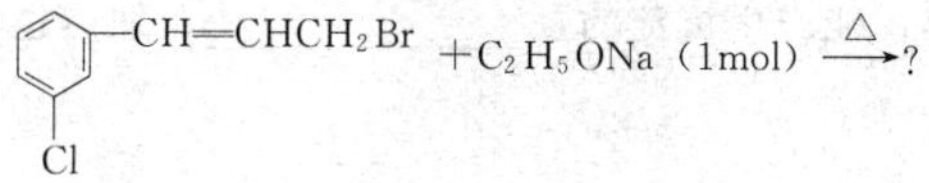

6. 把下列各组化合物在浓 KOH-醇溶液中脱去卤化氢由易至难排列成序。

(1) ① CH₃CH(CH₃)CH₂CH₃ (Br在中间C上) ② CH₃CH(Br)CH(CH₃)CH₃ ③ (CH₃)₂CHCH₂CH₂Br
         Br

(2) ① CH₃CH₂Cl   ② CH₃CH₂Br   ③ CH₃CH₂I

(3) ① C₆H₅C(CH₃)₂Br   ② C₆H₅CH₂CH₂CH₂Br   ③ C₆H₅CH₂CHBrCH₃

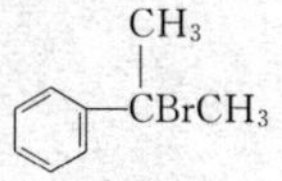

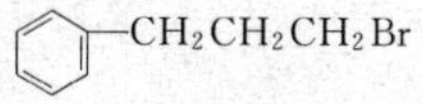

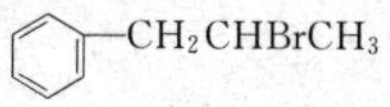

7. 用简单的化学试验，区别下列各组化合物。

(1) CH₃C(CH₃)(Br)CH₂CH₃ 、 CH₃CH(CH₃)CH₂Br 、 CH₂=C(CH₃)CH(Br)CH₃

(2) 正丙基氯、烯丙基氯、苄基氯

(3) 3-溴-2-戊烯、4-溴-2-戊烯、5-溴-2-戊烯

(4) C₆H₅—CH=CHCl 、 C₆H₅—CH₂CH₂Cl 、 C₂H₅—C₆H₄—Cl 、 C₆H₅—CH₂Cl

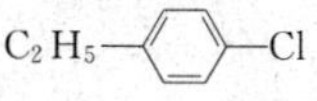

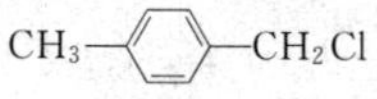

8. 有 A、B 两种溴代烃，它们分别与 NaOH-乙醇溶液反应，A 生成 1-丁烯，B 生成异丁烯，试写出 A、B 两种溴代烃可能的构造式。

9. 某溴代烃 A，与 KOH-醇溶液作用，脱去一分子溴化氢生成 B，B 经 KMnO₄ 氧化得到丙酮和 CO₂；B 与溴化氢作用得到 C，C 是 A 的异构体。试推测 A、B、C 的结构，并写出各步反应式。

10. 由乙烯或丙烯和其他无机物为原料合成下列化合物。

(1) 氯乙烯   (2) CH₂=CH₂ (OH)   (3) 1-氯-2,3-二溴丙烷

(4) 1,1,2-三溴乙烷   (5) 2,2-二溴丙烷

11. 以苯或甲苯为起始原料，以及适当的无机、有机试剂，合成下列化合物。

(1) 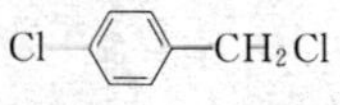 Cl—C₆H₄—CH₂Cl   (2) 邻硝基对磺酸基苯酚 (OH, NO₂, SO₃H)   (3) C₆H₅—CH(Cl)CH₃   (4) C₆H₅—C(CH₃)(OH)CH₃

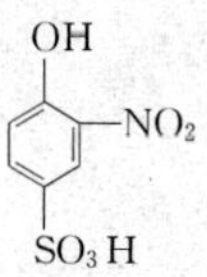

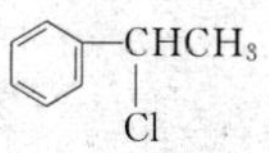

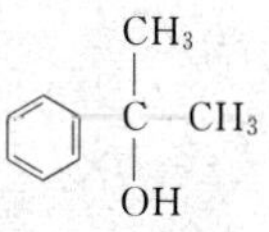

12. 选择题

(1) 足球运动员在比赛中腿部受伤时,医生常喷洒一种液体物质,使受伤部位皮肤表面温度骤然下降,从而减轻伤员的痛感。这种物质是(　　)。

A. 氯乙烷　　B. 氟里昂　　C. 酒精　　D. 碘酒

(2) 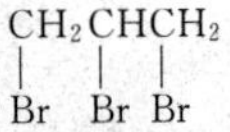 $\underset{\underset{Br}{|}\ \underset{Br}{|}\ \underset{Br}{|}}{CH_2CHCH_2}$ 先后与 1mol KOH-乙醇、1mol KOH-水反应,其主要有机产物是(　　)。

A. 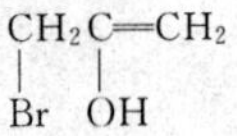 $\underset{\underset{Br}{|}\ \underset{OH}{|}}{CH_2C=CH_2}$　B. 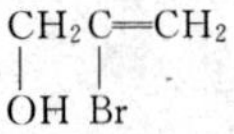 $\underset{\underset{OH}{|}\ \underset{Br}{|}}{CH_2C=CH_2}$　C. 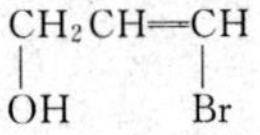 $\underset{\underset{OH}{|}\ \underset{Br}{|}}{CH_2CH=CH}$　D. 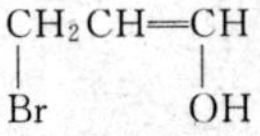 $\underset{\underset{Br}{|}\ \underset{OH}{|}}{CH_2CH=CH}$

13. 填空题

在 $CH_2=CHCH_2Cl$、$CH_2=CHCl$、CCl_4、CH_3CH_2Cl、CH_3CH_2I 中,分别加入硝酸银乙醇溶液,在室温下能立即产生沉淀的是_____;再加热,能产生沉淀的是_____;加热也不产生沉淀的是_____。

第七章 醇、酚、醚

> **学习要求**
>
> 1. 了解醇、酚、醚的结构特点，醇羟基、酚羟基的区别；了解醇、酚、醚的分类和构造异构。
> 2. 掌握醇、酚、醚的命名方法。
> 3. 了解醇、酚、醚的物理性质及其变化规律。
> 4. 掌握醇、酚、醚的化学性质及其应用
> 5. 掌握醇、酚、醚的特征反应及其鉴别方法。

醇（R—OH）、酚（Ar—OH）、醚（R—OR'）都是烃的含氧衍生物。它们也可看做是水分子中的氢原子被烃基取代后的衍生物。

$$H-O-H \qquad R-O-H \qquad Ar-O-H \qquad R-OR'(Ar-O-R 或 Ar-O-Ar)$$
  水   醇   酚   醚

水分子中的一个氢原子被烃基取代的，称为醇。水分子中的一个氢原子被芳烃基取代，而且羟基直接与芳环相连的，称为酚。水分子中两个氢原子都被烃基（脂肪族或芳香族烃基）取代的，称为醚。

醇和酚都含有羟基，但要严格区分醇与酚在结构上的差别。酚中的羟基直接和芳环相连，醇的羟基不与芳环直接相连，而是与脂肪族碳链直接相连。例如：

CH₃CH₂OH   [环己醇结构]   [苯甲醇结构]   [苯酚结构]
 乙醇   环己醇 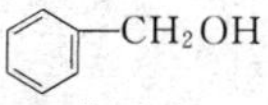   苯甲醇 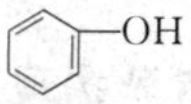   苯酚

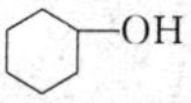

第一节 醇

一、醇的结构、分类、构造异构和命名

1. 醇的结构

在结构上，醇可以看做是烃分子中的氢原子被羟基（—OH）取代后的生成物。饱和一元醇的通式为 **R—OH**，分子中的—OH 称为醇羟基，它是醇的官能团。

由于醇（R—OH）分子中氧的电负性比碳强，因此氧原子的电子云密度较高，使醇分子具有一定的极性。

2. 醇的分类

（1）按羟基连接的烃基类别分类 根据烃基类别不同，可分为脂肪醇、脂环醇、芳香醇三大类。脂肪醇又可根据烃基是否饱和，分为饱和醇和不饱和醇。例如：

(2) 按羟基连接的碳原子种类分类 羟基连接在伯碳（第一碳）、仲碳（第二碳）、叔碳（第三碳）原子上的，分别称伯醇（第一醇）、仲醇（第二醇）、叔醇（第三醇）。

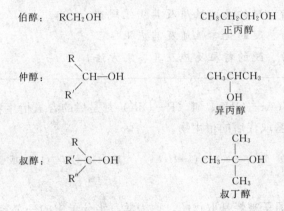

(3) 按羟基数目分类 根据醇分子中含羟基的数目，分一元醇、二元醇、三元醇等，二元醇以上为多元醇。例如：

$$\underset{\text{一元醇}}{CH_3CH_2OH} \qquad \underset{\text{二元醇}}{\underset{OH\ \ OH}{CH_2CH_2}} \qquad \underset{\text{三元醇}}{\underset{OH\ OH\ OH}{CH_2CHCH_2}}$$

3. 醇的构造异构现象

饱和一元醇的通式为 $C_nH_{2n+1}OH$，简写为 R—OH。甲醇、乙醇没有异构体，当 $n=3$ 时，即有官能团位置异构体：$CH_3CH_2CH_2OH$、$CH_3\underset{OH}{CHCH_3}$。当 $n=4$ 以上时，除有官能团位置异构体外，还有碳链异构体。例如，丁醇（C_4H_9OH）的异构体有：

$$\underset{(\text{Ⅰ})}{CH_3CH_2CH_2CH_2OH} \qquad \underset{(\text{Ⅱ})}{\underset{OH}{CH_3CHCH_2CH_3}} \qquad \underset{(\text{Ⅲ})}{\underset{CH_3}{CH_3CHCH_2OH}} \qquad \underset{(\text{Ⅳ})}{\underset{CH_3}{\overset{CH_3}{CH_3-C-OH}}}$$

其中（Ⅰ）、（Ⅱ）与（Ⅲ）、（Ⅳ）之间为碳链异构体，（Ⅰ）与（Ⅱ）及（Ⅲ）与（Ⅳ）为羟基位置异构体。

4. 醇的命名

简单的一元醇可用普通命名法，即根据羟基相连的烃基名称命名。

对于结构复杂的醇，要用系统命名法命名。即选取含羟基的最长碳链作主链，根据主链的含碳数称某醇。从靠近羟基一端开始编号，把支链看做取代基。取代基的位次、数目、名称及羟基的位次写在"某醇"名称前面。例如丁醇的四种构造异构体的名称如下：

	普通命名法	系统命名法
CH$_3$CH$_2$CH$_2$CH$_2$OH	正丁醇	1-丁醇
CH$_3$CHCH$_2$CH$_3$ 　　| 　　OH	仲丁醇	2-丁醇
CH$_3$—CH—CH$_2$OH 　　　| 　　　CH$_3$	异丁醇	2-甲基-1-丙醇
CH$_3$ 　　　| CH$_3$—C—OH 　　　| 　　　CH$_3$	叔丁醇	2-甲基-2-丙醇

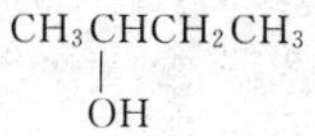

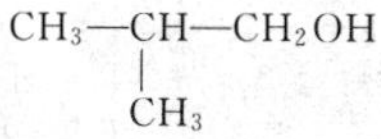

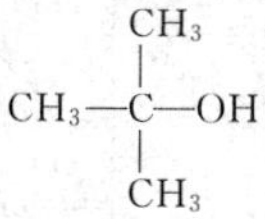

又例如：

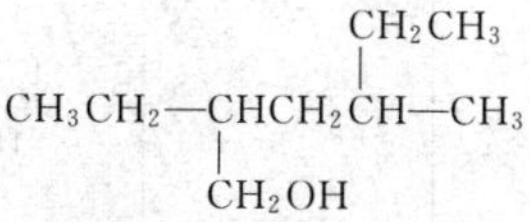

$$\underset{\text{4-甲基-2-乙基-1-己醇}}{CH_3CH_2\underset{\underset{CH_2OH}{|}}{CH}CH_2\underset{\underset{CH_2CH_3}{|}}{CH}CH_3}$$

芳醇可把芳基作为取代基命名。例如：

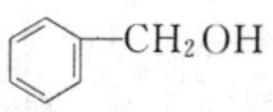

苯甲醇
（苄醇）

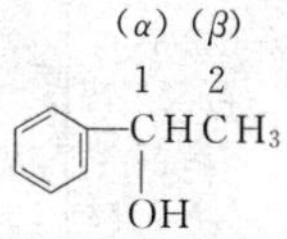

1-苯（基）乙醇
（α-苯乙醇）

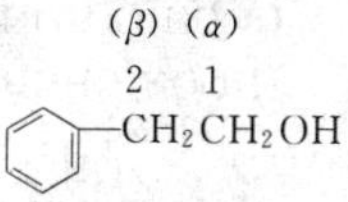

2-苯乙醇
（β-苯乙醇）

不饱和醇的命名，应选取既含羟基又同时含不饱和键的碳链做主链。编号时，应使羟基位次最小。例如：

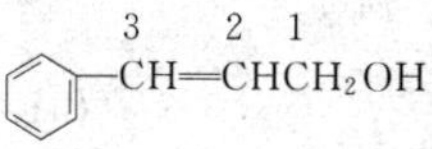

3-苯基-2-丙烯-1-醇（肉桂醇）

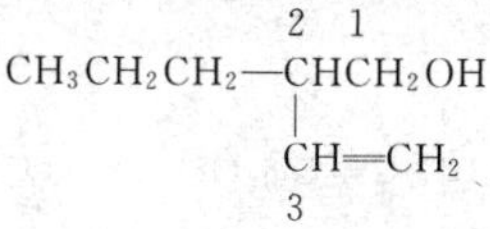

2-(正)丙基-3-丁烯-1-醇

多元醇的命名，应选取含有尽可能多带羟基的碳链做主链，在"醇"字前面，用二、三、四等汉字数字标明分子中羟基的数目，用阿拉伯数字标明羟基的位次。例如：

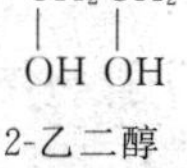

CH$_2$CH$_2$
\|　\|
OH OH

1,2-乙二醇
（简称乙二醇，俗名甘醇）

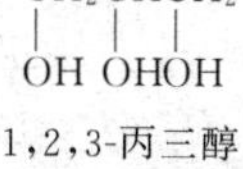

CH$_2$CHCH$_2$
\|　\|　\|
OH OH OH

1,2,3-丙三醇
（简称丙三醇，俗名甘油）

二、醇的物理性质

直链饱和一元醇中，低级醇（C$_4$以下）为有酒味挥发性液体，C$_5$～C$_{11}$的醇为具有令人不愉快气味的油状液体，C$_{12}$以上的醇为无臭无味的蜡状固体。存在于许多香精油中的某些醇具有特殊香味，例如苯乙醇有玫瑰香，橙花醇有橙花香味等。脂肪族饱和一元醇相对密度小于1，芳香族醇及多元醇相对密度大于1。一些醇的物理常数见表7-1。

表 7-1 一些醇的物理常数

名　称	构造式	熔点/℃	沸点/℃	相对密度 d_4^{20}	溶解度 /[g/(100gH$_2$O)]
甲醇	CH$_3$OH	−98	65	0.792	∞
乙醇	CH$_3$CH$_2$OH	−114	78.3	0.789	∞
正丙醇	CH$_3$CH$_2$CH$_2$OH	−126	97.2	0.804	∞
异丙醇	CH$_3$CHCH$_3$ | OH	−89	82.3	0.781	∞
正丁醇	CH$_3$(CH$_2$)$_3$OH	−90	118	0.810	7.9
异丁醇	(CH$_3$)$_2$CHCH$_2$OH	−108	108	0.798	9.5
仲丁醇	CH$_3$CHCH$_2$CH$_3$ | OH	−115	100	0.808	12.5
叔丁醇	(CH$_3$)$_3$COH	26	83	0.789	∞
正戊醇	CH$_3$(CH$_2$)$_4$OH	−79	138	0.809	2.7
正己醇	CH$_3$(CH$_2$)$_5$OH	−51.6	155.8	0.820	0.59
环己醇	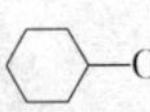 C$_6$H$_{11}$OH	25	161	0.962	3.6
烯丙醇	CH$_2$=CHCH$_2$OH	−129	97	0.855	∞
苄醇	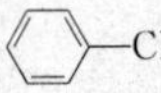 C$_6$H$_5$CH$_2$OH	−15	205	1.046	约4
乙二醇	HOCH$_2$CH$_2$OH	−12.6	197	1.113	∞
1,2-丙二醇	HOCH$_2$CHCH$_3$ | OH		187	1.040	∞
1,3-丙二醇	HOCH$_2$CH$_2$CH$_2$OH		215	1.060	∞
丙三醇	HOCH$_2$CHCH$_2$OH | OH	18	290（分解）	1.261	∞

从表 7-1 中看出，直链饱和醇的沸点和别的有机物一样，也是随着碳原子数的增加而升高。在同碳数异构体中，含支链愈多的醇沸点愈低。例如：

$$\text{CH}_3\text{CH}_2\text{CH}_2\text{CH}_2\text{OH} \quad \text{CH}_3\text{CHCH}_2\text{OH} \quad \text{CH}_3-\overset{\text{CH}_3}{\underset{\text{CH}_3}{\text{C}}}-\text{OH}$$
$$\qquad\qquad\qquad\qquad\qquad |$$
$$\qquad\qquad\qquad\qquad\text{CH}_3$$

沸点/℃　　　　　118　　　　　　　108　　　　　　　　83

低级醇的沸点，比相对分子质量相近的烷烃高得多，例如：

	相对分子质量	沸点	
CH$_3$OH	32	65℃	沸点差 153.5℃
CH$_3$CH$_3$	30	−88.5℃	
CH$_3$CH$_2$OH	46	78.3℃	沸点差 120.3℃
CH$_3$CH$_2$CH$_3$	44	−42℃	

为什么醇具有上述反常的高沸点呢？随着碳原子数逐渐增加，其沸点差渐小。

这是因为醇分子间能通过氢键相缔合，而烃分子间不存在氢键。所谓"缔合"，如下图所示，是指两个或两个以上的分子，通过氢键结合成一个不稳定的、较大的分子结合体的现象。要使液态醇变成气态醇，不仅要破坏分子间的范德华引力，而且还必须消耗一定的能量破坏氢键（破坏一个氢键约需 25kJ/mol），因此其沸点比相应的烷烃高得多。当醇分子中碳原子数增加时，羟基在分子中所占比例下降，同时烷基愈大，位阻也愈大，阻碍氢键的形成。因此直链饱和一元醇随着碳原子数增加，与相应烷烃的沸点差渐小。

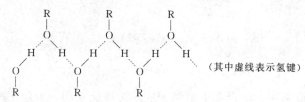

（其中虚线表示氢键）

从表 7-1 还可看出，低级醇（甲、乙、丙醇）与水互溶，从正丁醇起，随着碳原子数的增加，在水中的溶解度降低，癸醇以上不溶于水。其原因是醇分子间除相互能形成氢键外，醇与水分子间也能形成氢键。由于醇与水分子间存在着氢键的结合力，所以低级醇易溶于水。随着烃基增大，位阻也加大，羟基在醇中所占的比例下降，水溶性也就逐渐降低。

多元醇分子中羟基增加，可形成更多的氢键。当分子中含的碳原子数相同时，羟基增加，其沸点愈高，在水中的溶解度也愈大。

低级醇还能和一些无机盐类（如 $CaCl_2$、$MgCl_2$、$CaSO_4$ 等）形成结晶状分子化合物，称为结晶醇，或称醇化物。例如：$CaCl_2 \cdot 4C_2H_5OH$、$CaCl_2 \cdot 4CH_3OH$、$MgCl_2 \cdot 6CH_3OH$ 等。结晶醇不溶于有机溶剂，但可溶于水。在实际工作中，常利用这一性质使醇与其他有机物分离，或从反应物中除去醇。例如，工业乙醚中，常含有少量乙醇杂质，加入无水氯化钙即可把其中的乙醇除去。同理，不能用无水氯化钙等无机盐干燥醇类。

三、醇的化学性质

醇（R—OH）的化学性质，主要由其官能团羟基（—OH）决定，同时也受到烃基一定的影响。醇分子中的 C—O 键及 O—H 键，都是极性键，这是醇易发生反应的两个部位。此外，由于羟基的影响，与羟基（官能团）相连的碳原子上的氢，即 α-氢原子也很活泼，也能发生某些反应。

（醇羟基的反应）
R—C—O—H
　｜　　（氢原子被取代）
　H　（α-氢原子的反应）

至于分子中哪个部位发生反应，取决于烃基的结构及反应条件。

1. 与活泼金属反应

【演示实验 7-1】 在一支干燥的试管中，加入 2mL 无水乙醇，再加入两粒黄豆大小、表面无氧化膜的金属钠，振摇，观察试管中有气泡（氢气）产生。用大拇指按住试管口片刻，再将点燃的火柴接近管口，观察氢气的爆鸣情况。待金属钠反应完全后❶静置冷却，醇

---

❶若反应停止后试管中还有残余钠粒，应用镊子将钠取出，放入试管中加乙醇反应除去。否则下一步实验醇加水时，因金属钠会与水剧烈反应，既不安全，也影响实验效果。

钠从溶液中析出,使溶液变黏稠甚至凝固。然后向试管中加入 7~8mL 水,并滴入 2 滴酚酞指示剂,观察溶液显红色。

实验表明,醇与水相似,醇也可与金属钠作用,醇羟基中的氢原子可被金属钠取代生成醇钠,并放出氢气。

$$HOH + Na \longrightarrow NaOH + \frac{1}{2}H_2 \uparrow$$

$$R-OH + Na \longrightarrow R-ONa + \frac{1}{2}H_2 \uparrow$$

但反应比水缓慢。由此表明,醇羟基上氢原子的活泼性比水弱,醇起了酸的作用。各种醇的反应活性为:

$$甲醇 > 伯醇 > 仲醇 > 叔醇$$

上述醇与金属钠的反应,除生成醇钠外,还有氢气放出,现象明显,可用于 C_6 以下低级醇的鉴别。

反应中生成的醇钠溶解在过量的醇中。将醇蒸去,即得白色粉末状的醇钠。

醇钠极易水解,生成原来的醇和氢氧化钠。

$$RO^- Na^+ + \overset{\delta+}{H} - \overset{\delta-}{OH} \rightleftharpoons ROH + NaOH$$

工业生产上常利用上述反应的逆反应,用固体氢氧化钠与醇作用,并加入苯(约 8%)共沸蒸馏,以除去其中的水分,制得醇钠。此法制醇钠的优点是避免使用昂贵的金属钠,且生产也安全。

醇钠在有机合成中作碱性催化剂(其碱性强于氢氧化钠),也可作烷氧基化剂。

其他活泼金属(K、Mg、Al 等)在高温下也与醇作用生成醇金属和氢气。异丙醇铝和叔丁醇铝等都是很好的还原剂,常用于有机合成上。

2. 与氢卤酸反应

醇分子中的羟基可被氢卤酸中的卤原子取代,生成卤代烃。

$$R-\boxed{OH + H}-X \rightleftharpoons R-X + H_2O$$

反应是可逆的,如能使反应物之一过量或使生成物之一从平衡混合物中移去,都可提高卤代烷的产率。例如:

$$CH_3CH_2OH + HI \longrightarrow CH_3CH_2I + H_2O$$
(过量)

醇与氢卤酸的反应速率与醇的结构及氢卤酸的类型有关。

ROH:烯丙基醇、苄基型醇 > 叔醇 > 仲醇 > 伯醇 > 甲醇

HX: HI > HBr > HCl

伯醇与浓盐酸反应,必须在无水氯化锌催化及加热条件下才能完成。无水氯化锌的浓盐酸溶液称卢卡斯(Lucas)试剂。

低级醇(C_6 以内的醇)溶于卢卡斯试剂中,生成的氯代烷不溶于水,也不溶于上述试剂,故反应现象是先出现浑浊,后分为两层。

不同类型的醇,与卢卡斯试剂在室温下作用时,烯丙基型醇(苄醇)及叔醇反应最快,1min 内会出现浑浊;仲醇次之,10min 内浑浊;伯醇反应最慢,几小时都不浑浊,加热后才变浑浊。因此,卢卡斯试剂试验可用于 3~6 个碳原子伯醇、仲醇、叔醇的鉴别。

【演示实验 7-2】 在 3 支干燥试管中,分别加入 3mL 正丁醇、仲丁醇、叔丁醇,再各

加入 6mL 卢卡斯试剂，管口配上塞子。用力振荡片刻后静置，用 25～27℃❶水浴保温，观察各试管出现浑浊的时间。

它们的反应式如下：

$$\underset{CH_3}{\overset{CH_3}{CH_3-C}}-\boxed{OH+H}\ Cl\ \xrightarrow[25℃]{ZnCl_2}\ \underset{CH_3}{\overset{CH_3}{CH_3-C}}-Cl+H_2O$$
（1min 内变浑浊，随后分两层）

$$CH_3CH_2\underset{\boxed{OH}}{CH}CH_3 + \boxed{H}\ Cl\ \xrightarrow[25℃]{ZnCl_2}\ CH_3CH_2\underset{Cl}{CH}CH_3 + H_2O$$
（10min 内浑浊，随后分两层）

$$CH_3CH_2CH_2CH_2\boxed{OH+H}\ Cl\ \xrightarrow[25℃]{ZnCl_2}\ CH_3CH_2CH_2CH_2Cl+H_2O$$
（1h 内不浑浊，加热后才浑浊）

上述卢卡斯试剂试验，C_6 以上的醇不溶于卢卡斯试剂，很难辨别反应是否发生；甲醇、乙醇生成的氯代烷是气体；异丙醇生成的 $(CH_3)_2CHCl$ 沸点很低（36℃），在未分层前极易挥发，因此，均不宜用此法鉴别。

3. 酯化反应

醇和酸（含氧无机酸或有机酸）反应，分子间脱去一分子水后的产物叫做酯，此类反应称为酯化反应。

醇与含氧无机酸反应，分子间脱水（醇中脱羟基，酸中脱氢）生成无机酸酯。

硫酸是二元酸，醇与硫酸作用可生成酸性酯及中性酯。例如：

$$C_2H_5\boxed{OH + H}OSO_2OH \rightleftharpoons C_2H_5OSO_2OH + H_2O$$
硫酸氢乙酯（酸性酯）

硫酸氢乙酯经减压蒸馏，即得硫酸二乙酯（中性酯）。

$$C_2H_5O\boxed{SO_2OH\ +\ HO}SO_2OC_2H_5 \longrightarrow C_2H_5OSO_2OC_2H_5 + H_2SO_4$$
硫酸二乙酯

硫酸氢乙酯和硫酸二甲酯都是重要的烷基化剂。硫酸二甲酯毒性大，使用时要注意安全。高级醇的酸性硫酸酯钠盐，例如十二烷基硫酸钠（$C_{12}H_{25}OSO_2ONa$）是一种合成洗涤剂。

醇与硝酸作用，生成硝酸酯。例如：

$$\begin{array}{c}CH_2\boxed{OH}\\CH\boxed{OH}\\CH_2\boxed{OH}\end{array} + 3H\,ONO_2 \xrightarrow[100℃]{H_2SO_4} \begin{array}{c}CH_2ONO_2\\CHONO_2\\CH_2ONO_2\end{array} + 3H_2O$$
甘油三硝酸酯（俗名硝化甘油、硝酸甘油）

甘油三硝酸酯是一种猛烈炸药。它也具有扩张冠状动脉的作用，在医药上是**治疗冠心病、心绞痛的急救药物**（称为硝酸甘油）。

醇还能与有机酸作用，生成有机酸酯（见第九章羧酸的化学性质）。

4. 脱水反应

醇与脱水剂共热则发生脱水反应。脱水的方式随反应温度及醇的结构而异。在较高温度

---

❶ 低级醇生成的氯代烷沸点很低（例如 2-氯丙烷沸点为 36℃），水浴温度以 25～27℃ 为宜，温度过高，产物氯代烷易挥发蒸干，分辨不出分层现象。

下，主要发生分子内脱水生成烯烃；在较低温度下，主要发生分子间脱水生成醚。例如：

$$\underset{\text{H OH}}{CH_2-CH_2} \xrightarrow[\text{或 } Al_2O_3, 360℃]{\text{浓 } H_2SO_4, 170℃} CH_2=CH_2 + H_2O$$
乙烯

$$CH_3CH_2OH + HOCH_2CH_3 \xrightarrow[\text{或 } Al_2O_3, 240℃]{\text{浓 } H_2SO_4, 140℃} CH_3CH_2OCH_2CH_3 + H_2O$$
乙醚

仲醇或叔醇发生分子内脱水时，与卤代烷脱卤化氢相似，也遵循查依采夫规则，即羟基与其相邻的、含氢较少的碳原子上的氢原子共同脱水。或者说，主要产物是双键碳上连接烃基最多的烯烃。例如：

$$\underset{\text{H OH}}{CH_3CH_2CHCHCH_3} \xrightarrow[90\sim95℃]{62\% H_2SO_4} CH_3CH_2CH=CHCH_3 + H_2O$$
(80%)

$$\underset{\underset{CH_3}{|}}{\overset{\overset{CH_3}{|}}{CH_3-C-OH}} \xrightarrow[85\sim90℃]{20\% H_2SO_4} \underset{|}{\overset{\overset{CH_3}{|}}{CH_3-C=CH_2}}$$
(100%)

脱水难易与醇的类型关系很大，其反应活泼性次序是：
叔醇＞仲醇＞伯醇

由于叔醇在酸性条件下易在分子内脱水生成烯烃，因此，不宜用叔醇与氢卤酸作用制叔卤代烷，或与浓硫酸作用制叔丁醚。

5. 氧化与脱氢反应

醇分子中由于羟基的影响，使 α-氢原子具有一定的活泼性，易发生氧化或脱氢反应。不同结构的醇，氧化产物不相同。

(1) **氧化反应** 在重铬酸钾（或高锰酸钾）的硫酸溶液氧化下，伯醇氧化生成同碳原子数的醛，醛继续氧化生成同碳原子数的羧酸。

$$\underset{\text{伯醇}}{R-\overset{H}{\underset{H}{C}}-OH} \xrightarrow[\text{或 } KMnO_4+H_2SO_4]{[O] \; K_2Cr_2O_7+H_2SO_4} \left[R-\overset{O\,H}{\underset{H}{C}}-OH\right] \xrightarrow{-H_2O} \underset{\text{醛}}{RC\overset{O}{\underset{H}{\Vert}}} \xrightarrow{[O]} \underset{\text{羧酸}}{RC\overset{O}{\underset{OH}{\Vert}}}$$

例如：

$$CH_3CH_2OH \xrightarrow{[O]} CH_3CHO \xrightarrow{[O]} CH_3COOH$$

由于醛比醇更易氧化，如要制取醛，就必须把生成的醛立即从反应混合物中蒸馏出去，否则会继续氧化成羧酸。而低级醛的沸点比相应的醇低得多，因此，只要控制适当温度，即可使生成的醛立即蒸出，而未反应的醇仍留在反应混合物中。例如：

$$\underset{\substack{\text{乙醇}\\(\text{沸点 }78.3℃)}}{CH_3CH_2OH} \xrightarrow[50℃]{K_2Cr_2O_7,\,H_2SO_4} \underset{\substack{\text{乙醛}\\(\text{沸点 }20.8℃)}}{CH_3CHO}$$

工业上常用此法制备低级醛。

上述反应除用于工业生产外，还有许多实际应用。例如，检查司机是否酒后驾车的呼吸分析仪，就是应用乙醇被重铬酸钾氧化的反应。

$$3C_2H_5OH + 2K_2Cr_2O_7 + 8H_2SO_4 \longrightarrow 3CH_3COOH + 2Cr_2(SO_4)_3 + 2K_2SO_4 + 11H_2O$$
（橙红色） （绿色）

若司机呼出的气体中含有一定量的乙醇❶，则乙醇被氧化的同时，$Cr_2O_7^{2-}$（橙红色）被还原为 Cr^{3+}（绿色）。

仲醇在上述条件下氧化生成含相同碳原子数的酮。

$$R-\underset{OH}{\underset{|}{CH}}-R' \xrightarrow[\text{或 } KMnO_4 + H_2SO_4]{[O] \ K_2Cr_2O_7 + H_2SO_4} \left[R-\underset{OH}{\overset{OH}{\underset{|}{\overset{|}{C}}}}-R' \right] \xrightarrow{-H_2O} R-\overset{O}{\overset{\|}{C}}-R'$$
（仲醇） （酮）

例如：

$$CH_3\underset{OH}{\underset{|}{CH}}CH_2CH_3 \xrightarrow[KMnO_4 + H_2SO_4]{[O]} CH_3\overset{O}{\overset{\|}{C}}CH_2CH_3$$
2-丁醇　　　　　　　　　　　　　2-丁酮

环己醇 $\xrightarrow[\text{或 } 5\% HNO_3, 60℃]{Na_2Cr_2O_7 + H_2SO_4, 60℃}$ 环己酮

酮一般不易氧化。若在更强烈的氧化条件下，酮也会发生碳链断裂，生成碳原子数较少的羧酸混合物，在生产实践中没什么价值。

叔醇在上述氧化条件下不被氧化，因为分子结构中没有 α-氢原子。若在剧烈条件下氧化（例如重铬酸钾硫酸溶液回流氧化），则碳链断裂，生成含碳数较少的氧化产物。

实验室中可利用醇的氧化反应，区别伯醇、仲醇和叔醇。

【演示实验 7-3】 在 3 支试管中各加入 3mL 50g/L $K_2Cr_2O_7$ 溶液和浓硫酸 7~8 滴，摇匀后再分别加入 7~8 滴正丁醇、仲丁醇、叔丁醇，振荡，观察各试管中溶液颜色的变化。

（2）脱氢反应　伯醇、仲醇的蒸气，在高温下通过活性铜或银等催化剂时，伯醇脱氢成醛，仲醇脱氢成酮。

$$R-\underset{H}{\overset{H}{\underset{|}{\overset{|}{C}}}}-OH \xrightarrow{Cu, 325℃} R-\overset{O}{\overset{\|}{C}}-H + H_2$$

$$R-\underset{R'}{\overset{H}{\underset{|}{\overset{|}{C}}}}-OH \xrightarrow{Cu, 325℃} \underset{R'}{\overset{R}{\underset{|}{\overset{|}{C}}}}=O + H_2$$

若同时通入空气，则氢被氧化成水，反应可进行到底。例如：

$$CH_3OH + \frac{1}{2}O_2 \xrightarrow[500～650℃]{Ag} HCHO + H_2O$$

叔醇分子中由于没有 α-氢原子，因此不能进行脱氢反应。

6. 多元醇的特性

当相邻的碳原子上连有羟基的多元醇，除具有醇羟基的一般反应外，由于所含两个或多个羟基的相互影响，使多元醇还具有不同于一元醇的特性。

乙二醇和丙三醇具有比一元醇更强的酸性，它们**能与许多金属氢氧化物**甚至与重金属氢

---

❶ 如饮酒量致使 100mL 血液中乙醇含量超过 80mg，即最大允许量时，呼吸分析仪的溶液将由橙红色变为绿色。

氧化物如新沉淀的氢氧化铜反应,生成具有鲜艳蓝色、可溶于水的醇铜溶液。

【演示实验 7-4】 在两支试管中,均加入 1mL 100g/L $CuSO_4$ 溶液和 1mL 50g/L NaOH 溶液,立即析出蓝色氢氧化铜沉淀。倾去上层清液,再各加入 2mL 水,充分振摇后分别滴入 3 滴甘油、乙二醇,振摇并观察有蓝色的醇铜[1]溶液生成。

反应式如下:

$$\begin{array}{c}CH_2OH \\ | \\ CH_2OH\end{array} + Cu(OH)_2 \longrightarrow \begin{array}{c}CH_2O \\ | \\ CH_2O\end{array}Cu + 2H_2O$$

乙二醇铜(溶液)

$$\begin{array}{c}CH_2OH \\ | \\ CHOH \\ | \\ CH_2OH\end{array} + Cu(OH)_2 \longrightarrow \begin{array}{c}CH_2O \\ | \\ CHO \\ | \\ CH_2OH\end{array}Cu + 2H_2O$$

甘油铜(溶液)

上述反应现象明显,是鉴定具有 1,2-二醇结构 $\left(\begin{array}{c}CH_2OH \\ | \\ CHOH\end{array}\right)$ 的多元醇的常用方法。一元醇不能与氢氧化铜反应,因此,**此反应也可用来区别一元醇和具有 1,2-二醇结构的多元醇。**

【例 7-1】 用化学方法区别下列各化合物:正丁醇、2-丁醇、叔丁醇、烯丙醇、苄醇。

【解析】 上述各种醇的鉴别,要紧扣各类醇与卢卡斯试剂作用的活泼性不同:烯丙型醇、苄醇、叔醇在室温下分别与卢卡斯试剂作用时能迅速发生浑浊;仲醇需静置片刻(约 10min)才出现浑浊;伯醇几小时都不浑浊,加热才浑浊。对于烯丙醇、苄醇、叔醇三者的区别而言,烯丙醇分子结构中含有碳碳双键,它能使稀高锰酸钾溶液或溴的 CCl_4 溶液褪色;苄醇可被浓的或酸性高锰酸钾溶液氧化,从而使浓或酸性高锰酸钾溶液褪色;而叔丁醇则不受氧化。具体解法(图示法)如下:

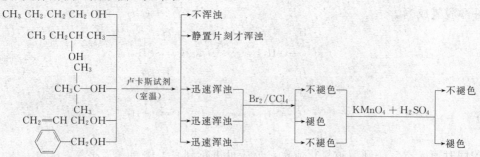

四、重要的醇

1. 甲醇

甲醇(CH_3OH)俗称木精,因最初由木材干馏(隔绝空气加热木材)而得到。近代工业上是以合成气($CO+2H_2$)或天然气为原料,在高温、高压和催化剂作用下合成的。

$$CO + 2H_2 \xrightarrow[300℃, 20MPa]{CuO-ZnO-Cr_2O_3} CH_3OH$$

---

[1] 多元醇与新制的氢氧化铜反应,生成的醇铜能溶于水。因其水溶液中有配合物生成而呈蓝色。此实验是多元醇的定性反应。此配合物对碱稳定,对酸不稳定,若加入过量的稀盐酸,它会分解为多元醇与铜盐,颜色又变为浅蓝色。

近年来,国际上开发了低压合成法,或以天然气制取甲醇。

$$CO + 2H_2 \xrightarrow[200\sim300℃,\ 5MPa]{Cu\text{-}Zn\text{-}Cr} CH_3OH$$

$$CH_4 + \frac{1}{2}O_2 \xrightarrow[200℃,\ 10MPa]{\text{通过铜管}} CH_3OH$$

(9∶1 体积)

甲醇为无色有酒味的液体,沸点65℃,可以任意比例与水互溶。甲醇易燃易爆,爆炸极限是 6.0%～36.5%(体积分数)。甲醇毒性很大,其蒸气可通过皮肤吸收而表现出毒性,若误服 10g,就会使眼睛失明;误服 25g,即可使人致命。

甲醇是重要的有机化工原料。在工业上主要用来合成甲醛、羧酸甲酯以及作为甲基化试剂和油漆的溶剂等,也可作汽车、飞机的燃料。

2. 乙醇

乙醇(C_2H_5OH)俗称酒精,因为各种酒中都含有乙醇。

目前工业上主要用乙烯水合法生产乙醇(见第三章烯烃的加成反应)。但食用酒精在工业上仍以甘薯、谷物等的淀粉或糖蜜为原料的发酵法生产。发酵是一个通过微生物作用的复杂生物化学过程,大致步骤如下:

$$(C_6H_{10}O_5)_n \xrightarrow[H_2O,\ 32℃]{\text{淀粉酶}} C_{12}H_{22}O_{11} \xrightarrow[H_2O,\ 30\sim37℃]{\text{麦芽糖酶}} C_6H_{12}O_6 \xrightarrow[30\sim37℃]{\text{酒化酶}} C_2H_5OH + CO_2$$
淀粉　　　　　　　　　麦芽糖　　　　　　　　　　葡萄糖　　　　　　　乙醇

发酵液内含乙醇 10%～15%,经蒸馏得到质量分数为 95.6% 的乙醇,残液为杂醇油。杂醇油的主要成分为异戊醇(约含 68%),此外还有异丁醇、正丙醇及 2-甲基-1-丁醇等。

用直接蒸馏法只能得到 95.6% 的乙醇和 4.4% 的水的恒沸(沸点为 78.15℃)混合物。若欲制无水乙醇,在实验室内是将 95.6% 的乙醇与生石灰(CaO)共热,使其水分与生石灰作用后再进行蒸馏,可得 99.5% 的乙醇。最后可用金属镁处理,生成的乙醇镁又与残留的水作用,生成乙醇及氢氧化镁沉淀,再经蒸馏,即得无水乙醇或称绝对乙醇。

$$2C_2H_5OH + Mg \longrightarrow (C_2H_5O)_2Mg$$
$$(C_2H_5O)_2Mg + H_2O \longrightarrow 2C_2H_5OH + Mg(OH)_2\downarrow$$

工业上无水乙醇的制法,是由 95.6% 的乙醇加入一定量的苯后再进行蒸馏制取。此外用分子筛去水制备无水乙醇的新方法,近年来工业上已有采用。

无水乙醇的检验方法,是用无水硫酸铜(灰白色)或高锰酸钾晶体检验,若前者变蓝色(即生成 $CuSO_4 \cdot 5H_2O$),或后者溶液变紫红色(即 MnO_4^- 的颜色),说明乙醇中有水,否则即"无水"。

乙醇为无色且有酒香味的易燃液体,沸点 78.3℃,它的蒸气爆炸极限为 3.28%～18.95%(体积分数)。乙醇能与水无限混溶,能溶解多种有机物(如香精油及树脂等),是常用的有机溶剂。乙醇是重要的化工原料,可合成乙醛、三氯乙醛、氯仿、1,3-丁二烯等 300 多种有机物。70%～75%(质量分数)的乙醇杀菌能力最强,在医药上用作消毒剂和防腐剂。

商业上常用乙醇和水的体积关系表示酒的浓度,乙醇的体积分数叫"度"(即酒精度),各品种酒的度数不同,例如茅台酒 53%(体积分数)、啤酒约为 3%～4%(体积分数)。

为了防止廉价的工业酒精被人用作饮用酒,常在工业酒精中加入少量有毒的甲醇或带有臭味的吡啶,这种酒精称变性酒精。

3. 乙二醇

乙二醇 $\left(\begin{matrix} CH_2-CH_2 \\ | \quad\ \ | \\ OH \quad OH \end{matrix}\right)$ 是多元醇中最简单、工业上最重要的二元醇。目前工业上普遍采用

环氧乙烷水合法制备。

$$CH_2=CH_2 + \frac{1}{2}O_2 \xrightarrow[250℃, 1MPa]{Ag} CH_2\underset{O}{-}CH_2 \xrightarrow[180\sim200℃, 2MPa]{H_2O(水合), H^+} \underset{OH\quad OH}{CH_2-CH_2}$$

环氧乙烷   乙二醇

乙二醇是无色、味甜但有毒性的黏稠性液体,俗称"甜醇",沸点198℃。它能与水无限混溶,且降低其冰点(60%的乙二醇凝固点为-49℃),所以乙二醇用作汽车水箱的防冻剂及飞机发动机的制冷剂。乙二醇还可用来合成涤纶和炸药等,是有机合成的重要原料,也是常用的高沸点溶剂。

4. 丙三醇

丙三醇 $\left(\underset{OH\ \ OH\ \ OH}{CH_2-CH-CH_2}\right)$ 俗称甘油,是最重要的三元醇,它以酯的形式广泛存在于自然界。工业上可以通过油脂水解得到。

近代工业上主要是从石油裂解气中的丙烯合成丙三醇。

$$CH_3CH=CH_2 \xrightarrow[500℃]{Cl_2} ClCH_2CH=CH_2 \xrightarrow[(HOCl)]{Cl_2+H_2O} \begin{Bmatrix} \underset{Cl\ \ OH\ \ Cl}{CH_2-CH-CH_2}\ (主) \\ \underset{Cl\ \ Cl\ \ OH}{CH_2-CH-CH_2} \end{Bmatrix}$$

$$\xrightarrow[60℃]{Ca(OH)_2} \underset{Cl\ \ \ \ O}{CH_2-CH-CH_2} \xrightarrow[100\sim150℃]{10\%NaOH 或 Na_2CO_3} \underset{OH\ \ OH\ \ OH}{CH_2-CH-CH_2}$$

环氧氯丙烷   丙三醇

丙三醇是无色、味甜(多羟基化合物大多有甜味)的黏稠性液体,沸点290℃(因为它三个羟基都能形成氢键)。它与水可以无限混溶,具强烈吸湿性,能吸收空气中的水分(含水量达20%时不再吸收)。它主要用来制醇酸树脂(涂料)和甘油三硝酸酯(炸药)。此外还广泛用于食品、化妆品、烟草、纺织、皮革、印刷等工业部门,用途极广。

5. 苯甲醇

苯甲醇(C₆H₅CH₂OH)又称苄醇。它是最简单且最重要的芳醇,存在于茉莉等香精油中。工业上可从氯化苄碱性水解制备。

$$C_6H_5CH_2Cl + H_2O \xrightarrow[105℃]{12\%Na_2CO_3} C_6H_5CH_2OH + HCl$$

苯甲醇为具有芳香味的无色液体,沸点205℃,相对密度1.046,微溶于水,溶于乙醇、甲醇、乙醚等有机溶剂。苯甲醇长期放置于空气中,便被氧化为苯甲醛。它可合成香料或作为香料的溶剂和定香剂,也可用来制备药物。此外,由于苯甲醇具有微弱的麻醉性而且无毒,目前使用的青霉素稀释液中就含有2%的苄醇,从而减少注射时的疼痛。

第二节 酚

一、酚的结构、分类和命名

有机物分子中,**羟基与芳香环直接相连的化合物称为酚**。简式为Ar—OH。例如:

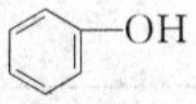

苯酚 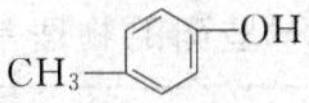　　　　对甲苯酚 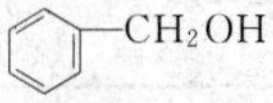　　　　苯甲醇

酚和醇结构中都含有羟基，为区别起见，醇分子中的羟基通称醇羟基，酚分子中的羟基通称酚羟基，**酚羟基是酚的官能团。**

按照酚分子中含羟基的数目，酚可分为一元酚、二元酚、三元酚等，含两个以上羟基的酚称为多元酚。

酚的命名，一般是在酚字前面加上芳环的名称作为母体，再冠以取代基的位次与名称。例如：

一元酚　　苯酚 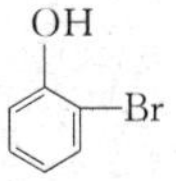　　邻溴苯酚 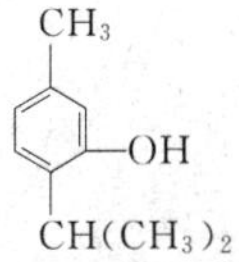　　5-甲基-2-异丙基苯酚（百里酚）　　β-萘酚（2-萘酚） 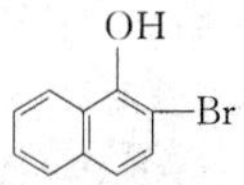　　2-溴-1-萘酚

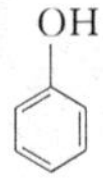

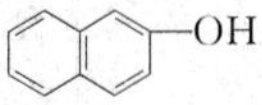

二元酚　　邻苯二酚（儿茶酚）　　对苯二酚（氢醌）　　间苯二酚（树脂酚）

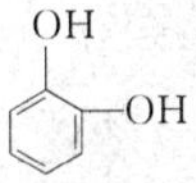

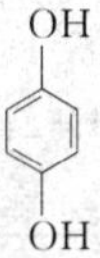

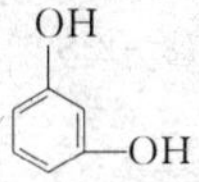

三元酚　　连苯三酚（1,2,3-苯三酚）（焦性没食子酸）　　偏苯三酚（1,2,4-苯三酚）　　均苯三酚（1,3,5-苯三酚）

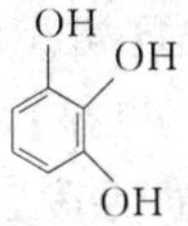

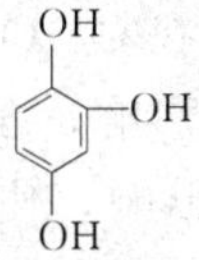

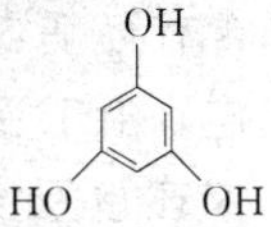

如果苯环上连有比羟基（—OH）优先的基团，则按次序规则把羟基看做取代基命名，例如：

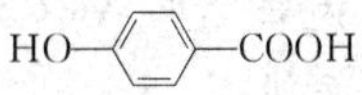

对羟基苯甲酸 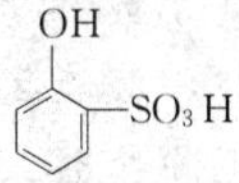　　邻羟基苯磺酸

二、酚的物理性质

在室温下，大多数酚为固体，少数烷基酚（例如间甲苯酚）为液体。由于酚也含有羟基，故和醇类似，也能形成分子间的氢键而缔合，因而沸点和熔点较相对分子质量相近的烃高。例如，苯酚（相对分子质量为94）的熔点为43℃，沸点182℃，而甲苯（相对分子质量为92）的熔点为-93℃，沸点110.6℃。**酚微溶于水。酚在水中的溶解度，一般随其羟基的增多而增大。**酚能溶于乙醇、乙醚等有机溶剂。纯酚无色，但由于易被空气氧化而带红色至褐色。

酚的毒性很大，经口致死量是530mg/kg（体重）。因此，化工生产和炼焦工业的含酚污水在排放前必须加以治理，按国家规定严格控制污水中酚的含量，否则将危害人体健康，破坏生态环境。

一些酚的物理常数见表7-2。

表 7-2 一些酚的物理常数

名 称	熔点/℃	沸点/℃	溶解度/[g/(100gH$_2$O)]	pK_a(25℃)
苯酚	43	181.7	9.3	9.98
邻甲苯酚	30.9	191	2.5	10.20
间甲苯酚	11.5	202.2	2.6	10.01
对甲苯酚	34.8	201.9	2.3	10.07
邻氯苯酚	9	174.9	2.8	8.49
邻硝基苯酚	45~46	216	0.2	7.17
间硝基苯酚	97	197(9.33kPa)	1.4	8.28
对硝基苯酚	114~116	279(分解)	1.7	7.15
2,4-二硝基苯酚	115~116	升华	0.6	4.00
2,4,6-三硝基苯酚	122	分解(300℃爆炸)	1.4	0.71
邻苯二酚	105	245	45.1	9.4
间苯二酚	111	281	111	9.4
对苯二酚	173~174	286	8	9.96
1,2,3-苯三酚	133~134	309	62	7.0
1,3,5-苯三酚	218~219	升华	1	7.0
α-萘酚	96	288(升华)	不溶	9.34
β-萘酚	123~124	295	0.1	9.51

三、酚的化学性质

酚和醇分子中都含有羟基,因此它们在 C—OH 键及 O—H 键上能发生类似的反应。但酚羟基与苯环直接相连,由于受到苯环的影响,在化学性质上也显示一定的差异,例如它表现出酸性等。反之,苯环也受到羟基的影响,使其邻、对位活泼,比相应芳烃易发生亲电取代。

苯酚是酚类中最简单且最重要的代表物,现以苯酚为代表,讨论酚的化学性质。

1. 酚羟基的反应

(1) 酚的酸性

【演示实验 7-5】 在试管中放入少量(约 0.8g)苯酚晶体和 5mL 水,振荡即得浑浊溶液。加热后溶液变澄清,冷却,溶液又变浑浊。在浑浊的溶液中,加入几滴 100g/L 氢氧化钠,溶液又变澄清,再滴加几滴盐酸,溶液又变浑浊。

实验表明,苯酚微溶于水,且具有酸性,它能溶于强碱而成盐(酚钠)。

$$C_6H_5OH + NaOH \longrightarrow C_6H_5ONa + H_2O$$
(微溶于水) (溶于水)

而醇与氢氧化钠溶液不起反应。若在酚钠的水溶液中通入二氧化碳,或加入强无机酸,酚即游离析出:

$$C_6H_5ONa + CO_2 + H_2O \longrightarrow C_6H_5OH + NaHCO_3$$
(溶于水) (微溶于水)

苯酚(pK_a=9.98)的酸性比醇类(乙醇的 pK_a=17)强,但比碳酸(pK_a=6.37)弱,苯酚不能使蓝色石蕊试纸变红。不溶于水的酚,能溶于氢氧化钠溶液,但不溶于碳酸氢钠溶液;而不溶于水的醇,对碳酸氢钠及氢氧化钠溶液,都不能溶解。上述性质,可用来区别和

分离不溶于水的酚和醇。

工业上从煤焦油分离酚时，就是利用酚的弱酸性，用稀氢氧化钠溶液处理焦油含酚馏分，使酚成钠盐溶于水，分离水层和油层，加入硫酸或通入二氧化碳烟道气于水层，酚即析出。

苯酚具有弱酸性，在水溶液中会微弱电离，生成苯氧负离子和氢离子：

$$C_6H_5OH \rightleftharpoons C_6H_5O^- + H^+$$

当酚的芳环上连有供电子基（如烷基、烷氧基等）时，由于增加了酚羟基氧原子的电子云密度，使氢原子不易离解，因而能减弱其酸性，即酸性比苯酚弱；反之，**当酚的芳环上连有吸电子基（如硝基、卤原子等）时**，能增强其酸性，即酸性比苯酚强。

苯酚邻、对位上硝基愈多，酸性愈强。例如 2,4,6-三硝基苯酚（$pK_a=0.71$）的酸性与强酸接近。例如：

化合物	对甲苯酚	苯酚	对氯苯酚	对硝基苯酚	2,4-二硝基苯酚	2,4,6-三硝基苯酚
pK_a	10.20	9.98	8.49	7.15	4.00	0.71

（2）**酚醚的生成** 酚与醇相似，也可以生成醚，但因酚羟基的碳氧键结合比较牢固，一般不能通过分子间脱水成醚，而需用威廉森合成法制备。即用酚钠与卤代烷或硫酸二甲酯等烷基化剂在氢氧化钠溶液中相互反应来制取。例如：

$$C_6H_5ONa + CH_3I \xrightarrow{\triangle} C_6H_5OCH_3 + NaI$$
苯甲醚（大茴香醚）

酚钠与卤代芳烃作用，由于苯环上卤原子不活泼，需在催化剂及高温条件下反应制备。

$$C_6H_5ONa + BrC_6H_5 \xrightarrow[210℃]{Cu} C_6H_5OC_6H_5 + NaBr$$
二苯醚

酚醚与氢碘酸作用，可分解得到原来的酚。例如：

$$C_6H_5OCH_3 + HI \longrightarrow C_6H_5OH + CH_3I$$

在有机合成中，常使性质较活泼的酚，暂时转变成性质较稳定的酚醚，待其他反应完成后，再将酚醚分解，从而达到"保护酚羟基"的目的。

（3）**酚酯的生成** 酚与醇不同，醇易与羧酸反应生成酯，而酚不能直接和羧酸酯化成酯，酚或酚钠需与酸酐或酰卤作用才生成酯。

$$C_6H_5OH + (CH_3CO)_2O \longrightarrow C_6H_5OCOCH_3 + CH_3COOH$$
乙酸苯（酚）酯

$$C_6H_5OH + CH_3COCl \longrightarrow C_6H_5OCOCH_3 + HCl$$

2. 芳环上的取代反应

羟基是强的邻对位定位基，可使苯环活化，在酚羟基的邻对位易发生卤代、硝化、磺化等取代反应。

(1) 卤代反应

【演示实验7-6】 在试管中，加入透明的苯酚稀溶液，逐滴加入饱和溴水并振荡，可观察到很快有白色沉淀生成。继续滴加过量溴水，白色沉淀即转变为淡黄色沉淀。

实验表明，苯酚在常温下与溴水反应，不需催化剂就会立即生成2,4,6-三溴苯酚白色沉淀（而芳烃卤代要在$FeCl_3$的催化下进行）。

$$\text{C}_6\text{H}_5\text{OH} + 3\text{Br}_2 \xrightarrow{\text{H}_2\text{O}} \text{2,4,6-Br}_3\text{C}_6\text{H}_2\text{OH} \downarrow + 3\text{HBr}$$

2,4,6-三溴苯酚（白色）

三溴苯酚的溶解度很小，很稀的**苯酚溶液**（质量分数为1.0×10^{-5}）也能与溴水作用发生白色沉淀，反应灵敏，常用于苯酚的定性鉴别和定量测定。若溴水过量，则生成黄色的四溴化物(2,4,4,6-四溴环己二烯酮)沉淀。

$$\text{2,4,6-Br}_3\text{C}_6\text{H}_2\text{OH (白色)} \xrightarrow{\text{过量 Br}_2\text{-H}_2\text{O}} \text{2,4,4,6-四溴环己二烯酮 (黄色)}$$

如果控制反应条件，苯酚在非极性溶剂（如CS_2、CCl_4、$CHCl_3$等）及低温下可进行一元取代，主要生成对溴苯酚。

$$\text{C}_6\text{H}_5\text{OH} + \text{Br}_2 \xrightarrow[0\sim 5℃]{CS_2} \text{p-Br-C}_6\text{H}_4\text{OH} + \text{HBr}$$

(80%~85%)

(2) 硝化反应　在常温下，苯酚与20%稀硝酸作用生成邻硝基苯酚和对硝基苯酚的混合物。由于苯酚易被氧化，故硝化反应产率较低。

$$\text{C}_6\text{H}_5\text{OH} + \text{HONO}_2 \text{(稀)} \xrightarrow{25℃} o\text{-NO}_2\text{-C}_6\text{H}_4\text{OH} (40\%) + p\text{-NO}_2\text{-C}_6\text{H}_4\text{OH} (13\%)$$

邻硝基苯酚由于—NO_2与—OH相距很近，易形成分子内氢键，构成"螯形环"，不能再发生分子间缔合，减弱了邻位异构体分子间的引力，也减弱了它与水分子间形成氢键的能力。所以它比间位、对位两种异构体沸点低，挥发性大，水溶性小，能随水蒸气挥发而蒸馏出来。对硝基苯酚因羟基与硝基相隔较远，不能螯合，只能通过分子间的氢键缔合，所以表现出高沸点，挥发性小，水溶性大，不能随水蒸气蒸馏出来。因此，利用这一性质，可用水蒸气蒸馏法把邻硝基苯酚和对硝基苯酚分离。

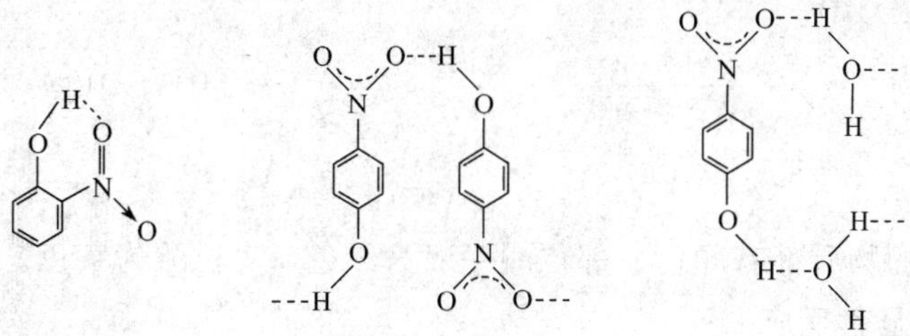

邻硝基苯酚分子　　　对硝基苯酚分子间的　　对硝基苯酚与水分子
内的氢键螯合　　　　　氢键缔合　　　　　　　间的氢键缔合
（可随水蒸气挥发）　（不能随水蒸气挥发）

实际上，很多邻苯酚的衍生物，都能通过分子内的氢键形成螯形环。例如：邻羟基苯甲醛、邻羟基苯甲酸、邻羟基苯乙酮、邻羟基苯甲醚、邻氯苯酚等。邻苯酚衍生物都比其间位、对位异构体的沸点低，挥发性大，而在水中的溶解度却比它们低。

（3）磺化反应　苯酚与浓硫酸作用，随反应温度不同，可得到不同的一元取代产物，进一步磺化可得二磺酸。

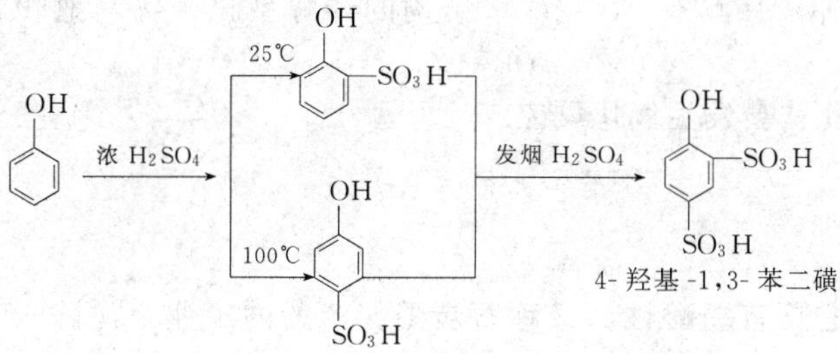

4-羟基-1,3-苯二磺酸

苯酚分子中引入两个磺基后，苯环钝化，与浓硝酸作用时不易再被氧化，同时两个磺基也被硝基取代，生成2,4,6-三硝基苯酚（又名苦味酸）。

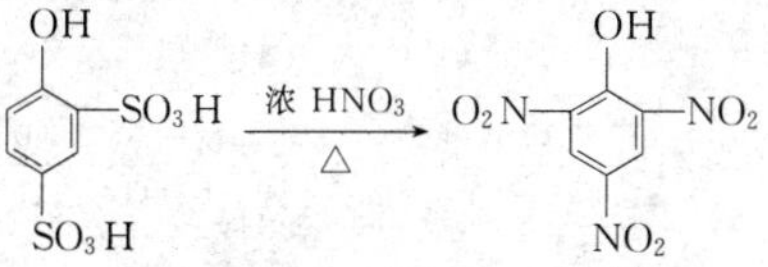

（90%）

这是工业上制备2,4,6-三硝基苯酚的常用方法。

3. 氧化反应

酚比醇容易氧化。某些酚放置在空气中即被氧化，颜色变为红色或深褐色。
用重铬酸钾硫酸溶液氧化苯酚，得到黄色的对苯醌。

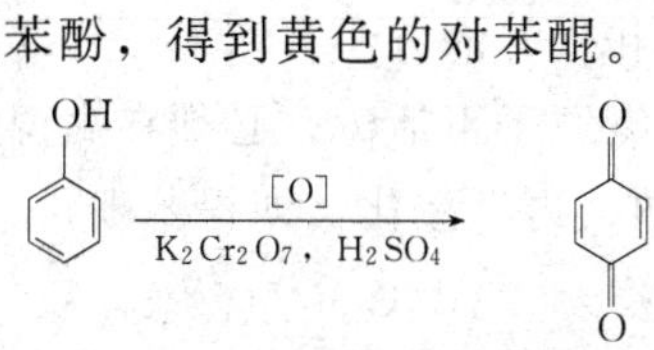

对苯醌(黄色)

多元酚在碱性条件下更容易氧化，特别是两个或两个以上羟基互为邻对位的多元酚最易被氧化，甚至弱的氧化剂例如Ag_2O都能把它们氧化。

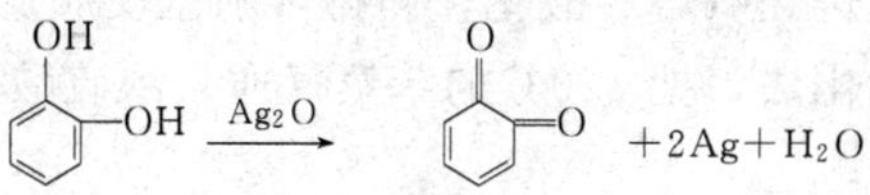

邻苯醌(红色)　$+2Ag+H_2O$

$$\underset{OH}{\underset{|}{\bigcirc}}\text{OH} \xrightarrow[\text{或 Ag}_2\text{O}]{\text{Na}_2\text{Cr}_2\text{O}_7\text{-H}_2\text{SO}_4,\ 30℃} \underset{O}{\underset{\|}{\bigcirc}}\text{O}\ (\text{黄色})\ (86\%\sim92\%) + 2\text{Ag} + \text{H}_2\text{O}$$

具有醌型结构的物质都有颜色。邻位醌一般为红色，对位醌为黄色。

4. 与氯化铁的显色反应

大多数酚与氯化铁溶液发生显色反应。不同的酚显色不同。例如苯酚显蓝紫色，邻甲苯酚显红色，对硝基苯酚显棕色，邻苯二酚显深绿色，对苯二酚显暗绿色，1,2,4-苯三酚显蓝绿色，1,2,3-苯三酚显淡棕红色，α-萘酚则生成紫红色沉淀等。酚与氯化铁的显色反应，常用于酚类化合物的鉴别。

【演示实验7-7】 取3支试管，分别加入约10mL的苯酚、α-萘酚、对苯二酚的饱和水溶液，再各加入几滴10g/L氯化铁溶液，振荡，即可观察到各种酚不同的显色反应。

酚和氯化铁的显色反应十分复杂，一般认为是生成有颜色的配合物[1]。

要注意，除酚类外，凡具有 $\overset{\displaystyle }{\underset{\displaystyle OH}{C=C}}$ 结构的烯醇型化合物与氯化铁溶液也有显色反应。但也有些酚与氯化铁会发生氧化反应。

四、重要的酚

1. 苯酚

苯酚简称为酚，它具有弱酸性，又称石炭酸。 苯酚的工业来源除一部分从煤焦油提取外，主要由合成法制备。

(1) 异丙苯氧化法 从石油化工得到的苯和丙烯，经烷基化生成异丙苯。然后通入空气，经催化氧化生成氢过氧化异丙苯（简称过氧化物），最后用稀酸分解，生成苯酚和丙酮。

$$\bigcirc + \text{CH}_3\text{CH}=\text{CH}_2 \xrightarrow[85\sim95℃]{\text{AlCl}_3} \underset{}{\bigcirc}\text{-}\underset{\text{CH}_3}{\underset{|}{\overset{\text{CH}_3}{\overset{|}{C}}}}\text{H} \xrightarrow[110\sim120℃,\ 0.4\sim0.6\text{MPa}]{\text{O}_2,\ 过氧化物}$$

$$\underset{}{\bigcirc}\text{-}\underset{\text{CH}_3}{\underset{|}{\overset{\text{CH}_3}{\overset{|}{C}}}}\text{-O-OH} \xrightarrow[75\sim85℃]{70\%\text{H}_2\text{SO}_4} \bigcirc\text{-OH} + \text{CH}_3\overset{O}{\overset{\|}{C}}\text{CH}_3$$

此法最大的优点是原料价廉易得，可以连续生产，并能同时获得苯酚和丙酮两种重要的化工原料，是目前生产苯酚最主要和最好的方法。

(2) 氯苯碱性水解法 氯苯的氯原子不活泼，必须在高温、高压和铜催化剂存在下，用稀碱（6%～10%）水解得到苯酚钠，再经酸化，即得苯酚。

$$\bigcirc\text{-Cl} + \text{NaOH} \xrightarrow[20\text{MPa}]{\text{Cu},\ 350\sim370℃} \bigcirc\text{-ONa} \xrightarrow{\text{H}^+} \bigcirc\text{-OH}$$

(3) 苯磺酸钠碱熔法 苯磺酸钠碱熔法是较早的工业方法。其原理是将苯磺化制取苯磺酸，经中和生成苯磺酸钠，再经碱熔、酸化，即得苯酚。反应过程如下。

① 磺化 常用气相磺化法，把120℃的苯蒸气通入浓硫酸中磺化生成苯磺酸。

---

[1] 反应式为：$6\text{ArOH} + \text{FeCl}_3 \rightleftharpoons 6\text{H}^+ + 3\text{Cl}^- + [\text{Fe}(\text{OAr})_6]^{3-}$

$$\underset{}{\bigcirc}+H_2SO_4 \xrightarrow{140\sim160℃} \underset{}{\bigcirc}-SO_3H+H_2O$$

(2) 中和 利用本身副产的 Na_2SO_3 进行中和，生成苯磺酸钠。

$$\underset{}{\bigcirc}-SO_3H+Na_2SO_3 \longrightarrow \underset{}{\bigcirc}-SO_3Na+SO_2+H_2O$$

(3) 碱熔 与浓碱（约70%）熔融，生成酚钠。

$$\underset{}{\bigcirc}-SO_3Na+2NaOH \xrightarrow[熔融]{300\sim350℃} \underset{}{\bigcirc}-ONa+Na_2SO_3+H_2O$$

(4) 酸化 利用中和时放出的 SO_2 把酚钠酸化，生成苯酚。

$$\underset{}{\bigcirc}-ONa+SO_2+H_2O \longrightarrow \underset{}{\bigcirc}-OH+Na_2SO_3$$

磺化碱熔法的技术成熟，产率较高，产品纯度好，对设备要求也不高，但工序多，生产不易连续化，同时耗用大量的硫酸和烧碱，对设备腐蚀严重，成本也高。目前国内外还有些中小型化工厂使用芳磺酸钠碱熔法制酚。

纯的苯酚是具有特殊气味的无色针状结晶，熔点43℃，遇光和空气则逐渐被氧化而呈微红色，渐至深褐色。苯酚微溶于冷水而溶于热水，65℃以上可与水无限混溶，易溶于乙醇、乙醚等有机溶剂。苯酚有腐蚀性，且有毒，它能使蛋白质变性。工业废水含酚时，会破坏生态环境。当水中酚的浓度达到 $0.1\sim1\mu g/L$ 时，鱼肉就带酚味，浓度高时，可使鱼大量死亡。人若长期饮用含酚的水，可引起头晕、贫血及各种神经系统疾病。国家规定含酚废水必须治理后才能排污。

苯酚用途很广，它大量用于制造酚醛树脂（俗称电木）、环氧树脂、合成纤维（尼龙6和尼龙66）、药物、染料、炸药等，是有机合成的重要原料，也用作消毒剂、防腐剂。

2. 甲苯酚

甲苯酚俗称甲酚，它有邻甲苯酚、间甲苯酚和对甲苯酚三种异构体，都存在于煤焦油中。

由于它们的沸点相近，不易分离，工业上用其混合物。甲酚有苯酚的气味，杀菌效力比苯酚强，毒性也较大。目前医药上使用的消毒剂"煤酚皂"（俗称"来苏儿"）溶液，就是含有47%～53%甲酚的肥皂水溶液。

甲苯酚在有机合成上是制备染料、炸药、农药、电木的原料，也用作木材及铁路枕木的防腐剂。

【例7-2】 分离苯酚、苯甲醇的混合物

【解析】 首先把上述混合物溶于乙醚中。而苯酚具有弱酸性，能与氢氧化钠水溶液反应，生成苯酚钠溶于水层中，苯甲醇为中性有机物，与强碱不发生反应，仍留在乙醚层中。分液后苯酚钠再经酸化，恢复原来的苯酚；乙醚层蒸去乙醚，即得苯甲醇。

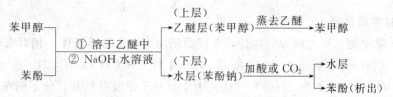

上述苯甲醇、苯酚再分别经干燥、蒸馏，即得纯品。

【例 7-3】 如何证明水杨醇（邻羟基苯甲醇）分子中含有一个酚羟基和一个醇羟基

【解析】 要证明分子中存在酚羟基和醇羟基，可使用它们的特征反应。解法如下。

步骤一：加入 $FeCl_3$ 溶液，能立即显色，显示分子中有酚羟基（Ar—OH）存在。

步骤二：加入卢卡斯试剂，能立即发生浑浊，显示分子中有醇羟基（Ar—CH_2OH）存在。

第三节 醚

一、醚的结构、分类和命名

醚可看成醇或酚羟基中的氢原子被烃基取代后的生成物。醚的通式为 **R—O—R′、ArOR 或 ArOAr′**。

醚分子中氧原子与两个烃基相连，根据烃基结构的不同，可分为饱和醚、不饱和醚和芳醚。**两个烃基相同的（R—O—R、ArOAr）叫简单醚，简称单醚；两个烃基不同的（R—O—R′、Ar—O—R 或 ArOAr′）叫混合醚，简称混醚。**

醚 { 饱 和 醚 如 $CH_3CH_2OCH_2CH_3$（单醚），$CH_3OCH_2CH_3$（混醚）
不饱和醚 如 $CH_3OCH=CH_2$（混醚）
芳 醚 如 ⌬—OCH_3（混醚），⌬—O—⌬（单醚）

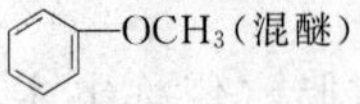

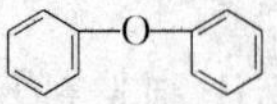

此外，醚分子中氧原子与碳原子连接成环的称环醚。例如：

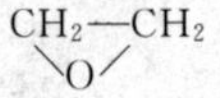

$$\begin{matrix} CH_2\!-\!CH_2 \\ \diagdown\!O\!\diagup \end{matrix}$$

环氧乙烷

醚的命名广泛使用普通命名法，此法是按氧原子连接的两个烃基的名称命名。单醚中烃基为烷基时，往往把"二"字省去，不饱和醚及芳醚一般保留"二"字。混醚中，把较小的烃基名称放在前面，但芳烃基名称要放在烷烃基前面。例如：

$CH_3CH_2OCH_2CH_3$　　　$CH_2=CHOCH=CH_2$　　　⌬—O—⌬

（二）乙醚　　　　　　　　二乙烯基醚　　　　　　　　二苯醚

$CH_3CHCH_2OCH_3$　　　⌬—OCH_3　　　CH_3—⌬—O—CH_2—⌬
　　　|
　　　CH_3

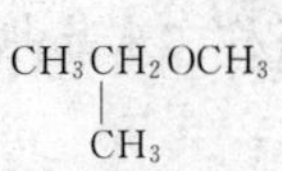

甲基异丙基醚 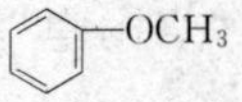　　　　　　苯甲醚 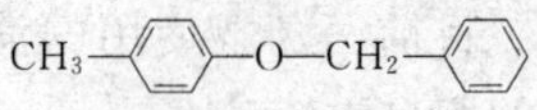　　　　　　　　对甲苯基苄基醚

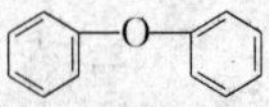

结构复杂的醚要用系统命名法命名。即把与氧原子相连的较大烃基作母体，剩下的烷氧基（—OR）看做取代基。例如：

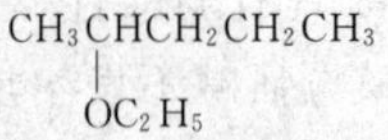

$CH_3CHCH_2CH_2CH_3$　　　$CH_3CH—CH—CHCH_3$
　　|　　　　　　　　　　　　　|　　|　　|
　　OC_2H_5　　　　　　　　　CH_3　OCH_3　CH_3

2-乙氧基戊烷 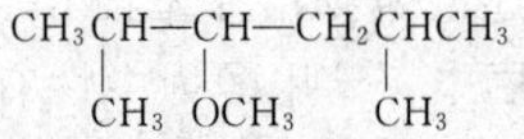　　　　　　　　2,5-二甲基-3-甲氧基己烷

二、醚的物理性质

常温下，除甲醚、甲乙醚为气体外，大多数醚均为无色易燃液体，相对密度小于 1。低级醚的沸点比相同碳原子数的醇低得多，例如 $CH_3CH_2OCH_2CH_3$ 沸点为 34.5℃，$CH_3CH_2CH_2CH_2OH$ 沸点为 111.7℃。这是由于醚分子中没有羟基，分子间不能形成氢键，

无缔合现象所致。但醚在水中的溶解度，与相同碳原子数的醇相近，例如，乙醚与丁醇在水中的溶解度相同，都是约 8g/(100gH$_2$O)。原因是醚与醇一样，也可与水分子发生氢键缔合现象。

$$\begin{matrix} R \\ \diagdown \\ O\cdots H-O-H \\ \diagup \\ R \end{matrix}$$

醚一般微溶于水，易溶于有机溶剂，本身也是一种常用的优良溶剂，一些醚的物理常数见表7-3。

表 7-3 一些醚的物理常数

名 称	结 构 式	熔点/℃	沸点/℃	相对密度 d_4^{20}
甲醚	CH$_3$—O—CH$_3$	−142	−25	0.661
乙醚	C$_2$H$_5$—O—C$_2$H$_5$	−116	34.6	0.714
正丁醚	nC$_4$H$_9$—O—C$_4$H$_9$$n$	−98	141	0.769
二苯醚	C$_6$H$_5$—O—C$_6$H$_5$	27	259	1.072
苯甲醚	C$_6$H$_5$—O—CH$_3$	−37	154	0.994
环氧乙烷	CH$_2$—CH$_2$ \ O /	−111	13.5	0.887

三、醚的化学性质

醚分子中含有 C—O—C 键，称醚键，是醚的官能团。醚在常温下不与金属钠反应，对于碱、氧化剂、还原剂都十分稳定，是一类相当不活泼的化合物（环醚除外），稳定性稍次于烷烃。但其稳定性是相对的，醚可与强酸反应生成𨦡盐，甚至可发生醚键断裂。

1. 𨦡盐的生成

【演示实验 7-8】 取 3 支试管，分别加入 4mL 浓盐酸、2mL 乙醚、10mL 冷水，预先用冰水冷至 0℃ 左右，闻一闻乙醚的气味。再把冷却了的浓盐酸分数次小心加入已冷却的乙醚中，不断振摇，即得澄清溶液，闻一闻是否还有乙醚的气味。再把上述澄清溶液慢慢加入盛 10mL 冰水的试管里，此时是否能闻到乙醚的气味，液面上是否有乙醚层出现？再小心滴加几滴 5% NaOH 溶液，观察醚层又显著增大。

实验表明，**在常温下，醚溶于强无机酸**（如 HCl、H$_2$SO$_4$ 等）中，**生成𨦡盐**。

$$R\ddot{O}R + HCl \longrightarrow \left[R\overset{H}{\underset{..}{O}}R \right]^+ Cl^-$$

$$R\ddot{O}R + H_2SO_4 \longrightarrow \left[R\overset{H}{\underset{..}{O}}R \right]^+ HSO_4^-$$

醚的碱性很弱，生成的𨦡盐是强酸弱碱盐，仅在浓酸中才稳定，**用冰水稀释，立即分解为原来的醚**。

$$\left[R\overset{H}{\underset{..}{O}}R \right]^+ Cl^- + H_2O \longrightarrow ROR + H_3O^+ + Cl^-$$

利用这种性质，可将醚从烷烃或卤代烷等混合物中分离出来。

2. 醚键的断裂

醚与强无机酸共热，醚键可发生断裂。最有效和最常用的强酸是氢碘酸，其次是氢溴

酸。反应过程是首先生成𬭩盐，受热时𬭩盐的醚键断裂，断裂后生成碘代烷和醇。其中较小的烷基一般是生成碘代烷。若用过量的氢碘酸，则生成的醇可进一步转变为碘代烷。例如：

$$CH_3OCH_2CH_3 + HI \rightleftharpoons [CH_3\overset{H}{O}CH_2CH_3]^+I^- \xrightarrow{\triangle} CH_3CH_2OH + CH_3I$$

$$CH_3CH_2OH + HI \longrightarrow CH_3CH_2I + H_2O$$

芳基烷基醚则生成碘代烷和酚。

$$C_6H_5\text{—}OCH_3 + HI \xrightarrow{\triangle} CH_3I + C_6H_5\text{—}OH$$

3. 过氧化物的生成

醚对氧化剂较稳定，但许多烷基醚和空气长时间接触，会逐渐形成过氧化物（其结构还不十分清楚）。过氧化物不易挥发，受热易爆炸，因此在蒸馏醚时，切记不可蒸干，以免发生爆炸。

贮存过久的乙醚，在使用或蒸馏前，应当检验是否有过氧化物存在。检验过氧化物的方法，可用碘化钾淀粉试纸试验，若试纸显蓝色，证明有过氧化物存在。$I^- \xrightarrow{\text{过氧化物}} I_2 \xrightarrow{\text{淀粉}}$ 蓝色或用硫酸亚铁与硫氰化钾（KCNS）溶液检验，如有血红色的配离子 $[Fe(CNS)_6]^{3-}$ 生成，则证明有过氧化物存在。醚中的过氧化物，需加入 $FeSO_4$ 或 Na_2SO_3 等还原剂充分反应，使其分解破坏。

【例 7-4】 今有正丁醇、叔丁醇、苯酚、乙醚、己烷五种无色溶液，试用化学方法把它们鉴别出来。

【解析】 题中有醇、酚、醚、烷四类有机物，要抓住它们各自的特征反应：酚类遇 $FeCl_3$ 溶液会显色；各类醇遇卢卡斯试剂反应速率不同，遇金属钠会放出氢气；醚溶于强无机酸生成𬭩盐；烷烃较稳定。具体鉴别方法如下：

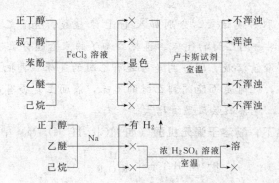

四、重要的醚

1. 乙醚

乙醚是最重要、最常见的醚。工业上乙醚是由乙醇经分子间脱水制备的（见醇的化学性质）。普通乙醚中常含有微量水和乙醇，在有机合成中有时需用绝对乙醚（无水、无醇的乙醚），为此，可将普通乙醚先用无水氯化钙处理，再用金属钠干燥（除去微量水和乙醇），即得绝对乙醚（又叫干醚）。

乙醚为无色透明液体，沸点低（34.6℃），易挥发。乙醚易燃、易爆，爆炸极限为 1.85%～36.5%（体积分数）。乙醚蒸气比空气重 2.5 倍，实验时，反应中逸出的乙醚要排出室外（或引入下水道）。在制备和使用乙醚时，都要远离火源，严防事故的发生。

【演示实验 7-9】 按图 7-1 安装好仪器，在另一干燥的小烧杯中，放入 2～3mL 乙醚，再用一小团脱脂棉吸取乙醚，稍挤干后（勿使乙醚液滴滴下为宜），将吸收乙醚的棉花拉松，并放入玻璃漏斗中。1～2min 后，将燃着的火柴丢入烧杯内。此时可观察到烧杯内立即燃起熊熊火焰。

实验表明，乙醚易挥发，其蒸气比空气重，易燃烧。此外，乙醚比水轻，微溶于水，易溶于有机溶剂。乙醚也能溶解许多有机物，如油脂、树脂、硝化纤维等，是常用的有机溶剂。乙醚蒸气具有麻醉性，纯乙醚在医药上作麻醉剂。

2. 环氧乙烷

环氧乙烷也称氧化乙烯，它是最简单且最重要的环醚。工业上以乙烯为原料，可用氯乙醇法及直接氧化法制备。

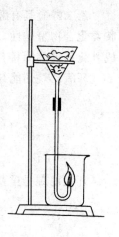

图 7-1 乙醚挥发性和燃烧性实验装置

（1）氯乙醇法 将乙烯通入氯水制成氯乙醇，再用石灰乳与其作用脱去 HCl，即生成环氧乙烷。

$$CH_2=CH_2 \xrightarrow{Cl_2+H_2O} \underset{OH\ Cl}{CH_2CH_2} \xrightarrow{Ca(OH)_2} \underset{O}{CH_2-CH_2} + CaCl_2 + H_2O$$

（2）直接氧化法 以银作催化剂，乙烯被空气氧化生成环氧乙烷。

$$CH_2=CH_2 + \frac{1}{2}O_2 \underset{(空气)}{\xrightarrow{Ag\ 250℃}} \underset{O}{CH_2-CH_2}$$

常温下，环氧乙烷是无色有毒气体，沸点 13.5℃，易液化，常贮存于钢瓶中。环氧乙烷能与水任意混溶，也溶于乙醇、乙醚等有机溶剂。环氧乙烷易燃、易爆，爆炸极限很宽，为 3%～80%（体积分数），使用时更应注意安全！工业上用它作原料生产时，常用氮气预先清洗反应釜及管线，以排除空气，保障安全。

环氧乙烷的化学性质与开链醚不同，它的化学性质很活泼，在酸的催化下，可与水、醇、氨、氢卤酸等许多含活泼氢的试剂作用，C—O 键断裂，发生开环反应，反应的结果是试剂中的活泼氢加在氧原子上，其余部分加在碳原子上，生成相应的双官能团化合物。

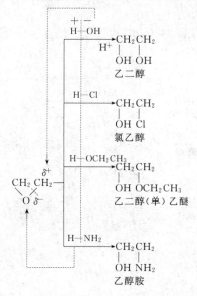

乙二醇醚具有醇和醚的性质，可溶解硝化纤维、醋酸纤维等，工业上称为溶纤剂。乙醇胺类化合物呈碱性，能吸收二氧化硫、硫化氢等酸性气体，可作为气体的净化剂，也用作合成乳化剂等的原料。

环氧乙烷还能与格氏试剂作用，可用来制备比格氏试剂多两个碳原子的伯醇。

$$\underset{O}{CH_2\text{—}CH_2} + R\text{—}MgX \xrightarrow{\text{乙醚}} RCH_2CH_2OMgX \xrightarrow{H_2O} RCH_2CH_2OH + Mg\begin{matrix}X\\OH\end{matrix}$$

环氧乙烷是重要的有机合成原料。

本 章 小 结

1. 醇和酚分子结构中都含有羟基（—OH），能形成氢键。醚分子中没有氢键。这显著地影响着它们的物理性质，例如沸点、溶解度等。

2. 醇和酚的官能团都是羟基，而 O—H 键是很强的极性键，醇和酚羟基由于受到不同烃基的影响，因而显示出不同程度的酸性。酚的酸性比醇强，但比碳酸弱。当酚羟基的邻、对位上连有吸电子的原子或基团时，能增强其酸性；若连有供电子基团，则减弱其酸性。

3. 醇、酚、醚的化学性质

（1）ROH 醇

- $\xrightarrow{Na}$ RONa + $\frac{1}{2}$H$_2\uparrow$（反应活性：CH$_3$OH＞伯醇＞仲醇＞叔醇）

- $\xrightarrow{HX}$ RX + H$_2$O（反应活性：烯丙基型醇＞叔醇＞仲醇＞伯醇）
  HI＞HBr＞HCl

- 酯化
  - $\xrightarrow{H_2SO_4}$ ROSO$_3$H $\xrightarrow{ROH}$ R$_2$SO$_4$
  - $\xrightarrow[H_2SO_4]{HNO_3}$ RONO$_2$

- 氧化
  - RCH$_2$OH（伯醇）$\xrightarrow[\text{或 Cu, 400℃以上}]{KMnO_4(\text{或}K_2Cr_2O_7)+H^+}$ RCHO（醛）$\xrightarrow{\text{继续氧化}}$ RCOOH（羧酸）
  - $\underset{R'}{\overset{R}{>}}$CHOH（仲醇）$\xrightarrow[\Delta]{KMnO_4(\text{或}K_2Cr_2O_7)+H^+}$ $\underset{R'}{\overset{R}{>}}$C=O（酮）

- 脱水
  - H$_2$SO$_4$，＞150℃（分子内脱水）$\rightarrow$ >C=C< （烯烃）按查依采夫规律脱水：叔醇＞仲醇＞伯醇
  - H$_2$SO$_4$，100～150℃（分子间脱水）$\rightarrow$ R—O—R（醚）

（2）酚

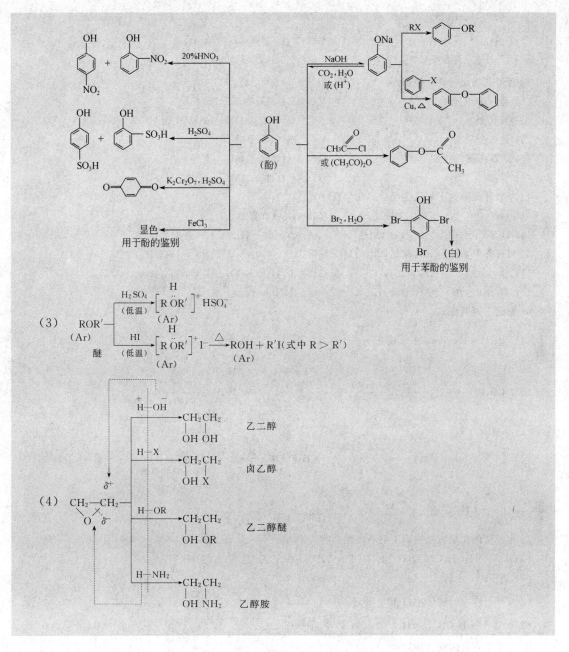

习 题

1. 写出分子式为 $C_5H_{11}OH$ 的所有醇的同分异构体，并按系统命名法进行命名，进一步指出它们各属于伯醇、仲醇或叔醇（分别用 1°、2°、3°表示）。

2. 用系统命名法命名下列化合物。

(1) $CH_3(CH_2)_4CH_2OH$

(2) $CH_3CHCH_2CH_3$ 中 CH_3 和 OH 取代

(3) $(CH_3)_3COH$

*(4) 邻甲氧基苯酚

(5) CH₃—⌬(OH)—CH(CH₃)₂
(麝香草酚)

(6) CH₃—O—CH(CH₃)₂ （即 CH₃—O—CH—CH₃ / CH₃）

3. 写出下列化合物的构造式。
(1) 异戊醇   (2) 2,4,6-三硝基苯酚
(3) 异丙醚   (4) 2,6-二叔丁基-4-硝基苯酚
(5) 乙二醇乙醚   (6) 对氯苯甲醇
(7) α-萘乙醚   (8) 对甲苯乙醚
(9) 苄醇   (10) 甘油

4. 写出异丙醇与下列试剂反应的化学反应式。
(1) Na   (2) HBr   (3) H_2SO_4, 170℃
(4) H_2SO_4, 140℃   (5) Cu（加热）   (6) $K_2Cr_2O_7 + H_2SO_4$

5. 写出邻甲苯酚与下列试剂作用的反应方程式。
(1) Br_2，水   (2) Br_2，CS_2 (3) $(CH_3CO)_2O$, $AlCl_3$
(4) H_2SO_4（浓） (5) NaOH   (6) HNO_3（稀）

6. 完成下列反应式。

(1) $CH_2=CH_2 \xrightarrow{?} CH_2—CH_2 \xrightarrow{C_2H_5OH} ?$
                      _O_/

(2) $CH_3CH=CH_2 \xrightarrow[500℃]{Cl_2} ? \xrightarrow{Cl_2+H_2O} ? \xrightarrow{Ca(OH)_2} ? \xrightarrow{} $ CH₂OH—CHOH—CH₂OH $\xrightarrow[H_2SO_4]{3HNO_3} ?$

(3) ⌬—OH + NaOH（水）⟶ ? ⟶ ⌬—OCH₂COONa $\xrightarrow{H^+}$? $\xrightarrow{2Cl_2}$?
(2,4-D 除草剂)

(4) ⌬—CH₂OH $\xrightarrow{PBr_3}$? $\xrightarrow[绝对醚]{Mg}$? $\xrightarrow{CH_2—CH_2 \atop \backslash O \slash}$? $\xrightarrow{H_2O}$?

7. 用简便的化学方法区别下列各组化合物。
(1) $CH_3CH_2CH_2CH_2OH$，$CH_3CH=CHCH_2OH$ 与 $(CH_3)_3COH$
(2) 2-丁醇，乙醚、己烷
(3) HO—⌬—CH₂Br 与 Br—⌬—CH₂OH
(4) ⌬—CH₂OH， CH₃—⌬—OH， ⌬—O—CH₃

8. 分离下列各组化合物。
(1) 正辛醇和 β-萘酚混合物
(2) 对甲苯酚、苯甲醚和正戊烷混合物

9. 提纯下列化合物（即把其中的少量杂质清除去）。
(1) 环己醇中含有少量苯酚
(2) 乙醚中混有少量乙醇及水
(3) 己烷中含有少量乙醚

10. 有（A）、（B）两种液体化合物，它们的分子式都是 $C_4H_{10}O$，在室温下它们分别与卢卡斯试剂作用时，（A）能迅速地生成 2-甲基-2-氯丙烷，（B）却不能发生反应；当分别与浓的氢碘酸充分作用时，（A）生成 2-甲基-2-碘丙烷，（B）生成碘乙烷，试写出（A）和（B）的构造式，并写出有关反应方程式。

11. 从苯、甲苯及 C_4 以下烯烃中选择合适原料及其他无机试剂合成下列化合物。

(1) 甘油   (2) 苯甲醇   (3) 对乙基苯酚
(4) 乙基异丙基醚   (5) 乙醇胺   (6) 苄基乙基醚

12. 选择题

(1) 下列醇中，最易脱水成烯烃的是（   ）。

     A. 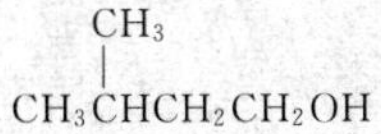 $CH_3CHCH_2CH_2OH$ (with CH_3 branch)   B. 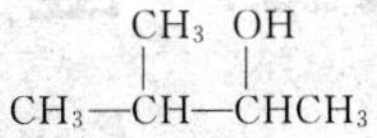 $CH_3-CH(CH_3)-CH(OH)-CH_3$

     C. 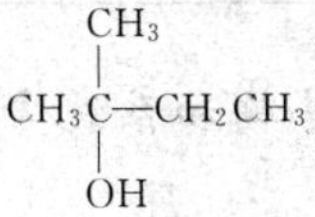 $CH_3-C(OH)(CH_3)-CH_3$ D. 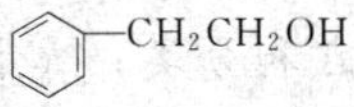 $C_6H_5-CH_2CH_2OH$

(2) 下列物质中，与 CH_3OH 属同系物的是（   ）。

     A. $CH_2=CHCH_2OH$ B. 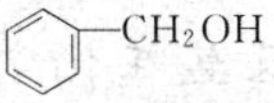 $C_6H_5-CH_2OH$

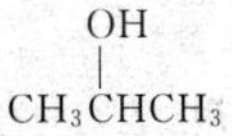

     C. $CH_3CH(OH)CH_3$ D. 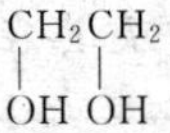 $HOCH_2CH_2OH$

(3) 下列各组无色液体中，只需加入溴水即可进行鉴别的是（   ）。

     A. 乙醇、苯酚、乙醚   B. 异戊二烯、苯酚、苯乙烯
     C. 苯甲醇、苯乙烯、苯酚   D. 甲苯、乙苯、苯乙烯

13. 填空题

(1) 下列化合物中，能形成分子内氢键的是 _____ ，能形成分子间氢键的是 _____ 。

(A) 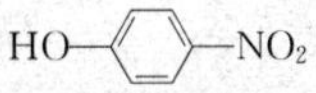 $HO-C_6H_4-NO_2$ (对位)   (B) 邻硝基苯酚   (C) 邻羟基苯甲醛   (D) 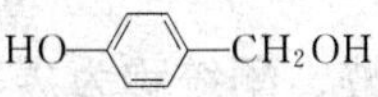 $HO-C_6H_4-CH_2OH$ (对位)

(E) 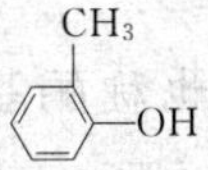 邻甲基苯酚   (F) 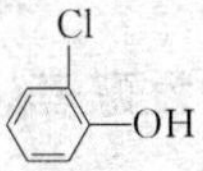 邻氯苯酚   (G) 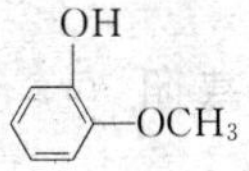 邻甲氧基苯酚   (H) CH_3CH_2OH

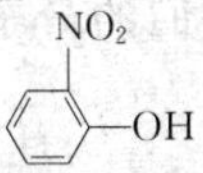

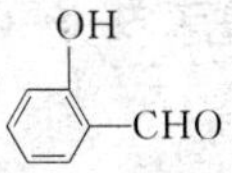

(2) 下列醇与氢卤酸的反应活性由强至弱排列顺序是 _____ 。
1-戊醇、2-甲基-2-戊醇、2-甲基-3-戊醇、α-苯乙醇

(3) 把下列物质的酸性，由强至弱排列成序 _____ 。

     A. 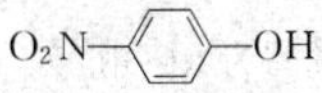 $O_2N-C_6H_4-OH$ (对位)   B. C_6H_5-OH

     C. $CH_3-C_6H_4-OH$ (对位)   D. 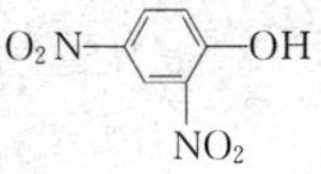 $O_2N-C_6H_3(NO_2)-OH$ (2,4-二硝基苯酚)

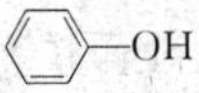

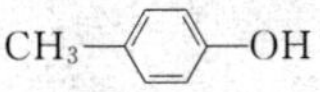

第八章 醛和酮

> **学习要求**
> 1. 了解醛、酮的结构特点和分类；掌握简单醛、酮的构造异构和系统命名方法。
> 2. 了解醛、酮的物理性质及其变化规律。
> 3. 掌握醛、酮的化学性质及其在化学反应中的差异——醛和酮的鉴别方法。
> 4. 了解重要醛、酮的制法、性质及其在生产、生活中的实际应用。

第一节 醛、酮的结构、分类、构造异构和命名

一、醛、酮的结构

醛的通式为 $R-C\overset{O}{\underset{H}{\|}}$，酮的通式为 $R-\overset{O}{\underset{\|}{C}}-R'$。它们的分子结构中都含有羰基（$\diagup C=O$），因此，醛、酮统称为羰基化合物。

羰基与一个氢原子相连的基团（$-C\overset{O}{\underset{H}{\|}}$）称为醛基，酮中的羰基也称酮基。如下式所示：

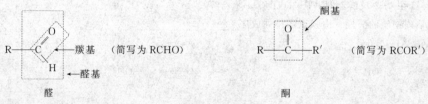

羰基的碳氧双键与烯烃的碳碳双键类似，也是由一个σ键和一个π键组成的。据测定，羰基具有三角形平面结构，键角接近120°，如图8-1所示。但羰基和碳碳双键也有不同，由于羰基中氧的电负性（3.5）大于碳的电负性（2.6），因此，电子云密度偏向于氧原子，使氧原子带部分负电荷，而碳原子带部分正电荷，因而羰基具有极性。如图8-2所示。

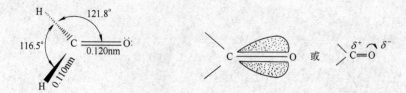

图 8-1 甲醛分子中的羰基　　　　图 8-2 羰基的电子云分布

二、醛、酮的分类

根据醛、酮分子中烃基的类别,可分为脂肪族醛、酮,芳香族醛、酮,和脂环族醛、酮。根据烃基是否饱和,可分为饱和醛、酮和不饱和醛、酮。根据醛、酮分子中羰基的数目,可分为一元醛、酮,二元醛、酮等。一元酮中,羰基连接的两个烃基相同的,叫单酮;两个烃基不同的,叫混酮。醛、酮的分类见图 8-3。

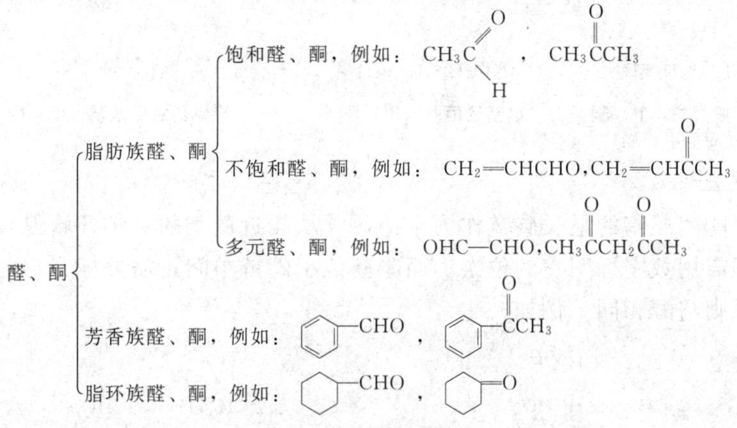

$$
\text{醛、酮} \begin{cases} \text{脂肪族醛、酮} \begin{cases} \text{饱和醛、酮,例如:} CH_3CHO, CH_3COCH_3 \\ \text{不饱和醛、酮,例如:} CH_2=CHCHO, CH_2=CHCOCH_3 \\ \text{多元醛、酮,例如:} OHC-CHO, CH_3COCH_2COCH_3 \end{cases} \\ \text{芳香族醛、酮,例如:} C_6H_5CHO, C_6H_5COCH_3 \\ \text{脂环族醛、酮,例如:} C_6H_{11}CHO, C_6H_{10}O \end{cases}
$$

图 8-3 醛、酮的分类

本章主要讨论饱和一元醛、酮。

三、醛、酮的构造异构现象

醛分子中,由于醛基总是位于碳链的链端,所以醛只有碳链异构体;而酮分子中,由于酮基位于碳链中间,除碳链异构外,还有酮基的位置异构。例如,$C_5H_{10}O$ 饱和一元醛、酮的构造异构体如下。

C_5 醛: $CH_3CH_2CH_2CH_2CHO$ CH_3CHCH_2CHO
                                                                    $|$
                                                                  CH_3

CH_3CH_2CHCHO CH_3
$\quad\quad\quad\quad\quad |$ $|$
$\quad\quad\quad\quad CH_3$ $CH_3-C-CHO$
                                                    $|$
                                                  CH_3

C_5 酮: $CH_3CH_2CH_2COCH_3$ $CH_3CH_2COCH_2CH_3$ $CH_3CHCOCH_3$
                                                                                                              $|$
                                                                                                            CH_3
  (Ⅰ)   (Ⅱ)   (Ⅲ)

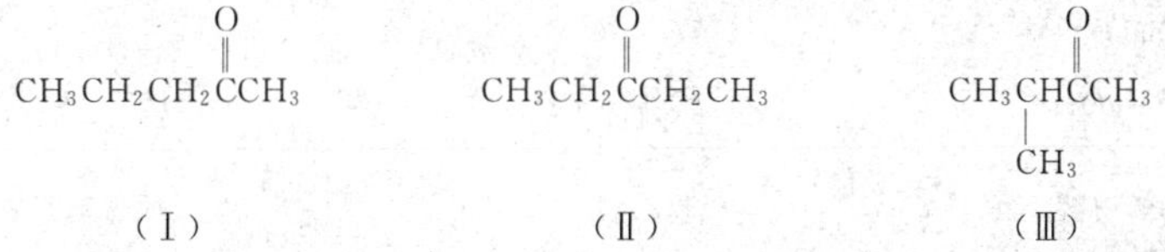

其中,(Ⅰ)与(Ⅱ)互为酮基的位置异构体,(Ⅰ)与(Ⅲ)及(Ⅱ)与(Ⅲ)互为碳链异构体。

具有相同分子式 $C_nH_{2n}O$ 的饱和一元醛、酮互为不同系列的同分异构体,或者说互为官能团不同的构造异构体。

四、醛、酮的命名

醛、酮命名时,简单醛、酮使用普通命名法,结构较为复杂的醛、酮则使用系统命名法。

1. 普通命名法

醛的普通命名法与醇相似,只需要将名称中的"醇"字改为"醛"字即可。例如:

CH₃CH₂CH₂CH₂OH　正丁醇　　　　CH₃CH₂CH₂CHO　正丁醛

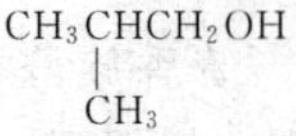

CH₃CHCH₂OH　异丁醇　　　　　CH₃CHCHO　异丁醛
　｜　　　　　　　　　　　　　　　｜
　CH₃　　　　　　　　　　　　　　CH₃

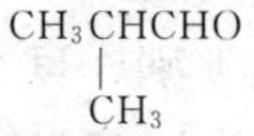

酮的普通命名法是按照酮基所连接的两个烃基命名。简单的烃基放在前，复杂的烃基放在后，末尾再加上"甲酮"两字。但烃基的"基"字和甲酮的"甲"字常省略。例如：

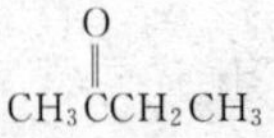

　　O　　　　　　　　　O　　　　　　　　　　　　　O
　　‖　　　　　　　　　‖　　　　　　　　　　　　　‖
CH₃CCH₂CH₃　　　　CH₃CCH₂CH=CH₂　　　　　⌬—CH₂—C—⌬—CH₃

甲基乙基（甲）酮　　甲基烯丙基（甲）酮 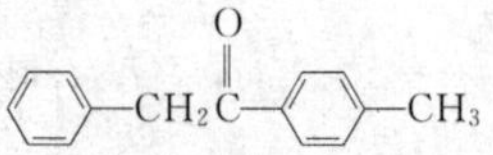　　　苯甲基对甲苯基（甲）酮
（简称甲乙酮）

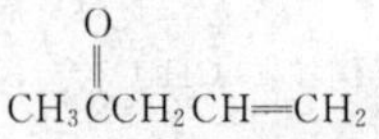

2. 系统命名法

选取含有官能团羰基的最长碳链作为主链，并从靠近羰基的一端开始编号。由于醛基总是位于链端，不需用数字标明它的位次。而酮基位于碳链中间，需要标明它的位次。主链上的支链，命名原则与醇相同。例如：

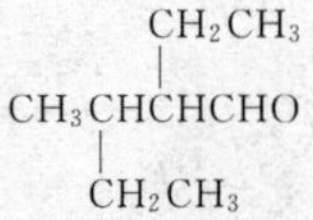

　　　CH₂CH₃
　　　｜
CH₃CHCHCHO　　　　　　　　　　CH₃CH=CHCHO
　　　｜
　　　CH₂CH₃

3-甲基-2-乙基戊醛　　　　　　　　　2-丁烯醛

　H₃C　O　　　　　　　　　　　　O　O
　　＼　‖　　　　　　　　　　　　‖　‖
CH₃CH₂—C—C—CHCH₃　　　　　CH₃CCHCCH₂CH₃
　　　　｜　｜　　　　　　　　　　　｜
　　　　CH₃ CH₃　　　　　　　　　　CH₃

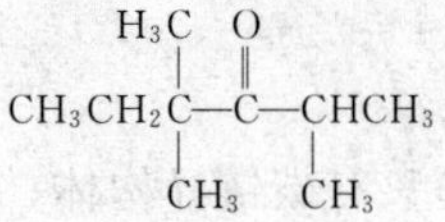

2,4,4-三甲基-3-己酮 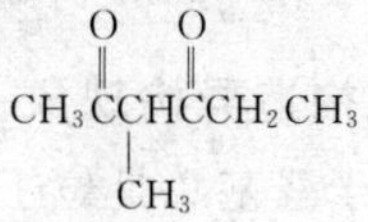　　　　　　　　3-甲基-2,4-己二酮

芳香醛、酮及脂环醛、酮的命名，一般把芳烃基及脂环基作取代基，命名原则同上。例如：

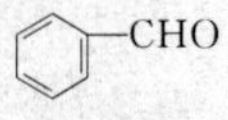

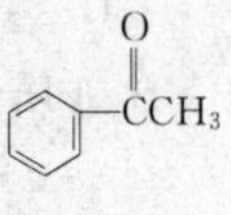

　　　　　　　　　　　　　　　　　CHO
　⌬—CHO　　　　　　　　　　⌬—OCH₃

　　苯甲醛 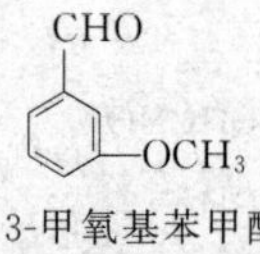　　　　　　　　　　　3-甲氧基苯甲醛

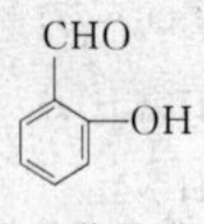

　　CHO　　　　　　　　　O　　　　　　　　　　O
　⌬—OH　　　　　　　　　‖　　　　　　　　　　‖
　　　　　　　　　　　　⌬—CCH₃　　　　　　⌬—CCH₃

邻羟基苯甲醛　　　　　　　　苯乙酮 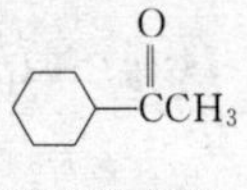　　　　　　　环己基乙酮
（水杨醛）

第二节　醛、酮的物理性质

室温下，除甲醛是气体外，C_{12}以下的各种醛、酮都是无色液体，高级醛、酮和芳香酮多为固体。低级醛具有刺激性气味，中级醛（如 $C_8 \sim C_{13}$）有水果香味。酮类和一些芳香醛一般带有芳香味，因而某些醛、酮例如苯甲醛、肉桂醛、麝香酮、紫罗兰香酮等常用于香料工业，调制化妆品和食用香精等。

醛、酮的沸点比相对分子质量相近的烃和醚高很多，但比醇低（见表8-1）。

表 8-1 醛、酮与其他化合物沸点的比较

化合物	$CH_3CH_2CH_2CH_3$ 丁烷	$CH_3OCH_2CH_3$ 甲乙醚	CH_3CH_2CHO 丙醛	CH_3COCH_3 丙酮	$CH_3CH_2CH_2OH$ 正丙醇
相对分子质量	58	60	58	58	60
沸点/℃	−0.5	10.8	48.8	56.2	97.4

这是由于醛、酮分子中的羰基是个极性基团，醛、酮分子间存在着偶极-偶极静电吸引力，一个分子羰基氧上带的部分负电荷，可与另一分子羰基碳上的部分正电荷相吸引。

醛、酮分子间的吸引力大于烷烃和醚，但小于醇分子间氢键的作用力。醛、酮本身分子间不能形成氢键，没有缔合现象。

低级醛、酮能溶于水，甲醛、乙醛、丙酮能与水混溶。这是由于醛、酮的羰基能与水形成氢键的缘故。

醛、酮在水中的溶解度，随着碳原子数的增加而递减。醛和酮易溶于乙醇、乙醚等有机溶剂，丙酮本身就是常用的优良溶剂。一些常见醛和酮的物理常数如表 8-2 所示。

表 8-2 常见醛和酮的物理常数

名 称	结 构 式	熔点/℃	沸点/℃	相对密度 d_4^{20}	溶解度 /[g/(100g 水)]
甲醛	HCHO	−92	−21	0.815	55
乙醛	CH_3CHO	−121	20.8	0.7834(18℃/4℃)	溶
丙醛	CH_3CH_2CHO	−81	48.8	0.8058	20
丁醛	$CH_3CH_2CH_2CHO$	−99	75.7	0.817	4
戊醛	$CH_3CH_2CH_2CH_2CHO$	−91.5	103	0.8095	微溶
丙烯醛	$CH_2=CHCHO$	−86.5	53	0.8410	溶
苯甲醛	C₆H₅—CHO	−26	178.6	1.0415(10℃/4℃)	0.33
邻羟基苯甲醛（水杨醛）	邻-HOC₆H₄CHO	−7	197		1.7
丙酮	CH_3COCH_3	−95.35	56.2	0.7899	溶
丁酮	$CH_3COCH_2CH_3$	−86.3	79.6	0.8054	35.3
2-戊酮	$CH_3COCH_2CH_2CH_3$	−77.8	102	0.8089	几乎不溶
3-戊酮	$CH_3CH_2COCH_2CH_3$	−39.8	101.7	0.8138	4.7
环己酮	C₆H₁₀=O	−16.4	155.6	0.9478	微溶
苯乙酮	C₆H₅COCH₃	20.5	202.6	1.0281	微溶

第三节 醛、酮的化学性质

醛和酮分子中都含有羰基，醛和酮的化学性质主要表现在羰基上，以及受羰基影响的 α-氢原子上。

$$\begin{array}{c} H \\ | \\ R-C-C \diagdown O \\ | \quad \diagdown H \\ H \quad (R') \end{array}$$

- 羰基的加成及还原反应
- 醛的氧化反应（醛的特性）
- α-氢原子的反应（如卤仿反应及羟醛缩合）

由于醛、酮在结构上的共同点，使它们的化学性质有许多相似之处，但由于酮中的羰基与两个烃基相连，而醛中的羰基与一个烃基及一个氢原子相连，醛、酮在结构上的相异处，使它们的化学性质也有一定程度的差异。总的说，醛比酮活泼，有些醛能进行的反应，酮却不能进行，现分别讨论如下。

一、羰基的加成反应

醛、酮分子中，羰基的碳氧双键和烯烃的碳碳双键相似，也能发生加成反应。但醛、酮的羰基是个极性基团。有些试剂如 Br_2、HX、H_2SO_4 等很容易和碳碳双键发生加成反应，但不能与羰基发生加成反应。反之，能与羰基发生加成反应的试剂如 HCN、$NaHSO_3$、$RMgX$ 等就不能与碳碳双键加成，这是应当特别注意的。

不同结构的醛、酮，由于空间效应和烃基供电性的综合影响不同，因而羰基加成反应的难易也不同。一些醛、酮发生羰基加成由易至难的顺序如下：

$$\begin{array}{c} H \\ C=O \\ H \end{array} > \begin{array}{c} CH_3 \\ C=O \\ H \end{array} > \begin{array}{c} C_6H_5 \\ C=O \\ H \end{array} > \begin{array}{c} CH_3 \\ C=O \\ CH_3 \end{array} > \begin{array}{c} R \\ C=O \\ CH_3 \end{array} > \begin{array}{c} R \\ C=O \\ R \end{array}$$

1. 与氢氰酸加成

在微量碱的催化下，醛、酮可与氢氰酸加成，生成氰醇（或叫 α-羟基腈）。

$$\begin{array}{c} R \\ \overset{\delta^+}{C}=\overset{\delta^-}{O} + HCN \\ H \\ (CH_3) \end{array} \xrightarrow{OH^-} \begin{array}{c} R \quad OH \\ | \\ C \\ | \\ H \quad CN \\ (CH_3) \end{array}$$

氰醇

例如：

$$\begin{array}{c} CH_3 \\ C=O + HCN \\ CH_3 \end{array} \xrightarrow{OH^-} \begin{array}{c} CH_3 \quad OH \\ | \\ C \\ | \\ CH_3 \quad CN \end{array}$$

丙酮氰醇（78%）

反应产物比原来的醛、酮增加了一个碳原子，是有机合成上增长碳链的方法之一。许多氰醇是有机合成的重要中间体，例如，有机玻璃的单体——α-甲基丙烯酸甲酯，就是以丙酮氰醇作为中间体的。

醛和脂肪族甲基酮（以及 C_8 以下的低级环酮）都可发生上述反应。

氢氰酸有剧毒，且挥发性较大（沸点 26.5℃），在实际操作中，常用醛、酮与氰化钠（或氰化钾）溶液混合，再加入无机酸以产生氢氰酸。加成反应要始终保持在偏碱性条件下进行，使产生的氢氰酸立即与醛、酮反应，以避免直接使用剧毒的氢氰酸。即使如此，反应设备也必须密封，且在通风橱内进行。

2. 与亚硫酸氢钠加成

【演示实验 8-1】 在 3 支干燥试管中，各加入 10mL 新配制的饱和 $NaHSO_3$ 溶液，然后分别加入 5mL 丙酮、苯甲醛、苯乙酮，充分振荡后，在冰水浴中放置 10～15min，观察有无结晶❶析出，并比较析出结晶的快慢。

实验表明，醛、脂肪族甲基酮及低级环酮（一般小于 8 个碳），与饱和（约 40%）亚硫酸氢钠溶液发生加成反应，生成 α-羟基磺酸钠无色（或白色）结晶。

$$\begin{array}{c}R\\ \overset{\delta^+}{C}=\overset{\delta^-}{O} + Na\overset{+}{H}\overset{-}{SO_3} \rightleftharpoons \\ H\\ (CH_3)\end{array} \quad \begin{array}{c}R\quad ONa\\ C\\ H\quad SO_3H\\ (CH_3)\end{array} \rightleftharpoons \begin{array}{c}R\quad OH\\ C\quad \downarrow\\ H\quad SO_3Na\\ (CH_3)\end{array}$$

α-羟基磺酸钠

上述反应是可逆的，必须加入过量的饱和亚硫酸氢钠溶液，使平衡向右移动。反应生成的 α-羟基磺酸钠易溶于水，不溶于有机溶剂，也不溶于饱和的亚硫酸氢钠溶液，因而析出结晶。结晶为无色，可用过滤法分离出来。它若与稀酸或稀碱共热，又可生成原来的醛、酮。

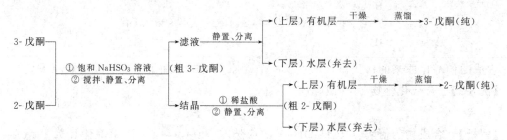

因此，上述与饱和亚硫酸氢钠的反应，常用来分离、精制醛和脂肪族甲基酮。其他酮无此反应，究其原因，可能是由于空间位阻的缘故。

【例 8-1】 试用化学方法将 2-戊酮与 3-戊酮的混合物分离开。

【解析】 2-戊酮属于脂肪族甲基酮，它可与饱和亚硫酸氢钠溶液反应，生成无色结晶，而 3-戊酮无此反应。经过滤分离后，把结晶体经稀酸（或碱）分解，又得到原来的 2-戊酮。最后分别提纯即可。表解如下：

3. 与醇加成

醛在干燥氯化氢存在下，与无水醇加成，生成半缩醛，半缩醛不稳定，容易分解成原来的醛和醇。但在酸性条件下，半缩醛可继续与另一分子醇失水，即得稳定的缩醛。

---

❶ 倘若进行饱和亚硫酸氢钠试验的液体或固体样品在水中溶解甚微，可在加饱和亚硫酸氢钠溶液之前，先加 2～3 滴乙醇以助溶解，有利于加成物的结晶生成。

$$R-\overset{\delta^+}{\underset{H}{C}}\overset{\delta^-}{=O} + H-\ddot{O}R' \xrightleftharpoons{HCl(干燥)} R-\underset{OR'}{\overset{OH}{C}}-H \xrightleftharpoons[干\ HCl]{R'OH} R-\underset{OR'}{\overset{OR'}{C}}-H + H_2O$$

半缩醛　　　　　缩醛
（某醛缩一某醇）　（某醛缩二某醇）

缩醛的结构特点是原来醛基的碳原子上连接着两个烷氧基，而半缩醛则是连着一个烷氧基和一个羟基。

缩醛与醚相似，对碱稳定，但在酸性溶液中易水解为原来的醛。

$$R-\underset{OR'}{\overset{OR'}{C}}H + H_2O \xrightarrow[\triangle]{H^+} R-\overset{O}{\underset{H}{C}} + 2R'OH$$

在有机合成中，醛类常用生成缩醛的方法来"保护"醛基，使活泼的醛基在反应中不受破坏，待反应完毕后，再用稀酸水解成原来的醛基。例如，要从丙烯醛合成丙醛，就必须先经缩醛化，把醛基保护起来后再进行加氢。

$$CH_2=CH-CHO \xrightarrow[干\ HCl]{2ROH} CH_2=CH-\underset{OR}{\overset{OR}{C}}H \xrightarrow[\triangle]{H_2,\ Ni} CH_3CH_2-\underset{OR}{\overset{OR}{C}}H \xrightarrow[\triangle]{稀酸} CH_3CH_2\overset{O}{\underset{H}{C}} + 2ROH$$

若丙烯醛直接催化加氢，双键及醛基都会加氢而生成丙醇。

某些酮与醇也可发生类似反应，生成半缩酮及缩酮，但较缓慢，有的酮则难反应。

4. 与格氏试剂加成

醛、酮与格氏试剂加成是制备醇的一个重要方法，经常用于合成结构较复杂的醇。一般反应式为：

$$\overset{\delta^+}{C}\overset{\delta^-}{=O} + \overset{\delta^-}{R}\overset{\delta^+}{MgX} \xrightarrow{绝对乙醚} R-\overset{|}{\underset{|}{C}}-OMgX \xrightarrow[\triangle]{H_2O} R-\overset{|}{\underset{|}{C}}-OH + Mg\overset{X}{\underset{OH}{<}}$$

羰基化合物不同，可分别得到伯醇、仲醇和叔醇。

（1）格氏试剂与甲醛作用，生成伯醇

$$\overset{H}{\underset{H}{>}}C=O + RMgX \xrightarrow{绝对乙醚} RCH_2OMgX \xrightarrow[\triangle]{H_2O} RCH_2OH$$

生成的伯醇比原来的格氏试剂增加了一个碳原子（即增加了甲醛的羰基碳原子）。

【例 8-2】 合成化合物 $CH_3\underset{CH_3}{\overset{|}{C}H}CH_2OH$。

【解析】 合成物为伯醇（RCH_2OH），故应选取 $\boxed{CH_3\underset{CH_3}{\overset{|}{C}H}-}CH_2OH$ 中烷基 R 为 $CH_3\underset{CH_3}{\overset{|}{C}H}-$ 的

格氏试剂与甲醛加成，即

$$\overset{H}{\underset{H}{>}}C=O + CH_3\underset{CH_3}{\overset{|}{C}H}-MgX \xrightarrow{绝对乙醚} CH_3\underset{CH_3}{\overset{|}{C}H}CH_2OMgX \xrightarrow{H_2O} CH_3\underset{CH_3}{\overset{|}{C}H}CH_2OH$$

(2) **格氏试剂与其他醛作用，生成仲醇**

$$R-\underset{H}{\overset{O}{\overset{\|}{C}}}-+R'MgX \xrightarrow{\text{绝对乙醚}} \underset{R'}{\overset{R}{\text{CHOMgX}}} \xrightarrow{H_2O} \underset{R'}{\overset{R}{\text{CH-OH}}}$$

生成的仲醇中，α-碳上连接的一个烷基来自格氏试剂，另一个烷基来自醛类。可见，若仲醇的 α-碳上连的两个烷基不同，可选取两种不同结构的格氏试剂与相应的醛制备。

【例 8-3】 合成化合物 $CH_3CH_2\underset{OH}{\overset{|}{C}H}CH_3$。

【解析】 合成物为仲醇（$R\underset{OH}{\overset{|}{C}H}R'$），可选取 $\boxed{CH_3CH_2}-\underset{OH}{\overset{|}{C}H}-\boxed{CH_3}$ 中烷基为 CH_3-（或 CH_3CH_2-）的格氏试剂与相应的含 CH_3CH_2-（或 CH_3-）的醛合成。即

$$\left.\begin{array}{l}CH_3CH_2-\underset{H}{\overset{O}{\overset{\|}{C}}}+CH_3MgX \xrightarrow{\text{绝对乙醚}} \\ CH_3-\underset{H}{\overset{O}{\overset{\|}{C}}}+CH_3CH_2MgX \xrightarrow{\text{绝对乙醚}}\end{array}\right\} CH_3CH_2\underset{CH_3}{\overset{|}{C}H}-OMgX \xrightarrow{H_2O} CH_3CH_2-\underset{CH_3}{\overset{|}{C}H}-OH$$

(3) **格氏试剂与酮作用，生成叔醇**

$$\underset{R'}{\overset{R}{C}}=O+R''MgX \xrightarrow{\text{绝对乙醚}} \underset{R''}{\overset{R}{\underset{R'}{\overset{|}{C}}}}-OMgX \xrightarrow{H_2O} \underset{R''}{\overset{R}{\underset{R'}{\overset{|}{C}}}}-OH+Mg\underset{OH}{\overset{X}{}}$$

生成的叔醇中，α-碳上连接的一个烷基来自格氏试剂，其余两个烷基来自酮。因此，当叔醇的三个烷基不同时，可选取分别含 R、R'、R″三种不同的格氏试剂与相应含 $R'\overset{O}{\overset{\|}{C}}R''$、$R\overset{O}{\overset{\|}{C}}R''$、$R\overset{O}{\overset{\|}{C}}R'$ 的酮来制备。

醛、酮与格氏试剂作用，在产物中引入了烷基，增长了碳链，所以格氏试剂又称烷基化剂。

5. 与氨衍生物的加成缩合

氨的衍生物是指氨分子（NH_2-H）中的氢原子被其他基团取代后的产物。醛、酮与氨的衍生物如羟胺（H_2N-OH）、苯肼（$H_2N-NH-\bigcirc$）、2,4-二硝基苯肼（$H_2N-NH-\underset{NO_2}{\bigcirc}^{NO_2}$）等反应，先生成羰基的加成产物，再在碳氮原子间失去一分子水，得到含有碳氮双键（C=N）的化合物。反应一般需要在酸的催化（pH=4～5）下进行。例如，乙醛与羟胺作用，先生成不稳定的加成产物，然后脱水生成碳氮双键化合物乙醛肟。

$$CH_3-\underset{H}{\overset{O}{\overset{\|}{C}}}+H-N-OH \xrightarrow{H^+} \left[\underset{H}{\overset{CH_3}{\underset{|}{C}}}\underset{|}{\overset{\boxed{OH}\boxed{H}}{\underset{|}{C}-N-OH}}\right] \xrightarrow[\triangle]{-H_2O} \underset{H}{\overset{CH_3}{\overset{|}{C}}}=NOH$$

乙醛　　羟胺　　　　　　　　　　　　　　乙醛肟

上述反应，相当于醛（酮）与氨衍生物间共同脱去一分子水：

$$\text{CH}_3\text{-CH=O} + \text{H}_2\text{N-OH} \xrightarrow{H^+} \text{CH}_3\text{-CH=N-OH} + \text{H}_2\text{O}$$

在有机化学中，由相同或不相同的两个或多个有机物分子相互结合，生成一个较复杂的有机物，同时有水、醇、NH_3 等小分子生成的反应，称缩合反应。

醛、酮与氨衍生物的加成缩合反应可概括如下：

$$\text{C=O} + \text{H}_2\text{N-OH} \xrightarrow{-H_2O} \text{C=N-OH} \quad (羟胺 \to 肟)$$

$$\text{C=O} + \text{H}_2\text{N-NH-C}_6\text{H}_5 \xrightarrow{-H_2O} \text{C=N-NH-C}_6\text{H}_5 \quad (苯肼 \to 苯腙)$$

$$\text{C=O} + \text{H}_2\text{N-NH-C}_6\text{H}_3(\text{NO}_2)_2 \xrightarrow{-H_2O} \text{C=N-NH-C}_6\text{H}_3(\text{NO}_2)_2 \quad (2,4\text{-二硝基苯肼} \to 2,4\text{-二硝基苯腙})$$

醛、酮的肟和苯腙绝大多数为白色固体，易于提纯，且有固定的熔点。测定其熔点就可以知道它是由哪一种醛或酮生成的，所以，常用于鉴别醛、酮。产物用稀酸煮沸水解，可得到原来的醛、酮。因此，利用上述反应可以对醛、酮进行鉴别、分离和提纯。上述羟胺、苯肼、2,4-二硝基苯肼等，常称为羰基试剂。

在实际操作中，相对分子质量小的醛、酮与羟胺、苯肼反应时，得到的是低熔点固体或液体，不易测准；常用相对分子质量大的 2,4-二硝基苯肼反应，产物呈黄色结晶，便于观察。因此 2,4-二硝基苯肼是羰基化合物最常用的鉴定试剂。

【演示实验8-2】 在4支试管中，各加入 10mL 新配制的 2,4-二硝基苯肼试剂，再分别加入 1mL 甲醛❶、乙醛、丙酮、苯乙酮，用力振荡后静置，观察有何现象及沉淀颜色的深浅❷。

最后，我们把醛、酮的加成反应用通式小结如下：

$$\text{C=O} + \begin{cases} \text{H-CN} \\ \text{Na-SO}_3\text{H} \\ \text{H-OR} \\ \text{XMg-R} \\ \text{H-NHY} \end{cases} \to \begin{cases} \text{C(OH)(CN)} \\ \text{C(ONa)(SO}_3\text{H)} \rightleftharpoons \text{C(OH)(SO}_3\text{Na)} \\ \text{C(OH)(OR)} \xrightarrow{ROH} \text{C(OR)(OR)} \\ \text{C(OMgX)(R)} \xrightarrow{H_2O} \text{C(OH)(R)} \\ \text{C(OH)(NHY)} \xrightarrow{-H_2O} \text{C=NY} \end{cases}$$

---

❶ 市售的甲醛为 37% 甲醛水溶液，乙醛为 40% 乙醛水溶液。两种水溶液久置因聚合而分层，上层为聚合体，下层仍为水溶液。

❷ 析出晶体的颜色往往和醛、酮分子中的共轭链有关。非共轭链的醛、酮生成黄色沉淀；具有共轭链的醛、酮生成橙色至红色沉淀；具有较长共轭链的醛、酮则生成红色沉淀。

式中，Y 表示—OH、—NH—C₆H₅、—NH—（2,4-二硝基苯基）等。

二、α-氢原子的反应

醛、酮分子中与官能团羰基直接相连的碳原子上的氢原子，称为 α-氢原子。α-氢原子由于受邻近羰基的影响，比较活泼，容易发生羟醛缩合和卤仿反应。

1. 羟醛缩合反应

在稀碱催化下，具有 α-氢原子的醛可自相加成。一分子醛的 α-氢原子加到另一分子醛的羰基氧原子上，其余部分加到羰基碳原子上，生成 β-羟基醛的反应，称羟醛缩合反应，也称醇醛缩合反应。

$$CH_3C(=O)H + H-CH_2CHO \xrightarrow{稀碱} CH_3\underset{\beta}{C}H(OH)\underset{\alpha}{C}H_2CHO$$
$$\beta\text{-羟基丁醛}$$

β-羟基醛的 α-碳原子上若有 α-氢原子，α-氢原子同时受 β-碳原子上的羟基和邻近羰基的影响，非常活泼，极易脱水生成 α、β-不饱和醛。

$$CH_3CH(OH)CH(H)CHO \xrightarrow{\Delta 或 H^+} CH_3CH=CHCHO$$
$$\text{2-丁烯醛}$$

2-丁烯醛催化加氢，即得正丁醇。

$$CH_3CH=CHCHO + 2H_2 \xrightarrow[\Delta]{Ni} CH_3CH_2CH_2CH_2OH$$

这是工业上用乙醛为原料，经羟醛缩合和催化加氢制备正丁醇的方法。

除乙醛外，其他醛经羟醛缩合，所得产物都是在 α-碳上带支链的羟醛或烯醛。例如：

$$CH_3CH_2C(=O)H + H-CH(CH_3)CHO \xrightarrow{稀碱} CH_3CH_2CH(OH)CH(CH_3)CHO \xrightarrow[\Delta]{-H_2O} CH_3CH_2CH=C(CH_3)CHO$$

羟醛缩合反应非常重要，因为它可以把两个羰基化合物分子结合起来，得到比原来醛（酮）的碳原子数增多一倍的醛（酮）或醇。既可增长碳链，又可产生支链。在有机合成上有着极其重要的用途，常用来制备 β-羟基醛（酮），α、β-不饱和醛（酮）以及各种相应的醇或卤代烷。

但要注意，两种不同的含有 α-氢原子的醛、酮会发生交错羟醛缩合反应，生成四种产物的混合物，无合成意义。

2. 卤代与卤仿反应

醛、酮分子中的 α-氢原子，在酸催化下易被卤素取代，产物为 α-卤代醛、酮。例如：

$$RCH_2C(=O)H + Cl_2 \xrightarrow{H^+} RCH(Cl)C(=O)H + HCl$$

$$\text{C}_6\text{H}_5\text{COCH}_3 + \text{Br}_2 \xrightarrow[\text{乙醚, 0℃}]{\text{微量 AlCl}_3} \text{C}_6\text{H}_5\text{COCH}_2\text{Br} \quad (88\% \sim 96\%)$$
$$\alpha\text{-溴代苯乙酮}$$

α-溴代苯乙酮具有很强的催泪作用。

醛、酮的卤代反应如在碱性溶液中进行，因卤素与氢氧化钠溶液作用，可生成次卤酸钠，反应更为顺利。当第一个 α 氢原子被卤代后，其余的 α 氢原子更易被卤代，如分子中有三个 α 氢原子则可生成 α-三卤代物。例如，乙醛和具有乙酰基结构的酮（CH_3CR 中 C=O）与次卤酸钠（或卤素的氢氧化钠溶液）作用，甲基上的三个 α 氢原子都被卤原子取代：

$$\text{CH}_3\text{C(=O)}-\text{H (R)} + 3\text{NaOX} \longrightarrow \text{CX}_3\text{C(=O)}-\text{H (R)} + 3\text{NaOH}$$

在碱的存在下卤代产物立即分解：

$$\text{CX}_3\text{C(=O)}-\text{H (R)} \xrightarrow{\text{NaOH}} \text{CHX}_3 + \text{HC(=O)}-\text{ONa (R)}$$
$$\text{卤仿}$$

将上面两式合并为：

$$\text{CH}_3\text{C(=O)}-\text{H (R)} + 3\text{NaOX} \longrightarrow \text{CHX}_3 + \text{HC(=O)}-\text{ONa (R)} + 2\text{NaOH}$$

这个反应的产物之一是卤仿，所以称为卤仿反应。如用次碘酸钠（或 $\text{I}_2 + \text{NaOH}$）作试剂，产物为碘仿，称为碘仿反应。

从上述反应看出，只要含有一个 α 氢原子的醛、酮，就可进行卤代反应，但必须含有三个 α 氢原子的醛、酮（乙醛及甲基酮）才能发生卤仿反应。

碘仿为不溶于水的黄色结晶，有特殊气味，易于观察，常用于鉴别乙醛及甲基酮的存在。

次卤酸钠既是卤化剂，又是氧化剂。它也能将 $\text{CH}_3-\text{CH(OH)}-$ 结构氧化成乙酰基（$\text{CH}_3\text{C(=O)}-$），因此，**乙醛、甲基酮以及具有 $\text{CH}_3\text{CH(OH)}-$ 结构的醇与次碘酸钠溶液作用，皆可发生碘仿反应。碘仿反应常用于鉴别具有上述结构的醛、酮及醇的存在。**

【演示实验8-3】 在 4 支试管中，分别加入 3mL 甲醛、乙醛、丙酮、乙醇，并各加入 7mL I_2-KI 溶液，再逐滴滴加 5% NaOH 溶液，边滴加边振荡，直至碘的红色刚好消失，反应液呈微黄色为止❶。观察有无沉淀析出，并嗅其气味。若无沉淀析出，可放入 60℃ 水浴中加热几分钟，取出冷却后，再观察现象❷。

---

❶ 加碱不能过量，若有过量的碱存在，加热后会生成的碘仿消失，因为碱能使碘仿分解而使实验失败。
$$\text{CHI}_3 + \text{NaOH} \longrightarrow \text{H-C(=O)-ONa} + 3\text{NaI} + 2\text{H}_2\text{O}$$
❷ 在水浴上加热，可加速醇的氧化反应，如果氧化产物是乙醛或甲基酮，冷后就有碘仿析出。

三、氧化反应及醛、酮的鉴别

醛不同于酮，醛有一个氢原子直接连于羰基上，由于结构的差异，醛很容易被氧化，生成相应的羧酸。例如，乙醛经空气氧化即可生成乙酸，这是工业上生产乙酸的一种方法。

$$CH_3CHO + O_2 \xrightarrow[60\sim 80℃]{(CH_3COO)_2Mn} CH_3COOH$$

即使是弱氧化剂**托伦（Tollens）试剂**或**斐林（Fehling）试剂**，也能使醛氧化成同碳原子数的羧酸，而酮则不易被氧化，实验室常用此反应来鉴别醛、酮。

1. 与托伦试剂反应

托伦试剂即硝酸银的氨溶液，是将氨水加入硝酸银溶液中，直到生成的沉淀恰好溶解为止时的**银氨配离子（旧称银氨络离子）溶液**。

【**演示实验 8-4**】 在洁净的大试管中，加入 8mL 2% $AgNO_3$ 溶液，再加入 2 滴 10% NaOH 溶液。然后在振荡下，滴加 2% 氨水，直至析出的氧化银沉淀恰好溶解为止❶，即为托伦试剂。把配制好的托伦试剂分装到 3 个洁净的试管中，再分别加入 4 滴甲醛，6~8 滴乙醛、丙酮并标记好。振荡后，放入 60~70℃ 的水浴中，静置加热（不要振荡试管，以利于银镜附着在试管壁上）几分钟后，可观察到甲醛和乙醛的试管壁上有银镜生成。

实验表明，**托伦试剂与醛类共热时，醛被氧化成羧酸**，在碱性介质中成羧酸盐，而银离子被还原成金属银。

$$\underset{(Ar)}{R}-\underset{H}{\overset{O}{\overset{\|}{C}}} + 2Ag(NH_3)_2OH \xrightarrow{\triangle} \underset{(Ar)}{RC}\underset{ONH_4}{\overset{O}{\overset{\|}{}}} + 2Ag\downarrow + 3NH_3 + H_2O$$

如试管洁净，则金属银附着在试管壁上，**形成光亮的银镜，因此，这个反应叫做银镜反应**。如试管不干净，则生成黑色絮状沉淀。酮在同样条件下则不易被氧化。因此，**银镜反应可用于醛、酮的鉴别**。日常生活中使用的镜子和热水瓶胆，在工业生产上，就是用含有醛基的葡萄糖和托伦试剂反应制成的。

2. 与斐林试剂反应

硫酸铜溶液与酒石酸钾钠的碱溶液等体积混合，得到含有高价铜（Cu^{2+}）的蓝色配离子溶液，即斐林试剂。其中酒石酸钾钠的作用是使铜离子形成配合物（配位的 Cu^{2+}），而不致在碱性溶液中生成氢氧化铜沉淀。配位的 Cu^{2+} 为弱氧化剂，脂肪醛与斐林试剂反应时，配位的 Cu^{2+} 把醛氧化成羧酸，本身被还原生成砖红色的 Cu_2O 沉淀。反应式为：

$$R-\underset{H}{\overset{O}{\overset{\|}{C}}} + 2Cu(OH)_2 + NaOH \longrightarrow R-\underset{ONa}{\overset{O}{\overset{\|}{C}}} + Cu_2O\downarrow\text{（红色）} + 3H_2O$$

或

$$R-\underset{H}{\overset{O}{\overset{\|}{C}}} + 2Cu^{2+}\text{（配离子）} + 5OH^- \xrightarrow{\triangle} R-\underset{O^-}{\overset{O}{\overset{\|}{C}}} + Cu_2O\downarrow\text{（红色）} + 3H_2O$$

---

❶ 配制托伦试剂时，过量 OH^-（来自 NaOH）的存在能加速醛的氧化。配制试剂时，应防止加入过量氨水，否则试剂本身将失去灵敏性。托伦试剂久置后，将析出黑色的叠氮化银（AgN_3）沉淀，它不稳定，极易爆炸，因此托伦试剂必须在临用时配制，不宜贮存备用。银镜试验完毕，应加入 1mL 稀硝酸，并煮沸洗去银镜，以免反应液久置后，产生易爆炸的雷酸银（AgONC）。

甲醛的还原性较强，生成的 **Cu₂O** 还可进一步被还原成单质铜。单质铜呈暗红色粉末状或形成铜镜。

斐林试剂只能氧化脂肪醛，对芳香醛及酮均无作用。

托伦试剂和斐林试剂都是弱氧化剂，当醛分子中含有 $\diagdown_{C=C}\diagup$、—C≡C—、—OH、—NH₂等易被氧化的基团时，也只能氧化醛基，不能氧化这些基团。例如：

$$CH_3CH=CHCHO \xrightarrow[\text{或斐林试剂}]{\text{托伦试剂}} CH_3CH=CHCOOH$$

3. 与品红醛试剂反应

品红是一种红色染料。把品红染料溶于水，即得到粉红色溶液，再通入二氧化硫，即得到无色溶液。此溶液称品红醛试剂，也称席夫（Schiff）试剂。

品红醛试剂与醛类作用显紫红色，反应灵敏；酮类没有这种反应。因此，品红醛试剂试验是实验室检验醛类及鉴别醛、酮常用的简便方法。

醛类与品红醛试剂作用生成的紫红色溶液，若滴加几滴浓硫酸，紫色不消失的为甲醛，紫色褪去的为其他醛。因此，品红醛试剂还可用于鉴别甲醛和其他醛。

四、还原反应

醛、酮的还原可分为两类，一类是羰基保留氧原子，还原成醇；另一类是羰基的氧原子也被还原，变成烃基。

1. 还原成醇

烯烃加氢可在低压和室温下进行，醛、酮则需在加压和加热下催化加氢，分别生成伯醇和仲醇。

反应通式：

$$\diagdown_{C=O}\diagup \xrightarrow{[H]} \diagdown_{CH-OH}$$

$$R-\overset{O}{\underset{H}{C}} + H_2 \xrightarrow[\triangle,\text{压力}]{Pt} RCH_2OH \quad \text{伯醇}$$

$$\overset{R}{\underset{R}{\diagdown}}C=O + H_2 \xrightarrow[\triangle,\text{压力}]{Pt} \overset{R}{\underset{R}{\diagdown}}CH-OH \quad \text{仲醇}$$

其产率一般很高（90%～100%）。催化加氢的方法选择性不高，醛、酮分子中同时含有碳碳双键时，羰基和碳碳双键一起被还原。例如：

$$CH_3CH=CHCHO \xrightarrow[\triangle,\text{压力}]{H_2,\ Ni} CH_3CH_2CH_2CH_2OH$$

如果只需要羰基还原而保留碳碳双键，则必须使用选择性较高的化学还原剂，如氢化铝锂（LiAlH₄，又名锂铝氢）、氢化硼钠（NaBH₄，又名硼氢化钠）、异丙醇铝等。例如：

$$CH_3CH=CHCHO \xrightarrow[\text{②}H_2O]{\text{①}NaBH_4} CH_3CH=CHCH_2OH$$

2-丁烯醛　　　　　2-丁烯-1-醇（85%）

其中，氢化铝锂还原能力最强，它除了还原 $\diagdown_{C=O}$ 外，还可以还原—COOH、—COOR、—CONH₂等基团。

*2. 还原成烃

用锌汞齐（Zn-Hg）和浓盐酸作还原剂，使羰基还原为亚甲基（ $\diagdown \mathrm{CH_2}$ ）。这个方法叫做克莱门森（Clemmensen）还原法。

$$\diagup\!\!\!\!\diagdown C=O \xrightarrow[\text{Zn-Hg, HCl}]{[H]} \diagup\!\!\!\!\diagdown CH_2$$

脂肪酮应用此法较少，但芳香酮却能顺利地还原，常用于合成直链烷基苯。例如：

$$C_6H_5COCH_2CH_2CH_3 \xrightarrow[\triangle]{\text{Zn-Hg, HCl}} C_6H_5CH_2CH_2CH_2CH_3$$
(88%)

此反应是在酸性介质中进行的。因此，羰基化合物中含有对酸敏感的基团（如醇羟基、碳碳双键等）时，不能用此法还原。

*五、康尼查罗反应

不含 α-氢的醛 [如 HCHO、C_6H_5CHO、$(CH_3)_3$C—CHO 等]与浓碱共热，发生自身的氧化、还原反应，一分子醛被氧化成酸（进一步遇碱成盐），另一分子醛被还原成醇。这个反应叫康尼查罗（Cannizzaro）反应，也叫做歧化反应，或称自氧化还原反应。例如：

$$HCHO + HCHO \xrightarrow[\triangle]{\text{浓 NaOH}} HCOONa + CH_3OH$$

$$2\ C_6H_5CHO \xrightarrow[\triangle]{\text{浓 NaOH}} C_6H_5COONa + C_6H_5CH_2OH$$

若甲醛与其他不含 α-氢的醛作用，一般是甲醛被氧化生成甲酸钠。例如：

$$HCHO + C_6H_5CHO \xrightarrow[\triangle]{\text{浓 NaOH}} HCOONa + C_6H_5CH_2OH$$

【例 8-4】 试用化学方法鉴别甲醛、乙醛、乙醇、丙酮、3-戊酮五种无色液体化合物。

【解析】 未知物是羰基化合物及醇，首先可加入羰基试剂把醛、酮与醇类区别；再使用斐林试剂把甲醛与乙醛区分；最后使用次碘酸钠溶液试验，鉴别甲基酮。具体方法如下：

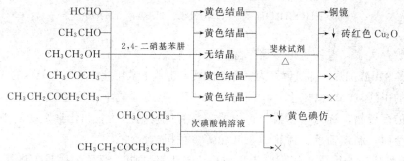

第四节 重要的醛、酮

一、甲醛

甲醛（HCHO）又称蚁醛，是一种重要的化工原料。工业上常用催化氧化法，将甲醇和空气的混合物在高温下通过银、铜或氧化铝等催化剂制取甲醛。

$$CH_3OH + \frac{1}{2}O_2 \xrightarrow[250\sim 300\text{℃}]{\text{Ag 或 Cu}} HCHO + H_2O$$

近年来，以天然气为原料，用控制氧化法制取甲醛。

$$CH_4 + O_2 (空气) \xrightarrow[600℃]{NO} HCHO + H_2O$$

此法原料价廉易得，有发展前途，但目前产率较低，有待进一步改进。

甲醛的沸点为 $-21℃$，常温下为无色气体，具有强烈的刺激性气味，易溶于水。37%～40%的甲醛水溶液（其中常含有6%～12%的甲醇作稳定剂）**俗称"福尔马林"**，它是医药和农业上常用的消毒剂和防腐剂。甲醛蒸气和空气混合物的爆炸极限是7%～73%（体积分数）。

甲醛的分子结构和其他醛不同，它分子中的羰基与两个氢原子相连，由于分子结构的差异，在化学性质上表现出一些特殊性。

(1) 极易聚合　甲醛极易聚合，条件不同，生成的聚合物不同。

气体甲醛在常温下即能自行聚合，生成三聚甲醛。工业上是将60%～65%的甲醛水溶液，在约2%硫酸催化下煮沸，就可得到三聚甲醛。

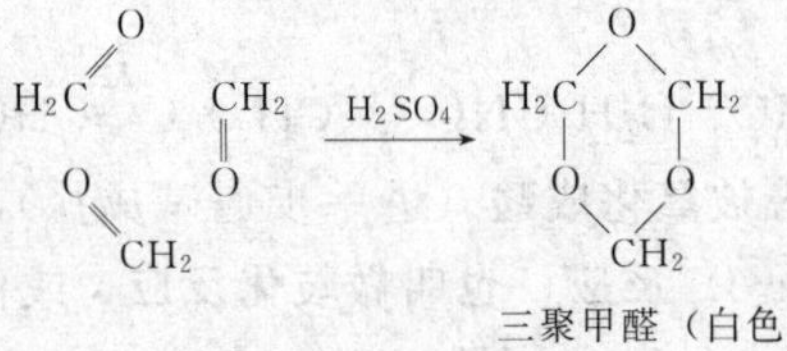

三聚甲醛（白色晶体）

在甲醛水溶液中，甲醛与其水合物成平衡状态存在：

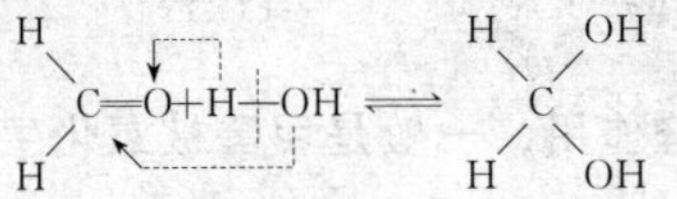

甲醛水合物（甲二醇）

将甲醛水溶液慢慢蒸发，甲醛水合物分子间即发生失水聚合，生成链状聚合物多聚醛。多聚甲醛是白色固体。

$$HOCH_2O\boxed{H+HO}CH_2O\boxed{H+HO}CH_2OH \longrightarrow HO(CH_2O)_3H + 2H_2O$$

一般式
$$nHOCH_2OH \longrightarrow HO(CH_2O)_nH + (n-1)H_2O$$
$(n=8\sim100)$ 多聚甲醛

甲醛水溶液贮存久了，也易析出多聚甲醛。

三聚或多聚甲醛加热，都可解聚为甲醛。因此，工业上常用此法来制备无水的气态甲醛。

高纯度的甲醛（99.5%以上）在催化剂如 BF_3 等的催化下，可生成相对分子质量为数万至十多万的高聚物，称为聚甲醛。聚甲醛是具有优良物理性能和化学性能的工程塑料，它可代替某些金属，制造轴承、齿轮、泵叶轮等多种机械配件。

*(2) 与氨反应　甲醛与氨反应，生成环六亚甲基四胺，商品名称叫乌洛托品。

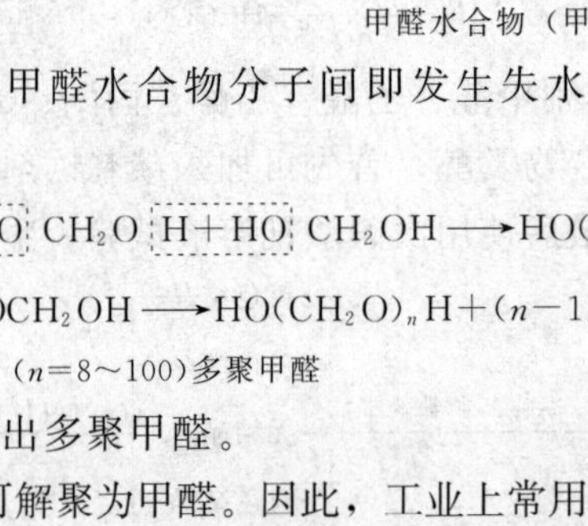

$$6HCHO + 4NH_3 \rightleftharpoons$$

环六亚甲基四胺

乌洛托品为无色晶体，熔点263℃，易溶于水，有甜味。医药上用作利尿剂及治疗风湿痛的药物。国防上把它装入防毒面具可解光气之毒。工业上用作橡胶硫化促进剂、酚醛树脂固化剂、纺织品防缩剂等。

甲醛的用途很广，它是现代化学工业中非常重要的化工原料，特别是合成高分子工业中合成酚醛树脂、脲醛树脂必不可少的原料，在医药行业中可作为消毒、防腐剂。但它有毒。近年来，国际卫生组织认为**甲醛是致癌及致畸形物质，使用时要注意安全**。我国也**禁止在食品中添加甲醛**。例如禁止用甲醛稀水溶液浸泡水产品，或加入"吊白块"（甲醛次硫酸氢钠）的粉丝、腐竹等。

二、乙醛

乙醛在工业上主要由乙炔水合法和乙烯直接氧化法制备。

$$CH \equiv CH + H_2O \xrightarrow[98\sim105℃, 0.15MPa]{HgSO_4, 稀 H_2SO_4} \left[\begin{array}{c} CH_2=CH \\ | \\ OH \end{array} \right] \longrightarrow CH_3CHO$$

$$CH_2=CH_2 + \frac{1}{2}O_2 \xrightarrow[120\sim130℃, 0.3MPa]{PdCl_2-CuCl_2} CH_3CHO$$

乙炔水合法技术成熟，产率和产品纯度较高，但汞盐有毒，寻求理想的非汞催化剂为其发展方向。随着石油化工的迅速发展，乙烯直接氧化法已成为合成乙醛的主要方法。

乙醛的沸点为20.8℃，是极易挥发的无色液体，具有刺激性气味，能溶于水、乙醇和乙醚。乙醛易燃烧，它的蒸气与空气混合可形成爆炸性混合物，爆炸极限为4.0%～57%（体积分数）。

乙醛也容易聚合，常温时乙醛在少量硫酸存在下可聚合成三聚乙醛。

乙醛（沸点 20.8℃）   三聚乙醛（沸点 124℃）

三聚乙醛为液体，沸点为124℃，便于贮存和运输。若加稀酸蒸馏，三聚乙醛即解聚为乙醛。

乙醛的主要用途是合成乙酸、乙酐、乙醇、丁醇、丁醛等，是有机合成的重要原料。

三、苯甲醛

苯甲醛的工业制法，有甲苯控制氧化法和苯二氯甲烷水解法。

(1) 甲苯控制氧化法　甲苯控制氧化法分液相氧化法和气相氧化法两种：

$$C_6H_5CH_3 \xrightarrow[40℃ (液相氧化)]{MnO_2, 65\% H_2SO_4} C_6H_5CHO + H_2O$$

$$C_6H_5CH_3 \xrightarrow[400℃ (气相氧化)]{V_2O_5, 空气} C_6H_5CHO + H_2O$$

(2) 苯二氯甲烷水解法　甲苯在光催化下控制氯代，先生成苯二氯甲烷，然后在铁粉催化下加热水解，生成苯甲醛。

$$\underset{}{\text{C}_6\text{H}_5\text{CH}_3} \xrightarrow[\text{光}]{2\text{Cl}_2} \underset{}{\text{C}_6\text{H}_5\text{CHCl}_2} \xrightarrow[95\sim100℃]{\text{H}_2\text{O, Fe}} \left[\text{C}_6\text{H}_5\text{CH(OH)}_2\right] \xrightarrow{-\text{H}_2\text{O}} \text{C}_6\text{H}_5\text{CHO}$$

在生产苯二氯甲烷过程中，经常混有苯氯甲烷和苯三氯甲烷。因此，在水解产物中除苯甲醛外，常含有苯甲醇和苯甲酸副产物。实践证明，如果在硼酸存在下水解，则只有苯二氯甲烷水解，其他两种芳氯化物不水解，从而得到较纯的苯甲醛。

苯甲醛是无色液体，沸点为179℃，具有苦杏仁气味，俗称苦杏仁油。它稍溶于水，易溶于乙醇、乙醚中。

苯甲醛是典型的芳醛，它具有不含 α 氢原子的醛的化学性质。此外，由于苯甲醛的羰基与芳环直接相连，又显示一些特殊的性质。例如，苯甲醛在室温时能自动被空气氧化生成苯甲酸。因此在保存苯甲醛时，常加入少量抗氧剂（如对苯二酚等），以阻止自动氧化，且用棕色瓶保存。

苯甲醛在工业上是有机合成的一个重要原料，用于制备香料、染料和药物等，它本身也可用作香料。

四、丙酮

丙酮是最简单且最重要的饱和酮。由于它的用量很大，因此，它的工业制法也很多。除由淀粉发酵、异丙醇氧化及异丙苯氧化法（主产物苯酚）可制得丙酮外，随着石油工业的发展，也可由丙烯直接氧化制得。

$$\text{CH}_3\text{CH}=\text{CH}_2 + \frac{1}{2}\text{O}_2 \xrightarrow[110℃、1\text{MPa}]{\text{PdCl}_2\text{-CuCl}_2} \text{CH}_3\text{COCH}_3$$
（92%）

丙酮是无色、易挥发、易燃的液体，沸点56.5℃，有微弱香味，能与水、乙醇、乙醚、氯仿等混溶，并能溶解油脂、树脂、橡胶、蜡和赛璐珞等多种有机物，是一种很好的溶剂。丙酮蒸气与空气混合物的爆炸极限是2.55%~12.80%（体积分数）。

丙酮在工业上是一种重要的优良溶剂，广泛用于涂料、人造纤维、电影胶片、炸药等工业部门。它也是重要的有机合成原料，用来合成有机玻璃、环氧树脂、聚碳酸酯、合成橡胶、氯仿、碘仿等。

五、环己酮

环己酮是一种脂环族饱和酮。它在工业上以苯酚为原料，经催化加氢成环己醇，再经氧化或脱氢而制得。

$$\underset{\text{苯酚}}{\text{C}_6\text{H}_5\text{OH}} \xrightarrow[140\sim160℃]{3\text{H}_2,\text{Ni}} \underset{\text{环己醇}}{\text{C}_6\text{H}_{11}\text{OH}} \xrightarrow[\text{或 Cu, 250℃}]{\text{Na}_2\text{Cr}_2\text{O}_7,\text{H}_2\text{SO}_4, 60℃} \underset{\text{环己酮}}{\text{C}_6\text{H}_{10}\text{O}}$$

此法的缺点是75%的苯酚和25%的环己酮会形成恒沸液，用蒸馏法难以分离。

近年来，开发了环己烷空气氧化制取环己酮的方法。此法是将苯在气相下氢化成环己烷，再用钴盐作催化剂，经空气氧化环己烷，生成环己醇和环己酮的混合物。环己醇再脱氢也可得环己酮。

$$\text{苯} \xrightarrow[170\sim230℃,\ 4\text{MPa}]{3H_2,\ Ni} \text{环己烷} \xrightarrow[140\sim160℃,\ 0.8\sim1.2\text{MPa}]{O_2,\ \text{乙酸钴}} \underset{\text{环己醇}}{\text{环己醇}} + \underset{\text{环己酮}}{\text{环己酮}}$$

$$\underset{\text{环己醇}}{\text{环己醇}} \xrightarrow[200℃]{CuCr_2O_4} \underset{\text{环己酮}}{\text{环己酮}}$$

环己酮为无色油状液体,有丙酮气味,沸点 155.7℃。它微溶于水,易溶于乙醇和乙醚,可以用做高沸点溶剂。工业上把环己酮氧化成己二酸,后者是合成尼龙 66 的主要原料。

$$\text{环己酮} \xrightarrow[\text{浓 } HNO_3]{[O]} \underset{\text{己二酸}}{\begin{array}{c} CH_2CH_2COOH \\ | \\ CH_2CH_2COOH \end{array}}$$

环己酮与羟胺作用,生成环己酮肟,再经贝克曼重排,即得己内酰胺。

$$\text{环己酮} + H_2NOH \longrightarrow \underset{\text{环己酮肟}}{\text{环己酮肟}} + H_2O$$

$$\text{环己酮肟} \xrightarrow[\text{分子重排}(90\sim95℃)]{H_2SO_4} \rightleftharpoons \underset{\text{己内酰胺}}{\text{己内酰胺}}$$

己内酰胺是合成尼龙 6 的原料。

*第五节 有机合成解题方法——"倒推法"

实践证明,解有机合成题时运用"倒推法"较为快捷奏效,因此被广泛采用。"倒推法",就是从产物倒推到合成原料(试剂)的方法。其过程是:第一步,从题目指定的产物开始,首先审定该产物属于哪一类有机物,该类有机物可经何种试剂制备;第二步,合成上述产物使用的试剂,又属于何种有机物?它又需要哪种试剂合成?……余类推。直至倒推到使用的试剂与题目给出的原料相对应起来为止。现举例如下。

【例 8-5】 由丁醛合成 2-丁酮。

【解析】 先写出原料及产物的相应构造式:

$$CH_3CH_2CH_2CHO \longrightarrow CH_3\underset{O}{\overset{\|}{C}}CH_2CH_3$$

此题合成产物为酮类。其原料与产物都含四个碳原子,碳链相同,因此,合成中只需考虑官能团的转换即可。

产物 $CH_3\overset{O}{\underset{\|}{C}}CH_3$ 可由 $CH_3CH_2\overset{OH}{\underset{|}{C}}HCH_3$ 氧化而成,而 $CH_3CH_2\overset{OH}{\underset{|}{C}}HCH_3$ 可通过 $CH_3CH_2\overset{X}{\underset{|}{C}}HCH_3$ 水解或 $CH_3CH_2CH=CH_2$ 水合制备,而 $CH_3CH_2\overset{X}{\underset{|}{C}}HCH_3$ 又可通过 $CH_3CH_2CH=CH_2$ 与 HX 加成而得,因此,关键是合成 $CH_3CH_2CH=CH_2$。而 $CH_3CH_2CH=CH_2$ 可通过

$CH_3CH_2CH_2CH_2OH$ 脱水而成，$CH_3CH_2CH_2CH_2OH$ 又可由原料 $CH_3CH_2CH_2CHO$ 还原而来，它正是本题给的原料。整个倒推法用式子表示如下：

$$CH_3CCH_3 \xleftarrow{[O]} CH_3CH_2CHCH_3 \underset{H_2O, H_3PO_4}{\overset{NaOH-H_2O, \triangle}{\rightleftarrows}} \underset{CH_3CH_2CH=CH_2}{\overset{CH_3CH_2CHCH_3(X)}{}} \xleftarrow[(-H_2O)]{浓 H_2SO_4, \triangle}$$

$$\xleftarrow{} CH_3CH_2CH_2OH \xleftarrow{[H]} CH_3CH_2CH_2CHO$$

整个合成路线为（按倒推法反过来写即可）：

$$CH_3CH_2CH_2CHO \xrightarrow[H_2, Ni]{[H]} CH_3CH_2CH_2CH_2OH \xrightarrow[(-H_2O)]{H_2SO_4, \triangle} CH_3CH_2CH=CH_2 \xrightarrow[H_3PO_4]{H_2O}$$

$$\longrightarrow CH_3CH_2\underset{OH}{C}HCH_3 \xrightarrow[KMnO_4, H^+]{[O]} CH_3CCH_3$$

【例 8-6】 由苯及必要的无机、有机试剂合成对硝基苯乙酮。

【解析】 先写出原料及产物的相应构造式：苯 $\longrightarrow$ O_2N-C$_6$H$_4$-COCH$_3$

由于产物苯环上的硝基（—NO_2）及乙酰基（$-\overset{O}{\underset{\|}{C}}-CH_3$）都是间位定位基，若由苯酰基化后再硝化，则硝基主要进入乙酰基的间位，生成间硝基苯乙酮；若先硝化，又不能再酰基化了。即使能酰基化，主要也是生成间硝基苯乙酮。因此，题目指定的产物对硝基苯乙酮不可能直接经硝化及酰基化的方法引入。该酮可通过相应的仲醇氧化的间接法合成，其倒推法思路如下：

$$O_2N\text{-}C_6H_4\text{-}COCH_3 \xleftarrow{[O]} O_2N\text{-}C_6H_4\text{-}CH(OH)CH_3 \xleftarrow[\triangle]{NaOH(水)} O_2N\text{-}C_6H_4\text{-}CHClCH_3$$

$$\xleftarrow[光]{Cl_2} O_2N\text{-}C_6H_4\text{-}CH_2CH_3 \xleftarrow{HNO_3, H_2SO_4} C_6H_5\text{-}CH_2CH_3 \xleftarrow[HF]{CH_2=CH_2} 苯$$

其合成路线按上述倒推法反过来写即可，不重复了。

【例 8-7】 由 C_3 或 C_3 以下的烯烃合成 $CH_3\underset{CH_3}{\overset{|}{C}}HCH_2CHO$。

【解析】 此题合成产物属于醛，运用倒推法，它可由相应伯醇氧化而成：

$$CH_3\underset{CH_3}{\overset{|}{C}}HCH_2CHO \xleftarrow{[O]} CH_3\underset{CH_3}{\overset{|}{C}}HCH_2CH_2OH$$

该伯醇含五个碳原子，题目规定需由 C_3 或 C_3 以下的烯烃增长碳链制备。根据"由小分子合成带有支链的大分子时，**结合点往往在支链位置**"的规律，可把 $CH_3\underset{CH_3}{\overset{|}{C}}H\,|\,CH_2CH_2OH$ 沿虚线"切断"，用适当试剂合成，即

$$CH_3\underset{CH_3}{\overset{|}{C}}H\,|\,CH_2CH_2OH \longleftarrow CH_3\underset{CH_3}{\overset{|}{C}}HMgBr + \overset{CH_2-CH_2}{\underset{O}{\diagdown\diagup}}$$

而格氏试剂 $CH_3\underset{CH_3}{\overset{|}{C}}HMgBr$ 又可按下法合成：

$$CH_3CH=CH_2 \xrightarrow{HBr} CH_3CHBrCH_3 \xrightarrow[\text{绝对醚}]{Mg} CH_3CH(CH_3)MgBr$$

$\overset{CH_2-CH_2}{\underset{O}{\diagdown\diagup}}$ 可由乙烯氧化制备：

$$CH_2=CH_2 \xrightarrow{O_2, Ag, 250℃} \overset{CH_2-CH_2}{\underset{O}{\diagdown\diagup}}$$

根据上面倒推法的思路，整个合成路线为：

$$CH_3CH=CH_2 \xrightarrow{HBr} CH_3CHBrCH_3 \xrightarrow[\text{绝对醚}]{Mg}$$

$$\longrightarrow CH_3CH(CH_3)MgBr \xrightarrow[\text{② }H_2O]{\text{① 环氧乙烷}} CH_3CH(CH_3)CH_2CH_2OH \xrightarrow{[O], KMnO_4}$$

$$\longrightarrow CH_3CH(CH_3)CH_2CHO$$

【阅读资料】

室内装修防污染

众所周知，室内环境污染，对身体健康危害很大。目前房屋装修的污染物中，主要是甲醛、苯、甲苯、二甲苯、氨等有害气体和放射性物质，其中甲醛的污染最为常见。

甲醛主要产生于室内使用的家具、地板及装饰用的胶合板、细木板、纤维板和刨花板等人造板材，以及含有甲醛成分的各种装饰材料，如化纤地毯、泡沫塑料、涂料等，目前生产人造板材常用的胶黏剂，也多以甲醛为主要成分。板材中残留的和未参与反应的甲醛向周围环境释放，就造成了室内空气污染，这种污染可长达 3～10 年之久。

甲醛释放到空气中后，通过人的呼吸就会对人体造成毒害。一般来说，长时间与低浓度的甲醛接触，就可引起呼吸道疾病、眼部疾病、女性月经失调和紊乱、妊娠综合症、新生儿畸形、精神抑郁症等。如果甲醛含量超标（≥1.0mg/m³），还会出现下述症状：

① 有刺激性异味和不适感；
② 刺激眼睛流泪，黏膜水肿；
③ 鼻腔、口腔、咽喉不适、皮肤过敏；
④ 头痛、恶心、呕吐、咳嗽、胸闷、气喘、全身无力、心悸失眠；
⑤ 引起持久性头痛、肺炎、肺水肿、丧失食欲，甚至引起死亡。

甲醛已被世界卫生组织确认为致癌和致畸形物质。它对妇女和儿童尤为敏感，危害更大。

苯、甲苯、二甲苯等芳香烃，主要来自装修中使用的各种涂料、胶水等。上述芳香烃是上述装修材料的重要成分，除对人的眼睛和皮肤有损害外，还会对人的肝脏等造血器官及中枢神经系统造成损害，易引起白血病。

氨主要来自冬季装修施工中使用的含尿素成分的混凝土防冻剂，它会随着温度、湿度等环境因素的变化还原成氨气，缓慢释放出来，对人的呼吸系统危害很大。

此外，放射性物质的污染，主要来自建筑用的石材、烧结砖、瓷砖、石膏等。这些建筑及装饰材料产生的放射性物质，能使人患上放射性疾病，对人的生殖系统、不孕不育、造血功能等造成损害。

因此，新房装修后，一定要开窗通风一段时间，待有毒气体消散后再入住，还要养成良好的生活习惯，经常保持室内空气流通，室内还可以摆放一些有空气净化作用的绿色植物。

本 章 小 结

1. 醛、酮分子中都含有官能团羰基（ \C=O ），醛、酮统称为羰基化合物。醛、酮和烯烃虽都能发生加成反应，但加成的试剂不同。醛、酮的羰基（ $\overset{\delta^+}{C}\rightleftharpoons\overset{\delta^-}{O}$ ）为具有极性的不饱和基团，它能与 HCN、NaHSO$_3$、RMgX 等试剂加成，而烯烃的碳碳双键（ \C=C/ ）则与 X$_2$、HX、H$_2$SO$_4$ 等试剂加成，二者不能混淆。

2. 醛、酮的化学反应
(1) 羰基的加成反应及主要用途

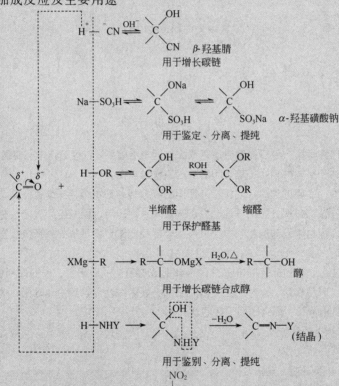

式中，Y 表示 —OH、—NH—⟨⟩、—NH—⟨NO$_2$,NO$_2$⟩。

注意：醛、脂肪族甲基酮以及 8 个碳以下的环酮均可与 HCN、NaHSO$_3$ 加成。

(2) α-氢原子的反应

① （图：醛的羟醛缩合反应，生成 β-羟基醛，再脱水生成 α,β-不饱和醛）

用于成倍增长碳链并产生支链。酮的此反应较困难。

② $\left(\begin{array}{c}\text{OH}\\ \text{CH}_3\text{CH—H}\\ \text{(R)}\end{array}\right) \xrightarrow{\text{NaOI}} \text{CH}_3\overset{\text{O}}{\underset{\text{(R)}}{\text{C—H}}} \xrightarrow{\text{3NaOI}} \text{CI}_3\overset{\text{O}}{\underset{\text{(R)}}{\text{C—H}}} \xrightarrow{\text{NaOH}} \text{CHI}_3\downarrow + \text{H—}\overset{\text{O}}{\underset{\text{(R)}}{\text{C}}}\text{—ONa}$
碘仿（黄）

$\xrightarrow{\text{H}^+}$ H—$\overset{\text{O}}{\underset{\text{(R)}}{\text{C}}}$—OH

碘仿反应用于乙醛、甲基酮及 $\text{CH}_3\overset{\text{OH}}{\text{CH}}\text{—R}$ 的鉴别，也用于制取其他方法难于制备的羧酸。

(3) 歧化反应

无 α 氢的醛在浓碱作用下，一分子醛被氧化成羧酸，另一分子醛被还原成相应的醇。

(4) 还原反应

$\text{C═O}\begin{array}{c}\xrightarrow[\text{或 LiAlH}_4]{\text{H}_2,\text{Ni}}\text{CHOH}\\ \xrightarrow[\text{Zn—Hg/HCl}]{\text{[H]}}\text{CH}_2\end{array}$

催化加氢 C═O、C═C 都被还原

LiAlH$_4$ 只还原 C═O、—COOH 等，不还原 C═C

分子中含醇羟基、C═C 等对酸敏感的基团时不适用

3. 醛、酮的鉴别

(1) 羰基试剂试验　2,4-二硝基苯肼是最常用的羰基试剂，醛和酮均产生黄色结晶；再测定其熔点，可鉴别属何种醛、酮。

(2) 托伦试剂试验　醛类有银镜生成，酮类则无此反应。

(3) 斐林试剂试验　脂肪族醛类有氧化亚铜红色沉淀生成（甲醛可生成铜镜）；芳香醛及酮类则无此反应。

(4) 次碘酸钠试剂　乙醛、甲基酮类及 $\text{CH}_3\overset{\text{OH}}{\text{CH}}\text{—R}$ 结构的醇均可产生碘仿（CHI$_3$）黄色结晶。

(5) 饱和亚硫酸氢钠溶液试验　醛类、脂肪族甲基酮及 8 个碳以下的环酮均产生无色（或白色）结晶，其他酮无此反应。

(6) 品红醛试剂（席夫试剂）试验　醛类可使席夫试剂的无色溶液迅速显紫红色（酮类则无此反应）；再加入几滴浓硫酸振荡，不褪色的为甲醛，褪色的为其他醛。

习　题

1. 命名下列化合物。

(1) $(\text{CH}_3)_2\text{CHCHO}$　　　(2) $(\text{CH}_3)_2\text{CHCH}_2\text{CH}_3$　　　(3) [对位二取代苯：CHO 和 OCH$_3$]
　　　　　　　　　　　　　　　　　　　　$\overset{|}{\text{O}}$

(4) C₆H₅—CHO (5) C₆H₅—CH=CHCHO (6) C₆H₅—CH₂CH₂COCH₃ (一种香料)

2. 写出下列化合物的构造式。
(1) 甲基异丙基（甲）酮 (2) 丙烯醛 (3) 三聚甲醛 (4) 环己酮
(5) 氯仿和碘仿 (6) 邻羟基苯甲醛 (7) 对氯苯乙酮 (8) 苯甲基对甲苯基（甲）酮

3. 写出乙醛与下列试剂的化学反应式。
(1) NaHSO₃ (2) 2,4-二硝基苯肼 (3) C_2H_5OH（无水，过量）干燥 HCl
(4) 异丙基溴化镁 (5) $KMnO_4, H^+$，加热 (6) NaOI
(7) 托伦试剂 (8) 斐林试剂

4. 下列化合物中哪些能与 NaHSO₃ 加成，哪些能起碘仿反应？试写出相应的化学反应式。
(1) $CH_3\overset{O}{\underset{}{C}}-H$ (2) 异丙醇 (3) CH_3CH_2CHO
(4) $CH_3COCH_2CH_2CH_3$ (5) $CH_3CH_2COCH_2CH_3$ (6) $C_6H_5COCH_3$
(7) $CH_3\underset{OH}{CH}CH_2CH_3$ (8) $C_6H_5\underset{OH}{CH}CH_3$ (9) $CH_3CH_2\underset{OH}{CH}CH_2CH_3$

5. 下列化合物在稀碱催化下，哪些能自身发生羟醛缩合，哪些能在浓碱催化下发生康尼查罗反应？试写出相应的化学反应式。

(1) $CH_3CH_2\overset{O}{\underset{}{C}}-H$ (2) 苯甲醛 (3) 乙醛
(4) $(CH_3)_3C-CHO$

6. 写出下列反应式中 A、B、C 的相应产物或条件。

(1) $CH_3CH_2CHO \xrightarrow[②\triangle,-H_2O]{①10\%NaOH} A \xrightarrow[Ni]{H_2} B$

(2) $CH_3C\equiv CH+H_2O \xrightarrow{HgSO_4} A \xrightarrow{H_2NNH-\text{(2,4-二硝基苯基)}} B$

(3) $CH_3\underset{OH}{CH}CH_2CH_3 \xrightarrow{A} CH_3\underset{O}{\overset{}{C}}CH_2CH_3 \xrightarrow[乙醚]{CH_3MgBr} B \xrightarrow{H_2O} C$

(4) $CH_2=CH_2+O_2 \xrightarrow[120\sim130℃]{PdCl_2,CuCl_2} A \xrightarrow[干 HCl]{CH_3CH_2OH（过量）} B$

(5) $CH\equiv CH \xrightarrow{A} CH_3CHO \xrightarrow{B} CHI_3$

(6) $(CH_3)_3CCHO+HCHO \xrightarrow{浓 OH} A$

7. 试在下列反应式中填上适当的还原剂。

(1) $CH_3\underset{CH_3}{CH}CH=CHCHO \xrightarrow{?} CH_3\underset{CH_3}{CH}CH_2CH_2CH_2OH$ (2) $CH_2CH=CHCHO \xrightarrow{?} CH_3CH=CHCH_2OH$

(3) 间-Cl-C₆H₄-COCH₃ $\xrightarrow{?}$ 间-Cl-C₆H₄-CH₂CH₃ (4) $CH_3\underset{OH}{CH}COCH_3 \xrightarrow{?} CH_3\underset{OH}{CH}CH_2CH_3$

(5) $C_6H_5CH_2COCH_3 \xrightarrow{?} C_6H_5\underset{OH}{CH}CH_3$

8. 用简便的化学方法区别下列各组化合物。

(1) 甲醛与苯甲醛 (2) 正丙醇与异丙醇
(3) 丙酮与苯乙酮 (4) 甲醛、乙醛、丙酮、苯甲醛
(5) 乙醇、乙醛、丙酮、丙醇

9. 用化学方法分离下列各组化合物。

(1) 苯甲醛与苯乙酮 (2) 丙酮与异丙醇 (3) 3-戊醇、2-戊酮、3-戊酮

10. 某化合物的相对分子质量为86，含碳69.8%，含氢11.6%，它与NaOI溶液作用能发生碘仿反应，且能与$NaHSO_3$加成，但不与托伦试剂作用。试推测此化合物可能的结构。

[提示] 首先从其分子的碳、氢百分含量求出其分子组成（注意它分子中还含有氧!），再依题意推测其构造式。

11. 由指定的有机原料及必要的无机试剂合成下列化合物。

(1) $CH_2=CH_2 \longrightarrow$ 正丁醇

(2) 乙醇 $\longrightarrow$ 2-丁酮

(3) 甲醇、乙醇 $\longrightarrow$ 正丙醇、异丙醇

(4) C_3及C_3以下的醇 $\longrightarrow$ CH_3CHCH_2OH、$CH_3CH_2CH_2CH_2Br$、$CH_3\overset{O}{\underset{}{C}}\overset{CH_3}{\underset{}{CH}}CH_3$
$|$
CH_3

12. 选择题

*(1) 已知丁基共有四种。不必试写，立即可断定分子式为$C_5H_{10}O$的醛应为（　　）。

A. 3种　　　　B. 4种　　　　C. 5种　　　　D. 6种

(2) 下列物质中，能发生氧化反应、还原反应、羟醛缩合反应、碘仿反应、与$NaHSO_3$加成、与斐林试剂反应的是（　　）。

A. CH_3CHO　　　B. CH_3CH_2CHO　　　C. 苯甲醛　　　D. $CH_3\overset{O}{\underset{}{C}}CH_3$

(3) 下列是给出的试剂或反应条件，苯甲醛不能发生反应的是（　　）。

A. 饱和$NaHSO_3$溶液　　B. 2,4-二硝基苯肼　　C. 托伦试剂　　D. 斐林试剂
E. 稀氢氧化钠　　F. 浓氢氧化钠　　G. 乙醛、稀氢氧化钠　　H. NaOI-NaOH

13. 填空题

试写出下列物质的鉴别试剂。

① 醛、酮与其他有机物的鉴别试剂是＿＿＿＿＿＿＿＿＿＿。
② 醛与酮的鉴别试剂是＿＿＿＿＿＿＿＿＿＿＿＿＿＿。
③ 脂肪醛与芳香醛的鉴别试剂是＿＿＿＿＿＿＿＿＿＿。
④ 甲基酮与非甲基酮的鉴别试剂是＿＿＿＿＿＿＿＿＿。
⑤ 甲醛与其他醛的鉴别试剂是＿＿＿＿＿＿＿＿＿＿＿。

第九章 羧酸及其衍生物

> **学习要求**
> 1. 了解羧酸的结构特点和分类,掌握羧酸及其衍生物的命名方法以及常见羧酸的俗名。
> 2. 了解羧酸及其衍生物的物理性质及其变化规律。
> 3. 掌握羧酸及其衍生物的化学性质及实际应用;理解羧酸酸性强弱规律。
> 4. 熟悉重要羧酸及其衍生物的工业制法及其在生产、生活中的应用。

第一节 羧 酸

含有羧基($-COOH$)结构的有机化合物,称为**羧酸**。羧酸通常是有机物氧化的最后产物。

羧酸广泛存在于自然界,常以游离态、盐或酯的形式存在于动植物体中。如水果中存在柠檬酸、苹果酸;多种草本植物存在草酸的钙盐、钾盐;花果香中存在低级有机酸酯,动植物油中存在高级脂肪酸甘油酯等。

一、羧酸的结构和分类

1. 羧酸的结构

羧酸($R-COOH$)可看成是烃分子中的氢原子被羧基取代后的产物(甲酸除外)。**饱和一元羧酸的通式是** $R-COOH$。**羧基** $-COOH$ **是羧酸的官能团**,它是由羰基和羟基构成的。

用近代物理方法测定甲酸中 $C=O$ 和 $C-OH$ 的键长表明,羧酸中 $C=O$ 键的键长(0.1245nm)比普通羰基的 $C=O$ 键键长(0.122nm)略长,$C-OH$ 键中的碳氧键键长(0.131nm)比醇中的碳氧键键长(0.143nm)略短,$C=O$ 双键和 $C-O$ 单键的键长趋于平均化。因此,在羧酸中的羰基及羟基都不具有普通羰基($C=O$)及普通醇羟基($-OH$)的典型性质,而是因两者相互影响,具有自己的特性。

2. 羧酸的分类

根据羧酸分子中所含烃基的种类,可分为脂肪族羧酸、脂环族羧酸和芳香族羧酸。根据烃基是否饱和,可分为饱和羧酸和不饱和羧酸。根据羧酸分子中所含羧基的数目,又可分为一元羧酸、二元羧酸,二元及二元以上的羧酸称为多元羧酸。例如:

一元羧酸 CH_3COOH 、 C_6H_5COOH

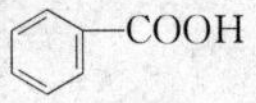

二元羧酸

$\begin{matrix} COOH \\ | \\ COOH \end{matrix}$ 、 邻苯二甲酸结构

二、羧酸的命名

羧酸根据它们的天然来源或性质往往有俗名。例如，甲酸（HCOOH）最初是从蒸馏蚂蚁浸取液中得到的，因此又称蚁酸；乙酸（CH_3COOH）最初是从食醋中获得的，因此又称醋酸。

脂肪族羧酸的系统命名法与醛相似，要选取含有羧基的最长碳链做主链，根据主链的碳原子数目称为"某酸"。主链的碳原子，要从羧基的碳原子开始，用阿拉伯数字编号；也可从与羧基直接相连的碳原子开始，用希腊字母 α、β、γ、δ、…表示，ω 常用来指碳链末端的位置。例如：

$$\overset{\omega}{C}-\overset{\delta}{C}-\overset{\gamma}{C}-\overset{\beta}{C}-\overset{\alpha}{C}-\overset{O}{\underset{OH}{C}}$$
系统名编号 6 5 4 3 2 1

$CH_3CH_2CH-CHCOOH$
  　　　　 |　　|
  　　　　CH_3 CH_3

2,3-二甲基戊酸
或 α、β-二甲基戊酸

$CH_3CH=CHCOOH$

2-丁烯酸
（巴豆酸）

$\begin{matrix} CH_2CH_3 \\ | \\ CH_3CHC=CHCOOH \\ | \\ CH_3 \end{matrix}$

3,4-二甲基-2-己烯酸

脂肪族二元羧酸的命名，要选取含两个羧基的最长碳链做主链，称为"某二酸"。例如：

$\begin{matrix} COOH \\ | \\ COOH \end{matrix}$

乙二酸（草酸）

$\begin{matrix} COOH \\ | \\ H_2C \\ | \\ COOH \end{matrix}$

丙二酸（胡萝卜酸）

$\begin{matrix} CH-COOH \\ \| \\ CH-COOH \end{matrix}$

顺丁烯二酸（马来酸）

$\begin{matrix} CH_2CH_3 \\ | \\ CH_3CHCHCOOH \\ | \\ COOH \end{matrix}$

2-甲基-3-乙基丁二酸

芳香族羧酸的命名，若羧基与苯环直接相连的，以苯甲酸为母体，环上的其他基团作为取代基。若羧基与苯环侧链相连的，则以脂肪酸为母体，芳基为取代基来命名。若苯环上连有几个羧基，要标明羧基的相对位置。例如：

苯甲酸
（安息香酸）

邻甲苯甲酸

α-萘乙酸

3-苯基丙烯酸
或 β-苯基丙烯酸
（肉桂酸）

3-邻甲苯基丁酸
或 β-邻甲苯基丁酸

对苯二甲酸

脂环族羧酸的命名，是以脂肪羧酸为母体，脂环基为取代基。例如：

△—COOH
环丙基甲酸

三、羧酸的物理性质

饱和一元羧酸中，低级酸（$C_1 \sim C_3$）是具有强烈酸味和刺激性的液体，中级酸（$C_4 \sim C_9$）是具有腐败酸臭味的油状液体，C_{10}以上的羧酸为无臭的蜡状固体。脂肪族二元羧酸及芳香族羧酸都是结晶固体。

脂肪族低级一元羧酸（$C_1 \sim C_4$）可与水混溶，从戊酸开始，随着碳原子数的增加水溶性降低，癸酸以上的羧酸不溶于水。低级的二元羧酸也可溶于水，并随碳链增长而溶解度降低。这是由于羧酸是极性分子，羧基是个亲水基团，可与水分子形成氢键

而随着羧酸分子中烃基的增大，羧基在分子中的影响逐渐减小的缘故。芳酸的水溶性极差。

饱和一元羧酸的沸点，比相对分子质量相近的醇还高。例如甲酸与乙醇的相对分子质量均为46，但乙醇的沸点为78.3℃，而甲酸的沸点为100.5℃；乙醇与丙醇的相对分子质量均为60，但丙醇的沸点为97.2℃，而乙酸的沸点为118℃。这是因为羧酸能通过氢键缔合成二聚体：

羧酸分子间的这种氢键比醇分子间的氢键更稳定。根据蒸气密度的测定，低级羧酸如甲酸、乙酸等，在气相时仍保持双分子缔合体。

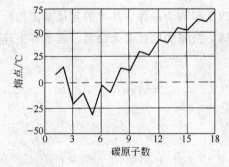

图 9-1　直链饱和一元羧酸的熔点

饱和一元羧酸的沸点和熔点的变化总趋势都是随碳链增长而升高，但熔点变化的特点是呈锯齿状上升（如图9-1所示），即含偶数碳原子羧酸的熔点比其前后两个相邻的含奇数碳原子羧酸的熔点都高。这是由于在含偶数碳原子链中，链端甲基和羧基分处在链的两侧，而在奇数碳原子链中，则在碳链的同侧，前者具有较高的对称性，在晶格中排列得更紧密，分子间吸引力更大，因而熔点较高。

芳香族羧酸一般可以升华，有些能随水蒸气挥发，利用这一特性可以分离与提纯芳香酸。一些常见羧酸的物理常数见表9-1。

四、羧酸的化学性质

羧酸（RCOOH）的分子结构，由烃基及官能团羧基（—COOH）组成，羧酸的化学反应主要发生在羧基上。

表 9-1　一些羧酸的物理常数

名　称	构　造　式	熔点/℃	沸点/℃	相对密度 d_4^{20}	pK_a(25℃) 两个数值的,分别为 pK_{a1} 和 pK_{a2}	溶解度(20℃)/[g/(100g H$_2$O)]
甲酸（蚁酸）	HCOOH	8.4	100.7	1.220	3.77	∞
乙酸（醋酸）	CH$_3$COOH	16.6	118	1.049	4.76	∞
丙酸（初油酸）	CH$_3$CH$_2$COOH	−21	141	0.992	4.88	∞
正丁酸（酪酸）	CH$_3$(CH$_2$)$_2$COOH	−5	163.5	0.959	4.82	∞
正戊酸（缬草酸）	CH$_3$(CH$_2$)$_3$COOH	−59	187	0.939	4.81	3.7
正己酸（羊油酸）	CH$_3$(CH$_2$)$_4$COOH	−9.5	205	0.929	4.85	1.0
正辛酸（羊脂酸）	CH$_3$(CH$_2$)$_6$COOH	16.5	237	0.919	4.85	0.25
正癸酸（羊蜡酸）	CH$_3$(CH$_2$)$_8$COOH	31.3	269			0.2
十二酸（月桂酸）	CH$_3$(CH$_2$)$_{10}$COOH	43.6	225(13.3kPa)			不溶
十四酸（豆蔻酸）	CH$_3$(CH$_2$)$_{12}$COOH	58	251(13.3kPa)			不溶
十六酸（软脂酸）	CH$_3$(CH$_2$)$_{14}$COOH	63	390			不溶
十八酸（硬脂酸）	CH$_3$(CH$_2$)$_{16}$COOH	71.5~72	360(分解)		6.37	不溶
丙烯酸	CH$_2$=CHCOOH	13	141		4.26	
乙二酸（草酸）	HOOC—COOH	189.5	157(升华)	1.9	1.23,4.19	9
己二酸（肥酸）	HOOC(CH$_2$)$_4$COOH	153	276	1.360$^{25℃}$	4.43,5.41	2
苯甲酸（安息香酸）	C$_6$H$_5$—COOH	122.4	249(100℃升华)		4.19	0.34
邻苯二甲酸	C$_6$H$_4$(COOH)$_2$	231			2.89,5.51	0.70
对苯二甲酸	HOOC—C$_6$H$_4$—COOH	300(升华)			3.15,4.82	0.002

羧基是由羟基（—OH）和羰基（ $\diagdown$C=O ）组成的，因此，羧酸在不同程度上反映了羟基和羰基的性质。例如羧酸中的羟基和醇羟基类似，易发生取代反应；羧酸中的羰基和醛、酮中的羰基类似，可发生还原反应等。但烃基与羧基形成一个整体后，羧基（ $-C\diagdown_{OH}^{O}$ ）中羟基（—OH）氧原子上的电子云向羰基氧转移，增加了羧基中氧氢键间的极性，使氢原子易离解为质子，因此，羧酸又具有新的特性——酸性。

$$R-C\underset{\ddot{O}-H}{\overset{O}{\diagdown}} \rightleftharpoons R-C\underset{O^-}{\overset{O}{\diagdown}} + H^+$$

羧酸通常也不发生类似醛、酮的加成反应。此外，烃基与羧基也是相互影响的，烃基结构不同，羧酸的酸性强弱也不同；反之，羧基的存在也影响着烃基的性质，例如它使脂肪族烃基中的 α-氢原子活化、使芳环钝化等。

羧酸的化学反应主要有下列几种类型。

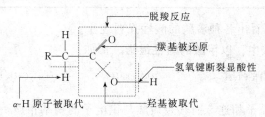

1. 羧基中氢原子的反应——酸性

羧酸具有明显的弱酸性，它可以使蓝色石蕊试纸显红色（苯酚不能使蓝色石蕊试纸变色）。羧酸在水溶液中存在着下列平衡：

$$R-COOH \rightleftharpoons RCOO^- + H^+$$

$$K_a = \frac{[RCOO^-][H^+]}{[RCOOH]}$$

羧酸的酸性强弱，可用离解常数 K_a 的负对数 pK_a 值表示：

$$pK_a = -\lg K_a$$

pK_a 值愈小，酸性愈强。一些羧酸的 pK_a 值见表9-1。

【演示实验9-1】 取一支预先配好塞子及导气管的试管，在试管中加入10%乙酸溶液15mL及1g碳酸钠，塞好塞子，并将导气管插入盛有1~2mL澄清石灰水的小试管中。加热反应试管，当有连续的气泡出现后，可看到石灰水逐渐变混浊，出现白色 $CaCO_3$ 沉淀。

实验表明，**羧酸除能与氢氧化钠溶液作用成盐外，也能分解碳酸盐和碳酸氢盐而放出二氧化碳**。

$$RCOOH + NaOH \longrightarrow RCOONa + H_2O$$
$$2RCOOH + Na_2CO_3 \longrightarrow 2RCOONa + CO_2\uparrow + H_2O$$
$$RCOOH + NaHCO_3 \longrightarrow RCOONa + CO_2\uparrow + H_2O$$

而羧酸盐又可被强无机酸分解，使羧酸游离析出。

$$RCOONa + HCl \longrightarrow RCOOH + NaCl$$

由此可见，羧酸具有弱酸性，其酸性小于强无机酸，但比碳酸（$pK_{a1} = 6.37$）及一般酚类（$pK_a \approx 10$）强。

羧酸与碳酸氢钠及氢氧化钠的反应可用于不溶于水的羧酸、酚及醇的区别。**不溶于水的酚可溶于氢氧化钠溶液，但不溶于碳酸氢钠溶液；不溶于水的羧酸既溶于氢氧化钠溶液，也溶于碳酸氢钠溶液且有二氧化碳气体放出；不溶于水的醇对氢氧化钠及碳酸氢钠溶液都不溶解。**

上述性质常用来区别、分离与精制羧酸。

羧酸的酸性强弱，受分子中烃基的结构影响很大。一般地说，羧基与吸电子的基团相连时，能降低羧基中羟基氧的电子云密度，从而增加氧氢键的极性，氢原子易于离解而使其酸性增强（参见表9-2）。相反，若羧基与供电子的基团相连时，能增加羧基中羟基氧的电子云密度，从而减弱氧氢键的极性，因而酸性减弱。

表9-2 几种卤代酸的 pK_a 值

名 称	构 造 式	pK_a	名 称	构 造 式	pK_a
一氟乙酸	FCH_2COOH	2.66	一碘乙酸	ICH_2COOH	3.12
一氯乙酸	$ClCH_2COOH$	2.86	γ-氯丁酸	$ClCH_2CH_2CH_2COOH$	4.52
二氯乙酸	$Cl_2CHCOOH$	1.26	β-氯丁酸	$CH_3CHClCH_2COOH$	4.06
三氯乙酸	Cl_3CCOOH	0.64	α-氯丁酸	$CH_3CH_2CHClCOOH$	2.86
一溴乙酸	$BrCH_2COOH$	2.90			

从表9-1及表9-2可看出各种羧酸的酸性强弱规律。

（1）**在饱和一元羧酸中，以甲酸的酸性最强。**例如：

	HCOOH	CH_3COOH	CH_3CH_2COOH
pK_a	3.77	4.76	4.88

原因是甲酸中羧基与氢原子相连，而其余羧酸与供电子的烷基相连，因而一般羧酸的酸性比

甲酸弱。

（2）在饱和一元羧酸中与羧基相连的烃基上，特别是 α 位，连有电负性大的原子或基团（如—X、—NO₂、—OH 等）时，能增强其酸性。同时，取代基团的电负性愈大，取代数目愈多，离羧基愈近，其酸性愈强。例如：

① 各种卤代乙酸的酸性比较

	FCH₂COOH	ClCH₂COOH	BrCH₂COOH	ICH₂COOH
	一氟乙酸	一氯乙酸	一溴乙酸	一碘乙酸
pK_a	2.66	2.86	2.90	3.12

酸性由强逐渐减弱 →

② 各种氯代乙酸及乙酸的酸性比较

	Cl₃CCOOH	Cl₂CHCOOH	ClCH₂COOH	CH₃COOH
	三氯乙酸	二氯乙酸	一氯乙酸	乙酸
pK_a	0.64	1.26	2.86	4.76

酸性由强逐渐减弱 →

③ 各种氯代丁酸的酸性比较

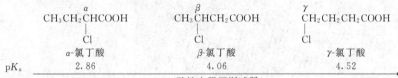

	α-氯丁酸	β-氯丁酸	γ-氯丁酸
pK_a	2.86	4.06	4.52

酸性由强逐渐减弱 →

（3）低级的饱和二元羧酸的酸性比饱和一元羧酸的酸性强，特别是乙二酸。这是因为乙二酸由两个电负性大的羧基相连而成，由于羧基相互吸电子的作用，使分子中两个氢原子都易于离解而使酸性显著增加（乙二酸的 pK_{a_1} 为 1.23，而甲酸的 pK_a 为 3.77）。但丙二酸、丁二酸的酸性则随两个羧基间碳原子数的增加而相应减弱（丙二酸的 pK_{a_1} 为 2.83，丁二酸的 pK_{a_1} 为 4.16）。

（4）羧基直接连于苯环上的芳香族羧酸比饱和一元羧酸的酸性强，但比甲酸弱。例如：

	HCOOH	C₆H₅COOH	CH₃COOH	CH₃CH₂COOH
pK_a	3.77	4.19	4.76	4.88

原因是苯甲酸的苯环取代了甲酸中氢原子的位置后，苯环的大 π 键和羧基形成了共轭体系，电子云向羧基偏移，减弱了 O—H 键的极性，使氢原子较难离解为质子，故苯甲酸的酸性比甲酸弱。

（5）取代芳酸的酸性。一般地说，对位取代芳酸的酸性，若羧基的对位上连有吸电子基团（例如—NO₂）时，其酸性比苯甲酸强；反之，羧基对位上连有供电子基团（例如—CH₃ 或—OH）时，其酸性比苯甲酸弱。例如：

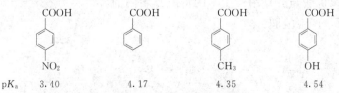

pK_a	3.40	4.17	4.35	4.54

* 如前所述，在羧酸分子中引入吸电子基团能增强其酸性，引入供电子基团则减弱其酸性。这种由于原子或基团的电负性不同，使成键的电子云发生偏移而产生极性，并通过静电诱导作用，沿着 σ 键传递下去的现象，称为诱导效应。诱导效应随着碳链的增长而迅速减弱。一般经过三个碳原子以上其影响就可以忽略不计了。

一些常见取代基的吸电子或供电子能力强弱顺序如下：

吸电子基：$-NO_2>-COOH>-F>-Cl>-Br>-I>-C\equiv CH>-CH=CH_2>-H$

供电子基：$(CH_3)_3C->(CH_3)_2CH->CH_3CH_2->CH_3->H-$

2. 羧基中羟基的取代反应——羧酸衍生物的生成

羧基中的羟基可被卤素（—X）、酰氧基（$-O-\overset{\overset{O}{\|}}{C}-R$）、烷氧基（—O—R）、氨基（—NH$_2$）取代，分别生成酰卤、酸酐、酯和酰胺。

$$R-\underset{OH}{\overset{O}{\|}}{C} + PCl_5 \longrightarrow R-\underset{Cl}{\overset{O}{\|}}{C} + POCl_3 + HCl$$
$$(PCl_3) \quad 酰氯 \quad (+H_3PO_3)$$

$$\begin{array}{c} R-\overset{O}{\underset{\|}{C}}-[OH] \\ [H]-\overset{\|}{\underset{O}{C}}-R \end{array} \xrightarrow[\Delta]{P_2O_5} \begin{array}{c} R-\overset{O}{\underset{\|}{C}} \\ R-\overset{\|}{\underset{O}{C}} \end{array}O + H_2O$$
酸酐

$$R-\underset{OH}{\overset{O}{\|}}{C} + R'OH \underset{}{\overset{H^+}{\rightleftharpoons}} R-\underset{OR'}{\overset{O}{\|}}{C} + H_2O$$
酯

上述羧酸与醇作用，生成酯和水的反应称酯化反应。酯化反应是可逆反应。

【演示实验 9-2】　在一干燥的大试管中，加入无水乙醇和冰醋酸各 5mL 及 10 滴浓硫酸，摇匀后放在 60~70℃ 的热水浴中加热约 10min 后，把试管用冷水冷却，此时并无酯层析出（为什么？）。再慢慢滴加饱和碳酸钠溶液（约 4mL）中和反应液至中性，振荡后静置，即可观察到有酯层浮在液面上，并可嗅到乙酸乙酯的芳香气味。

如果用含有氧同位素 ^{18}O 的乙醇与乙酸反应，反应后 ^{18}O 原子是存在于产物乙酸乙酯中，而不是存在于水中。

$$CH_3\overset{O}{\underset{OH}{\|}}C + [H]-^{18}OCH_2CH_3 \overset{H^+}{\rightleftharpoons} CH_3\overset{O}{\underset{^{18}OCH_2CH_3}{\|}}C + H_2O$$

由此可证明，酯化反应是由羧酸分子中的羟基与醇羟基中的氢原子结合成水的，其余部分结合成羧酸酯。

要注意，无机酸与醇作用，是无机酸中的氢原子与醇中的羟基结合成水（请参看醇的化学性质），有机酸和无机酸与醇作用产生水的情况是不同的。

羧酸还与氨作用，产生酰胺。

$$R-\underset{OH}{\overset{O}{\|}}{C} + H-NH_2 \xrightarrow{\Delta} R-\underset{NH_2}{\overset{O}{\|}}{C} + H_2O$$
酰胺

实际上，羧酸与氨作用先生成铵盐，铵盐再受热失水，生成酰胺。

$$R-\underset{OH}{\overset{O}{\|}}{C} + NH_3 \longrightarrow R-\underset{ONH_4}{\overset{O}{\|}}{C} \xrightarrow[-H_2O]{\Delta} R-\underset{NH_2}{\overset{O}{\|}}{C}$$

上述酰卤、酸酐、酯和酰胺这四类生成物，统称为羧酸衍生物。它们在工业上及有机合成中有着重要的地位。

3. 羧基中羰基的还原反应

虽然伯醇和醛容易被氧化成相应的羧酸，其逆反应（羧酸的还原反应）却是比较困难的。但在强烈的还原剂如氢化铝锂的作用下，仍可将羧酸直接还原成醇。例如：

$$(CH_3)_3CCOOH \xrightarrow[\text{②稀 HCl}]{\text{①}LiAlH_4} (CH_3)_3CCH_2OH$$
$$(92\%)$$

此法不但产率高，且不影响 $\diagdown C=C \diagup$ 双键。例如：

$$CH_3CH=CHCOOH \xrightarrow[\text{②稀 HCl}]{\text{①}LiAlH_4} CH_3CH=CHCH_2OH$$

4. 脱羧反应

在一定条件下脱去羧基并放出二氧化碳的反应，称为脱羧反应。通常情况下，羧基是比较稳定的。羧酸脱羧的难易程度与其结构有关。除甲酸外，其他饱和一元羧酸一般不易脱羧。只有低级羧酸的碱金属盐与碱石灰共熔时才能发生脱羧反应，生成比羧酸盐少一个碳原子的烷烃。例如甲烷的实验室制法就是利用这一反应。

$$CH_3-\overset{\overset{\displaystyle O}{\|}}{C}-O-Na + NaOH \xrightarrow[\text{高温}]{CaO} Na_2CO_3 + CH_4$$

当脂肪酸的 α-碳原子上连有强的吸电子基团时，由于受吸电子基团的影响，加大了羧基碳和烃基碳之间键的极性，从而有利于碳碳键的断裂，容易发生脱羧反应。例如：

$$CH_3-\overset{\overset{\displaystyle O}{\|}}{C}-CH_2-COOH \xrightarrow{100\sim 200℃} CH_3-\overset{\overset{\displaystyle O}{\|}}{C}-CH_3 + CO_2$$

5. α-氢原子的卤代反应

和醛、酮相似，羧酸分子中的 α-氢原子因受羧基的影响，具有一定的活泼性，在一定条件下可被氯或溴取代，但羧酸中的羧基对 α-氢原子的影响不如醛、酮中羰基对 α-氢原子的致活作用强。因此要在催化剂（红磷、碘或硫）作用下才能发生卤代反应。

$$RCH_2COOH + Br_2 \xrightarrow{\text{红磷}} R\underset{\underset{\displaystyle Br}{|}}{CH}-COOH + HBr$$

$$R\underset{\underset{\displaystyle Br}{|}}{CH}-COOH + Br_2 \xrightarrow{\text{红磷}} R-\underset{\underset{\displaystyle Br}{|}}{\overset{\overset{\displaystyle Br}{|}}{C}}-COOH + HBr$$

例如：

$$CH_3COOH \xrightarrow[\text{红磷}]{Cl_2} ClCH_2COOH \xrightarrow[\text{红磷}]{Cl_2} Cl_2CHCOOH \xrightarrow[\text{红磷}]{Cl_2} Cl_3CCOOH$$
$$\text{乙酸} \qquad \text{一氯乙酸} \qquad \text{二氯乙酸} \qquad \text{三氯乙酸}$$

若控制反应条件，可使反应停留在一元取代阶段，得到较高产率的一氯乙酸。α-卤代酸的卤活泼，可被其他原子或基团取代，因而它是一类重要的合成中间体。

五、重要的羧酸

1. 甲酸

甲酸又称蚁酸。工业上是将一氧化碳和氢氧化钠水溶液在加热加压下制成甲酸钠，再经酸化而制成的。

$$CO + NaOH \xrightarrow[210℃]{0.6\sim 0.8MPa} H-\overset{O}{\underset{ONa}{C}}$$

$$2H-\overset{O}{\underset{ONa}{C}} + H_2SO_4 \longrightarrow 2H-\overset{O}{\underset{OH}{C}} + Na_2SO_4$$

甲酸是有刺激性的无色液体，沸点100.7℃，有极强的腐蚀性，因此使用时要避免与皮肤接触。甲酸能与水、乙醇、乙醚混溶。

在自然界，甲酸存在于某些昆虫（如蜜蜂、蚂蚁）和某些植物（如荨麻）中。人们被蜜蜂、蚂蚁蜇后感到肿痛，就是由于这些昆虫分泌了甲酸伤害所致。

甲酸的分子结构比较特殊，羧基和氢原子直接相连，它不但有羧基的结构，同时也含有醛基的结构。

$$醛基\quad H-\overset{O}{\underset{OH}{C}}\quad 羧基$$

因此，**甲酸既具有羧酸的一般通性，也具有醛类的某些性质**。例如**甲酸具有还原性，不仅容易被一般的氧化剂氧化，也能使高锰酸钾溶液褪色，还能被弱氧化剂如托伦试剂氧化而发生银镜反应**。这些反应常作为甲酸的定性反应。

$$HCOOH \xrightarrow{托伦试剂} CO_2 + H_2O + Ag（银镜）$$

甲酸也较易发生脱水、脱羧反应。例如甲酸与浓硫酸共热（60~80℃），分解生成一氧化碳和水。这是实验室制取一氧化碳的方法。

$$HCOOH \xrightarrow[60\sim 80℃]{浓 H_2SO_4} CO + H_2O$$

若甲酸受热到160℃以上，可脱羧生成二氧化碳和氢。

$$HCOOH \xrightarrow{160℃} CO_2 + H_2$$

甲酸在工业上用作还原剂、缩合剂、甲酰化剂和橡胶的凝聚剂等，也用于纺织品和纸张的着色和抛光，皮革的处理，以及用作消毒剂和防腐剂等。

2. 乙酸

乙酸俗称醋酸，它是食醋的主要成分。普通食醋中约含6%~10%（质量分数）的乙酸。

乙酸最初是由稀乙醇在醋杆菌中的醇氧化酶催化下，被空气氧化而成的。所得食醋经蒸馏浓缩可得60%~80%的乙酸。

$$CH_3CH_2OH + O_2 \xrightarrow[35℃]{醇氧化酶} CH_3COOH + H_2O$$

目前工业上，大部分乙酸是由乙醛在催化剂乙酸锰的存在下，用空气氧化制得的。

$$CH_3CHO + \frac{1}{2}O_2 \xrightarrow[\substack{65\sim 70℃ \\ 0.2\sim 0.3MPa}]{(CH_3COO)_2Mn} CH_3COOH$$

乙酸为具有强烈刺激性气味的无色液体。**纯醋酸（无水醋酸）熔点为16.6℃，由于在低于16℃时就会结成冰状的固体，故又称为冰醋酸**。

乙酸具有羧酸的典型化学性质。

乙酸在工业上的应用很广，最重要的用途是制备乙酸酐、乙酰乙酸乙酯等，它是染料、医药、香料、塑料等有机合成的重要原料，也是常用的有机溶剂。

3. 乙二酸

乙二酸又称草酸，它是最简单的二元羧酸。它常以盐的形式存在于许多草本植物及藻类的细胞膜中。工业上是用甲酸钠迅速加热至360℃以上，脱氢生成草酸钠，再经酸化得到草酸。

$$\begin{matrix} H-COONa \\ H-COONa \end{matrix} \xrightarrow[-H_2]{360℃} \begin{matrix} COONa \\ | \\ COONa \end{matrix} \xrightarrow{H_2SO_4} \begin{matrix} COOH \\ | \\ COOH \end{matrix}$$

草酸是无色固体，常见的草酸晶体含有两分子结晶水，熔点101.5℃，在干燥空气中能慢慢失去水分，或在100～105℃加热，则可失去结晶水，得到无水草酸。无水草酸的熔点为189.5℃。草酸能溶于水和乙醇，不溶于乙醚。

草酸受热容易分解。把草酸急剧加热至150℃以上时，就分解脱羧生成甲酸和二氧化碳。

$$\begin{matrix} COOH \\ | \\ COOH \end{matrix} \xrightarrow{150℃} CO_2 + HCOOH$$

若加浓硫酸共热至100℃，即可分解为二氧化碳、一氧化碳和水。

$$\begin{matrix} COOH \\ | \\ COOH \end{matrix} \xrightarrow[100℃]{浓 H_2SO_4} CO_2 + CO + H_2O$$

草酸易被氧化生成二氧化碳和水，是常用的还原剂。例如在酸性溶液中草酸可定量地被高锰酸钾氧化，由于它也易于结晶提纯，所以在分析化学中常用草酸作标定高锰酸钾溶液浓度的基准物质。

$$5 \begin{matrix} COOH \\ | \\ COOH \end{matrix} + 2KMnO_4 + 3H_2SO_4 \longrightarrow K_2SO_4 + 2MnSO_4 + 10CO_2 + 8H_2O$$

草酸还能把高价铁盐还原成易溶于水的二价铁盐，它也能和许多金属离子配合，生成可溶性的配离子，所以广泛用于提取稀土金属。在日常生活中，用草酸清洗铁锈和蓝黑墨水污迹，也基于上述原理。此外，草酸还用作媒染剂和草编织物的漂白剂。

4. 苯甲酸

苯甲酸以酯的形式存在于安息香胶及其他一些香树脂中，所以苯甲酸俗称安息香酸。

苯甲酸的工业制法主要是甲苯氧化法和甲苯氯代水解法。

$$\text{C}_6\text{H}_5\text{CH}_3 + \frac{3}{2}O_2 (空气) \xrightarrow[0.45～0.5MPa, 160～180℃]{萘酸钴} \text{C}_6\text{H}_5\text{COOH} + H_2O$$

$$\text{C}_6\text{H}_5\text{CH}_3 + 3Cl_2 \xrightarrow[100～150℃]{光} \text{C}_6\text{H}_5\text{CCl}_3 \xrightarrow[100～115℃]{3H_2O, ZnCl_2} \text{C}_6\text{H}_5\text{COOH}$$

苯甲酸为白色结晶，熔点122.4℃，微溶于冷水，溶于热水、乙醇和乙醚中，能升华，也能随水蒸气挥发。

苯甲酸具有羧酸的通性。苯甲酸是有机合成的原料，可用来制造染料、香料、药物等。苯甲酸及其钠盐有杀菌防腐作用，常用作药物、食品的防腐剂。

5. 水杨酸

邻羟基苯甲酸又称水杨酸，这是因为它最初是由水杨柳或柳树皮水解而得到的。工业上生产水杨酸的方法是在120～140℃、0.6～0.7MPa下，使苯酚钠与二氧化碳反应而成。

$$\underset{}{\text{C}_6\text{H}_5\text{ONa}} + \text{CO}_2 \xrightarrow[0.6\sim0.7\text{MPa}]{120\sim140℃} \underset{}{\text{邻-OH-C}_6\text{H}_4\text{COONa}} \xrightarrow{\text{H}^+} \underset{\text{水杨酸}}{\text{邻-OH-C}_6\text{H}_4\text{COOH}}$$

这类反应叫做柯尔柏-史密特（Kolbe-Schmitt）反应。此反应用途广泛，是合成酚酸的一般方法。

水杨酸是无色晶体，熔点 159℃，稍溶于水，易溶于乙醇和乙醚，能随水蒸气挥发，在 76℃ 时升华。

水杨酸分子中具有羧基和酚羟基，所以它具有羧酸和酚的一般性质。例如它能与氯化铁发生显色反应，它受热也可以脱羧生成苯酚，这是邻位和对位羟基酸的特性。

$$\underset{}{\text{邻-OH-C}_6\text{H}_4\text{COOH}} \xrightarrow[200\sim220℃]{\Delta} \text{C}_6\text{H}_5\text{OH} + \text{CO}_2$$

水杨酸在磷酸（或硫酸）存在下与乙酐反应生成乙酰水杨酸，即阿司匹林。

$$\underset{}{\text{邻-OH-C}_6\text{H}_4\text{COOH}} + (\text{CH}_3\text{CO})_2\text{O} \xrightarrow[\text{或 H}_2\text{SO}_4]{\text{H}_3\text{PO}_4} \underset{\text{乙酰水杨酸}}{\text{邻-OCOCH}_3\text{-C}_6\text{H}_4\text{COOH}} + \text{CH}_3\text{COOH}$$

生产过程中要严防铁的掺入，否则产品有色。阿司匹林是一种常用的解热镇痛药。

水杨酸用途很广，它具有消毒、防腐、解热、镇痛和抗风湿作用，其衍生物很多作为药物，如抗结核病的药物 PAS（对氨基水杨酸）等。

第二节 羧酸衍生物

一、羧酸衍生物的结构和命名

1. 羧酸衍生物的结构

羧酸分子中羧基上的羟基被其他原子或基团取代后生成的化合物称为羧酸衍生物。羧酸分子中的羟基被卤素原子（—X）、酰氧基（$R-\overset{O}{\underset{}{C}}-O-$）、烷氧基（—O—R）、氨基（—NH$_2$）取代生成的化合物，分别称为酰卤、酸酐、酯和酰胺。

$$\underset{\text{酰卤}}{R-\overset{O}{\underset{}{C}}-X} \qquad \underset{\text{酸酐}}{R-\overset{O}{\underset{}{C}}-O-\overset{O}{\underset{}{C}}-R} \qquad \underset{\text{酯}}{R-\overset{O}{\underset{}{C}}-OR'} \qquad \underset{\text{酰胺}}{R-\overset{O}{\underset{}{C}}-NH_2}$$

这四类化合物都是重要的羧酸衍生物。

2. 羧酸衍生物的命名

羧酸分子中去掉羟基后剩下的基团（$R-\overset{O}{\underset{}{C}}-$）称为酰基。酰基的命名方法是依据原羧酸的名称叫"某酰基"。例如：

$$\underset{\text{乙酸}}{CH_3-\overset{O}{\underset{}{C}}-OH} \qquad \underset{\text{乙酰基}}{CH_3-\overset{O}{\underset{}{C}}-} \qquad \underset{\text{苯甲酸}}{C_6H_5-\overset{O}{\underset{}{C}}-OH} \qquad \underset{\text{苯甲酰基}}{C_6H_5-\overset{O}{\underset{}{C}}-}$$

酰卤和酰胺常根据分子中所含的酰基来命名。前者用相应的酰基和卤素命名，称"某酰卤"。后者用相应的酰基和氨基命名，称某酰胺。例如：

$$CH_3-\overset{O}{\overset{\|}{C}}-Cl \qquad CH_3\overset{CH_3}{\overset{|}{C}}HCH_2-\overset{O}{\overset{\|}{C}}-Br \qquad CH_2=CH-\overset{O}{\overset{\|}{C}}-Cl \qquad C_6H_5-\overset{O}{\overset{\|}{C}}-Cl$$

乙酰氯　　　　3-甲基丁酰溴　　　　丙烯酰氯　　　　苯甲酰氯

$$H-\overset{O}{\overset{\|}{C}}-NH_2 \qquad CH_3-\overset{O}{\overset{\|}{C}}-NH_2 \qquad C_6H_5CH_2-\overset{O}{\overset{\|}{C}}-NH_2 \qquad$$

甲酰胺　　　　乙酰胺　　　　苯乙酰胺　　　　间甲苯甲酰胺

含有—CONH—基结构的环状酰胺，称为内酰胺。例如：

$$\underset{\delta}{CH_2}-\underset{\varepsilon}{CH_2}-NH \quad \overset{\beta}{CH_2}-\overset{\alpha}{CH_2} \quad \overset{}{\underset{\gamma}{CH_2}} \quad C=O$$

ε-己内酰胺

酰胺分子中氮原子上的氢原子被烃基取代后所生成的取代酰胺称为 N-烃基"某"酰胺。例如：

$$H-\overset{O}{\overset{\|}{C}}-N\overset{CH_3}{\underset{CH_3}{<}} \qquad CH_3-\overset{O}{\overset{\|}{C}}-N\overset{H}{\underset{CH_3}{<}} \qquad CH_3\overset{CH_3}{\overset{|}{C}}HCH_2\overset{O}{\overset{\|}{C}}-NHCH_3$$

N,N-二甲基甲酰胺　　　　N-甲基乙酰胺　　　　N-甲基异戊酰胺
（或 N-甲基-3-甲基丁酰胺）

酸酐是根据它水解后生成相应的羧酸来命名。酸酐中含有两个相同或不同的酰基时，分别称为单酐或混酐。混酐的命名与混醚相似。例如：

$$CH_3-\overset{O}{\overset{\|}{C}}-O-\overset{O}{\overset{\|}{C}}-CH_3 \qquad \left(即\; \begin{matrix}CH_3C\\ \\ CH_3C\end{matrix}\!\!>\!O\right) \qquad H-\overset{O}{\overset{\|}{C}}-O-\overset{O}{\overset{\|}{C}}-CH_3$$

乙（酸）酐　　　　　　　　　　　　　　　　甲乙（酸）酐

顺丁烯二酸酐　　　苯甲酸酐　　　邻苯二甲（酸）酐（苯酐）

酯的命名可根据它水解后生成的相应羧酸和醇的名称称为"某"酸"某"酯。例如：

$$H-\overset{O}{\overset{\|}{C}}-OCH_3 \qquad CH_3-\overset{O}{\overset{\|}{C}}-OCH_2CH_3 \qquad CH_3-\overset{O}{\overset{\|}{C}}-OCH_2CH_2\overset{CH_3}{\overset{|}{C}}HCH_3 \qquad CH_3-\overset{O}{\overset{\|}{C}}-O-C_6H_5$$

甲酸甲酯　　　　乙酸乙酯　　　　乙酸异戊酯　　　　乙酸苯酯

$$C_6H_5-\overset{O}{\overset{\|}{C}}-OC_2H_5 \qquad CH_2=\overset{}{\underset{CH_3}{C}}-COOCH_3 \qquad \begin{matrix}COOC_2H_5\\ COOC_2H_5\end{matrix}$$

苯甲酸乙酯　　　α-甲基丙烯酸甲酯　　　乙二酸二乙酯

但多元醇的酯，一般是把酸名放在后面，称为"某"醇"某"酸酯。例如：

$$\begin{matrix} & O \\ & \| \\ CH_3-C-O-CH_2 \\ & \\ CH_3-C-O-CH_2 \\ & \| \\ & O \end{matrix} \qquad \begin{matrix} CH_2ONO_2 \\ | \\ CHONO_2 \\ | \\ CH_2ONO_2 \end{matrix}$$

乙二醇二乙酸酯　　　　丙三醇三硝酸酯（甘油三硝酸酯）

二、羧酸衍生物的物理性质

低级的酰卤和酸酐都是具有刺激性臭味的无色液体。C_{14} 以内的羧酸甲酯、乙酯为液体，低级酯类一般具有香味，如乙酸异戊酯有香蕉香味（因此，它有"香蕉水"之称），戊酸戊酯有苹果香味，乙酸苄酯、苯甲酸甲酯有茉莉香味等。酰胺中除甲酰胺外均为固体，没有气味。

酰氯、酸酐和酯由于分子中已没有羟基，因而没有缔合作用，所以它们的沸点比相对分子质量相近的羧酸要低。而酰胺的沸点比相应的羧酸高。如表 9-3 所示。酰胺具有高沸点的原因，是由于酰胺氨基上的氢原子在分子间可形成强的氢键的缘故。

表 9-3　几种羧酸与其相对分子质量相近的羧酸衍生物沸点比较

名　　称	乙酸	乙酰氯	戊　酸	乙酸酐	丁　酸	乙酸乙酯	乙酰胺	N, N-二甲基乙酰胺
相对分子质量	60	78.5	102	102	88	88	59	87
沸点/℃	118	51	187	140	163.5	77	222	175

$$\begin{matrix} & & & R \\ & & & | \\ & & & C \\ H & & O & \| \\ \diagdown & & \diagup & \\ N-H\cdots O & & & \\ \diagup & & \diagdown & \\ & & & N-H\cdots \\ & & & | \\ & & O & H \\ & \| & & \\ & C & & \\ & | & & \\ & R & & \end{matrix}$$

酰胺的氨基上两个氢原子都被烃基取代后，因不能形成氢键缔合，因而使沸点降低，故脂肪族 N-烷基取代酰胺常为液体。

一些羧酸衍生物的物理常数见表 9-4。

表 9-4　一些羧酸衍生物的物理常数

类　别	名　称	构　造　式	沸点/℃	熔点/℃	相对密度 d_4^{20}
酰卤	乙酰氯	CH_3COCl	51	-112	1.104
	乙酰溴	CH_3COBr	76.7	-98	1.52
	乙酰碘	CH_3COI	108		2.067
	苯甲酰氯	C_6H_5COCl	197	-1	1.212
酸酐	乙酸酐	$(CH_3CO)_2O$	139.6	-73	1.082
	丁二酸酐	$\begin{matrix}CH_2CO\\|\quad\quad\diagdown\\ \quad\quad\quad O\\|\quad\quad\diagup\\CH_2CO\end{matrix}$	261	119.6	1.104
	苯甲酸酐	$(C_6H_5CO)_2O$	360	42	1.199
	顺丁烯二酸酐	$\begin{matrix}CHCO\\ \|\quad\quad\diagdown\\ \quad\quad\quad O\\ \|\quad\quad\diagup\\CHCO\end{matrix}$	197～199	60	1.48
	邻苯二甲酸酐	(邻苯二甲酸酐结构)	284	131	1.527

续表

类别	名 称	构 造 式	沸点/℃	熔点/℃	相对密度 d_4^{20}
酯	甲酸甲酯	HCOOCH$_3$	32	-99.8	0.974
	乙酸乙酯	CH$_3$COOC$_2$H$_5$	77	-84	0.901
	乙酸丁酯	CH$_3$COO(CH$_2$)$_3$CH$_3$	126.5	-77.9	0.882
	丙二酸二乙酯	CH$_2$(COOC$_2$H$_5$)$_2$	199.3	-48.9	1.055
	甲基丙烯酸甲酯	CH$_2$=C(CH$_3$)COOCH$_3$	100	-48	0.9440
	苯甲酸苄酯	C$_6$H$_5$COOCH$_2$C$_6$H$_5$	324	21	1.114 (18℃)
	邻苯二甲酸二甲酯	C$_6$H$_4$(COOCH$_3$)$_2$	283.8		1.1905
酰胺	甲酰胺	HCONH$_2$	200（分解）	3	1.133
	乙酰胺	CH$_3$CONH$_2$	221	82	1.159
	苯甲酰胺	C$_6$H$_5$CONH$_2$	290	132~133	1.341
	乙酰苯胺	C$_6$H$_5$NHCOCH$_3$	304	114	1.21 (4℃)

三、羧酸衍生物的化学性质

羧酸衍生物分子中都含有羰基（$\!\!\!\underset{}{\diagdown}\!\!\mathrm{C\!=\!O}$），和醛、酮相似，由于羰基的存在，它们也能够与水、醇、氨等发生反应（但不能和羰基试剂发生加成反应），从而由一种羧酸衍生物转变为另一种羧酸衍生物，或通过水解转变为原来的羧酸。

1. 水解反应

酰卤、酸酐、酯和酰胺都可以发生水解反应，生成相应的羧酸（但反应条件各异）。

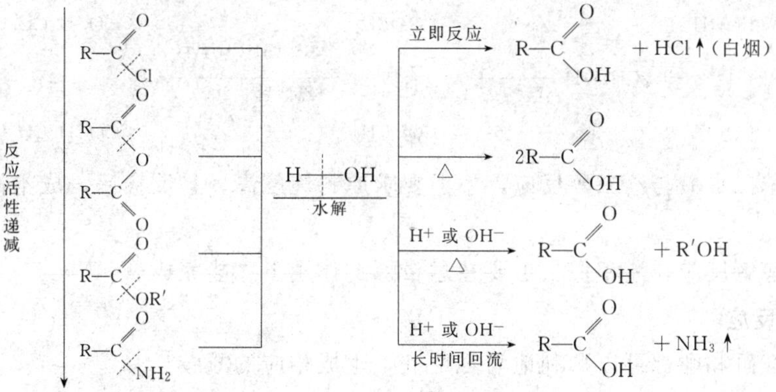

乙酰氯遇冷水即能迅速水解；乙酸酐与热水才较易作用；酯的水解要加热，并使用酸或碱催化剂；而酰胺的水解则要在酸或碱的催化下，经长时间回流才能完成。因此，羧酸衍生物水解反应的活泼性顺序是：

酰卤＞酸酐＞酯＞酰胺

酯的水解是酯化的逆反应。酸或碱都可以加速水解的进行。但在碱存在下水解时，由于所产生的羧酸与碱生成盐，使平衡体系破坏，当碱量足够时，水解可进行到底。因此，**碱性**

水解比酸性水解更为有利。

2. 醇解反应

酰氯、酸酐、酯和酰胺，都可以发生醇解反应，生成相应的酯。

$$\begin{array}{c} R-\underset{\|}{C}-Cl \\ O \\ R-\underset{\|}{C}-O \\ R-\underset{\|}{C}-O \\ O \end{array} \xrightarrow[\text{醇解}]{R'OH} \begin{array}{c} R-\underset{\|}{C}-OR' + HCl \\ O \\ R-\underset{\|}{C}-OR' + R-\underset{\|}{C}-OH \\ O \quad\quad O \end{array}$$

$$\begin{array}{c} R-\underset{\|}{C}-OR'' \\ O \\ R-\underset{\|}{C}-NH_2 \\ O \end{array} \xrightarrow[\text{醇解}]{R'OH（过量）} \begin{array}{c} \text{(酯交换)} \quad R-\underset{\|}{C}-OR' + R''OH \\ O \\ R-\underset{\|}{C}-OR' + NH_3 \\ O \end{array}$$

酰卤、酸酐可直接和醇反应生成酯；酯和醇需在酸或碱催化下发生反应；酰胺的醇解反应，需用过量的醇才能生成酯并放出氨。

酯的醇解反应，可生成另一种醇和另一种酯，这个反应称为酯交换反应。酯交换反应是可逆的竞争反应，需要置换上去的醇必须过量才能完成。因为平衡向左或向右移动，完全受 R'OH 或 R"OH 所控制，R'OH 过量有利于 RCOOR' 的生成，反之则有利于 RCOOR" 的生成。酸（H^+）或碱（如 C_2H_5ONa）对这个反应有催化作用。酯交换反应在有机合成和工业生产上应用很广。例如利用酯交换法来生产涤纶树脂的原料——对苯二甲酸乙二醇酯，就是其中的一个例子。

$$\underset{COOH}{\overset{COOH}{\underset{|}{\bigcirc}}} + 2CH_3OH \xrightarrow[70\sim80℃]{H_2SO_4} \underset{COOCH_3}{\overset{COOCH_3}{\underset{|}{\bigcirc}}} \xrightarrow[\text{乙酸锌，200℃}]{2HOCH_2CH_2OH} \underset{COOCH_2CH_2OH}{\overset{COOCH_2CH_2OH}{\underset{|}{\bigcirc}}}$$

若直接用对苯二甲酸与乙二醇反应，不但要求原料纯度高，且反应慢，成本高，因而广泛采用酯交换法。

酰胺的醇解反应与酯相似，也要在过量醇的作用下才能完成。

3. 氨解反应

酰氯、酸酐和酯都可以顺利地与氨反应，生成相应的酰胺。

$$\begin{array}{c} R-\underset{\|}{C}-Cl \\ O \\ R-\underset{\|}{C}-O \\ R-\underset{\|}{C}-O \\ O \\ R-\underset{\|}{C}-OR' \\ O \end{array} \xrightarrow[\text{氨解}]{H-NH_2} \begin{array}{c} R-\underset{\|}{C}-NH_2 + NH_4Cl \\ O \\ R-\underset{\|}{C}-NH_2 + R-\underset{\|}{C}-ONH_4 \\ O \quad\quad O \\ R-\underset{\|}{C}-NH_2 + R'OH \\ O \end{array}$$

$$\underset{NH_2}{\overset{O}{\underset{\|}{R-C}}} \xrightarrow{R'NH_2 (过量)} \underset{NHR'}{\overset{O}{\underset{\|}{R-C}}} + NH_3$$

酰氯的氨解过于剧烈，并放出大量的热，操作时难控制，生成的酰胺易包藏杂质，难于重结晶提纯，故生产中常利用酸酐氨解来制取酰胺。酰胺的氨解反应和醇解反应一样，也是必须用过量的胺才能得到 N-烷基取代酰胺。

4. 还原反应

酰卤、酸酐、酯和酰胺都比羧酸容易还原，其中以酯的还原最易。酰卤、酸酐需在氢化铝锂强还原剂存在下还原成相应的伯醇；酯还原时多种还原剂均可使用，可生成两种伯醇；酰胺还原成相应的伯胺。

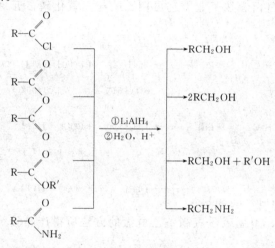

而酯及酰卤的还原具有生产实际意义。例如：

$$\underset{\text{月桂酸甲酯}}{CH_3(CH_2)_{10}COOCH_3} \xrightarrow[\text{或 } H_2, Cr_2O_3, CuO]{Na + C_2H_5OH} \underset{\text{月桂醇}}{CH_3(CH_2)_{10}CH_2OH} + CH_3OH$$

此法可制得长碳链的醇。月桂醇（十二醇）是制造增塑剂及洗涤剂的原料。

5. 酰胺的特殊反应

（1）**弱碱性和弱酸性** 氨是碱性物质，而酰胺是中性有机化合物，但它有时显出弱碱性，例如，它能与强酸生成不稳定的盐，如硝酸盐 $RCONH_2 \cdot HNO_3$（或 $RCONH_3^+ NO_3^-$），遇水即分解。有时酰胺也显示出弱酸性，例如它能够与氧化汞（碱性氧化物）生成汞盐 $(RCONH)_2Hg$。

（2）**去水反应** 酰胺在强去水剂五氧化二磷、亚硫酰氯或乙酸酐存在下加热，分子内脱水生成腈，这是制备腈的一种方法。

$$\underset{NH_2}{\overset{O}{\underset{\|}{R-C}}} \xrightarrow[\triangle]{P_2O_5} RCN + H_2O$$

（3）**霍夫曼（Hofmann）降级反应** 酰胺和次卤酸钠（NaOX）溶液共热时，酰胺（$\underset{NH_2}{\overset{O}{\underset{\|}{R-C}}}$）分子内失去羰基转变为伯胺（$RNH_2$）。由于这一反应是霍夫曼首先发现的，且制得的伯胺比原来酰胺少一个碳原子，因此称为霍夫曼降级反应。

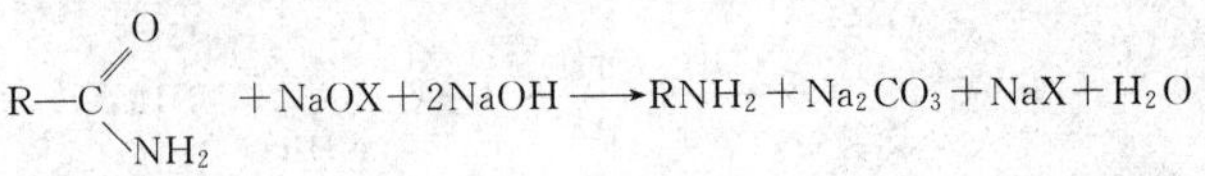

$$R-\underset{NH_2}{\underset{|}{C}}=O \quad +NaOX+2NaOH \longrightarrow RNH_2+Na_2CO_3+NaX+H_2O$$

例如：

$$CH_3-\underset{NH_2}{\underset{|}{C}}=O \quad +NaOBr+2NaOH \longrightarrow CH_3NH_2+Na_2CO_3+NaBr+H_2O$$

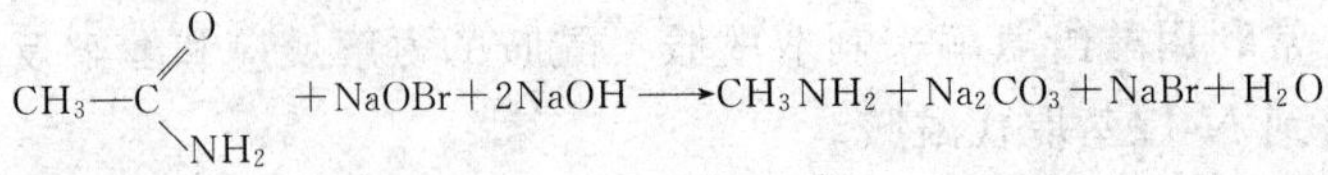

但应当注意的是，取代酰胺不能发生去水反应和霍夫曼降级反应。

四、重要的羧酸衍生物

1. 乙酰氯

乙酰氯是最重要的酰卤。在工业上它可用乙酸与三氯化磷、五氯化磷或亚硫酰氯作用来制取。

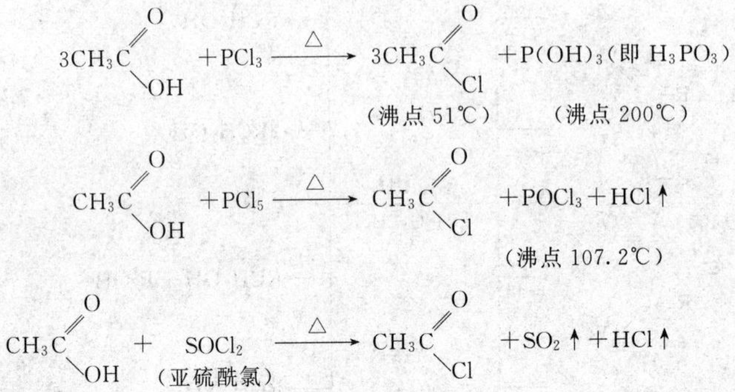

$$3CH_3COOH + PCl_3 \xrightarrow{\triangle} 3CH_3COCl + P(OH)_3 (即 H_3PO_3)$$
（沸点 51℃）　　（沸点 200℃）

$$CH_3COOH + PCl_5 \xrightarrow{\triangle} CH_3COCl + POCl_3 + HCl\uparrow$$
（沸点 107.2℃）

$$CH_3COOH + SOCl_2 \text{（亚硫酰氯）} \xrightarrow{\triangle} CH_3COCl + SO_2\uparrow + HCl\uparrow$$

显然，这三种方法相比，用亚硫酰氯制备乙酰氯的方法所得产品较纯，因为副产物均为气体，更易于分离提纯。

乙酰氯为无色有刺激性气味的液体，沸点 51℃，在空气中因被水解而冒白烟（HCl）。它具有酰卤的通性，主要用途是作乙酰化剂。

2. 乙酸酐

乙酸酐简称乙酐，在工业上可用氧气将乙醛氧化，生成过氧乙酸，后者再与乙醛作用，即得乙酐。

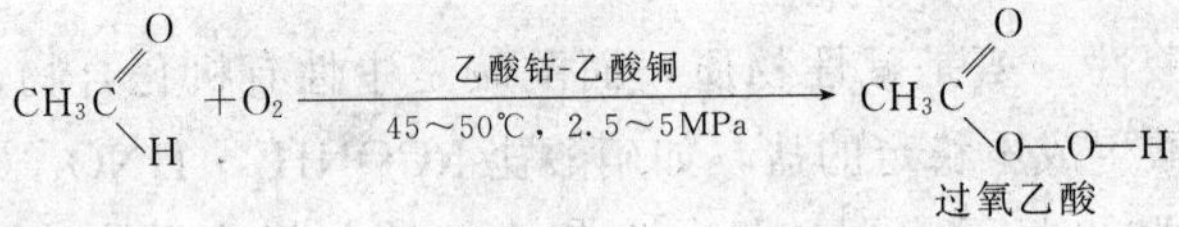

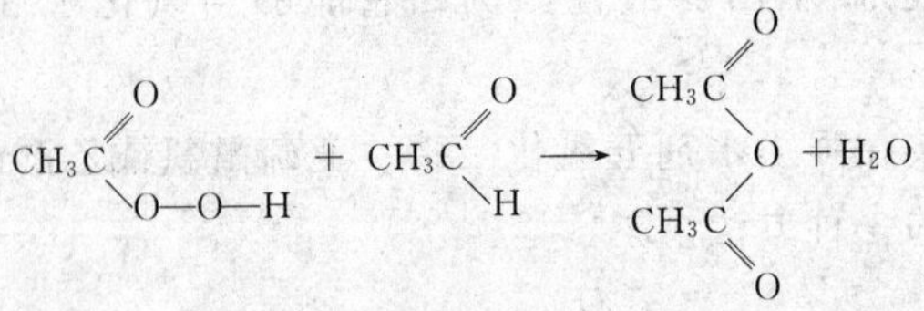

$$CH_3CHO + O_2 \xrightarrow[45\sim50℃,\ 2.5\sim5MPa]{\text{乙酸钴-乙酸铜}} CH_3C(O)OOH \text{ （过氧乙酸）}$$

$$CH_3C(O)OOH + CH_3CHO \longrightarrow (CH_3CO)_2O + H_2O$$

为防止生成的乙酐水解，生产过程中必须在较低温度下（45~50℃）进行。

乙酸酐为具有刺激性的无色液体，沸点 139.6℃，是良好的溶剂。它与热水作用可生成乙酸。乙酐具有酸酐的通性，是重要的乙酰化剂，也是重要的化工原料，在工业上它大量用于制造醋酸纤维、合成染料、医药和香料等。

3. 邻苯二甲酸酐

邻苯二甲酸酐简称苯酐。工业上它可由萘氧化制得：

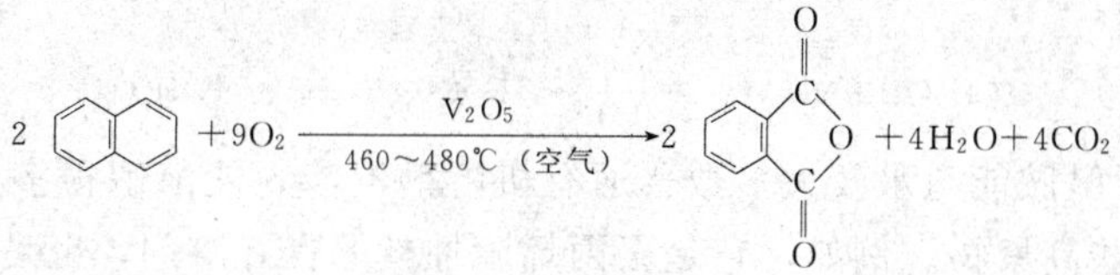

$$2 \text{[萘]} + 9O_2 \xrightarrow[460\sim480℃（空气）]{V_2O_5} 2 \text{[苯酐]} + 4H_2O + 4CO_2$$

苯酐为白色固体，熔点 131℃，不溶于水，极易升华。它是一种极为重要的有机化工原料，广泛用于合成树脂、合成纤维、染料、药物和增塑剂等。苯酐经醇解，可制备邻苯二甲酸酯类，如制备邻苯二甲酸二丁酯、邻苯二甲酸二辛酯等，后两者都是常用的增塑剂。此外，常用的酸碱指示剂酚酞，也可由苯酐和苯酚缩合而成。

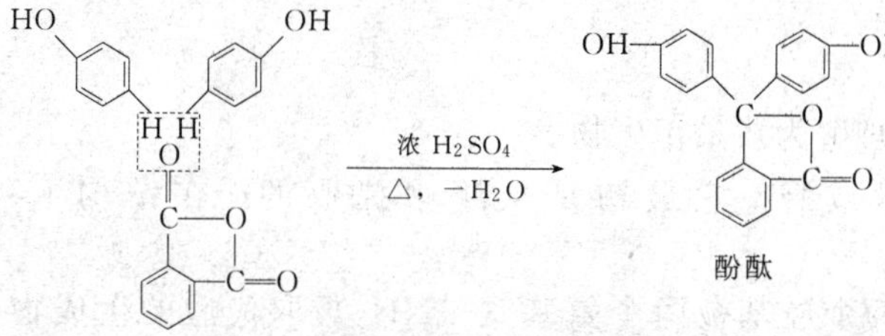

4. α-甲基丙烯酸甲酯

α-甲基丙烯酸甲酯，简称甲基丙烯酸甲酯。它是目前世界上年产量已超过百万吨的高分子单体。它在工业上是以丙酮为原料，先与氢氰酸作用制成丙酮氰醇，再与浓硫酸和甲醇共热，同时进行水解、脱水及酯化反应来制取。

$$CH_3\text{-CO-}CH_3 \xrightarrow{HCN} CH_3\text{-C(OH)(CN)-}CH_3 \xrightarrow[\triangle]{H_2SO_4, CH_3OH} CH_2\text{=C(CH}_3\text{)-COOCH}_3$$

丙酮氰醇 → α-甲基丙烯酸甲酯（90%）

20 世纪 90 年代后，采用了下列新法合成：

$$CH_3C{\equiv}CH + CO + CH_3OH \xrightarrow[\triangle]{Pd} CH_2\text{=C(CH}_3\text{)COOCH}_3$$

此法原料无毒，产率也高，对设备腐蚀性小，但需要耐压设备。

α-甲基丙烯酸甲酯为无色液体，沸点 100℃，它在引发剂偶氮二异丁腈存在下容易聚合成无色透明的聚合物：

$$n CH_2\text{=C(CH}_3\text{)COOCH}_3 \xrightarrow[90\sim100℃]{\text{偶氮二异丁腈}} \text{-[CH}_2\text{-C(CH}_3\text{)(COOCH}_3\text{)]-}_n$$

聚 α-甲基丙烯酸甲酯

聚 α-甲基丙烯酸甲酯具有优良的光学性能，透明性强，商品名称"有机玻璃"。它的机械强度大，质硬而不易碎裂，耐老化，易加工成型，可透过紫外线，适用于制造光学仪器和汽车、飞机上的玻璃及防护面罩等，是优良的透明材料。

*5. N,N-二甲基甲酰胺

N,N-二甲基甲酰胺简称 DMF，是带有氨臭的无色液体，沸点 153℃。它的蒸气有毒，对皮肤、眼睛和黏膜有刺激作用。

它在工业上用氨、甲醇和一氧化碳为原料，在高压下反应制得。

$$2CH_3OH + NH_3 + CO \xrightarrow[15MPa]{100℃} H-\overset{O}{\underset{\|}{C}}-N(CH_3)_2 + 2H_2O$$

N,N-二甲基甲酰胺能与水及大多数普通有机溶剂混溶,能溶解很多无机物和许多难溶的有机物特别是一些高聚物。例如,它是聚丙烯腈抽丝的良好溶剂,也是丙烯酸纤维加工中的溶剂,它有"万能溶剂"之称。

五、碳酰胺——尿素

碳酸（$HO-\overset{O}{\underset{\|}{C}}-OH$）分子结构中也含有羧基,因此,碳酸的衍生物碳酰胺（$H_2N-\overset{O}{\underset{\|}{C}}-NH_2$）可以理解为羧酸衍生物。

碳酰胺又称尿素或脲。它最初是从尿中提取的。在结构上可把它看成是碳酸（$HO\overset{O}{\underset{\|}{C}}OH$）分子中的两个羟基被两个氨基（—$NH_2$）取代后的生成物,是碳酸的衍生物。但碳酸不稳定,碳酸衍生物不是由碳酸直接制备的。

1. 碳酰胺的制法

碳酰胺——尿素是哺乳动物体内蛋白质分解代谢的排泄物（成人每天排出约30g）。工业上是以二氧化碳和过量的氨气在加压、加热下直接合成的。反应分两步进行。第一步,NH_3和CO_2作用,生成氨基甲酸铵。

$$2NH_3(g) + CO_2(g) \xrightleftharpoons{180\sim200℃,12\sim22MPa} H_2N-COONH_4(l)$$
氨基甲酸铵

反应过程为:

$$H-NH_2 + \overset{O}{\underset{\delta^+}{C}}\overset{}{\underset{O^{\delta-}}{}} \rightleftharpoons H_2N-\overset{O}{\underset{\|}{C}}-OH \xrightarrow{NH_3} H_2N-\overset{O}{\underset{\|}{C}}-OONH_4$$
氨基甲酸

第二步,由氨基甲酸铵脱水生成尿素。

$$H_2N-\overset{O}{\underset{\|}{C}}-ONH_4(l) \xrightleftharpoons{180\sim200℃,12\sim22MPa} H_2N-\overset{O}{\underset{\|}{C}}-NH_2(l) + H_2O(l)$$
尿素

2. 碳酰胺的性质

碳酰胺——尿素为菱形或针状结晶,熔点132.7℃,易溶于水及乙醇,不溶于乙醚。它具有酰胺的一般性质,但因它两个氨基同时连接在同一个羰基上,因此还具有一些特性。

（1）成盐反应　脲呈极弱的碱性,它不能使石蕊试纸变色,只能与较强的酸生成盐,其中主要有硝酸盐和草酸盐。

$$H_2NCONH_2 + HNO_3 \longrightarrow H_2NCONH_2 \cdot HNO_3 \downarrow$$
硝酸脲

$$2H_2NCONH_2 + (COOH)_2 \longrightarrow (H_2NCONH_2)_2 \cdot (COOH)_2 \downarrow$$
草酸脲

硝酸脲和草酸脲都难溶于水。

(2) 水解反应　脲在酸、碱或尿素酶（存在于人畜等尿中）的存在下，可水解生成氨或铵盐。

$$H_2NCONH_2 \begin{cases} \xrightarrow[\text{常温}]{H_2O(\text{尿素酶})} CO_2 + 2NH_3 \\ \xrightarrow[\triangle]{2NaOH} 2NH_3 + Na_2CO_3 \\ \xrightarrow[\triangle]{H_2O, 2HCl} CO_2 + 2NH_4Cl \end{cases}$$

因此，在农业生产中，尿素不能与碱性肥（如草木灰）及酸性肥（如氯化铵）混施。

(3) 加热反应　将固体的脲慢慢加热到稍高于它的熔点（132.7℃）时，两分子脲即脱去一分子氨，生成缩二脲。

$$\underset{}{H_2N\overset{O}{\overset{\|}{C}}NH_2} + \underset{}{H\overset{H}{\overset{|}{N}}-\overset{O}{\overset{\|}{C}}NH_2} \xrightarrow{150\sim160℃} \underset{\text{缩二脲}}{H_2N\overset{O}{\overset{\|}{C}}NH\overset{O}{\overset{\|}{C}}NH_2} + NH_3$$

缩二脲及其他含有两个以上—CONH—基的有机化合物，都能与硫酸铜的碱溶液作用产生紫色，这个颜色反应叫做缩二脲反应，常用作蛋白质的定性鉴定。

(4) 与亚硝酸反应　因为脲分子中含有氨基，它与亚硝酸作用能放出氮气。

$$H_2NCONH_2 + 2HNO_2 \longrightarrow CO_2\uparrow + 2N_2\uparrow + 3H_2O$$

这个反应是定量进行的，可通过测量氮气的体积来测定尿素的含量。也可利用此反应除去某些反应产生的亚硝酸。

尿素的用途很广，它不仅是目前含氮量最高的固体氮肥（含氮量达 46.6%），而且还是重要的有机合成原料，例如可用来合成脲醛树脂（俗称电玉），合成药物、发泡剂等。

【例 9-1】　试分离苯甲酸、对甲苯酚、苯甲醚的混合物

【解析】　苯甲酸和对甲苯酚具有不同程度的酸性，对甲苯酚溶于氢氧化钠溶液，但不溶于碳酸氢钠溶液；苯甲酸既溶于氢氧化钠溶液，也溶于碳酸氢钠溶液；而苯甲醚是中性有机化合物，可利用它们与碱成盐能力的差别逐步分离它们。

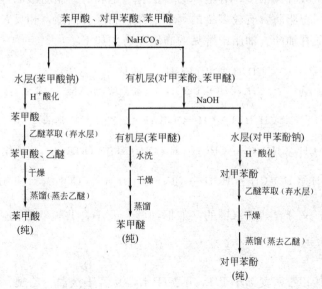

【例 9-2】 用化学方法鉴别乙酰氯、乙酸酐、乙酰胺和氯乙烷。

【解析】 乙酰氯、乙酸酐、乙酰胺都是羧酸衍生物，可利用它们水解后生成的产物不同来鉴别它们；而乙酰氯与氯乙烷则用它们与硝酸银乙醇溶液反应的活性不同来鉴别。

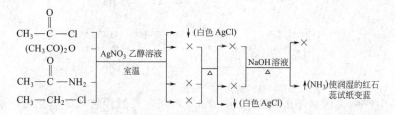

*第三节 油脂和表面活性剂

一、油脂

1. 油脂的概念、组成和结构

"油脂"是油和脂肪的简称。它存在于动、植物体内。常见的油脂有豆油、花生油、猪油、牛油等。一般地讲，室温下呈液态的为油，固态或半固态的为脂（肪）。

油脂的主要成分一般是含偶数碳原子的直链高级脂肪酸的甘油酯。它的结构可用式子表示如下：

$$\begin{array}{l} \text{CH}_2\text{OC}-\text{R} \\ \phantom{\text{CH}_2}\text{O} \\ \text{CHOC}-\text{R}' \\ \phantom{\text{CH}_2}\text{O} \\ \text{CH}_2\text{OC}-\text{R}'' \\ \phantom{\text{CH}_2\text{OC}}\text{O} \end{array}$$

式中，R、R'、R″可以相同，也可以不同。

组成油脂的脂肪酸种类很多，有饱和的，也有不饱和的。脂肪酸的饱和与否，对油脂的熔点有一定影响。固态脂肪含有较多量的高级饱和脂肪酸甘油酯，相反，液态油含有较多量的高级不饱和脂肪酸甘油酯。油脂中常见的高级脂肪酸如下：

$$CH_3(CH_2)_{14}COOH \quad \text{软脂酸（十六酸）}$$
$$CH_3(CH_2)_{16}COOH \quad \text{硬脂酸（十八酸）}$$
$$CH_3(CH_2)_7\overset{10}{C}H=\overset{9}{C}H(CH_2)_7COOH \quad \text{油酸}$$
$$CH_3(CH_2)_4\overset{13}{C}H=\overset{12}{C}HCH_2\overset{10}{C}H=\overset{9}{C}H(CH_2)_7COOH \quad \text{亚油酸}$$
$$CH_3(CH_2)_3\overset{14}{C}H=\overset{1312}{C}HCH=\overset{1110}{C}HCH=\overset{9}{C}H(CH_2)_7COOH \quad \text{桐油酸}$$

在不饱和脂肪酸中，又分含共轭双键的（如桐油酸）及不含共轭双键的（如油酸、亚油酸）两种类型。

2. 油脂的性质

油脂比水轻，其相对密度都小于1，不溶于水，易溶于汽油、乙醚、氯仿、丙酮及热酒精等有机溶剂中。由于油脂都是混合物，因此没有恒定的熔点和沸点。

油脂具有酯的一般性质，但也具有一些特有的反应。

（1）皂化　油脂与氢氧化钠共热时，可以发生水解反应，生成甘油和高级脂肪酸钠。高级脂肪酸钠是肥皂的主要成分，因此，油脂的碱性水解叫做皂化。

$$\begin{array}{c}CH_2-O-\overset{O}{\overset{\|}{C}}-R\\CH-O-\overset{O}{\overset{\|}{C}}-R'\\CH_2-O-\overset{O}{\overset{\|}{C}}-R''\end{array} + 3NaOH \xrightarrow{\Delta} \begin{array}{c}CH_2-OH\\CH-OH\\CH_2-OH\end{array} + \begin{array}{c}R-\overset{O}{\overset{\|}{C}}-ONa\\R'-\overset{O}{\overset{\|}{C}}-ONa\\R''-\overset{O}{\overset{\|}{C}}-ONa\end{array}$$

甘油　　高级脂肪酸钠（肥皂）

式中，R、R′、R″一般为 $C_{12}\sim C_{18}$ 的烃基。可见，肥皂是高级脂肪酸钠盐的混合物。

工业上把 1g 油脂完全皂化所需要的氢氧化钾的质量（mg）叫做油脂的皂化值。测定油脂的皂化值可以比较油脂的平均相对分子质量。皂化值愈大，表示油脂的平均相对分子质量愈小。

（2）加成　油脂中的不饱和键可以在镍的催化下进行加氢反应，加氢后得到的油脂叫氢化油。由于加氢后使脂肪酸的饱和程度增加，因而熔点也增高，由原来液体状态的油变为固体或半固体状态的脂，所以，油脂的氢化过程又称为油脂的硬化，氢化油也叫做硬化油。

油脂中的碳碳双键也可以和碘发生加成反应。100g 油脂所能吸收碘的质量（g），称为油脂的碘值❶。碘值可以表示油脂的不饱和程度。碘值愈大，说明油脂的不饱和程度也愈大。

常见油脂的皂化值和碘值见表 9-5。

表 9-5　油脂的皂化值、碘值以及它们所含的脂肪酸成分

分类	油脂名称	皂化值	碘值	脂肪酸的组成/%						其他主要成分
				十四酸（蔻酸）	十六酸（软脂酸）	十八酸（硬脂酸）	9-十六烯酸（鳖酸）	9-十八烯酸（油酸）	9,12-十八二烯酸（亚油酸）	
脂肪	椰子油	250～260	8～10	17～20	4～10	1～5		2～10	0～2	45～51 十二酸
	棕榈油	196～210	48～58	1～3	34～43	3～6		38～40	5～11	
	奶油	216～235	26～45	7～9	23～26	10～13	5	30～40	4～5	3～4 丁酸
	猪油	193～200	46～66	1～2	28～30	12～18	1～3	41～48	6～7	$C_{20}\sim C_{22}$ 不饱和脂肪酸
	牛油	190～200	31～47	2～3	24～32	14～32	1～3	35～48	2～4	
不干性油	蓖麻油	176～187	81～90		0～1			0～9	3～7	80～92 蓖麻油酸
	橄榄油	185～200	74～94	0～1	5～15	1～4	0～1	69～84	4～12	
	花生油	185～195	83～93		6～9	2～6	0～1	50～70	13～26	2～5 二十酸
半干性油	棉子油	191～196	103～115	0～2	19～24	1～2	0～2	23～33	40～48	
	鲸脂油	188～194	110～150	4～6	11～18	2～5	13～18	33～38		11～20C_{20}不饱和酸
干性油	大豆油	189～194	124～136	0～1	6～10	2～4		21～29	50～59	4～8 亚麻酸
	亚麻油	189～196	170～204		4～7	2～5		9～38	3～43	25～58 亚麻酸
	桐油	189～195	160～180		—	2～6		4～16	0～1	74～91 桐油酸

---

❶ 碘和碳碳双键一般不能形成稳定的加成产物，实际测定碘值的试剂为氯化碘或溴化碘的乙酸溶液，再经换算为碘加成的质量（g）。

(3) 干化 有些油脂如桐油涂成薄层，在空气中很快就会结成薄膜，这种性质称为油脂的干化或干性。怎样形成薄膜的反应机理还有待研究，但油脂分子中有较多的—CH=CH—，在空气中氧的作用下，可以发生聚合反应，生成高聚物可能是其重要的原因。油脂分子中含碳碳双键的多少，有没有共轭双键，是其能否干化的先决条件。一般地说，油脂的不饱和程度愈大，碘值愈大，油的干性也愈大。我们据此性质，可把油分为三类：干性油碘值＞130；半干性油碘值100～130；不干性油碘值＜100。如桐油的碘值在150以上，所以很易干化。桐油这一特性被广泛地用于涂料工业中。桐油是我国的特产，产量占世界总产量的90%以上。

(4) 油脂的酸败 油脂贮存过久，就会变质，产生一种难闻的气味，俗称"变哈"，这种现象称为油脂的酸败。油脂的酸败是由于油脂受空气的氧化，微生物的分解或油脂部分水解生成醛、酮和游离脂肪酸的缘故。光、热和水分的存在都会加速油脂的酸败。因此，油脂需在阴凉、干燥、避光及密闭条件下保存，也可在油脂中加入少量抗氧化剂（如维生素E）保存。

油脂中游离脂肪酸的含量可用KOH中和来测定。中和1g油脂所需的KOH质量（mg）称为酸值。酸值也是衡量油脂及肉类食品是否氧化变质的指标。酸值越小，油脂越新鲜，酸值超过6的油脂就不宜食用。

油脂的用途很广，为人类三大营养物（脂肪、蛋白质、碳水化合物）之一，也是工业上的重要原料。

二、表面活性剂

1. 表面活性剂的概念

凡是在极低浓度下，即能够显著地降低液体（如水）表面张力或两相（如水和油等）之间界面张力的物质，通称表面活性剂或称表面活性物质。从其分子结构来看，这一类物质有一个共同特征，即它们都是由亲水基和憎水基两部分组成的。亲水基是指对水有较大亲和力的水溶性基团，如羧酸根（—COO$^-$）、磺酸根（—SO$_3^-$）、羟基（—OH）等；憎水基也称亲油基，是指对油有较大亲和力的油溶性基团，一般是C_{12}～C_{18}的长碳链烷基或烷基苯基（如$C_{12}H_{25}$—，$C_{12}H_{25}$—⌬—）等。日常使用的肥皂[$CH_3(CH_2)_{16}COONa$]就是最常见的表面活性剂。

2. 表面活性剂的分类、性质和用途

根据表面活性剂的化学结构及溶于水时的状态，可分为四类。

(1) 阴离子型表面活性剂 这类活性剂在水中离解成具有表面活性作用的阴离子，其中一端是憎水的烃基，另一端是亲水基。

这是一类使用最早、目前品种最多且产量最大的表面活性剂，主要有羧酸盐（RCOONa）、烷基硫酸盐（R—OSO$_3$Na）、磺酸盐（R—SO$_3$Na）及磷酸酯盐（R—OPO$_3$Na$_2$）等。肥皂是高级脂肪酸盐，它是最常用、生产量最大的阴离子型表面活性剂。

阴离子型表面活性剂主要用作洗涤剂、润湿剂、渗透剂、匀染剂、乳化剂等。

(2) 阳离子型表面活性剂 这类活性剂在水中离解成具有表面活性作用的阳离子。这一类表面活性剂主要有：伯胺盐（RN$^+$H$_3$X$^-$）、仲胺盐（R$_2$N$^+$H$_2$X$^-$）、叔胺盐（R$_3$N$^+$HX$^-$）和季铵盐（R$_4$N$^+$X$^-$）四种类型等。如市场上出售的"新洁尔灭"（有消毒杀菌作用）就属此类，其结构式为：

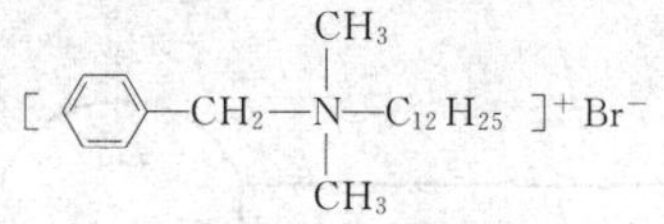

$$[\underset{\underset{CH_3}{|}}{\overset{\overset{CH_3}{|}}{\bigcirc}-CH_2-N-C_{12}H_{25}}]^+Br^-$$

溴化二甲基苄基十二烷基铵

阳离子型表面活性剂除具有去污能力外，还具有润湿、起泡、乳化功能，主要用作杀菌剂、纤维柔软剂、金属防锈剂、抗静电剂、矿石浮选剂等。

(3) 两性离子型表面活性剂　这类活性剂在水溶液中同时带有阴、阳两种电荷的表面活性离子，在酸性溶液中呈阳离子表面活性，在碱性溶液中呈阴离子表面活性，在中性溶液中呈非离子型性质。

这类表面活性剂的阳离子部分通常是胺盐、季铵盐；阴离子部分大都是羧酸盐、硫酸盐或磺酸盐。如二甲基十二烷基氨基乙酸钠就属此类，其结构式为：

$$C_{12}H_{25}\overset{+}{N}(CH_3)_2CH_2COO^-Na^+$$

两性离子型表面活性剂除泡沫多、去污力强外，还具有良好的柔软和抗静电性能，主要用作洗涤剂、纤维柔软剂和抗静电剂，特别是在低湿情况下仍具有抗静电作用。

(4) 非离子型表面活性剂　这类活性剂在水中不离解形成离子，是中性化合物，起表面活性作用的是整个分子。其中羟基和聚醚 $-\!\!\!-\!\!\![O-CH_2-CH_2]_n\!\!\!-\!\!\!-$ 部分是亲水基团，它可由 $C_{12}\sim C_{18}$ 的高级脂肪醇或 $C_8\sim C_9$ 的烷基酚与环氧乙烷反应而得。如某洗涤剂是由辛基苯酚与环氧乙烷反应而成的：

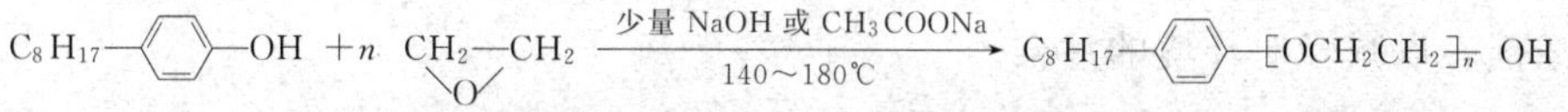

$$C_8H_{17}-\!\!\!\bigcirc\!\!\!-OH + n\, CH_2\!-\!\!CH_2 \xrightarrow[140\sim 180℃]{\text{少量 NaOH 或 CH}_3\text{COONa}} C_8H_{17}-\!\!\!\bigcirc\!\!\!-[OCH_2CH_2]_n OH$$

式中，$n=6\sim 12$。产品是黏稠液体，极易与水混溶，不论在软水还是硬水中均有良好的洗涤效果。

非离子型表面活性剂的主要特点是化学性质稳定，无发泡性而乳化性强，耐酸、耐碱、配伍性好，可与其他各类表面活性剂复配而不失败。它除用作洗涤剂外，工业上常用作乳化剂、润湿剂、消泡剂，还可用来消散海面上的浮油，也可作匀染剂及矿石浮选剂等。

3. 表面活性剂的去污原理

以肥皂为例，说明表面活性剂的去污原理。肥皂分子有两种基团，一种是亲水的羧基，另一种是憎水（亲油）的长链烃基，如图 9-2 所示。洗涤时，肥皂分子中的长碳链烃基可伸入到被洗物上的油污内，羧基则在水中，油滴被肥皂分子包围起来，使油污微粒乳化，并分散悬浮于水中，形成稳定的乳浊液。此外，由于肥皂分子的亲水基团插入水中而憎水基团又伸出在水面外，削弱了水分子间的引力，使水的表面张力降低，油污易被润湿渗透，从而使油污与它的附着物（如纤维）逐渐松开，经揉搓及机械摩擦而脱离附着物，并分散成细小的乳浊液，再经水漂洗而去，这就是表面活性剂的去污原理，如图 9-3 所示。

肥皂具有优良的去污性能，长期以来广泛用作洗涤剂，但它在使用上也有局限性，在硬水或酸性水中不宜使用。因为在酸性溶液中，肥皂会生成不溶于水的高级脂肪酸析出；在硬水中使用则会生成不溶于水的脂肪酸钙盐和镁盐沉淀而失去去污作用。既降低了去污力，又浪费了肥皂。合成洗涤剂的显著优点，就是在硬水及酸性水中均可使用。另外，制造肥皂需使用大量动、植物油脂。而合成洗涤剂的主要原料是石油，石油较油脂价廉易得。且合成的

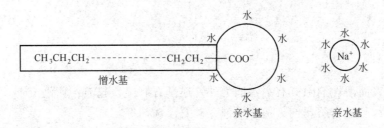

图 9-2 肥皂分子示意图

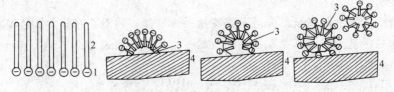

图 9-3 肥皂去污原理示意图
1—亲水基；2—憎水基；3—油污；4—纤维织品

洗涤剂较肥皂的去污能力更强，更适合洗衣机使用。因此，近年来人们以石油加工产品为原料合成了越来越多的洗涤剂。

随着合成洗涤剂的大量使用，含有合成洗涤剂的废水，大量排放到江、河、湖泊中，使水体受到污染。有的洗涤剂含有磷元素（大多数含有三聚磷酸钠），造成水体富营养化，促使水生藻类大量繁殖，水中的溶解氧降低，使水质变坏，危害水中生物生长。应使用无磷的新型洗涤剂，以减轻对环境的污染。

本 章 小 结

1. 羧酸的化学性质

（1）酸性

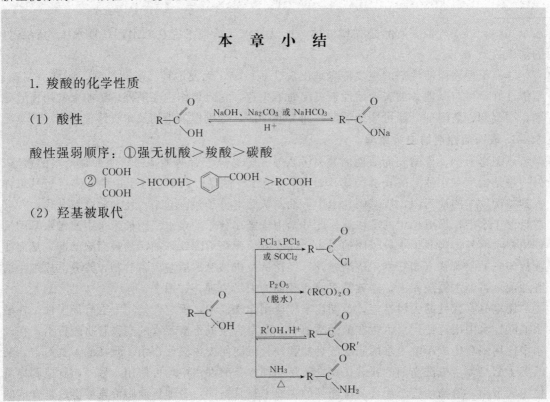

酸性强弱顺序：① 强无机酸＞羧酸＞碳酸

② $\underset{\text{COOH}}{\overset{\text{COOH}}{|}}$ ＞HCOOH＞ C₆H₅—COOH ＞RCOOH

（2）羟基被取代

(3) 脱羧反应

$$R-\underset{O}{\overset{\|}{C}}CH_2COOH \xrightarrow{\Delta} R-\underset{O}{\overset{\|}{C}}CH_3 + CO_2$$

(4) 还原反应

$$R-\underset{O}{\overset{\|}{C}}-OH \xrightarrow[\text{(较难)}]{LiAlH_4} RCH_2OH$$

(5) α-氢原子的反应

$$RCH_2COOH \xrightarrow{Br_2, 红磷} R\underset{Br}{\overset{}{C}}HCOOH$$

2. 诱导效应对羧酸酸性的影响

① 羧酸烃基上连接吸电子基团时，能增强其酸性；羧酸烃基上连接供电子基团时，能减弱其酸性。

② 羧酸的烃基上取代基团的电负性愈大，取代基团数目愈多，离羧基愈近，其酸性愈强。

3. 羧酸衍生物的化学性质

(1) 反应活性　　　　　　酰卤＞酸酐＞酯＞酰胺

(2) 羧酸及羧酸衍生物相互转化关系

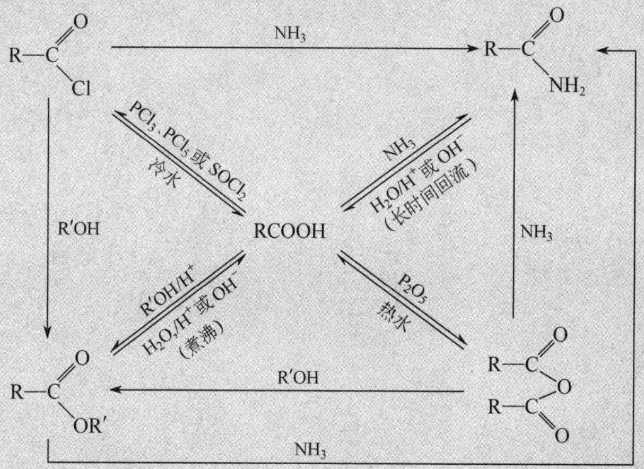

(3) 还原反应

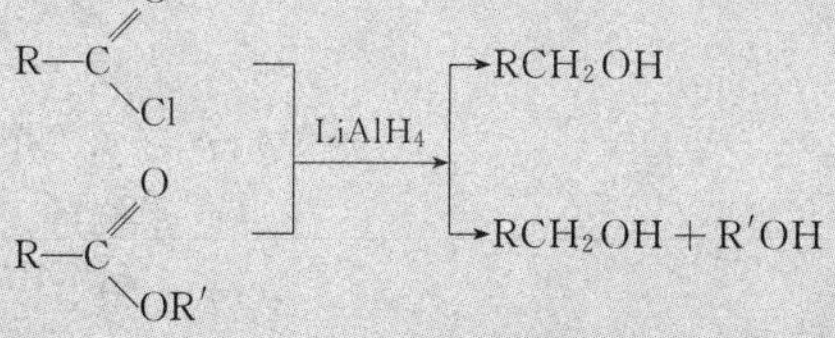

$$\begin{matrix} R-\overset{O}{\overset{\|}{C}}-Cl \\ R-\overset{O}{\overset{\|}{C}}-OR' \end{matrix} \xrightarrow{LiAlH_4} \begin{matrix} RCH_2OH \\ RCH_2OH + R'OH \end{matrix}$$

(4) 酰胺的特殊反应

$$R-\underset{O}{\overset{\|}{C}}-NH_2 \xrightarrow[NaOBr/NaOH]{\overset{P_2O_5}{-H_2O}} \begin{matrix} RCN \\ RNH_2 \end{matrix}$$

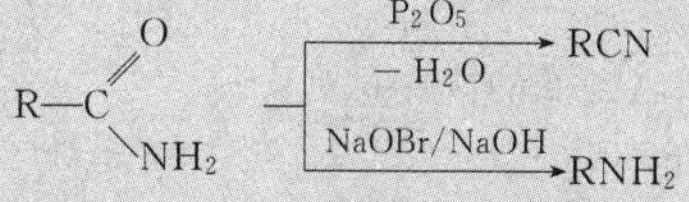

4. 羧酸及其衍生物的鉴别

(1) 羧酸的鉴别　羧酸与碳酸氢钠溶液反应有 $CO_2\uparrow$ 放出，后者遇澄清石灰水会生成碳酸钙白色沉淀。此外，水溶性羧酸遇蓝色石蕊试纸显红色。

(2) 甲酸的鉴别　甲酸分子结构中具有醛基，遇托伦试剂会产生银镜，遇斐林试剂会产生铜镜。

(3) 甲酸、草酸与其他羧酸的鉴别　甲酸、草酸均具有还原性，可使高锰酸钾溶液褪色，其他羧酸不被高锰酸钾溶液氧化。

（4）羧酸衍生物的鉴别　羧酸衍生物常用其水解产物来鉴别。

① 酰卤的鉴别　酰氯在潮湿空气中水解，产生氯化氢白烟，其他酰卤遇硝酸银溶液生成相应的卤化银沉淀，各种酰卤产生的沉淀颜色各不相同。

② 酸酐的鉴别　酸酐遇热水水解，生成羧酸，后者与碳酸氢钠溶液反应产生 $CO_2\uparrow$。

③ 酰胺的鉴别　酰胺与氢氧化钠水溶液共热水解有 NH_3 放出，它可使润湿的红石蕊试纸变蓝。

* ④ 酯的鉴别　酯与羟胺反应生成羟肟酸，后者在酸性溶液中与氯化铁溶液反应，大多产生紫红色（羟肟酸铁）。

习　题

1. 命名下列各化合物。

(1) $CH_3CH\underset{\underset{CH_3}{|}}{}CH_2COOH$

(2) $CH_2=CH-CH_2COOH$

(3) $CH_3\underset{\underset{Cl}{|}}{C}HCOOH$

(4) $HOOC(CH_2)_4COOH$

(5) $CH_2=CHCOCl$

(6) $CH_3-\overset{O}{\overset{\|}{C}}-O-\overset{O}{\overset{\|}{C}}-CH_3$

(7) 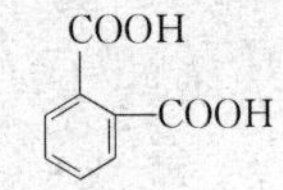 邻-COOH,COOH 苯

(8) 萘-CH_2COOH

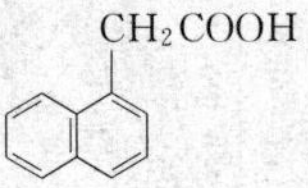

(9) $HCON(CH_3)_2$

(10) $CH_2\underset{\underset{COOC_2H_5}{|}}{\overset{\overset{COOC_2H_5}{|}}{}}$

(11) 对-COCl,CH_3 苯

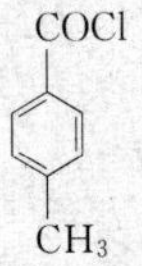

(12) $C_{12}H_{25}-\text{苯}-SO_3Na$

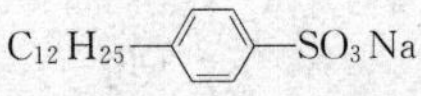

2. 写出下列化合物的构造式。

(1) 蚁酸

(2) 草酸

(3) α-氯乙酸

(4) 邻苯二甲酸二丁酯

(5) α-甲基丙烯酸甲酯

(6) 水杨酸

(7) 丁二酸酐

(8) 3,3-二甲基戊二酸

(9) 尿素

(10) 苯酐

3. 将下列各组化合物的沸点按从高到低的次序排列。

(1) 乙酸、乙酰氯、乙酰胺、乙酸酐

(2) 1-丁醇、丁酸、乙酸乙酯、丁酰胺

4. 比较下列各组化合物的酸性强弱。

(1) ① CH_3CCl_2COOH

② $CH_3CH_2CHClCOOH$

③ $CH_3CHClCH_2COOH$

④ CCl_3COOH

⑤ $ClCH_2CH_2CH_2COOH$

(2) ① $HCOOH$

② CH_3COOH

③ C_6H_5OH

④ CF_3COOH

(3) 甲酸、乙酸、草酸、苯甲酸、苄醇、苯酚

5. 用简便的化学方法区别下列各组化合物。

(1) 乙醇、乙醛、乙酸、甲酸　　　　　　(2) 乙二酸、已二酸

(3) 蚁酸、醋酸、草酸　　　　　　　　　(4) 乙酰氯、氯乙酸

(5) 苯酚、水杨酸（邻羟基苯甲酸）、苯甲酸、苄醇

(6) 氯乙烷、乙酰氯、乙酸酐、乙酸乙酯、乙酰胺

6. 完成下列转变，写出主要产物或主要试剂。

(1) $CH_3CH=CH_2 \xrightarrow{HBr} ? \xrightarrow{?} (CH_3)_2CHMgBr \xrightarrow{HCHO} ? \xrightarrow{H_2O} ?$

$\xrightarrow{?} (CH_3)_2CHCOOH \xrightarrow{PCl_5} ? \xrightarrow{NH_3} ? \xrightarrow{NaBrO/NaOH} ?$

(2) $CH_3CH_2NH_2 \xleftarrow{?} CH_3CH_2CONH_2 \xleftarrow{?} CH_3CH_2COCl$ ，$CH_3CH_2COOH \xrightarrow{?}$ ，$\xrightarrow{?} CH_3CH_2CH_2NH_2$

(3) $CH_2=CH_2 \xrightarrow{H_2O, H^+, \Delta} ? \xrightarrow{} CH_3CHO \xrightarrow{KMnO_4, H^+} ? \xrightarrow{CH_3CH_2CH_2OH, CH_3, H^+} ?$

7. 用化学方法提纯下列各组化合物。

(1) 乙醇中含有少量乙醛和乙酸杂质。

(2) 乙酸乙酯中含有少量乙酸和乙醇杂质。

8. 用化学方法分离己醇、己酸、对甲苯酚的混合物。

9. 热水瓶用久了会生成一层水垢，可用食醋洗涤除去，试解释其中道理。

10. 化合物 A、B、C 分子式都是 $C_3H_6O_2$，A 能与 Na_2CO_3 作用放出 CO_2，B 和 C 在 NaOH 溶液中水解，B 的水解产物之一能起碘仿反应。推测 A、B、C 的构造式。

11. 化合物 A 和 B 的分子式都是 $C_4H_6O_2$，它们都不溶于碳酸钠和氢氧化钠的水溶液，都可使溴水褪色，且都有香味。它们和 NaOH 水溶液共热则发生反应：A 的反应产物为乙酸钠和乙醛，而 B 的反应产物为甲醇和一个羧酸的钠盐，将后者用酸中和后，蒸馏所得的有机物仍可使溴水褪色。试推测 A 和 B 的构造式。

[提示] 题中的乙醛是由乙烯醇经分子重排生成的：$CH_2=CH-OH \xrightarrow{分子重排} CH_3-CHO$。参见乙炔的加水反应。

12. 选择题

(1) 下列各组中两物质互为同系物的是（　　）。

A. $CH_3CH_2CH=CH_2$ 和 $CH_2=C(CH_3)-CH=CH_2$

B. 苯酚 和 苄醇（$C_6H_5CH_2OH$）

C. CH_3COOH 和 CH_3COOCH_3

D. CH_3CHO 和 $CH_3CH(CH_3)CH_2CHO$

(2) 下列物质，既能使酸性高锰酸钾溶液氧化，也能使溴水褪色，还能使蓝色石蕊试纸变红的是（　　）。

A. C₆H₅—CH=CH₂   B. C₆H₅—OH   C. H—C(=O)—OC₂H₅   D. CH₂=CH—COOH

(3) 下列实验操作，正确的是（　　）。
A. 配制银氨溶液时，将硝酸银溶液逐滴滴入氨水中
B. 做过银镜反应的试管，要及时用稀硝酸清洗
C. 为了除去苯中溶解的少量苯酚，加溴水后过滤
D. 将两体积乙醇和两体积乙酸混合制取乙酸乙酯

(4) 下列物质中，酸性最强的是_____；能发生银镜反应的是_____；遇 FeCl₃ 溶液能发生显色反应的是_____；与硝酸银乙醇溶液作用，常温下能生成白色沉淀的是_____。

邻羟基苯甲酸（水杨酸）、HCOOH、HOOC—COOH、CH₃CHO
苯酚、CH₃COCl、CH₃CH₂Cl、CH₃COBr

13. 合成题（必需的无机试剂可自选）
(1) 以乙烯为原料合成乙酸乙酯。
(2) 以丙烯为原料合成丙酸异丙酯。
(3) 以乙炔为原料合成正丁醇、2-丁烯酸。
(4) 以甲苯为原料合成苯甲酸、苯乙酸。

第十章 含氮化合物

> **学习要求**
>
> 1. 了解硝基化合物、胺、腈、重氮和偶氮化合物的结构特点,硝基化合物及胺的分类;掌握各类含氮化合物的命名。
> 2. 了解硝基化合物、胺、腈的物理性质及其变化规律。
> 3. 熟悉硝基化合物、腈的化学性质及其应用,尤其是芳香族硝基化合物的还原反应及硝基对其邻、对位取代基的影响。
> 4. 掌握胺的化学性质,尤其是胺的碱性强弱规律,氨基的保护在有机合成中的应用,以及伯、仲、叔胺的鉴别。
> 5. 掌握重氮盐的制备及其在有机合成中的应用。

含氮化合物通常是指分子中碳原子与氮原子直接相连的有机化合物。它们可以看做是烃分子中的氢原子被各种含氮原子的官能团取代而生成的化合物。含氮化合物种类很多,例如前面各章遇到过的酰胺($R-\overset{O}{\underset{NH_2}{C}}$)、腈($R-CN$)、肟($R-CH=N-OH$)、腙($R-CH=N-NH_2$)等,都属含氮化合物。此外,与生命现象有直接关系的氨基酸、蛋白质及生物碱等,都可以认为属于含氮化合物的范畴,它们另在专章中讨论。

本章主要讨论硝基化合物、胺、重氮和偶氮化合物以及腈等,重点讨论胺。

第一节 硝基化合物

一、硝基化合物的结构、分类和命名

烃分子中的一个或几个氢原子被硝基($-NO_2$)取代后的生成物,称硝基化合物。一硝基化合物的通式为 $R-NO_2$。

氮原子的价电子层具有五个电子,而这一价电子层最多可容纳八个电子,因此,硝基化合物的结构可表示如下:

$$R:\overset{\times\times}{\underset{\underset{\cdot\cdot}{\overset{\cdot\cdot}{O}}}{N}}\overset{\cdot\cdot}{\overset{\cdot\cdot}{:}}\overset{\cdot\cdot}{O} \quad 或 \quad R-N\overset{\nearrow O}{\searrow O}$$

但为了方便,一般仍采用 $-N\overset{\nearrow O}{\searrow O}$ 式子表示硝基的结构。硝基是硝基化合物的官能团。硝基化合物与亚硝酸酯($R-ONO$)互为同分异构体。

硝基化合物根据烃基的不同,可分为脂肪族硝基化合物($R-NO_2$)和芳香族硝基化合物($Ar-NO_2$)两大类。由于芳香族硝基化合物较脂肪族硝基化合物更为重要,广泛用于

染料和炸药等工业，下面将重点讨论芳香族硝基化合物。

芳香族硝基化合物的命名，一般是以芳烃为母体，硝基作为取代基来命名。例如：

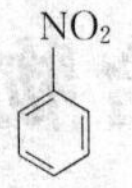

硝基苯 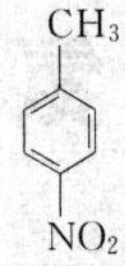　　　对硝基甲苯 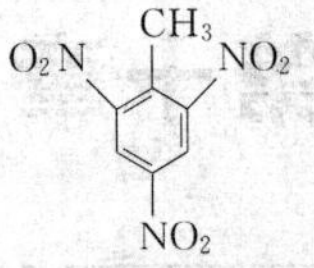　　　2,4,6-三硝基甲苯
　　　　　　　　　　　　　　　　（TNT）

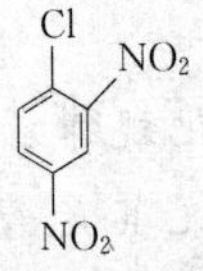

2,4-二硝基氯苯 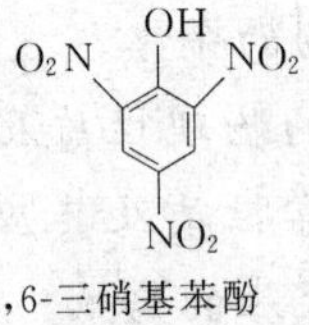　　2,4,6-三硝基苯酚　　间硝基苯磺酸
　　　　　　　　　　（苦味酸）

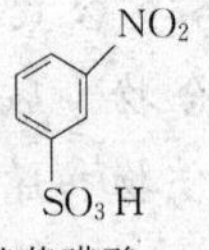

二、芳香族硝基化合物的物理性质

硝基为极性基团，因而硝基化合物分子的极性较大，并具有较高的沸点。除某些芳香族一硝基化合物为淡黄色的高沸点液体外，大多数是淡黄色固体，有苦杏仁气味。硝基化合物的相对密度都大于1，难溶于水，易溶于有机溶剂。硝基苯可用作某些反应的溶剂。芳香族多硝基化合物受热易分解，具有爆炸性(2,4,6-三硝基甲苯和1,3,5-三硝基苯均为炸药)，有的具有强烈香味〔例如人造二甲苯麝香　　　　〕。**硝基化合物一般都具有毒性**，它的蒸气能透过皮肤被机体吸收而引起中毒，使用时应注意防护。

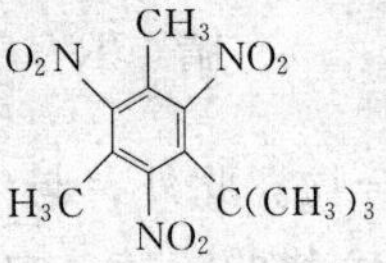

一些芳香族硝基化合物的物理常数见表10-1。

表10-1　一些芳香族硝基化合物的物理常数

名　称	熔点/℃	沸点/℃	相对密度（d_4^{20}）
硝基苯	5.7	210.8	1.203
邻二硝基苯	118	319	1.565（17℃）
间二硝基苯	89.8	291	1.571（0℃）
对二硝基苯	174	299	1.625
1,3,5-三硝基苯	122	分解	1.688
邻硝基甲苯	4	222	1.163
间硝基甲苯	16	231	1.157
对硝基甲苯	52	238.5	1.286
2,4-二硝基甲苯	70	300	1.521（15℃）
2,4,6-三硝基甲苯	82	分解	1.654
α-硝基萘	61	304	1.322

三、芳香族硝基化合物的化学性质

芳香族硝基化合物的化学性质比较稳定，与卤素、硝酸、浓硫酸等试剂都不发生反应。但在一定条件下，硝基可发生还原反应，芳环上还可发生取代反应。此外，由于硝基为强吸电子基，它对环上邻、对位取代基也会产生较明显的影响。

1. 硝基的还原反应

硝基的还原反应是芳香族硝基化合物最重要的化学性质。常用的还原方法有化学还原法和催化加氢法。

(1) 化学还原剂还原　芳硝基易被还原，还原产物常随还原剂和还原介质不同而异。其中，以酸性还原最重要。

在酸性介质中还原时，最常用的酸性还原剂为铁（或锡、锌）与盐酸，或氯化亚锡与盐酸。芳硝基化合物最终还原产物为相应的芳伯胺（Ar—NH_2）。

$$Ar-NO_2 \xrightarrow[HCl, \triangle]{Fe \text{ 或 } Sn} Ar-NH_2 + H_2O$$

当芳环上还有其他可被还原的取代基时，用氯化亚锡和盐酸还原更为适宜，因为它只使硝基还原为氨基，而其他取代基如—CHO等不受影响，例如：

$$\underset{}{\underset{}{C_6H_4(NO_2)CHO}} \xrightarrow{SnCl_2, HCl} \underset{\text{间氨基苯甲醛}}{C_6H_4(NH_2)CHO}$$

使用化学还原剂还原，尤其是铁和盐酸作还原剂还原时，虽然工艺简单，但污染严重。近年来，工业生产上已愈来愈多地采用催化加氢法还原。

(2) 催化加氢法还原　此法除产品质量和收率都优于化学还原法外，对于那些带有在酸性或碱性条件下易水解基团的化合物更为适用。例如：

$$\underset{\text{邻硝基乙酰苯胺}}{C_6H_4(NHCOCH_3)(NO_2)} + H_2 \xrightarrow[C_2H_5OH, \triangle]{Pt \text{ 或 } Ni} \underset{\text{邻氨基乙酰苯胺}}{C_6H_4(NHCOCH_3)(NH_2)} \quad (90\%)$$

芳香族多硝基化合物，以硫氢化铵（钠）或硫化铵（钠）为还原剂还原时，可有选择地还原其中一个硝基为氨基，至于哪个硝基被还原，需通过试验才能确定。例如：

$$\underset{}{m\text{-}C_6H_4(NO_2)_2} \xrightarrow[\text{或 }(NH_4)_2S]{NH_4HS, \triangle} m\text{-}C_6H_4(NO_2)(NH_2) \quad (80\%)$$

$$\underset{}{CH_3C_6H_3(NO_2)_2\text{(2,4)}} \xrightarrow{NH_4HS, \triangle} CH_3C_6H_3(NO_2)(NH_2)$$

$$C_6H_3(NO_2)_2(NH_2)\text{-sub} \xrightarrow{NH_4HS, \triangle} C_6H_3(NO_2)(NH_2)_2$$

2. 硝基苯环上的取代反应

硝基是较强的间位定位基，它使苯环钝化，硝基苯进行卤代、硝化、磺化反应时，较苯困难得多，取代产物主要为间位物。

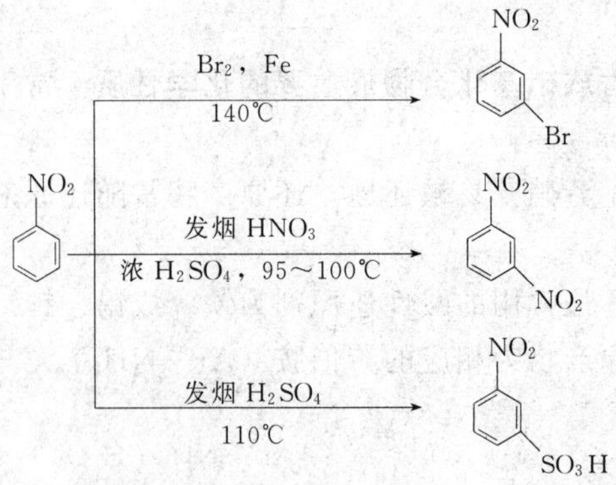

$$\text{NO}_2\text{-C}_6\text{H}_5 \begin{cases} \xrightarrow{\text{Br}_2,\text{Fe}}_{140℃} & \text{间-溴硝基苯} \\ \xrightarrow{\text{发烟 HNO}_3}_{\text{浓 H}_2\text{SO}_4,95\sim100℃} & \text{间-二硝基苯} \\ \xrightarrow{\text{发烟 H}_2\text{SO}_4}_{110℃} & \text{间-硝基苯磺酸} \end{cases}$$

3. 硝基对苯环上邻对位取代基的影响

(1) **使卤原子活化** 直接连在芳环上的卤原子，化学性质不活泼，例如氯苯与氢氧化钠共热至200℃煮沸数天，也没发现苯酚生成。卤苯水解反应需在高温、高压及催化剂条件下进行。当卤原子的邻、对位上引入硝基后，卤原子被活化，水解反应可以在较缓和的条件下进行。并且邻对位上的硝基愈多，卤原子活性愈强，水解反应也愈容易进行。例如：

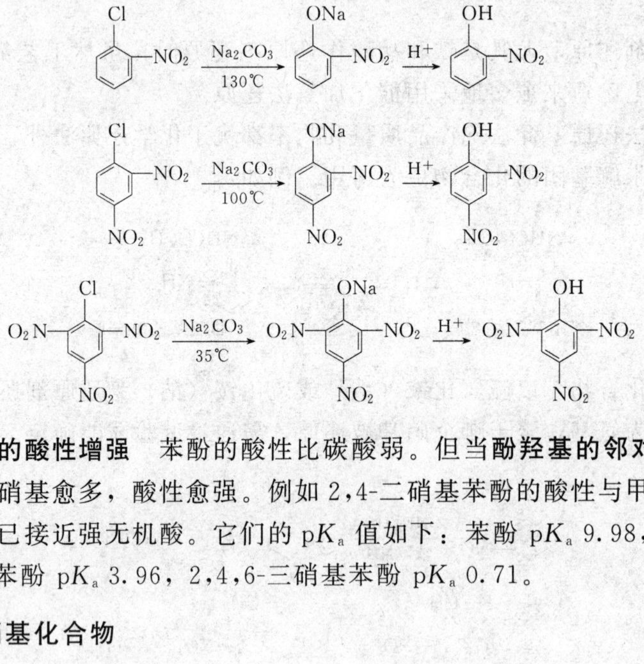

邻-氯硝基苯 $\xrightarrow{\text{Na}_2\text{CO}_3}_{130℃}$ 邻-硝基苯酚钠 $\xrightarrow{\text{H}^+}$ 邻-硝基苯酚

2,4-二硝基氯苯 $\xrightarrow{\text{Na}_2\text{CO}_3}_{100℃}$ $\xrightarrow{\text{H}^+}$ 2,4-二硝基苯酚

2,4,6-三硝基氯苯 $\xrightarrow{\text{Na}_2\text{CO}_3}_{35℃}$ $\xrightarrow{\text{H}^+}$ 2,4,6-三硝基苯酚

(2) **使酚羟基的酸性增强** 苯酚的酸性比碳酸弱。但当酚羟基的邻对位上引入硝基后，**酸性明显增强**。且硝基愈多，酸性愈强。例如2,4-二硝基苯酚的酸性与甲酸相近，而2,4,6-三硝基苯酚的酸性已接近强无机酸。它们的pK_a值如下：苯酚 pK_a 9.98，邻-硝基苯酚 pK_a 7.17，2,4-二硝基苯酚 pK_a 3.96，2,4,6-三硝基苯酚 pK_a 0.71。

四、重要的硝基化合物

1. 硝基苯

硝基苯可通过苯的硝化反应制备（见芳烃的化学性质）。

硝基苯为浅黄色油状液体，熔点5.7℃，沸点210.8℃，相对密度1.197，具有苦杏仁气味，有毒，不溶于水，而易溶于乙醇、乙醚等有机溶剂。硝基苯是生产苯胺及制备染料和药物的重要原料。此外，它还可用作溶剂和缓和的氧化剂。

2. 2,4,6-三硝基甲苯

2,4,6-三硝基甲苯俗称TNT，它可通过甲苯直接硝化来制备（见芳烃的化学性质）。

2,4,6-三硝基甲苯为黄色结晶，熔点80.6℃，味苦，有毒，不溶于水而溶于有机溶剂。它是一种猛烈的炸药。TNT本身性质稳定，熔融后并不分解，受震动也相当稳定，故装弹、贮存、运输都比较安全。但在引爆剂（如雷汞❶）的引发下则发生猛烈的爆炸。因它性能优良，被用来作为爆破力的比较标准。原子弹、氢弹的爆炸威力常用 TNT 的万吨级来表示。

3. 2,4,6-三硝基苯酚

2,4,6-三硝基苯酚俗称苦味酸。它可由苯酚先后经磺化、硝化制取（见酚的化学性质），也可由氯苯为原料制取：

$$\text{C}_6\text{H}_5\text{Cl} \xrightarrow[\Delta]{2\text{HNO}_3, \text{H}_2\text{SO}_4} \text{2,4-二硝基氯苯} \xrightarrow[100℃]{\text{Na}_2\text{CO}_3} \text{2,4-二硝基苯酚} \xrightarrow[\Delta]{\text{HNO}_3, \text{H}_2\text{SO}_4} \text{2,4,6-三硝基苯酚}$$

2,4,6-三硝基苯酚为黄色晶体，熔点 122℃，不溶于冷水，溶于热水和乙醇、乙醚中。其酸性与强无机酸接近。它是制造硫化染料的原料，也曾用作炸药，但因它酸性强，易腐蚀弹壳，它与铁、钾、铅等生成的盐对撞击极为敏感，从安全考虑，现在已不使用。

第二节 胺

一、胺的结构、分类和命名

1. 胺的结构

胺可以看做是氨分子中的氢原子被烃基取代后的生成物，也可看做是烃分子中的氢原子被氨基（—NH₂）取代后的衍生物。构造式为 R—NH₂、Ar—NH₂。

胺的分子结构与氨相似，均为棱锥形结构，键角约为109°。

2. 胺的分类

根据氨分子中的一个、两个或三个氢原子被烃基取代后的生成物，分别称为伯胺、仲胺、叔胺。

$$\text{NH}_3 \quad \text{RNH}_2 \quad \underset{R}{\overset{R}{\text{NH}}} \quad \text{R}_3\text{N}$$
$$\text{氨} \quad \text{伯胺} \quad \text{仲胺} \quad \text{叔胺}$$

注意伯、仲、叔胺与伯、仲、叔醇中的伯、仲、叔含义是不同的，伯、仲、叔胺是指胺分子中的氮原子分别与一个、两个或三个烃基相连接，而伯、仲、叔醇则是指羟基分别与伯、仲、叔碳原子相连接。例如：

$$\text{CH}_3-\underset{\underset{\text{CH}_3}{|}}{\text{CH}}-\text{NH}_2 \quad \text{异丙胺（伯胺）} \qquad \text{CH}_3-\underset{\underset{\text{CH}_3}{|}}{\text{CH}}-\text{OH} \quad \text{异丙醇（仲醇）}$$

$$\text{CH}_3-\underset{\underset{\text{CH}_3}{\overset{\text{CH}_3}{|}}}{\overset{|}{\text{C}}}-\text{NH}_2 \quad \text{叔丁胺（伯胺）} \qquad \text{CH}_3-\underset{\underset{\text{CH}_3}{\overset{\text{CH}_3}{|}}}{\overset{|}{\text{C}}}-\text{OH} \quad \text{叔丁醇（叔醇）}$$

叔丁胺和叔丁醇虽都含叔丁基，但前者为伯胺，后者为叔醇；异丙胺和异丙醇都含异丙基，但前者为伯胺，后者为仲醇。

---

❶ 雷汞又名雷酸汞 Hg(ONC)₂ 是敏感度和爆炸力很大的起爆药。

根据胺分子中含氨基数目的不同，胺又可分为一元胺、二元胺等，例如：

一元胺　　　　CH₃CH₂NH₂　　　　　　C₆H₅NH₂
　　　　　　　　乙胺　　　　　　　　　　苯胺

二元胺　　　　H₂NCH₂CH₂NH₂　　　　　间苯二胺（邻位NH₂、NH₂）
　　　　　　　　乙二胺　　　　　　　　　间苯二胺

根据胺中烃基的不同，胺还可以分为脂肪胺与芳香胺。例如：

脂肪胺　　　　CH₃NH₂　　　　　　　CH₃CH₂NH₂
　　　　　　　　甲胺　　　　　　　　　　乙胺

芳香胺　　　　C₆H₅—NH₂　　　　　　β-萘胺
　　　　　　　　苯胺　　　　　　　　　β-萘胺

此外，从结构上看，相应于铵盐的四烃基衍生物，分别称为季铵盐或季铵碱，它们统称为季铵类化合物。例如：

　　NH₄⁺Cl⁻　　　　　氯化铵　　　　　　R₄N⁺OH⁻　　　　　　季铵碱
　　R₄N⁺X⁻　　　　　季铵盐（X为酸根）　(CH₃)₄N⁺OH⁻　　　氢氧化四甲铵
　　(C₂H₅)₄N⁺Cl⁻　　氯化四乙铵

季铵碱是相当于氢氧化钠的强碱。

要注意，"氨"、"胺"及"铵"字的用法是不同的：**表示取代基时，要用"氨"字**，如氨基、二甲氨基等；**表示氨的烃基衍生物时，要用"胺"字**，如乙胺、苯胺等；**表示季铵类化合物，及胺与酸反应生成的铵盐时，则用"铵"字**，如氢氧化四甲铵、氯化四甲铵、硫酸二乙铵[(C₂H₅ N⁺H₃)₂SO₄²⁻]等。

3. 胺的命名

（1）**脂肪胺的命名**　简单的胺多采用普通命名法命名。命名时，将烃基的数目和名称写在"胺"字的前面；烃基不同时，简单的烃基写在前面，复杂的烃基则写在后面。例如：

　　CH₃NH₂　　　CH₃CHNH₂　　　　CH₃　　　　　　(CH₃)₃N
　　　　　　　　　　│　　　　　　　　│
　　　　　　　　　CH₃　　　　　CH₃CH₂—NH
　　甲胺　　　　　异丙胺　　　　　甲乙胺　　　　　三甲胺

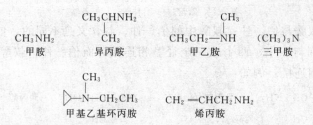

　　甲基乙基环丙胺　　　　　　　　CH₂=CHCH₂NH₂
　　　　　　　　　　　　　　　　　　烯丙胺

较复杂的胺则采用系统命名法命名。以烃为母体，氨基（或烷氨基）为取代基。取代基按优先次序规则排列，将**较优基团后列出**。例如：

　　CH₃CH₂—CHCH₂CH₃　　　CH₃CH₂CHCH₃　　　H₃C　NHCH₃
　　　　　　│　│　　　　　　　　　│　　　　　　　│　　│
　　　　　CH₃ NH₂　　　　　　　N(CH₃)₂　　　CH₃CH₂CHCHCH₃
　　3-甲基-4-氨基己烷　　　2-二甲氨基丁烷　　3-甲基-2-甲氨基戊烷

（2）**芳香胺的命名**　当芳环上连有卤素、硝基、烃基等基团时，一般以苯胺为母体来命名。例如：

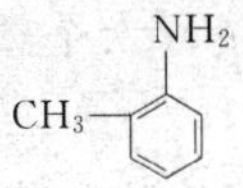

邻甲苯胺 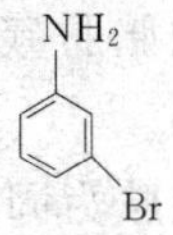　　间溴苯胺 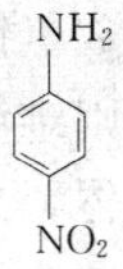　　对硝基苯胺 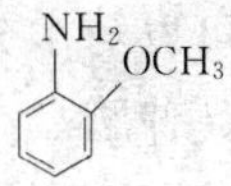　　邻甲氧基苯胺

若芳环上连有酚羟基、羧基、磺酸基等基团时，则将氨基作为取代基来命名。例如：

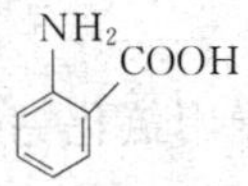

邻氨基苯甲酸 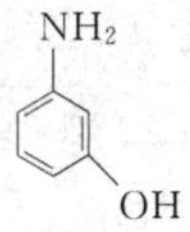　　间氨基苯酚 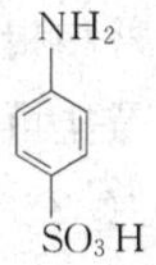　　对氨基苯磺酸

芳香仲胺与叔胺的命名，要以芳胺为母体，氨基的氮原子上连的烷基，需在烷基前面写上"N"字，以表明烷基是直接连在氮原子上的。例如：

N-甲基苯胺 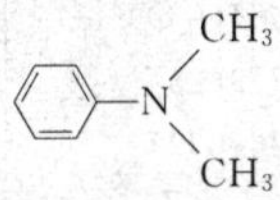　　N,N-二甲基苯胺 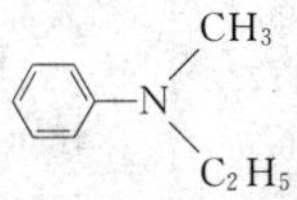　　N-甲基-N-乙基苯胺

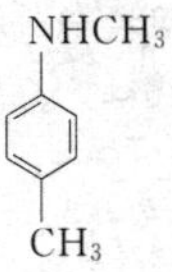

N-甲基对甲苯胺 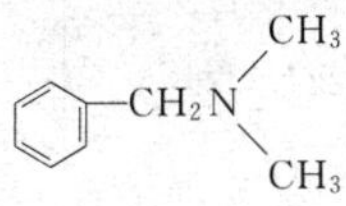　　N,N-二甲基苄胺 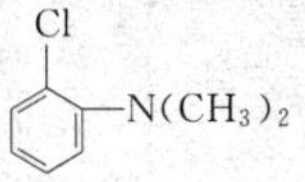　　N,N-二甲基邻氯苯胺

此外，分子中若含有两个以上的氨基时，则根据所含氨基的数目称为二胺、三胺等。例如：

$H_2NCH_2CH_2NH_2$　　$H_2N(CH_2)_6NH_2$　　对苯二胺
乙二胺　　　　　　　己二胺

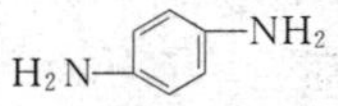

二、胺的物理性质

脂肪族低级胺如甲胺、二甲胺、三甲胺和乙胺在室温下是气体，丙胺以上为液体，高级胺为固体。脂肪族低级胺有似氨的难闻气味，三甲胺具有鱼腥味，1,4-丁二胺（腐胺）及1,5-戊二胺（尸胺）就是肉腐烂时产生的极臭且有剧毒的气味。高级胺一般没有气味。

伯、仲胺的沸点比相对分子质量相近的烃和醚高，但比相应的醇低。原因是伯、仲胺分子中有 N—H 键，故与醇相似，分子间可发生氢键缔合，但由于氮原子的电负性比氧小，N—H 键的极性低于 O—H 键，故伯胺与仲胺的沸点比相应的醇低，但比相应的醚和烃高。例如：

$\quad\quad\quad\quad\quad\quad CH_3CH_2CH_2CH_2OH \quad CH_3CH_2CH_2NH_2 \quad CH_3CH_2OCH_2CH_3$
沸点/℃　　　　　117　　　　　　　　77.8　　　　　　　34.5

叔胺分子中无 N—H 键，故不能形成分子间氢键，其沸点仅高于相对分子质量相近的烷烃。

伯、仲、叔胺都可以与水分子形成氢键，故脂肪族低级胺（六个碳以下）均易溶于水，但叔胺溶解度小于伯、仲胺。高级胺则难溶于水。

芳香胺中，一元芳胺为高沸点液体，二元芳胺为固体。芳伯胺和芳仲胺在空气中易被氧化而显红棕色，例如新蒸的苯胺为浅黄色，但长时间放置就变为红棕色。因此，芳胺宜用棕色瓶保存。芳香胺毒性很大，能透过皮肤而引起中毒。某些芳胺例如 β-萘胺、联苯胺等是引起恶性肿瘤的物质，使用时要注意防护。芳香胺难溶于水而易溶于有机溶剂。苯胺可随水蒸气挥发，常用水蒸气蒸馏分离和提纯苯胺。

胺与醇相似，与氯化钙等盐可形成配合物，故不能用氯化钙干燥胺。

一些胺的物理常数见表 10-2。

表 10-2 一些胺的物理常数

名　　称	熔点/℃	沸点/℃	相对密度 d_4^{20}	溶解度/[g/(100gH$_2$O)]	pK_b(20～25℃)
氨	-77.7	-33	0.7116	易溶	4.76
甲胺	-92.5	-6.7	0.7961(-10℃)	易溶	3.38
二甲胺	-96	7.3	0.6604(0℃)	易溶	3.27
三甲胺	-117	3.5	0.7229(25℃)	91	4.21
乙胺	-80.5	16.6	0.706(0℃)	∞	3.36
二乙胺	-50	55.5	0.705	易溶	3.06
三乙胺	-115	89.5	0.756	14	3.25
乙二胺	8.5	116.5	0.899	溶	4.07(pK_{b_1})
1,6-己二胺	41	204		易溶	3.07 (pK_{b_1})
苯胺	-6.3	184	1.022	3.7	9.40
邻甲苯胺	24.4	197		1.7	9.59
间甲苯胺	31.5	203			9.30
对甲苯胺	44	200		0.7	8.92
对硝基苯胺	148～149	331.7			12.9
N-甲基苯胺	-57	196.3	0.989	微溶	9.15
N,N-二甲基苯胺	2.5	194	0.956	1.4	8.93

三、胺的化学性质

1. 碱性

胺和氨相似，在水溶液中呈碱性。这是由于氨或胺中氮原子上有未共用电子对，溶于水时易与水中的 H^+ 结合，使 OH^- 浓度增加，因而显碱性。

$$:NH_3 + HOH \rightleftharpoons NH_4^+ + OH^-$$

$$R\ddot{N}H_2 + HOH \rightleftharpoons RNH_3^+ + OH^-$$

在水中，胺的碱性强弱可用离解常数 K_b 的负对数 pK_b 来表示：

$$K_b = \frac{[RNH_3^+][OH^-]}{[RNH_2]} \quad （水的浓度作为常数）$$

$$pK_b = -\lg K_b$$

pK_b 值愈小，碱性愈强。一些胺的 pK_b 值参见表 10-2。

从表 10-2 中看出，**脂肪胺的碱性比氨强，而氨的碱性又比芳香胺的碱性强许多**，其规律是：

$$\underset{\text{CH}_3}{\overset{\text{CH}_3}{\text{NH}}} > \text{CH}_3\text{NH}_2 > (\text{CH}_3)_3\text{N} > \text{NH}_3 > \text{C}_6\text{H}_5\text{NH}_2$$

pK_b　　3.27　　3.38　　4.21　　4.76　　9.40

即　　　$\underset{R}{\overset{R}{\text{NH}}} > \text{RNH}_2 > \text{R}_3\text{N} > \text{NH}_3 > \text{C}_6\text{H}_5\text{NH}_2$

　　　　　仲胺　　伯胺　　叔胺　　氨　　苯胺

胺的碱性强弱，取决于氮原子上未共用电子对与质子结合的难易，氮原子上电子云密度愈大，则接受质子能力愈强，其碱性也就愈强，反之其碱性愈弱。

脂肪胺的碱性之所以比氨强，是由于 NH_3 分子中的氢原子被烷基取代，烷基具有供电子作用，使氮原子上的电子云密度增加，接受质子能力增大，因此脂肪胺的碱性比氨强。

芳胺的碱性比氨弱，是由于苯胺氨基上的未共用电子对与苯环大π键形成共轭效应，使氮原子电子云密度降低，结合质子能力减弱所致。即

$$R \rightarrow \ddot{N}H_2 > H-\ddot{N}H_2 > C_6H_5-NH_2$$

一些芳胺的碱性强弱顺序为：

$$C_6H_5\text{-}N(CH_3)_2 > C_6H_5\text{-}NHCH_3 > C_6H_5\text{-}NH_2$$

pK_b　　　8.93　　　　　9.15　　　　　9.40

取代芳胺的碱性强弱，取决于取代基的性质。在氨基对位上连有供电子基团（如 —OCH_3、—CH_3 等）时，能增强其碱性，且基团供电子能力愈大，其碱性也愈强。

同理，在氨基对位上，连有吸电子的取代基（如—NO_2、—SO_3H、—X 等）时，则减弱其碱性。例如：

对位取代苯胺碱性顺序：$p\text{-}OCH_3 > p\text{-}CH_3 > \text{苯胺} > p\text{-}Cl > p\text{-}NO_2$

胺具有碱性，故能和强无机酸作用生成盐。例如：

$$(CH_3)_2NH + HCl \rightleftharpoons (CH_3)_2\overset{+}{N}H_2Cl^- \quad [\text{或}(CH_3)_2NH \cdot HCl]$$

　　　　　　　　　　　　氯化二甲铵　　　二甲胺盐酸盐

$$C_6H_5NH_2 + HCl \rightleftharpoons C_6H_5\overset{+}{N}H_3Cl^- \quad (\text{或 } C_6H_5NH_2 \cdot HCl)$$

（不溶于水）　　　　　（溶于水）　　　苯胺盐酸盐

胺盐是弱碱形成的盐，遇强碱即游离出胺。此性质可用于从混合物中分离和精制胺类。例如：

$$C_6H_5NH_2 \cdot HCl + NaOH \longrightarrow C_6H_5NH_2 + NaCl + H_2O$$

（溶于水）　　　　　　　　　（不溶于水）

2. 烷基化

胺和卤代烷或醇等烷基化试剂反应，氨基上的氢原子可被烷基取代。伯胺与卤代烷作用

可生成仲胺、叔胺和季铵盐的混合物。反应过程是：伯胺与卤代烷反应，先生成仲铵盐，再与碱作用，脱去卤化氢生成仲胺；后者继续与卤代烷、碱反应，生成叔胺；叔胺继续与卤代烷反应，生成季铵盐。

$$R-\overset{..}{N}H_2 + R-X \longrightarrow [R_2NH_2]^+X^- \xrightarrow[-HX]{NaOH} R_2NH$$
　　　伯胺　　　　　　　　　　仲铵盐　　　　　　仲胺

$$R_2\overset{..}{N}H + R-X \longrightarrow [R_3NH]^+X^- \xrightarrow[-HX]{NaOH} R_3N$$
　　仲胺　　　　　　　　　　叔铵盐　　　　　　叔胺

$$R_3\overset{..}{N} + R-X \longrightarrow [R_4N]^+X^-$$
　　叔胺　　　　　　　　季铵盐

如果上述生成的混合物沸点差较大，可用分馏法分离。此法一般很少用来制伯胺，如果产物要以伯胺为主，则可用过量的氨与卤代烷作用。

芳胺与脂肪胺相似，芳伯胺与卤代烷反应，同样可生成芳仲胺、芳叔胺和季铵盐的混合物。工业上可直接采用醇作烷基化试剂，在浓硫酸或 Al_2O_3 催化下进行反应。例如苯胺和甲醇在一定条件下反应，可得到 N-甲基苯胺和 N,N-二甲基苯胺的混合物，当苯胺过量时，主要产物为 N-甲基苯胺，若甲醇过量，则主要得到 N,N-二甲基苯胺。

$$\text{C}_6\text{H}_5-NH_2 + 2CH_3OH \xrightarrow[230℃, 2.5\sim3MPa]{H_2SO_4} \text{C}_6\text{H}_5-N(CH_3)_2 + 2H_2O$$

3. 酰基化

伯、仲胺与酰卤或酸酐作用，伯、仲胺氨基上的氢原子可被酰基取代，生成 N-烷基（代）酰胺及 N,N-二烷基（代）酰胺。

$$R'\overset{H}{\underset{|}{N}}-H + Cl-\underset{\underset{O}{\|}}{C}-R \longrightarrow R-\underset{\underset{O}{\|}}{C}-NHR' + HCl$$
　　　　　　　　　　　　　　　　　　　　N-烷基(代)酰胺

$$R'_2N-H + R-\underset{\underset{O}{\|}}{C}-O-\underset{\underset{O}{\|}}{C}-R \longrightarrow R-\underset{\underset{O}{\|}}{C}-NR'_2 + R-\underset{\underset{O}{\|}}{C}-OH$$
　　　　　酸酐　　　　　　　N,N-二烷基(代)酰胺

叔胺因氮原子上不连接氢原子，因此不发生酰基化反应。

酰胺都是结晶固体，有一定的熔点，故通过测定酰胺的熔点可用来鉴定伯胺和仲胺。

此外，伯、仲胺酰化后，生成的 N-烷基（代）酰胺呈中性，不能与酸作用成盐，只有叔胺可与盐酸作用成盐，利用此性质，可使叔胺和伯、仲胺分离。而伯、仲胺的酰化产物经水解后去掉乙酰基，又得到原来的伯、仲胺。因此，利用此性质可分离或提纯胺。例如：

$$\begin{Bmatrix} RNH_2 \\ R_2NH \\ R_3N \end{Bmatrix} \xrightarrow[\text{乙醚}]{(CH_3CO)_2O} \begin{matrix} CH_3\underset{\underset{O}{\|}}{C}-NHR \\ CH_3\underset{\underset{O}{\|}}{C}-NR_2 \\ (\text{无反应}) \end{matrix} \xrightarrow{HCl\text{抽提}} \begin{matrix}(\text{无反应}) \\ (\text{无反应}) \\ R_3N\cdot HCl \end{matrix} \begin{matrix} \xrightarrow[\triangle]{H_2O,\ OH^-} \begin{Bmatrix} RNH_2 & \text{伯胺} \\ R_2NH & \text{仲胺} \end{Bmatrix} \\ \xrightarrow{NaOH} R_3N\ \text{叔胺} \\ (\text{分离后}) \end{matrix}$$

芳胺易被氧化，但它的酰化产物不像芳胺那样易受氧化，在有机合成中常使芳胺先乙酰化，把氨基保护起来，再进行其他反应（如硝化等），最后把酰胺水解，去掉乙酰基，生成原来的氨基。例如工业上合成对硝基苯胺时，就不能用直接硝化的方法，否则苯胺会被硝酸氧化。

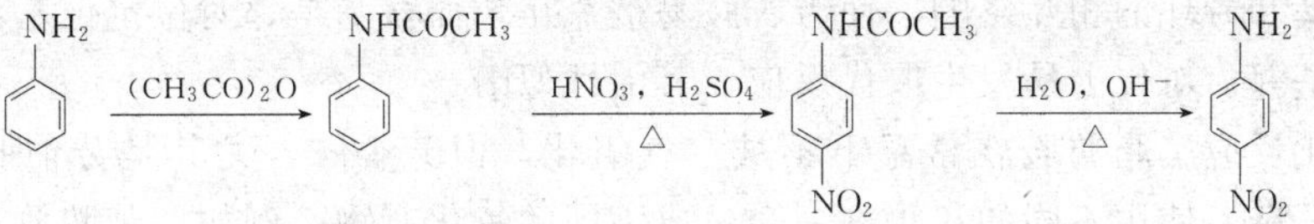

工业生产中，苯胺也可直接用冰醋酸进行乙酰化：

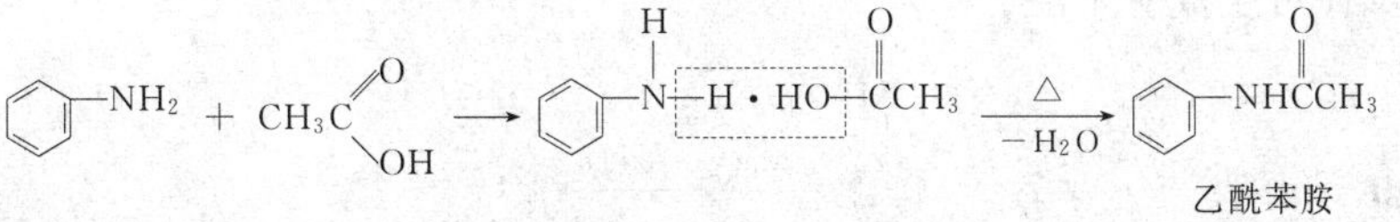

4. 与亚硝酸反应

伯、仲、叔胺与亚硝酸反应，生成不同的产物。由于亚硝酸不稳定，一般是在反应过程中由亚硝酸钠与盐酸（或硫酸）作用生成亚硝酸。

脂肪族伯胺与亚硝酸反应，先生成极不稳定的脂肪族重氮盐，它立即分解，放出氮气，并生成醇和烯烃等复杂混合物。例如：

$$CH_3CH_2NH_2 + O=N-OH \longrightarrow CH_3CH_2OH + N_2\uparrow + H_2O$$

此反应虽在合成上无实际意义，但反应能定量地放出氮气，故可用于氨基的定量测定及鉴别脂肪族伯胺。

芳香族伯胺在低温和过量强酸存在下和亚硝酸反应，生成重氮盐，这个反应称为重氮化反应。关于重氮化反应及重氮盐的性质和应用，将在下一节详细讨论。

脂肪族仲胺和芳香族仲胺与亚硝酸反应，都生成 N-亚硝基胺。例如：

$$(CH_3)_2NH + HO-N=O \longrightarrow (CH_3)_2 \cdot N-N=O + H_2O$$
N-亚硝基二甲胺

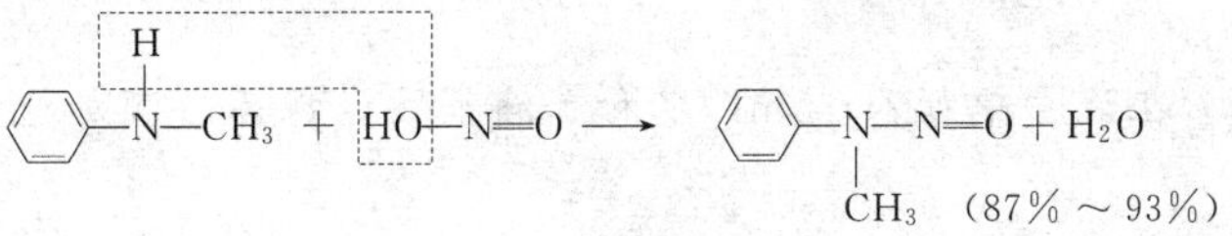

N-甲基-N-亚硝基苯胺

N-亚硝基胺为黄色油状液体或固体，产物经水解又变为原来的仲胺。

脂肪族叔胺与亚硝酸反应，生成不稳定的盐，此盐极易水解为原来的叔胺。例如：

$$(CH_3)_3N + HNO_2 \longrightarrow (CH_3)_3N \cdot HNO_2$$

芳香族叔胺与亚硝酸反应，生成对亚硝基的取代产物。例如：

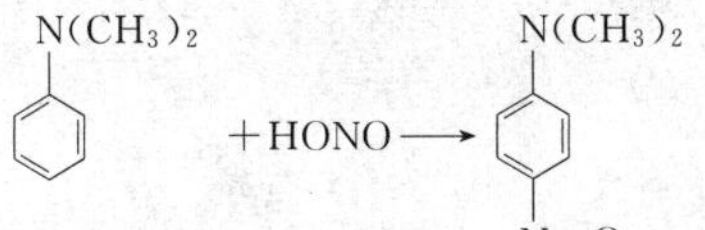

（绿色固体）
对亚硝基-N,N-二甲基苯胺

综上所述，伯、仲、叔胺与亚硝酸的反应，不仅产物不同，现象也不同，故此反应可用于伯、仲、叔胺的鉴别。

要注意，许多亚硝基化合物已被证实具有致癌作用，使用时要注意避免直接接触。

5. 芳香胺的特殊反应

由于氨基和芳环的相互影响，使芳香胺易被氧化，而氨基是邻对位定位基，它能使芳环活化，在氨基邻、对位上易发生取代反应，其活性似酚。

（1）氧化反应　脂肪胺在常温下不被空气氧化，但芳香胺，尤其是芳伯胺，极易被氧化。反应很复杂，使用不同的氧化剂，会生成不同的氧化产物。例如，苯胺放置时，就会因空气氧化而颜色逐渐变深，由无色透明溶液逐渐变为黄色、浅棕色以至红棕色。苯胺与二氧化锰-稀硫酸反应可生成对苯醌。

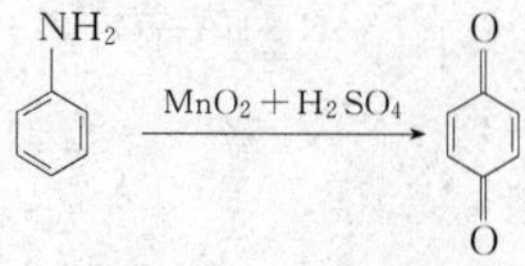

$$C_6H_5NH_2 \xrightarrow{MnO_2 + H_2SO_4} \text{对苯醌（黄色）}$$

此反应为工业上制备对苯醌的方法。

此外，苯胺被重铬酸钾氧化生成苯胺黑染料。**苯胺遇漂白粉溶液显紫色，可用于苯胺的鉴别。**由于芳伯胺、芳仲胺易被氧化，故宜用棕色瓶保存。

（2）芳环上的取代反应

① 卤代反应　与酚类似，**苯胺在常温下与溴水作用，生成 2,4,6-三溴苯胺白色沉淀，**此反应很难停留在一元取代阶段。

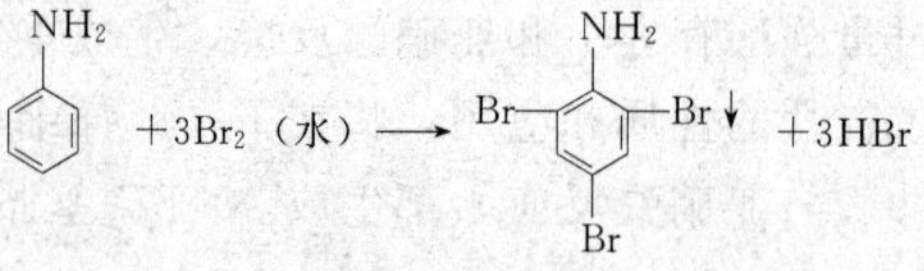

$$C_6H_5NH_2 + 3Br_2\text{（水）} \longrightarrow \text{2,4,6-三溴苯胺}\downarrow\text{（白色）} + 3HBr$$

因三溴苯胺中溴的吸电子诱导效应较强，故其碱性很弱，不能与反应中生成的 HBr 作用成盐，因此产生沉淀。

【演示实验 10-1】　在试管中加入 15mL 水和 3 滴苯胺，振荡后滴加饱和溴水，观察有白色沉淀❶生成。

由于**此反应灵敏，且能定量完成，**可用于苯胺的定性和定量检验。

若要制取一元溴代苯胺，必须降低氨基的活性，一般是在溴代前，先使苯胺乙酰化后再溴代，由于乙酰氨基（—NHCOCH₃）是比氨基弱的邻对位定位基，溴代主要进入乙酰氨基的对位，经水解除去乙酰基，即得对溴苯胺。

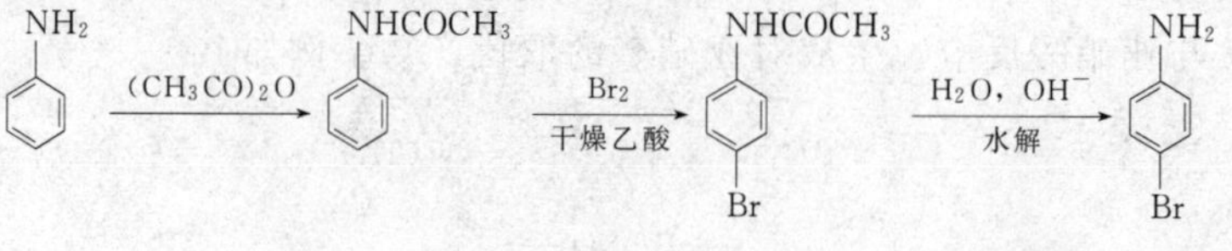

$$C_6H_5NH_2 \xrightarrow{(CH_3CO)_2O} C_6H_5NHCOCH_3 \xrightarrow[\text{干燥乙酸}]{Br_2} \text{对溴乙酰苯胺} \xrightarrow[\text{水解}]{H_2O, OH^-} \text{对溴苯胺}$$

---

❶ 产物为 2,4,6-三溴苯胺白色沉淀。但反应液有时呈粉红色，这是因溴水将部分苯胺氧化，生成了复杂的有色产物的缘故。

② 硝化 芳胺对氧化剂敏感，苯胺进行硝化反应前，需先将氨基保护起来，把氨基转变为乙酰氨基，再进行硝化。若在冰醋酸溶剂中硝化，主要得到对位硝化产物；若在乙酐中硝化，主要为邻位硝化产物。

*若要制备间硝基苯胺，可先将苯胺溶于浓硫酸中，或在混酸中硝化，使氨基与硫酸中的氢离子结合转变为铵基（—$\overset{+}{N}H_3$）正离子，生成苯胺硫酸盐，然后再进行硝化。由于生成的—$\overset{+}{N}H_3$是间位定位基，故主要产物为间位物。

但此法得到的间硝基苯胺产率不高，因为—$\overset{+}{N}H_3$是弱的间位定位基，故制备间硝基苯胺通常是由间二硝基苯经选择还原得到的。

③ 磺化 苯胺与浓硫酸混合，先生成苯胺硫酸盐，再在180～190℃下烘焙数小时，经脱水、重排等反应后，即得对氨基苯磺酸。

对氨基苯磺酸分子内同时含有碱性的氨基和酸性的磺酸基，它们之间可中和成盐，这种在分子内形成的盐，称内盐（ $H_3\overset{+}{N}$—〇—SO_3^- ）。

对氨基苯磺酸为白色晶体，熔点很高，约在280～300℃分解，能溶于热水，难溶于冷水及有机溶剂。由于它分子中的氨基呈弱碱性，磺酸基呈强酸性，所以整个分子仍呈酸性，能与氢氧化钠生成盐，但不能与强酸成盐。对氨基苯磺酸是制备染料和药物的重要中间体。

【例 10-1】 如何由硝基苯、苯胺、苯酚的混合物中得到纯的各组分？

【解析】 题中的苯胺具有碱性，苯酚具有弱酸性，硝基苯为中性有机物，各组分可按它们的酸、碱性不同进行分离。

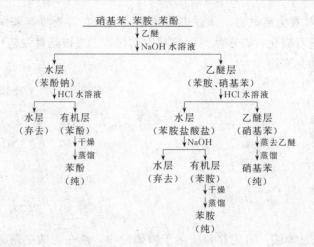

四、重要的胺

1. 乙二胺

乙二胺是最简单而重要的二元胺。

（1）制法　乙二胺可由 1,2-二氯乙烷与过量的氨共热制得。

$$CH_2Cl-CH_2Cl+4NH_3 \xrightarrow[110\sim150℃, 1MPa]{醇} H_2NCH_2CH_2NH_2+2NH_4Cl$$

（2）性质和用途　乙二胺为无色液体，沸点 116.5℃，溶于水和乙醇，不溶于乙醚和苯。有类似氨的气味有毒，它还能吸收空气中的二氧化碳。

乙二胺是有机合成的原料，常用于制备乳化剂、杀虫剂和药物等，也常用作环氧树脂的常温固化剂。乙二胺还可与钴等许多金属形成螯合物，用作萃取剂。

乙二胺在碳酸钠溶液中与氯乙酸钠作用，可生成乙二胺四乙酸钠。

$$\begin{array}{c}H\\H\end{array}NCH_2CH_2N\begin{array}{c}H\\H\end{array}+4ClCH_2COONa \xrightarrow{Na_2CO_3}$$

$$\begin{array}{c}NaOCCH_2\\\parallel\\O\\NaOCCH_2\end{array}N-CH_2CH_2-N\begin{array}{c}CH_2COONa\\\\CH_2COONa\end{array}+2CO_2+4NaCl+2H_2O$$

再经酸化后，得乙二胺四乙酸，又称氨羧配合剂Ⅱ（或 EDTA）。EDTA 及其盐是分析化学中常用的金属离子配合剂。

2. 己二胺

己二胺是最重要的二元胺。

工业上生产己二胺的方法较多，这里介绍的是以己二酸为原料制备己二胺的方法。

$$HOOC(CH_2)_4COOH+2NH_3 \xrightarrow[200\sim300℃]{H_3PO_4} H_4NOOC(CH_2)_4COONH_4$$

己二酸二铵

$$\xrightarrow[\triangle]{-2H_2O} H_2NCO(CH_2)_4CONH_2 \xrightarrow[\triangle]{-2H_2O} NC(CH_2)_4CN \xrightarrow[130℃,13.6MPa]{H_2,Ni} H_2N(CH_2)_6NH_2$$

　　　　　　　　　己二酰胺　　　　　　　　己二腈　　　　　　　　己二胺

己二胺是无色片状晶体，熔点 41～42℃，沸点 204℃。微溶于水，溶于乙醇、乙醚和苯等有机溶剂。

己二胺主要用于合成高分子化合物,它是合成尼龙 66、尼龙 610、尼龙 612 的单体。

3. 苯胺

苯胺是最重要的芳胺,可用硝基苯还原或催化加氢的方法来制备。

$$4\ C_6H_5NO_2 + 9Fe + 4H_2O \xrightarrow[\triangle]{\text{少量 HCl}} 4\ C_6H_5NH_2 + 3Fe_3O_4$$
（铁粉）　　　　　　　　　（产率几乎100%）（铁泥）

生产中铁泥的生成,增加了三废治理的困难,工业上多采用催化加氢法。

苯胺为无色（或浅黄色）油状液体,在空气中放置久了会变成红棕色。沸点 184℃,微溶于水,易溶于乙醚、汽油、苯等有机溶剂。有臭味,有毒。

苯胺是重要的有机合成原料,是制备橡胶促进剂、磺胺药物、染料及助剂等的重要中间体。

第三节 重氮和偶氮化合物

一、重氮和偶氮化合物的结构和命名

重氮和偶氮化合物分子中都含有两个氮原子,但其结构不同。分子中含有 —N=N— 基,且两端都与烃基的碳原子相连的化合物,称偶氮化合物,—N=N— 称偶氮基。例如:

偶氮苯　　　　　　　　对氨基偶氮苯　　　　　　对羟基对二甲氨基偶氮苯

若 —N=N— 基只有一端与烃基的碳原子相连（或 $C_6H_5-N_2^+$ 形式）,另一端与非碳原子（—CN 例外）或原子团相连的化合物称重氮化合物。例如:

$[C_6H_5-N_2]^+Cl^-$（简写为 $C_6H_5N_2Cl$）　$[C_6H_5-N_2]^+HSO_4^-$（简写为 $C_6H_5N_2HSO_4$）

氯化重氮苯（或重氮苯盐酸盐）　　　　硫酸重氮苯（或重氮苯硫酸盐）

氰化重氮苯　　　　　　苯重氮氨基苯　　　　　　对硝基重氮苯盐酸盐

二、芳香族重氮盐的制备——重氮化反应

芳伯胺在低温（一般为 0~5℃）和过量强酸（盐酸或硫酸）溶液中与亚硝酸作用,生成重氮盐的反应,称重氮化反应。例如:

$$C_6H_5NH_2 + NaNO_2 + 2HCl \xrightarrow{0\sim 5℃} C_6H_5N_2^+Cl^- + NaCl + 2H_2O$$
　　　　（HNO_2 + HCl）　　　　　　氯化重氮苯

$$C_6H_5NH_2 + NaNO_2 + 2H_2SO_4 \xrightarrow{0\sim 5℃} C_6H_5N_2^+HSO_4^- + NaHSO_4 + 2H_2O$$
　　　　　　　　　　　　　　　　　　硫酸重氮苯

芳香族重氮盐的通式是 ArN_2X（X 为酸根）,它的构造式为 $[Ar\overset{+}{N}\equiv N]X^-$,简写式为 $Ar\overset{+}{N_2}X^-$。

制备重氮盐的操作方法是先将芳伯胺溶于强酸（盐酸或硫酸）溶液中,冰冷至低温

(0～5℃），慢慢滴加亚硝酸钠溶液，同时进行冷却和搅拌，使亚硝酸钠与强酸作用生成亚硝酸，再与芳伯胺进行重氮化，最后用碘化钾淀粉试纸试验确定反应终点。

由于大多数重氮盐受热易分解，故重氮化反应需在低温下操作。若芳环上连有—Cl、—NO₂、—SO₃H等吸电子基时，重氮盐的稳定性增加，可适当提高重氮化温度。例如对硝基苯胺可在30～40℃进行重氮化。

重氮化反应必须在强酸性介质（pH≤2）中进行。酸的用量约为芳伯胺摩尔数的2.5倍，过量强酸的存在，可防止生成的重氮盐与未反应的芳伯胺发生偶合反应。

加入亚硝酸钠的量要适当，因过量的亚硝酸会促使重氮盐分解。**反应终点可用碘化钾-淀粉试纸检验**。因反应液中稍微过量的亚硝酸即会将碘化钾氧化，析出游离碘，碘遇淀粉而使试纸变蓝。若操作不慎，亚硝酸已过量，可加入尿素使其分解。

【演示实验10-2】 取一支试管，加入0.5g对硝基苯胺，再加入2mL浓盐酸和3mL水，振荡使其溶解，并置于冰水浴中冷却至0～5℃。另取一试管，加入15mL新配制的10%亚硝酸钠溶液并冷至0～5℃。再用滴管把亚硝酸钠溶液逐滴加到对硝基苯胺盐酸盐溶液中，边加边振荡试管，不时用碘化钾-淀粉试纸试验，直至试纸刚出现蓝紫色为止❶，即得澄清的重氮盐溶液。然后置于冰水浴中冷却待用（供重氮盐的偶合反应实验用）。

三、芳香族重氮盐的性质及其在合成上的应用

芳香族重氮盐是离子化合物，易溶于水，其水溶液能导电。干燥的重氮盐很不稳定，受热或撞击时容易发生爆炸，因此，在生产中常直接使用**刚制备**的重氮盐水溶液来进行合成反应，而不将重氮盐分离出来。

芳香族重氮盐的化学性质非常活泼，能发生多种反应。归纳起来为两大类：一类是放出氮的反应——重氮基被取代的反应；另一类是保留氮的反应——还原反应和偶合反应。现分别讨论如下。

1. 取代反应（放氮反应）

重氮盐的取代反应，有其特殊的重要性，它是制备芳香族多取代物的一种较普通的方法。

重氮基可被羟基、氢原子、卤素或氰基等取代，同时放出氮气。

（1）被羟基取代（水解反应） **重氮盐在强酸性水溶液**（一般为40%～50%硫酸溶液）**中煮沸**，发生水解反应。重氮基被羟基取代，生成相应的酚，同时放出氮气。例如：

$$\text{C}_6\text{H}_5\text{-N}_2^+ \text{HSO}_4^- + \text{HOH} \xrightarrow[\Delta]{\text{H}^+} \text{C}_6\text{H}_5\text{-OH} + \text{N}_2\uparrow + \text{H}_2\text{SO}_4$$

此反应之所以要在强酸性溶液中进行，目的是避免反应中生成的酚与未反应的重氮盐发生偶联反应，形成许多焦油状的副产物。

此反应一般使用硫酸重氮苯，而不宜使用氯化重氮苯，是因为后者会带来更多的副反应，例如常有副产物氯代酚及氯苯生成。

在有机合成上，**此反应可用来将氨基转变为羟基**。虽然用此法制备酚没有普通意义，但可用来制备某些不能用磺化碱熔法制得的酚，这在有机合成上很重要。

---

❶ 用碘化钾-淀粉试纸确定重氮化反应终点的原理是：在酸性溶液中，一旦有亚硝酸存在，它即与碘化钾作用析出碘，$2\text{HNO}_2 + 2\text{HCl} + 2\text{KI} \longrightarrow \text{I}_2 + 2\text{KCl} + 2\text{H}_2\text{O} + 2\text{NO}\uparrow$，碘遇淀粉即显蓝紫色。

【例 10-2】 合成间溴苯酚（$\underset{\text{Br}}{\underset{|}{\bigcirc}}$OH）。

【解析】 —OH 和—Br 均为邻、对位定位基，但它们互占间位，如通过 $\underset{\text{Br}}{\underset{|}{\bigcirc}}SO_3$H 碱熔法，则溴原子也会起反应而被—OH 取代，一般宜采用 $\underset{\text{Br}}{\underset{|}{\bigcirc}}NH_2$ 经重氮化生成重氮盐，再经水解制取。即

$$\underset{\text{Br}}{\underset{|}{\bigcirc}}\text{NH}_2 \xrightarrow[0\sim5℃]{\text{NaNO}_2,\ \text{H}_2\text{SO}_4} \underset{\text{Br}}{\underset{|}{\bigcirc}}\text{N}_2\text{HSO}_4 \xrightarrow[\triangle]{\text{H}^+,\ \text{H}_2\text{O}} \underset{\text{Br}}{\underset{|}{\bigcirc}}\text{OH} + \text{N}_2\uparrow$$

（2）被氢原子取代（去氨基反应） 重氮盐与某些还原剂如次磷酸（H$_3$PO$_2$）或乙醇作用，重氮基被氢原子取代，生成相应的芳香族化合物，同时有氮气放出。例如：

$$\bigcirc\text{N}_2^+\text{HSO}_4^- + \text{H}_3\text{PO}_2 + \text{H}_2\text{O} \longrightarrow \bigcirc + \text{H}_3\text{PO}_3 + \text{N}_2\uparrow + \text{H}_2\text{SO}_4$$

由于重氮基来自氨基，所以该反应又称去氨基的反应。

此反应常采用次磷酸为还原剂。若**去氨基的反应**使用醇为还原剂时，常伴有副产物醚的生成。如用乙醇还原时，生成的副产物为苯乙醚。

在有机合成上，常利用去氨基反应在苯环上先引入氨基，再利用氨基的定位效应，在特定位置引入其他取代基，然后通过重氮化及去氨基反应，合成难以直接合成的芳香族化合物，这在有机合成上极为重要。

【例 10-3】 合成 1,3,5-三溴苯。

【解析】 溴原子是邻、对位定位基，三个溴原子互处间位，显然只能用间接合成法合成。即

$$\bigcirc\text{NH}_2 \xrightarrow{\text{Br}_2(\text{水})} \underset{\text{Br}}{\underset{|}{\bigcirc}}\text{NH}_2(\text{Br,Br}) \xrightarrow[0\sim5℃]{\text{NaNO}_2,\ \text{H}_2\text{SO}_4} \underset{\text{Br}}{\underset{|}{\bigcirc}}\text{N}_2\text{HSO}_4(\text{Br,Br}) \xrightarrow{\text{H}_3\text{PO}_2}{\text{H}_2\text{O}} \text{Br}\bigcirc\text{Br}(\text{Br}) + \text{N}_2\uparrow$$

*【例 10-4】 由苯合成 $\underset{\text{NO}_2}{\underset{|}{\bigcirc}}\text{CH}_3$。

【解析】 若在苯环上先引入甲基，硝基不可能再进入甲基的间位；若先引入硝基，又不能再进行烷基化了，因而只能通过间接合成法合成。即可通过在甲基的对位上逐步引入乙酰氨基（—NH—$\overset{\text{O}}{\overset{\|}{\text{C}}}$—CH$_3$）这个重要基团，待在特定部位引入相应基团后，再去掉乙酰基及氨基的方法。

$$\bigcirc \xrightarrow{\text{CH}_3\text{Br}}{\text{AlBr}_3} \bigcirc\text{CH}_3 \xrightarrow{\text{HNO}_3,\ \text{H}_2\text{SO}_4}{\triangle} \underset{\text{NO}_2}{\bigcirc}\text{CH}_3 \xrightarrow{[\text{H}]}{\text{Fe, HCl}} \underset{\text{NH}_2}{\bigcirc}\text{CH}_3 \xrightarrow{\text{CH}_3\overset{\text{O}}{\overset{\|}{\text{C}}}-\text{Cl}} \underset{\text{NHCOCH}_3}{\bigcirc}\text{CH}_3 \xrightarrow{\text{HNO}_3}{\text{H}_2\text{SO}_4}$$

$$\underset{\text{NHCOCH}_3}{\overset{\text{CH}_3}{\bigcirc}}\text{NO}_2 \xrightarrow{\text{H}_2\text{O},\ -\text{OH}}{\triangle} \underset{\text{NH}_2}{\overset{\text{CH}_3}{\bigcirc}}\text{NO}_2 \xrightarrow{\text{NaNO}_2,\ \text{HCl}}{0\sim5℃} \underset{\text{N}_2\text{Cl}}{\overset{\text{CH}_3}{\bigcirc}}\text{NO}_2 \xrightarrow{\text{H}_3\text{PO}_2}{\text{H}_2\text{O}} \overset{\text{CH}_3}{\bigcirc}\text{NO}_2$$

(3) 被卤原子取代　重氮盐在氯化亚铜或溴化亚铜及相应的浓氢卤酸的催化作用下，重氮基分别被氯或溴原子取代，生成相应的氯代或溴代芳烃，同时放出氮气，这个反应称桑德迈尔（Sandmeyer）反应。例如：

$$\text{C}_6\text{H}_5\text{N}_2\text{Br} \xrightarrow[\triangle]{\text{CuBr}\ -\text{HBr}} \text{C}_6\text{H}_5\text{Br} + \text{N}_2\uparrow$$

在有机合成上，此反应可用于制备某些不能用直接卤代法合成的芳卤化合物。

【例10-5】　由苯合成间氯溴苯。

【解析】　由于氯和溴原子都是邻、对位定位基，它们互处间位，不可能直接合成，可通过重氮盐被卤原子取代法合成。

$$\text{C}_6\text{H}_6 \xrightarrow[\triangle]{\text{HNO}_3,\ \text{H}_2\text{SO}_4} \text{C}_6\text{H}_5\text{NO}_2 \xrightarrow[\text{Fe},\triangle]{\text{Cl}_2} m\text{-NO}_2\text{C}_6\text{H}_4\text{Cl}$$

$$\xrightarrow[\text{Fe}+\text{HCl}]{[\text{H}]} m\text{-NH}_2\text{C}_6\text{H}_4\text{Cl} \xrightarrow[0\sim5℃]{\text{NaNO}_2,\ \text{HBr}} m\text{-N}_2\text{BrC}_6\text{H}_4\text{Cl} \xrightarrow[\triangle]{\text{CuBr},\ \text{HBr}} m\text{-BrC}_6\text{H}_4\text{Cl}$$

芳香族重氮盐直接与碘化钾溶液共热（不需加碘化亚铜催化剂），重氮基即被碘原子取代，生成碘代芳烃。此法不但产率高，反应也容易进行，这是在苯环上引入碘原子的好方法。

$$\text{C}_6\text{H}_5\text{N}_2\text{HSO}_4 + \text{KI} \xrightarrow{\triangle} \text{C}_6\text{H}_5\text{I} + \text{N}_2\uparrow$$

(4) 被氰基取代　重氮盐与氰化亚铜及氰化钾溶液作用，重氮基被氰基取代，生成芳香腈，同时放出氮气。此反应也属桑德迈尔反应。例如：

$$\text{C}_6\text{H}_5\text{N}_2\text{HSO}_4 \xrightarrow[\triangle]{\text{CuCN-KCN}} \text{C}_6\text{H}_5\text{CN} + \text{N}_2\uparrow$$

在有机合成上，此反应是在芳环上引入氰基的较好方法。氰基进一步水解可转变为羧基，可继续合成许多衍生物。

2. 保留氮的反应

(1) 还原反应　重氮盐用氯化亚锡和盐酸（或亚硫酸钠）还原，生成苯肼盐酸盐，再用碱处理，即得苯肼。

$$\text{C}_6\text{H}_5\text{N}_2\text{Cl} + 4[\text{H}] \xrightarrow[\text{或 Na}_2\text{SO}_3]{\text{SnCl}_2 + \text{HCl}} \text{C}_6\text{H}_5\text{NHNH}_2\cdot\text{HCl}$$
$$\xrightarrow{\text{NaOH}} \text{C}_6\text{H}_5\text{NHNH}_2\ \text{苯肼}$$

苯肼为无色油状液体，易被空气氧化，故放置久后呈深棕色。其沸点241℃，难溶于水。苯肼呈碱性，与酸成盐。它的盐较稳定，且易溶于水。苯肼的毒性较大，使用时要注意安全。苯肼是常用的羰基试剂，也是合成药物的原料。

(2) 偶合反应　重氮盐在低温及适当介质中与酚或芳胺作用，脱去一分子HX，使两个化合物偶合起来，生成有颜色的偶氮化合物的反应，称偶合反应或偶联反应。参加偶合反应的重氮盐，叫做重氮组分；而与重氮盐发生偶合反应的酚或芳胺，叫做偶联组分。

重氮盐与酚或芳胺偶合时，偶合的位置主要发生在酚羟基或氨基的对位。若对位已有取代基占据，则反应发生在邻位；若对位及两个邻位都被占，则不发生反应。例如：

$$\text{C}_6\text{H}_5-\text{N}_2-\text{Cl} + \text{H}-\text{C}_6\text{H}_4-\text{OH} \xrightarrow[0\sim5℃]{\text{NaOH, H}_2\text{O}} \text{C}_6\text{H}_5-\text{N}=\text{N}-\text{C}_6\text{H}_4-\text{OH} + \text{HCl}$$

（重氮组分）　（偶联组分）　　　　　　　　　对羟基偶氮苯（橘红色）

$$\text{C}_6\text{H}_5-\text{N}_2-\text{Cl} + \text{H}-\text{C}_6\text{H}_4-\text{N(CH}_3)_2 \xrightarrow[0\sim5℃]{\text{CH}_3\text{COONa}} \text{C}_6\text{H}_5-\text{N}=\text{N}-\text{C}_6\text{H}_4-\text{N(CH}_3)_2 + \text{HCl}$$

（重氮组分）　（偶联组分）　　　　　　　　　对二甲氨基偶氮苯（黄色）

$$\text{C}_6\text{H}_5-\text{N}_2\text{Cl} + \text{HO-C}_6\text{H}_3(\text{CH}_3) \xrightarrow[0\sim5℃]{\text{NaOH}} \text{C}_6\text{H}_5-\text{N}=\text{N-C}_6\text{H}_2(\text{OH})(\text{CH}_3) + \text{HCl}$$

5-甲基-2-羟基偶氮苯

芳伯胺和芳仲胺由于氮上还有氢原子，与重氮盐作用时，先生成重氮氨基化合物，然后在酸性溶液中进行重排而得到相应的偶氮化合物。例如：

$$\text{C}_6\text{H}_5-\text{N}_2\text{Cl} + \text{H}_2\text{N-C}_6\text{H}_5 \xrightarrow[0\sim5℃]{\text{CH}_3\text{COONa}} \text{C}_6\text{H}_5-\text{N}=\text{N-NH-C}_6\text{H}_5$$

$$\xrightarrow[\text{重排}]{\text{H}^+} \text{C}_6\text{H}_5-\text{N}=\text{N-C}_6\text{H}_4-\text{NH}_2$$

对氨基偶氮苯

为了防止在重氮化反应中发生偶合反应，重氮化反应必须在强酸性溶液中进行。这是由于在强酸性溶液中芳胺形成铵盐，氨基转变成铵盐正离子（$-\text{N}^+\text{H}_3$），故不利于偶合反应的进行。

偶合反应与介质有关。重氮盐与芳胺的偶合反应，一般在弱酸性（pH 为 5~7）溶液中进行，故需加入乙酸钠来调节溶液的 pH 值。**重氮盐与酚的偶合反应，一般在弱碱性（pH 为 8~10）溶液中进行**，故需加入氢氧化钠来调节溶液的 pH 值。

* **重氮盐与 α-萘酚或 α-萘胺偶合时，反应在 4 位上进行；若 4 位被占，则在 2 位上发生反应。** 例如：

$$\text{C}_6\text{H}_5-\text{N}_2\text{Cl} + \alpha\text{-C}_{10}\text{H}_7\text{OH} \xrightarrow{\text{弱碱性}} 4\text{-}(\text{C}_6\text{H}_5\text{N=N})\text{-}\alpha\text{-C}_{10}\text{H}_6\text{OH} + \text{HCl}$$

$$\text{C}_6\text{H}_5-\text{N}_2\text{Cl} + \text{1-NH}_2\text{-4-CH}_3\text{-C}_{10}\text{H}_6 \xrightarrow{\text{弱酸性}} \text{2-}(\text{C}_6\text{H}_5\text{N=N})\text{-1-NH}_2\text{-4-CH}_3\text{-C}_{10}\text{H}_5$$

重氮盐与 β-萘酚或 β-萘胺偶合时，反应在 1 位进行；若 1 位被占，则不发生反应。

$$\text{C}_6\text{H}_5-\text{N}_2\text{Cl} + \beta\text{-C}_{10}\text{H}_7\text{OH} \xrightarrow{\text{弱碱性}} 1\text{-}(\text{C}_6\text{H}_5\text{N=N})\text{-2-OH-C}_{10}\text{H}_6$$

【演示实验10-3】　取一支试管，加入预先准备好的对硝基氯化重氮苯冰冷溶液 5mL，再加入 5mL β-萘酚碱溶液❶，即得鲜艳的对位红红色染料。

四、偶氮化合物和偶氮染料

芳香族偶氮化合物大多具有鲜艳的颜色，性质稳定。它色谱齐全，使用方便，广泛用于各

---

❶ β-萘酚碱溶液的配制：称取 2g 研细的 β-萘酚溶解于 20mL 5% 氢氧化钠溶液中即成。

种纤维的染色，称偶氮染料。偶氮染料品种最多，占全部合成染料的半数以上，是工业上最主要的染料。许多偶氮化合物为致癌物，使用时要注意防护。

1. 对位红

它是由对硝基苯胺经重氮化后，再与 β-萘酚偶合而成的。

$$O_2N-\langle\bigcirc\rangle-NH_2 \xrightarrow[5℃]{NaNO_2,\ HCl} O_2N-\langle\bigcirc\rangle-N_2Cl$$

$$\xrightarrow[\text{（弱碱性）}]{\substack{\text{OH}\\ \bigcirc\bigcirc \\ 5℃}} O_2N-\langle\bigcirc\rangle-N=N-\underset{\text{对位红}}{\bigcirc\bigcirc}^{OH}$$

对位红具有鲜艳的红色。染色时，先将白色织物浸入 β-萘酚的碱溶液中，取出晾干后，再浸入对硝基苯胺的重氮盐溶液中，即在纤维上发生偶合反应，染上鲜艳的红色。

2. 甲基橙

它是由对氨基苯磺酸经重氮化后，再与 N,N-二甲基苯胺偶合而成的。

$$HO_3S-\langle\bigcirc\rangle-NH_2 \xrightarrow[0\sim5℃]{NaNO_2,\ HCl} HO_3S-\langle\bigcirc\rangle-N_2Cl \xrightarrow[CH_3COOH]{\langle\bigcirc\rangle-N(CH_3)_2}$$

$$\longrightarrow HO_3S-\langle\bigcirc\rangle-N=N-\langle\bigcirc\rangle-N(CH_3)_2 \xrightarrow{NaOH}$$

$$\longrightarrow \underset{\text{甲基橙（对二甲氨基偶氮苯磺酸钠）}}{NaO_3S-\langle\bigcirc\rangle-N=N-\langle\bigcirc\rangle-N(CH_3)_2}$$

由于甲基橙颜色不稳定，染色不牢固，不适用作染料。但它能随溶液 pH 值的变化而显出不同的颜色，故被用作酸碱指示剂。甲基橙在 pH<3.1 的溶液中显红色，pH 在 3.1～4.4 的溶液中显橙色，在 pH>4.4 的溶液中显黄色。这种颜色变化是由其分子结构的变化引起的。

$$\underset{pH>4.4（黄色）}{^-O_3S-\langle\bigcirc\rangle-N=N-\langle\bigcirc\rangle-N(CH_3)_2} \underset{-OH}{\overset{H^+}{\rightleftharpoons}} \underset{pH<3.1（红色）}{HO_3S-\langle\bigcirc\rangle-\overset{H}{N}-N=\langle\bigcirc\rangle=\overset{+}{N}(CH_3)_2}$$

3. 偶氮二异丁腈

脂肪族偶氮化合物较重要的是偶氮二异丁腈。它是白色或稍带淡蓝色的棱柱形结晶，能溶于乙醇和乙醚中。

偶氮二异丁腈加热到 100℃ 时，分解生成自由基：

$$\underset{\text{偶氮二异丁腈}}{\overset{CH_3}{\underset{CN}{CH_3-C-}}N=N\overset{CH_3}{\underset{CN}{-C-CH_3}}} \xrightarrow{100℃} 2CH_3-\overset{CH_3}{\underset{CH_3}{\overset{|}{C}\cdot}} + N_2\uparrow$$

因此，它常用作聚合反应的引发剂。又因上述分解反应同时放出氮气，工业上也用作泡沫塑料的发泡剂。

第四节 腈

一、腈的结构和命名

腈（RCN）分子结构中含有氰基（ $—C\equiv N$ ）官能团，它可看做是氢氰酸分子中的氢原子被烃基取代后生成的化合物，通式为 RC≡N 或 ArC≡N。

氰基的碳氮三键（C≡N）与炔烃的碳碳三键相似。碳氮之间除形成一个 C—N σ 键外，还有两个 C—N π 键。氮原子还有一未共用电子对。氰基是强极性基团，腈分子的极性较大。

腈的命名是根据分子中所含碳原子的数目（包括氰基的碳）称为某腈；或以烃为母体，把氰基作为取代基，称为"氰基某烃"。例如：

$$CH_3CN \qquad \underset{CN}{CH_3-CH-CH_3} \qquad C_6H_5-CH_2CN$$

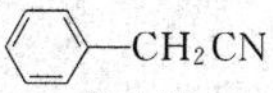

乙腈　　　　　异丁腈　　　　　苯乙腈
（或氰基甲烷）　（或 2-氰基丙烷）　（或苄腈）

二、腈的物理性质

低级腈为无色液体，高级腈为固体。腈分子的极性大，故分子间吸引力大，所以腈的沸点与相对分子质量相当的醇相近，但低于羧酸的沸点。例如：

	乙腈	乙醇	甲酸
相对分子质量	41	46	46
沸点/℃	82	78.3	100.5

乙腈能与水混溶，随相对分子质量增加溶解度迅速降低，戊腈以上难溶于水。腈也能溶解多种极性和非极性物质，并能溶解许多盐类，故腈是一类优良的溶剂。

三、腈的化学性质

腈的化学性质与羧酸衍生物类似，可发生水解、醇解等反应。另外氰基也能发生加氢（或还原）反应。

1. 水解反应

腈在酸或碱的催化下加热至较高温度（100～200℃）和较长时间（数小时），可水解生成羧酸。

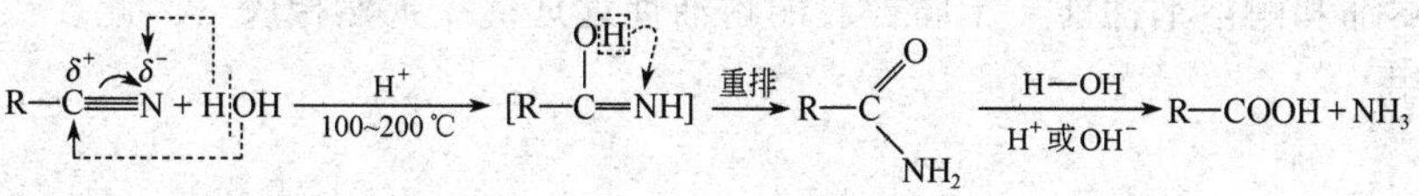

$$R-C≡N + HOH \xrightarrow[100\sim 200℃]{H^+} [R-C(OH)=NH] \xrightarrow{重排} R-\underset{NH_2}{\overset{O}{C}}- \xrightarrow[H^+ 或 OH^-]{H-OH} R-COOH + NH_3$$

（酸催化时为铵盐）

如控制在比较温和的条件下水解，例如在浓硫酸作用下，在常温可使反应停留在生成酰胺阶段。

$$CH_3C≡N + HOH \xrightarrow[常温]{浓 H_2SO_4} CH_3-\underset{NH_2}{\overset{O}{C}}-$$

2. 加氢（或还原）反应

腈催化加氢或用还原剂（如 Na+C_2H_5OH 或 $LiAlH_4$）还原，生成相应的伯胺。它是制备伯胺的一种方法。

$$R-C≡N + H_2 \xrightarrow[\triangle]{Ni} R-CH_2-NH_2$$

例如：

$$C_6H_5-CH_2-C\equiv N \xrightarrow[140℃, 加压]{H_2, Ni} C_6H_5-CH_2CH_2NH_2$$

上述性质，可用下面的总式表示：

$$RCOOH \underset{H_2O}{\overset{NH_3}{\rightleftharpoons}} RCONH_2 \xrightarrow[H^+, H_2O]{-H_2O} RCN \xrightarrow[\text{或}[H]]{H_2, Ni} RCH_2NH_2$$

四、重要的腈

丙烯腈是最重要的腈。

（1）制法　工业上生产丙烯腈主要采用丙烯氨氧化法。这个方法是将丙烯、空气、氨及水蒸气（稀释剂）在催化剂作用下，加热至470～500℃反应而制得丙烯腈。

$$CH_3-CH=CH_2+NH_3+\frac{3}{2}O_2 \xrightarrow[470\sim500℃]{\text{含铈的磷钼酸铋}} CH_2=CH-CN+3H_2O$$

此法的优点是原料易得，且对丙烯纯度要求不高（25%～95%均可），工艺流程简单，收率和产品质量较高，成本较低。

（2）性质和用途　丙烯腈是具有微弱刺激气味的无色液体，沸点78℃，稍溶于水。丙烯腈在引发剂（如过氧化苯甲酰）存在下，聚合生成聚丙烯腈。

$$n\,CH_2=CH \atop \quad\;\;|\; \atop \quad\;CN \xrightarrow{\text{引发剂}} \left[CH_2-CH\atop\qquad\quad|\atop\qquad\;CN\right]_n$$

聚丙烯腈可以制成合成纤维，商品名称为"腈纶"。其性能类似羊毛，俗名"人造羊毛"。它具有强度高、密度小、保暖性好、着色性好、耐光、耐酸等特性，是一种大量生产的合成纤维。

丁腈橡胶是由丙烯腈和1,3-丁二烯共聚而成的合成橡胶。它由于氰基（—CN）的存在，具有优良耐油和耐溶剂性能。丁腈橡胶的耐油性远远优于天然橡胶，因此，在炼油工业中得到广泛应用。

【阅读资料】

多官能团化合物的命名

多官能团化合物由于官能团有两个或多个，首先要审定以哪个官能团为母体，其次要确定取代基的列出顺序，现分类讨论如下。

一、脂肪族多官能团化合物的命名

脂肪族多官能团化合物的命名大致可分成四个步骤。

1. 审定母体基团，确定类别名称

对于多官能团化合物，要根据"取代基团优先次序"确定母体基团。表6-1为常见原子或基团的优先次序，优先次序序号愈小者为"较优基团"。一般选它作母体基团，以此来确定类别名称。例如：

$$CH_3CHCH_2\boxed{COOH} \quad \text{母体为羧酸（因—COOH 优先于—OH）}$$
$$|$$
$$OH$$

$$OCH_3$$
$$|$$
$$CH_3CHCH_3 \quad \text{母体为醇（因—OH 优先于—OCH}_3\text{）}$$
$$\boxed{OH}$$

2. 择定主链，写出主链碳架名称

对于连有母体官能团的碳链，要选取连有次要基团和取代基最多的最长碳链做主链。例如：

$$CH_3CH_2CH_2CH{-}CH{-}CHO \quad 2\text{-乙基-3-丙基-4-戊烯醛}$$

（主链为含CH=CH₂和CHO的链，侧链为CH₂CH₃）

3. 主链编号

主链编号要遵循"最低系列"编号原则。从靠近母体官能团一端开始，将主链的碳原子依次用阿拉伯数字或希腊字母 α、β、γ 等编号。但要注意，用希腊字母编号时，和母体官能团直接相连的碳原子编为 α 位，用于醛、羧酸及其衍生物以及杂环时，α 位相当于碳链第 2 位，β 位相当于碳链第 3 位，余类推。例如：

$$\overset{5}{C}H_3\overset{4}{C}H\overset{3}{C}H_2\overset{2}{C}H\overset{1}{C}H_2OH$$
$$\underset{\omega}{|}\underset{\delta}{}\underset{\gamma}{}\underset{\beta}{|}\underset{\alpha}{}$$
$$BrCH_2CH_3$$

$$HO\overset{5}{C}H_2\overset{4}{C}H\overset{3}{C}H_2\overset{2}{C}H_2\overset{1}{\underset{\alpha}{C}}\overset{O}{\underset{}{}}$$
$$\underset{\delta}{}\underset{\gamma}{|}\underset{\beta}{}\underset{}{}H$$
$$CH_2CH_3$$

$$\overset{\delta}{CH_2}\overset{\omega}{CH_3}$$
$$\underset{5}{|}$$
$$\overset{4}{CH_3}\overset{3}{C}{-}\overset{2}{CH_2}\overset{1}{CH_2}COOH$$
$$\underset{\gamma}{}\underset{\beta}{}\underset{\alpha}{}$$
$$|$$
$$NH_2$$

4. 标示取代基

当分子结构中主链上有两个以上的取代基时，在名称中取代基要按"取代基团优先次序"顺序列出，**"较优基团"后列出**。把取代基的位次、数目、名称写在母体类别名称的前面，即得全名称。

命名举例如下。式中标有虚线的碳链为主链。

$$CH_3$$
$$|$$
$$CH_3CH_2CHCHCH_2CH_3 \quad 4\text{-甲基-3-氯-5-溴庚烷}$$
$$||$$
$$BrCl$$

$$OH$$
$$|$$
$$CH_3CHCHCHCHO \quad 4\text{-甲基-2-乙基-3-羟基戊醛}$$
$$||$$
$$CH_3CH_2CH_3$$

$$CH_3CH_2\boxed{CH_2CH_2}ClCH_3$$
$$||$$
$$CH_2CH_2CH_3 \quad 5\text{-甲基-2-乙基-5-氯-1-庚烯}$$

$$BrCH_3$$
$$||$$
$$CH_3C{=}C{-}COOC_2H_5 \quad 2,2,3\text{-三甲基-4-溴-3-戊烯酸乙酯}$$
$$|$$
$$CH_3$$

二、芳香族多官能团化合物的命名

芳香族多官能团化合物的命名和脂肪族多官能团化合物的命名类似，也是按表 5-1 中的"较优基团"

定为母体，并以母体基团连接的碳原子编为第 1 位，芳环的编号和取代基列出顺序与脂肪族化合物相同，即也遵循“最低系列”编号原则和“优先次序”规则等。例如：

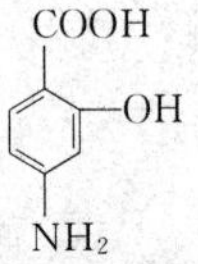
COOH
OH
NH_2
4-氨基-2-羟基苯甲酸
（对氨基水杨酸）

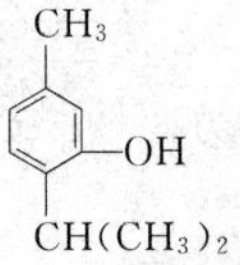
CH_3
OH
$CH(CH_3)_2$
5-甲基-2-异丙基苯酚
（百里酚）

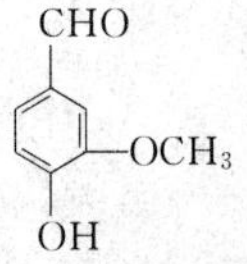
CHO
OCH_3
OH
3-甲氧基-4-羟基苯甲醛
（香草醛）

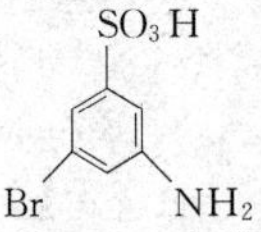
SO_3H
Br
NH_2
3-溴-5-氨基苯磺酸

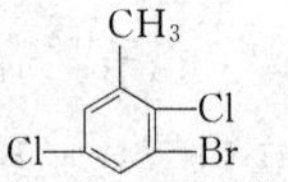
CH_3
Cl
Cl
Br
2,5-二氯-3-溴甲苯

三、含有两个相同母体基团化合物的命名

含有两个相同母体基团化合物，遵循上述“优先次序”规则及“最低系列”编号原则确定母体基团后，选取含两个相同母体基团的最长碳链做主链，并在类别名称前加“二”字，再根据主链含碳数加“某”字。例如，某二醇、某二酚、某二酮、某二磺酸等。

再从靠近母体基团的一端开始编号，对两个母体基团分别用相应位次标示，但对于只可能位于链端的基团（如—CHO、—COOH 等）可省略标示。例如：

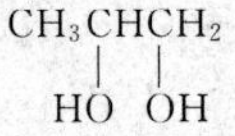
CH_3CHCH_2
HO OH
1,2-丙二醇

$OHCCH_2CH_2CHO$
丁二醛

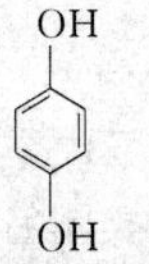
OH
OH
对苯二酚

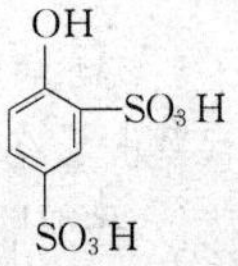
OH
SO_3H
SO_3H
4-羟基-1,3-苯二磺酸

本 章 小 结

1. 含氮有机物的转化关系

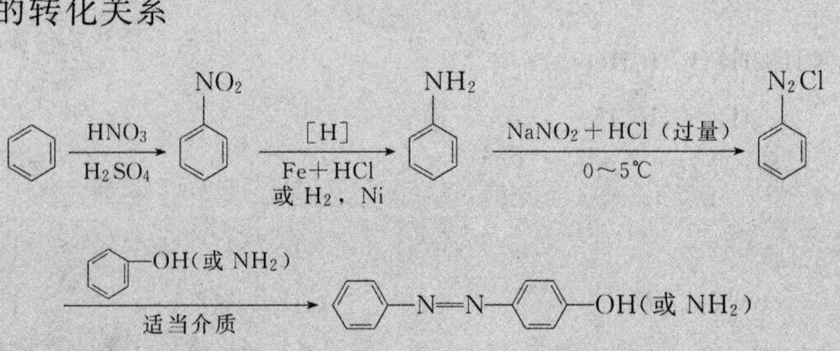
NO_2
NH_2
N_2Cl
HNO_3
H_2SO_4
[H]
Fe+HCl
或 H_2，Ni
$NaNO_2$+HCl（过量）
0～5℃
OH(或 NH_2)
适当介质
N=N
OH(或 NH_2)

2. 硝基对苯环上取代基的影响

（1）增加硝基邻对位卤原子的活泼性。

（2）增加酚羟基的酸性。

3. 胺的化学性质

(1) 碱性：$C_6H_5-NH_2 \underset{NaOH}{\overset{HCl}{\rightleftharpoons}} C_6H_5-\overset{+}{N}H_3Cl^-$ （或 $C_6H_5-NH_2 \cdot HCl$）

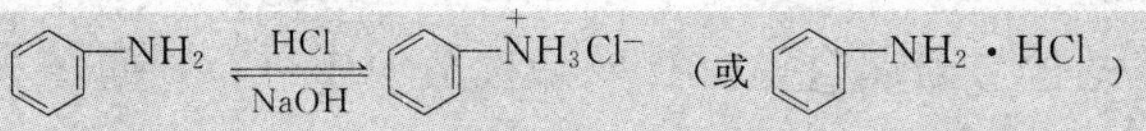

胺的碱性强弱顺序：

① $\underset{仲胺}{R_2NH} > \underset{伯胺}{RNH_2} > \underset{叔胺}{R_3N} > \underset{氨}{NH_3} > \underset{苯胺}{C_6H_5NH_2}$ ［季铵碱（$R_4N^+OH^-$）的碱性大于各种胺］

② $\underset{OCH_3}{C_6H_4NH_2} > \underset{CH_3}{C_6H_4NH_2} > C_6H_5NH_2 > \underset{Cl}{C_6H_4NH_2} > \underset{NO_2}{C_6H_4NH_2}$

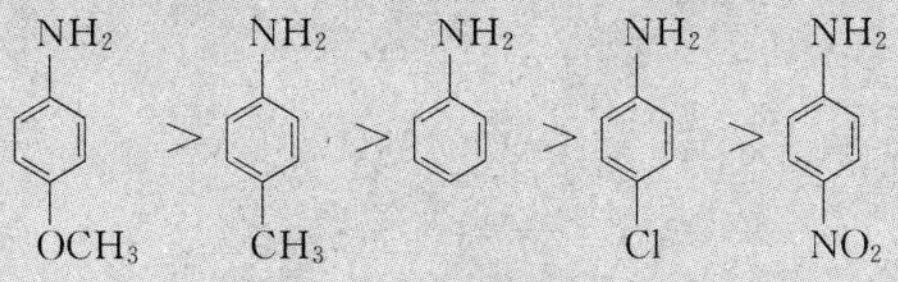

(2) 胺的重要反应

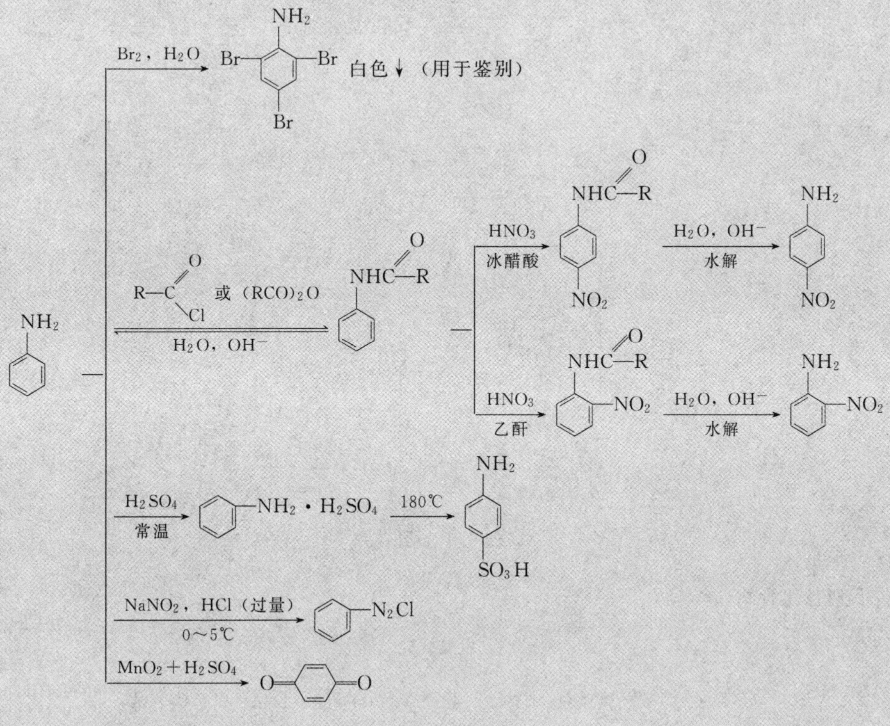

苯胺（$C_6H_5NH_2$）的反应：

- $\xrightarrow{Br_2, H_2O}$ 2,4,6-三溴苯胺 白色↓（用于鉴别）

- $\underset{H_2O, OH^-}{\overset{R-COCl \text{ 或 }(RCO)_2O}{\rightleftharpoons}}$ $C_6H_5-NHC(O)R$
  - $\xrightarrow[\text{冰醋酸}]{HNO_3}$ 对位-$NHC(O)R$，NO_2 $\xrightarrow[\text{水解}]{H_2O, OH^-}$ 对-NH_2，NO_2-苯
  - $\xrightarrow[\text{乙酐}]{HNO_3}$ 邻位-$NHC(O)R$，NO_2 $\xrightarrow[\text{水解}]{H_2O, OH^-}$ 邻-NH_2，NO_2-苯

- $\xrightarrow[\text{常温}]{H_2SO_4}$ $C_6H_5NH_2 \cdot H_2SO_4$ $\xrightarrow{180℃}$ 对氨基苯磺酸（SO_3H）

- $\xrightarrow[0\sim 5℃]{NaNO_2, HCl（过量）}$ $C_6H_5-N_2Cl$

- $\xrightarrow{MnO_2 + H_2SO_4}$ 对苯醌（O=C_6H_4=O）

4. 芳香族重氮盐的反应

(1) 取代反应（放氮反应）

$Ar-\overset{+}{N_2}X^-$
- $\xrightarrow[\text{煮沸}]{H_2O, \text{强酸}}$ $Ar-OH$（宜用 $Ar-\overset{+}{N_2}HSO_4^-$）
  意义：由 $-NH_2$ 转换为 $-OH$。
- $\xrightarrow{\text{次磷酸}}$ $Ar-H$
  意义：去 $-NH_2$。
- $\xrightarrow{Cu_2Cl_2, \text{浓 }HCl}$ $Ar-Cl$
- $\xrightarrow{Cu_2Br_2, \text{浓 }HBr}$ $Ar-Br$
- $\xrightarrow{KI}$ $Ar-I$
- $\xrightarrow{Cu_2(CN)_2, KCN}$ $Ar-CN$ $\xrightarrow[\text{水解}]{H_2O, H^+}$ $ArCOOH$

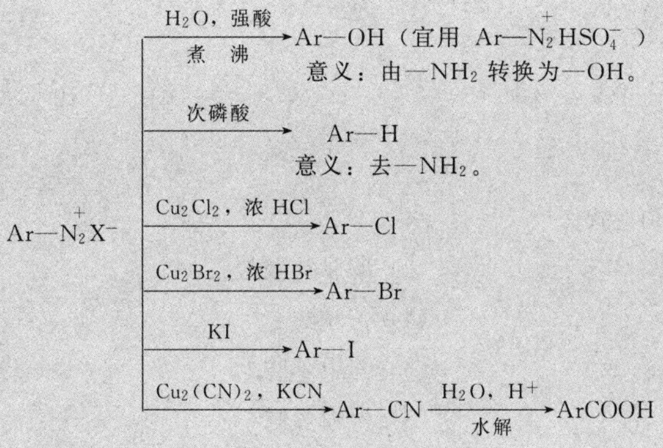

（2）保留氮的反应　重氮盐与酚偶合，宜在弱碱性溶液中进行；重氮盐与芳胺偶合，宜在弱酸性溶液中进行。

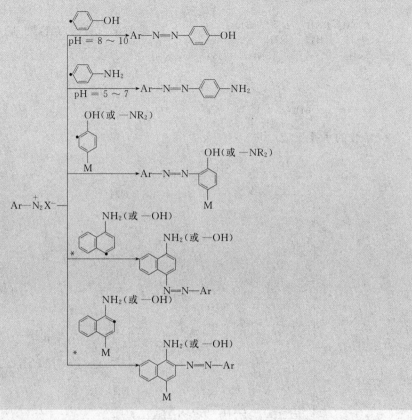

习　题

1. 命名下列各化合物。

(1) ⟨NO_2, NH_2⟩苯　　(2) ⟨CH_2NH_2⟩苯　　(3) $(C_2H_5)_3N$　　(4) ⟨CH_3, NHCH_3⟩苯

(5) ⟨N(CH_3)(CH(CH_3)_2)⟩苯　　(6) ⟨NH_2, NH_2⟩苯　　(7) O_2N—⟨⟩—$NHCOCH_3$

(8) ⟨N_2HSO_4, CH_3⟩苯　　(9) $(CH_3)_2N$—⟨⟩—$N=N$—⟨⟩—OH　　(10) $NC(CH_2)_4CN$

2. 写出下列化合物的构造式。

(1) TNT　　　　　　　　(2) 苯肼盐酸盐

(3) 对氨基苯磺酸　　　　(4) 苦味酸

(5) 二苯胺　　　　　　　(6) 邻甲苯胺

(7) 氯化重氮苯　　　　　(8) 聚丙烯腈

3. 完成下列反应式。

(1) 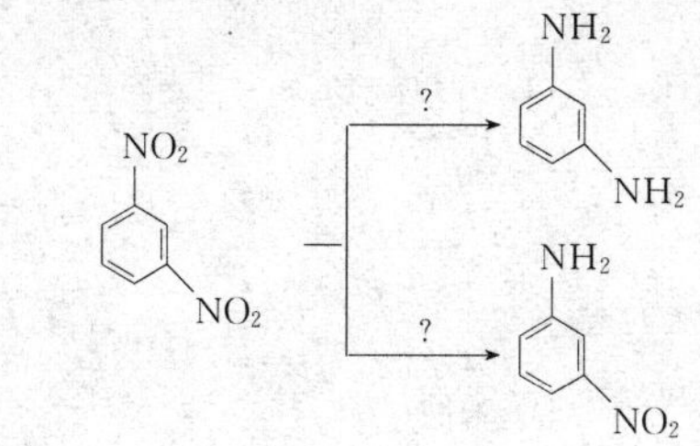 间二硝基苯 ─?→ 间苯二胺 / 间硝基苯胺

(2) 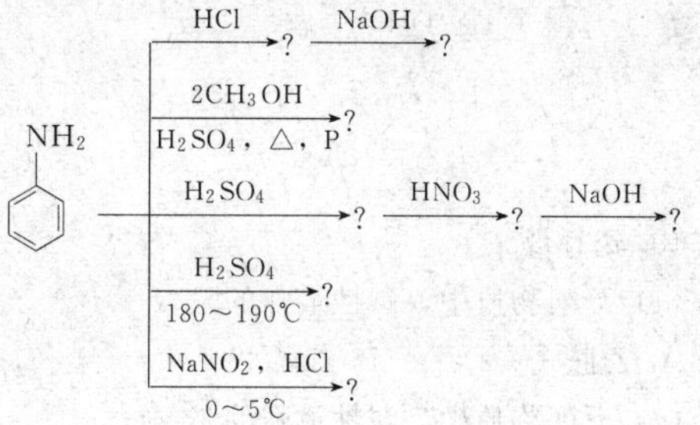 苯胺 分别与 HCl → ? →NaOH→ ?; 2CH₃OH/H₂SO₄,△,P → ?; H₂SO₄ → HNO₃ → NaOH → ?; H₂SO₄ 180~190℃ → ?; NaNO₂, HCl 0~5℃ → ?

(3) 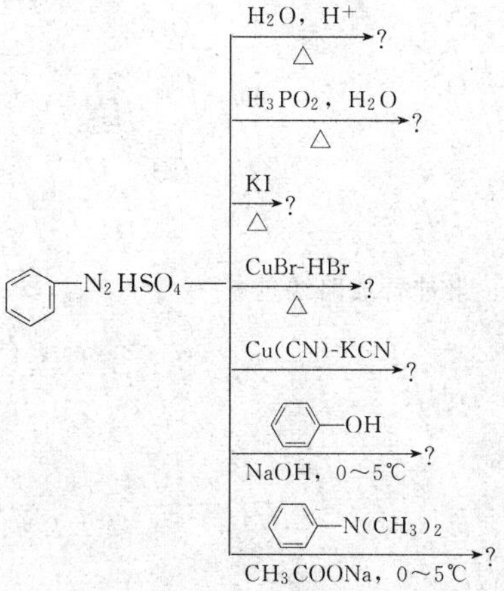 C₆H₅N₂HSO₄ 分别与 H₂O, H⁺/△ → ?; H₃PO₂, H₂O/△ → ?; KI/△ → ?; CuBr-HBr/△ → ?; Cu(CN)-KCN → ?; 苯酚/NaOH, 0~5℃ → ?; C₆H₅N(CH₃)₂/CH₃COONa, 0~5℃ → ?

*(4) 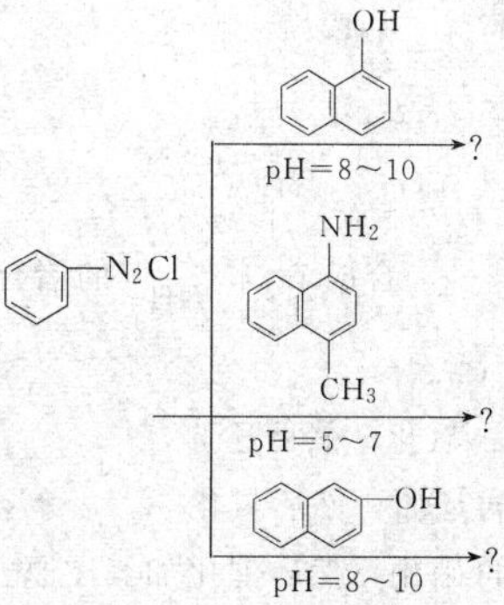 C₆H₅N₂Cl 分别与 1-萘酚 pH=8~10 → ?; 4-甲基-1-萘胺 pH=5~7 → ?; 2-萘酚 pH=8~10 → ?

4. 用化学方法鉴别下列各组化合物。

(1) 乙醇、乙醛、乙酸和乙胺

(2) 苄胺、苯胺、N-甲基苯胺、N,N-二甲基苯胺

(3) 乙酰胺和氯化乙铵

5. 将下列各组化合物,按碱性由强到弱的顺序排列。

(1) 氨、苯胺、乙胺、二苯胺

(2) 甲胺、二甲胺、三甲胺、苯胺、乙酰苯胺、邻甲苯胺、邻硝基苯胺

(3) 苯胺、对甲苯胺、对硝基苯胺、对氯苯胺、对甲氧基苯胺

6. 将下列化合物,按酸性由强到弱的顺序排列。

苯酚、对硝基苯酚、对甲苯酚、2,4,6-三硝基苯酚、2,4-二硝基苯酚

7. 用化学方法提纯下列化合物。

(1) 硝基苯中有少量苯胺

(2) 三乙胺中有少量乙胺、二乙胺

(3) 乙酰苯胺中有少量苯胺

8. 用化学方法分离下列各组混合物。

(1) 苯胺、对氨基苯甲酸

(2) 硝基苯、苯胺、苯酚、苯甲酸

9. 由指定原料合成下列化合物。

(1) $CH_2=CH_2 \longrightarrow CH_3CH_2NH_2$

(2) $CH_2=CH_2 \longrightarrow CH_3CH_2CH_2NH_2$

(3) $CH\equiv CH \longrightarrow CH_3NH_2$

(4) 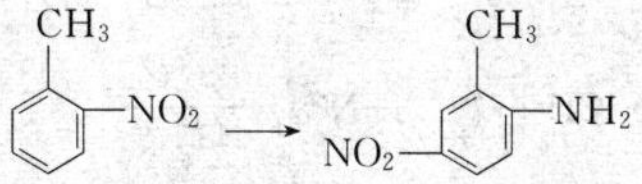 邻硝基甲苯 ⟶ 2-甲基-4-硝基苯胺

(5) 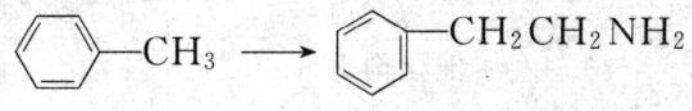 甲苯 ⟶ β-苯乙胺

(6) 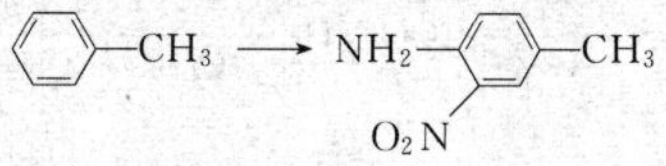 甲苯 ⟶ 2-硝基-4-甲基-1,3-苯二胺(或类似取代苯胺)

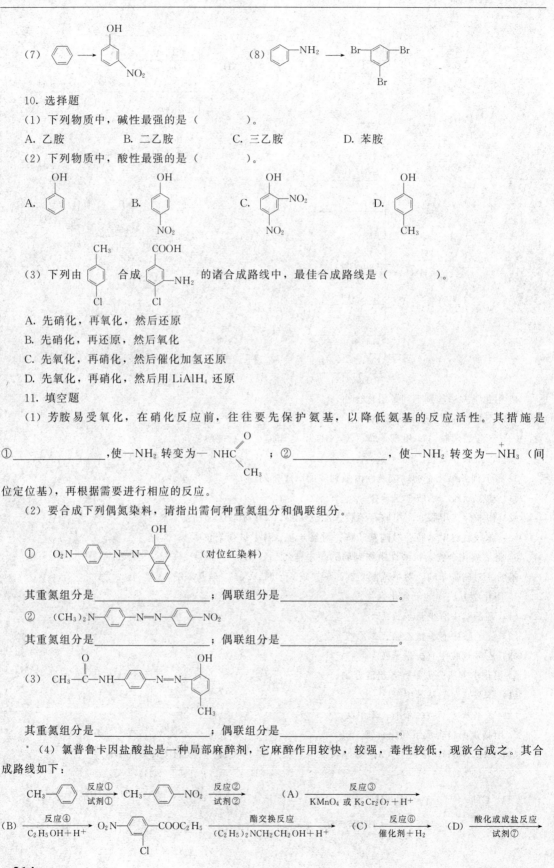

$H_2N-\underset{Cl}{\underset{|}{C_6H_3}}-COOCH_2CH_2N(C_2H_5)_2 \cdot HCl$ （氯普鲁卡因盐酸盐）

请按反应编号，把相应反应名称填入下表中。供选择的反应名称如下：

氧化、还原、硝化、磺化、氯代、酸化、碱化、成盐、酯化、酯交换、水解。

反应编号	①	②	③	④	⑤
反 应 名 称					

第十一章　杂环化合物

> **学习要求**
> 1. 了解杂环化合物的分类，掌握常见杂环化合物的命名（译音法）。
> 2. 熟悉呋喃、噻吩、吡咯和吡啶的来源、化学性质和应用。
> 3. 熟悉糠醛的化学性质、用途，并了解其制备方法。
> 4. 了解喹啉的性质和应用，以及生物碱的一般知识。

在环状有机物中，构成环的原子除碳原子外，还有其他非碳元素的原子如氧、硫、氮等。通常把除碳原子以外的成环原子称为杂原子，把含有杂原子的环状化合物（例如 ⌬、⌬、⌬ 等）称为杂环化合物。

在前面章节中，已遇到过由碳原子和氧或氮等杂原子组成的环状化合物，例如：

环氧乙烷　　顺丁烯二酸酐　　己内酰胺

但这些化合物的环容易形成，也容易破裂，变为链状化合物，它们的性质与脂肪族化合物相似，故仍在脂肪族化合物中讨论。而本章讨论的是一类含有类似苯环稳定结构，具有一定芳香性的杂环化合物。

杂环化合物的种类和数目繁多，在自然界分布极广。如植物中的叶绿素和动物中的血红素都含有杂环结构，它们具有特殊的生理作用。中草药的有效成分是生物碱，绝大多数是复杂的含氮杂环化合物。杂环化合物与药物关系极为密切，几乎有约 1/3 的药物属于杂环化合物。例如用于止痛的吗啡、抗菌消炎的黄连素、抗结核的异烟肼、抗癌的喜树碱，以及多种抗生素（如青霉素）、维生素（如 B 族及 B_{12}）等都是杂环化合物。此外，杂环化合物也是合成药物、染料、塑料和合成纤维以及近年来出现的有机超导材料（例如掺杂聚吡咯）、生物模拟材料等的原料。因此，杂环化合物无论在理论研究还是实际应用方面都很重要。

第一节　杂环化合物的分类和命名

一、杂环化合物的分类

杂环化合物，可按杂环的大小分为五元杂环和六元杂环两大类。在每一大类中，又根据所含杂原子的种类、数目以及单杂环或稠杂环等的不同，进一步加以分类。一些简单的常见杂环化合物的分类和名称见表 11-1。

表 11-1 杂环化合物的分类和名称

类别		含一个杂原子	含两个（或多个）杂原子
五元杂环	五元单杂环	呋喃　噻吩　吡咯	噻唑　咪唑　噁唑
五元杂环	五元稠杂环	吲哚	嘌呤（含4个杂原子）
六元杂环	六元单杂环	吡啶	嘧啶
六元杂环	六元稠杂环	喹啉　异喹啉	

本章重点讨论含一个杂原子的五元和六元单杂环化合物。

二、杂环化合物的命名

杂环化合物的命名，我国常用译音法。该法是将杂环化合物的母体，按照 IUPAC 推荐的通用名称，按英文名称译音，选用同音汉字，并在汉字的左边加上一个"口"字旁命名。例如：

呋喃　　　　噻吩　　　　吡咯　　　　吡啶　　　　喹啉
(furan)　　(thiophene)　(pyrrole)　(pyridine)　(quinoline)

杂环上原子的编号一般是从杂原子开始，顺着环编号，尽量使带取代基的碳原子编号最小。若环上同时有几个不同的杂原子，则按氧、硫、氮的次序进行编号；若有两个相同的氮原子，则从连有氢的氮原子开始编号。含一个杂原子的环可把靠近杂原子的位置称为α位（即2位），其次是β位（即3位）。在六元杂环中还有γ位。例如：

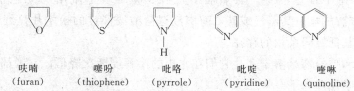

α-呋喃甲醛　　　5-甲基噻唑　　　γ-甲基吡啶　　　8-羟基喹啉　　　4-甲基咪唑
2-呋喃甲醛　　　　　　　　　　　4-甲基吡啶
（糠醛）

第二节　五元杂环化合物

呋喃、噻吩和吡咯是含有一个杂原子的五元杂环典型化合物。这三种杂环化合物虽不算重要，但它们的许多衍生物却很重要，有些是重要的化工原料，有些是具有重要生理作用的物质。

一、五元杂环化合物的结构

呋喃、噻吩、吡咯的构造式分别是：

呋喃、噻吩和吡咯在结构上有一个共同特点，即它们都具有共轭二烯的结构。但它们典型的化学性质不是共轭二烯烃的加成，而是类似苯的取代反应。近代物理方法测定表明，呋喃、噻吩和吡咯均是平面结构，杂原子上各有两个未共用电子，如图 11-1 所示。即六个 π 电子分布在环上五个原子所在的五元环分子中，因此，呋喃、噻吩和吡咯都具有与苯类似的芳香性。

图 11-1 呋喃、噻吩、吡咯分子结构示意图

二、五元杂环化合物的性质

呋喃存在于松木焦油中。它是无色液体，沸点 32℃，具有类似氯仿的气味。它遇盐酸浸湿的松木片显绿色，称松木片反应，可用来检验呋喃的存在。

噻吩与苯共存于煤焦油及页岩油中，粗苯中约含 0.5% 的噻吩。由于噻吩的沸点（84℃）和苯的沸点（80℃）相近，一般不易用分馏法分离。噻吩与靛红在浓硫酸存在下加热显蓝色，此反应灵敏，可用于检验粗苯中是否有噻吩存在。

吡咯主要存在于骨焦油中，煤焦油中也有少量存在。吡咯为无色油状液体，沸点 131℃，有弱的苯胺气味。其蒸气或其乙醇溶液遇盐酸浸湿过的松木片显红色。借此反应可用来检验吡咯及其低级同系物的存在。

吡咯、呋喃和噻吩都难溶于水，它们在水中的溶解度渐次降低。三者都能与乙醇、乙醚混溶。其主要化学性质如下。

1. 取代反应

如前所述，呋喃、噻吩和吡咯环上的五个原子共有六个 π 电子，比苯环上 π 电子云密度大，故**取代反应比苯活泼，且通常发生在 α-位上**，其取代反应活性顺序是：

$$吡咯 > 呋喃 > 噻吩 > 苯$$

吡咯、呋喃和噻吩虽易发生取代反应，但环的稳定性较差，对强酸敏感，易开环发生聚合和分解反应，所以**一般要在较温和的条件下进行取代反应**。

（1）卤代　呋喃、噻吩在室温下与氯或溴反应很剧烈，除主要得到 α-卤代物外，常得到多卤代物。碘代需在催化剂下进行。而吡咯极易卤代，产物皆为四卤吡咯。

$$\text{呋喃} \xrightarrow[\text{室温}]{Br_2,\text{二氧六环}❶} \text{2-溴呋喃（产率 80%）}$$

$$\xrightarrow[-40℃]{Cl_2} \text{2-氯呋喃} + \text{2,5-二氯呋喃}$$

---

❶ 二氧六环结构为 $\begin{matrix} CH_2-CH_2 \\ O \quad\quad\quad O \\ CH_2-CH_2 \end{matrix}$ 或 ⬡(O,O)。

$$\text{噻吩} \begin{cases} \xrightarrow[\text{乙酸}]{Br_2,\text{室温}} \text{2-溴噻吩(产率78\%)} \\ \xrightarrow[50℃]{Cl_2} \text{2-氯噻吩(36\%)} + \text{2,5-二氯噻吩(14\%)} \end{cases}$$

$$\text{吡咯} \begin{cases} \xrightarrow{4I_2,NaOH} \text{四碘吡咯（伤口消毒剂）} \\ \xrightarrow[\text{乙醇}]{4Br_2,0℃} \text{四溴吡咯} \end{cases}$$

(2) 硝化 如前所述，呋喃、噻吩和吡咯都不能用一般的硝化剂硝化，而需使用温和的硝化剂硝酸乙酰酯❶在低温下进行硝化。

$$\text{呋喃} + CH_3COONO_2 \xrightarrow[\text{乙酐}]{-5\sim-30℃} \text{2-硝基呋喃(35\%)} + CH_3COOH$$

$$\text{噻吩} + CH_3COONO_2 \xrightarrow[\text{乙酐/乙酸}]{-10℃} \text{2-硝基噻吩(70\%)} + CH_3COOH$$

$$\text{吡咯} + CH_3COONO_2 \xrightarrow[\text{乙酐}]{-10℃} \text{2-硝基吡咯(83\%)} + CH_3COOH$$

(3) 磺化 呋喃和吡咯对强酸敏感，往往需较缓和的磺化剂（吡啶三氧化硫）进行磺化。

$$\text{呋喃} + SO_3 \xrightarrow[\text{ClCH}_2\text{CH}_2\text{Cl (室温)}]{\text{吡啶}} \text{2-呋喃磺酸（α-呋喃磺酸）}$$

$$\text{吡咯} + SO_3 \xrightarrow[100℃]{\text{吡啶}} \text{2-吡咯磺酸}$$

噻吩环较为稳定，在室温下可与浓硫酸发生磺化反应。

$$\text{噻吩} + HOSO_2OH(\text{浓}) \xrightarrow{\text{室温}} \text{α-噻吩磺酸(69\%～76\%)}$$

---

❶ 硝酸乙酰酯也称乙酰基硝酸酯，为无色发烟易吸潮液体，因易爆炸，通常在使用时按下式配制：

$$(CH_3CO)_2O + HONO_2 \xrightarrow{-5℃\text{以下}} CH_3COONO_2 + CH_3COOH$$
$$(100\%)$$

由煤焦油分馏得到的苯（沸点80℃），常含有噻吩（沸点84℃）杂质，可在室温下用浓硫酸振摇提取，由于噻吩比苯易于磺化，生成的α-噻吩磺酸溶于浓硫酸中，再与苯分离即可得到无噻吩的苯。

2. 加成反应

呋喃、噻吩和吡咯在加温、加压和催化剂作用下都能催化加氢，生成四氢化物。但它们的芳香性大小不同，催化加氢难易也不同。呋喃和吡咯较易用一般催化加氢法加氢，得到四氢化物，而噻吩易使催化剂中毒，需使用特殊催化剂，且易停留在生成二氢化物阶段。

$$\text{呋喃} + 2H_2 \xrightarrow[5MPa]{Ni, 100℃} \text{四氢呋喃}$$

$$\text{吡咯} + 2H_2 \xrightarrow[200℃]{Ni} \text{四氢吡咯}$$

$$\text{噻吩} + 2H_2 \xrightarrow[20MPa]{MoS_2, 200℃} \text{四氢噻吩}$$

四氢呋喃是一种优良的溶剂，也是重要的有机合成原料。四氢吡咯属于环状仲胺，它具有仲胺的性质。

三、重要的五元杂环衍生物

α-呋喃甲醛简称呋喃甲醛，它是重要的五元杂环衍生物。因其最初是由米糠与稀酸共热制得的，因此，呋喃甲醛俗称糠醛。

1. 糠醛的制法

糠醛是呋喃最重要的衍生物。工业上它可由农副产品如玉米芯、棉籽壳、花生壳、甘蔗渣、麦秆等制取。这些农副产品都含有多缩戊糖，在稀酸作用下即水解生成戊糖，戊糖再进一步脱水环合就得到糠醛。

$$(C_5H_8O_4)_n \xrightarrow[H^+, \triangle]{H_2O} nC_5H_{10}O_5 \xrightarrow[-3H_2O]{H^+, \triangle} \text{糠醛}$$

多缩戊糖　　　戊糖　　　　　　糠醛

2. 糠醛的性质与用途

纯糠醛是无色透明液体，沸点162℃，相对密度1.16，在空气中逐渐变为棕褐色。可溶于水，能与乙醇或乙醚混溶。它的蒸气与空气可形成爆炸性混合物。糠醛在乙酸存在下与苯胺作用呈亮红色，可用于糠醛的检验。

糠醛的化学性质活泼，除具有呋喃杂环的性质外，它分子中的醛基既能被氧化，也能被还原，还能发生康尼查罗反应，在有机合成上很重要。

（1）氧化反应　糠醛被高锰酸钾的碱性溶液氧化，生成糠酸。

$$\text{糠醛} \xrightarrow[[O]]{KMnO_4, OH^-} \text{糠酸（呋喃甲酸）}$$

糠酸是白色结晶，熔点133℃，可用作杀菌剂、防腐剂及合成香料等。

糠醛分子结构中含有醛基，因此它也能发生银镜反应。

(2) 催化加氢　糠醛催化加氢，生成糠醇。

$$\text{（呋喃-CHO）} + H_2 \xrightarrow[150℃,\ 10MPa]{CuO\text{-}Cr_2O_3} \text{（呋喃-CH}_2\text{OH）}$$
糠醇（呋喃甲醇）

糠醇为无色液体，沸点 170～171℃，是优良的溶剂，还可用于制造糠醇树脂，用作防腐蚀涂料等。

(3) 康尼查罗反应　糠醛是一个不含 α-氢原子的醛，故其化学性质与甲醛或苯甲醛相似，它与浓碱共热，可发生康尼查罗反应。

$$2\ \text{（呋喃-CHO）} \xrightarrow[\triangle]{\text{浓 NaOH}} \text{（呋喃-COONa）} + \text{（呋喃-CH}_2\text{OH）}$$
糠酸钠　　糠醇

此外，糠醛可代替甲醛与苯酚缩合生成类似电木的酚糠醛树脂。糠醛也是合成某些药物的原料。例如合成抗菌药物呋喃唑酮（痢特灵）、呋喃坦丁、呋喃丙胺（抗血吸虫药）等，都是呋喃的衍生物。

综上所述，糠醛是重要的有机合成原料，它是合成糠酸、糠醇、糠醇树脂、酚糠醛树脂的原料，也是合成某些药物、增塑剂和香料的原料。此外，糠醛也是常用的有机溶剂，大量应用于石油精炼。它还能溶解硝酸纤维素。

第三节　六元杂环化合物

一、吡啶

吡啶（）是六元杂环中最简单和最重要的化合物。它存在于煤焦油、页岩油和骨焦油中，工业上吡啶多从煤焦油中提取。把煤焦油分馏出的轻油馏分用稀硫酸处理，使吡啶生成硫酸盐而溶于水，再用碱中和，即得游离的吡啶。

1. 吡啶的结构

吡啶的分子结构和苯相似，氮原子与五个碳原子都处在同一平面上，由于氮原子的电负性（3.0）较碳原子的电负性（2.5）大，所以环上电子云密度的分布不像苯环那样完全平均化，而是氮原子附近电子云密度较高，环上碳原子的电子云密度较低。

此外，吡啶环上的氮原子还有一对未共用电子，并不参与形成吡啶环的大 π 键，它可以接受质子。吡啶分子的结构示意图为：

但通常仍以　作为吡啶的构造式。

2. 吡啶的性质

吡啶是具有强烈臭味的无色液体，沸点 115℃，相对密度 0.982。能与水、乙醇、乙醚等混溶，并能溶解多种有机化合物和无机盐，是一种优良的溶剂。其化学性质如下。

(1) **碱性** 如前所述，由于吡啶环上氮原子有一对未共用电子，可以接受质子，因此，它具有碱性。它的水溶液能使石蕊试纸变蓝。吡啶可看做环状叔胺，但是其碱性比脂肪族叔胺弱得多，而比苯胺的碱性稍强。

	脂肪叔胺	吡啶	苯胺
pK_b	约 5	8.8	9.3

吡啶与强无机酸能成盐，加入强碱，吡啶又被分离出来。利用此性质，可将吡啶从混合物中分离出来或进行提纯。

$$\underset{}{\bigcirc\!\!\!\!\!N} + HCl \longrightarrow \underset{\underset{HCl}{}}{\bigcirc\!\!\!\!\!N} \xrightarrow{NaOH} \underset{}{\bigcirc\!\!\!\!\!N} + NaCl$$

吡啶盐酸盐

此外，吡啶常用作碱性溶剂和催化剂。

吡啶能与三氧化硫作用，生成吡啶三氧化硫配合物。

$$\underset{}{\bigcirc\!\!\!\!\!N} + SO_3 \xrightarrow[CH_2Cl_2]{室温} \underset{\underset{SO_3^-}{N^+}}{\bigcirc}$$

此配合物容易放出三氧化硫，可用作缓和的磺化剂。

(2) **取代反应** 由于吡啶环上碳原子的电子云密度较苯低，因此**吡啶的卤代、硝化、磺化取代反应比苯困难**，它与硝基苯相似，卤代、硝化、磺化都需要在较强烈的条件下进行，**主要在 β 位上发生取代**。

$$\underset{}{\bigcirc\!\!\!\!\!N} \begin{cases} \xrightarrow[300℃]{Br_2, 沸石} & \text{3-溴吡啶}(\beta\text{-溴吡啶})(39\%) \\ \xrightarrow[Fe, 330℃]{KNO_3, 浓 H_2SO_4} & \text{3-硝基吡啶}(\beta\text{-硝基吡啶})(22\%) \\ \xrightarrow[230℃]{浓 H_2SO_4, HgSO_4} & \text{3-吡啶磺酸}(\beta\text{-吡啶磺酸})(70\%) \end{cases}$$

(3) **氧化反应** 吡啶与苯相似，环不易被氧化。当吡啶环上连有烷基侧链时，侧链被氧化，生成相应的吡啶甲酸。例如：

$$\underset{}{\bigcirc\!\!\!\!\!N}\text{—}CH_3 \xrightarrow[\Delta]{KMnO_4} \underset{}{\bigcirc\!\!\!\!\!N}\text{—}COOH$$

β-吡啶甲酸 (烟酸)

(4) **催化加氢** 吡啶较苯容易加氢，用铂作催化剂，在常温、常压下即可加氢，也可用乙醇和钠还原，得到较高产率的六氢吡啶。

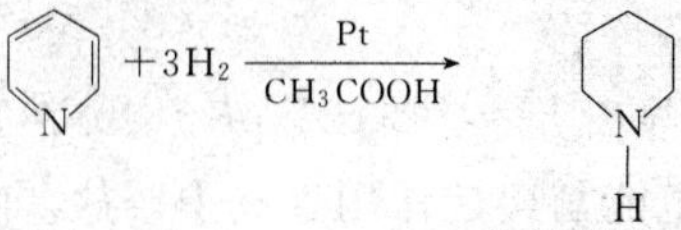

$$\underset{}{\bigcirc\!\!\!_{N}} + 3H_2 \xrightarrow[CH_3COOH]{Pt} \underset{\substack{| \\ H \\ \text{六氢吡啶(93\%)}}}{\bigcirc\!\!\!_{N}}$$

六氢吡啶又称哌啶，它为无色具有特殊臭味的液体，沸点 106℃，易溶于水、乙醇、乙醚等。它的化学性质与脂肪族仲胺相似，故它的碱性（$pK_b = 2.8$）比吡啶的碱性强得多，常用作溶剂及合成药物的原料。

二、重要的吡啶衍生物

1. 烟碱

详见本章【阅读资料】生物碱中有关烟碱的内容。

2. 烟酸

β-吡啶甲酸（ ），也称烟酸，是 B 族维生素中的一种，它与烟酰胺（ ）都属于复合维生素 B 的成分，主要用于扩张血管和治疗癞皮病。

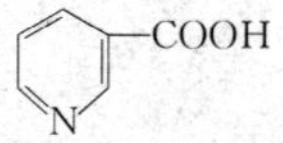

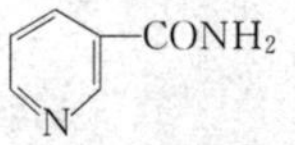

3. 异烟酸

γ-甲基吡啶，经氧化后可得 γ-吡啶甲酸，γ-吡啶甲酸又称异烟酸。

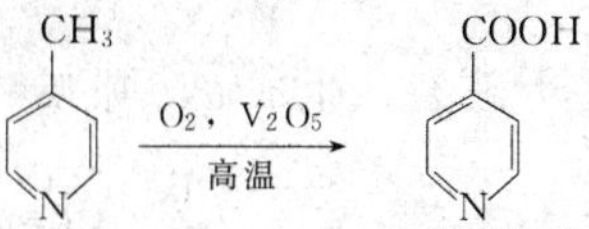

$$\underset{}{\underset{N}{\bigcirc}\!\!\!-CH_3} \xrightarrow[\text{高温}]{O_2, V_2O_5} \underset{\gamma\text{-吡啶甲酸}}{\underset{N}{\bigcirc}\!\!\!-COOH}$$

异烟酸是合成抗结核药物异烟肼（商品名雷米封）的中间体。

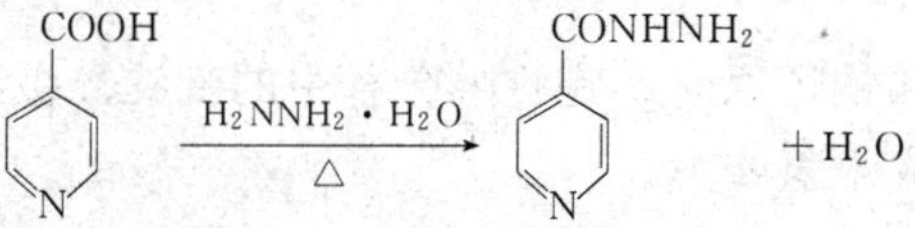

$$\underset{}{\underset{N}{\bigcirc}\!\!\!-COOH} \xrightarrow[\triangle]{H_2NNH_2 \cdot H_2O} \underset{\text{异烟肼}}{\underset{N}{\bigcirc}\!\!\!-CONHNH_2} + H_2O$$

此外维生素 B_6 也是吡啶的衍生物，它是治疗呕吐及癞皮病的药物。

$$\text{维生素 } B_6$$

第四节 重要的稠杂环化合物——喹啉

喹啉（ ![quinoline numbered 1-8] ）是重要的六元稠杂环化合物。它可看成是由苯环与吡啶环稠合而成的。它存在于煤焦油和骨焦油中。

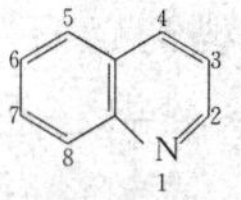

喹啉为无色油状液体，有特殊气味，沸点 238℃，相对密度 1.095。微溶于水，易溶于

乙醇、乙醚等有机溶剂。

喹啉的化学性质与吡啶相似。喹啉是一种弱碱（$pK_b=9.1$），其碱性比吡啶（$pK_b=8.8$）稍弱。它能与强无机酸作用生成盐，也能与卤烷作用生成季铵盐。喹啉还具有如下重要化学性质。

1. 取代反应

喹啉在发生卤代、硝化、磺化等取代反应时，取代反应发生在喹啉环的 **5，8** 位上。例如：

$$\text{喹啉} \xrightarrow[\text{浓硫酸, Ag}_2\text{SO}_4, \triangle]{Br_2} \text{5-溴喹啉} + \text{8-溴喹啉}$$

$$\xrightarrow[0°C]{\text{浓硝酸、浓硫酸}} \text{5-硝基喹啉} + \text{8-硝基喹啉}$$

$$\xrightarrow[220°C]{\text{浓硫酸}} \text{8-喹啉磺酸} \ (54\%)$$

2. 氧化反应

喹啉用高锰酸钾氧化，苯环发生破裂，生成 α,β-吡啶二甲酸。

$$\xrightarrow[KMnO_4]{[O]} \alpha,\beta\text{-吡啶二甲酸} + \text{COOH/COOH} \xrightarrow{[O]} CO_2 + H_2O$$

3. 还原反应

喹啉用还原剂如乙醇和钠还原时，是喹啉分子中的吡啶环被还原，生成四氢喹啉；若催化加氢强烈还原，则可生成十氢喹啉。

$$\text{喹啉} \xrightarrow[Na+C_2H_5OH]{[H]} \text{四氢喹啉}$$

$$\xrightarrow{H_2/Ni} \text{十氢喹啉}$$

四氢喹啉和十氢喹啉都是重要的溶剂。

喹啉的许多衍生物在医药上有重要用途，如抗疟药奎宁（又名金鸡钠碱）、氯喹啉，抗癌药喜树碱，抗风湿药阿托品等。此外 8-羟基喹啉（ ）也是喹啉的一种衍生物。它能与 Mg^{2+}、Al^{3+} 等金属离子生成难溶于水的螯合物，是一种分析试剂（金属离子螯合剂）。

📖 阅读资料

生 物 碱

生物碱是指一类天然的、具有较强生理活性的碱性含氮杂环化合物，它们大多数存在于植物中，因此又称植物碱。

生物碱在生物体内常与草酸、苹果酸、柠檬酸等有机酸结合成盐，因此可用碱处理，使生物碱游离出来，再用有机溶剂提取。

大多数生物碱是无色晶体，有苦味，难溶于水，可溶于稀酸及乙醇、乙醚、丙酮、氯仿、苯等有机溶剂。

许多中草药的有效成分都是生物碱。生物碱对人体具有镇痛、解痉、止咳、平喘、清热、消炎、抗癌等生理功能，广泛用来治疗疾病。但要注意，生物碱毒性极大，适量使用时，可作为药物治疗疾病，过量使用时，可引起中毒，甚至危及生命，因此使用生物碱要严格控制剂量，不可滥用。

下面介绍几种重要而常见的生物碱。

1. 烟碱（结构式）

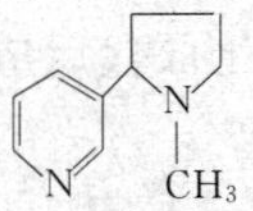

烟碱存在于烟草中，因此得名。烟碱又名尼古丁。它分子中含吡啶环，属吡啶类生物碱。

烟碱是无色或淡黄色液体，沸点 246℃，能溶于水及大多数有机溶剂中。烟碱有剧毒。少量烟碱能刺激中枢神经兴奋，增高血压，大量时可引起头疼、呕吐，以致抑制中枢神经系统使心脏麻痹、呼吸停止而死亡。成人经口致死量为 40~60mg。因此，吸烟有害健康，尤其对青少年危害更大，应该提倡不要吸烟。烟碱的解毒药为颠茄碱，烟碱主要用作农用杀虫剂。

2. 颠茄碱（结构式）

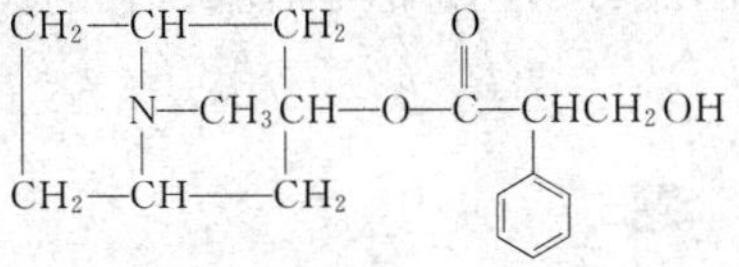

颠茄碱存在于颠茄、曼陀罗、泽金花等许多茄科植物中，属吡啶类生物碱。

颠茄碱为白色结晶，难溶于水，易溶于乙醇，它在医学上称为阿托品。

阿托品硫酸盐具有镇痛、解痉作用，主要用于治疗平滑肌痉挛，胃、肠、胆、肾绞痛，也用做有机磷、有机锑、烟碱中毒的解毒剂，还用做眼科放大瞳孔的药剂。

3. 吗啡碱（结构式）

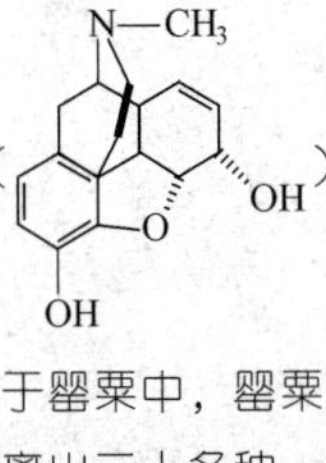

吗啡碱存在于罂粟中，罂粟果实流出的乳状汁液经日光晒成的黑色膏状物就是鸦片。罂粟中含有许多植物碱，现已分离出二十多种，吗啡是主要的，其他的有可待因罂粟碱等，都是异喹啉类生物碱。

吗啡碱是片状结晶，熔点 253~254℃，难溶于一般有机溶剂。吗啡碱对中枢神经有麻醉作用，有极快的镇痛效力，还有止痉、止咳、催眠等生理功能，但久用有成瘾性，要严格控制使用，远离毒品。

可待因的生理功能与吗啡相似，但比吗啡弱，不像吗啡碱那样容易成瘾。可待因可用来镇痛，医药上主要用作镇咳剂。

4. 小檗碱（结构式）

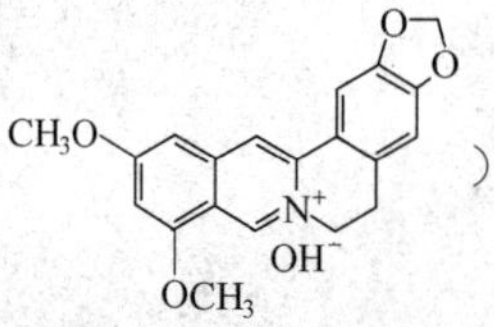

小檗碱又名黄连素，存在于黄连和黄柏中，属于异喹啉类生物碱。

黄连素是黄色结晶，味极苦，熔点145℃，易溶于热水，是抗菌类药物。它能抑制痢疾杆菌、链球菌、葡萄球菌，临床上主要用于治疗细菌性痢疾和肠胃炎。

5. 喜树碱（结构式）

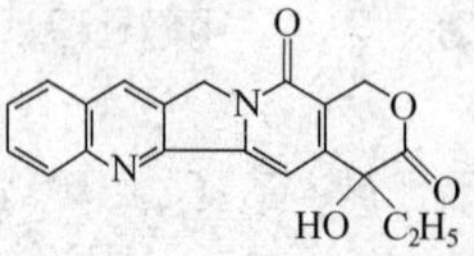

喜树碱是从我国特有植物喜树中提取的一种喹啉类生物碱。喜树碱具有抗癌作用，用于治疗胃癌、肠癌和白血病。

本 章 小 结

1. 呋喃、噻吩、吡咯都具有类似苯的芳香性，卤代、硝化、磺化取代反应主要在 α-位进行。其反应活泼性顺序为：

$$\text{吡咯} > \text{呋喃} > \text{噻吩} > \text{苯}$$

呋喃的重要衍生物——呋喃甲醛（糠醛）具有没有 α-氢原子的醛及不饱和呋喃杂环的双重化学性质，性质活泼，应用很广，是重要的化工原料。

2. 吡啶具弱碱性，其碱性比氨弱，但比苯胺强。它的卤代、硝化、磺化取代反应比苯困难，类似硝基苯，取代反应主要在 β-位上进行。

3. 喹啉是重要的稠杂环化合物，具弱碱性，其碱性比吡啶稍弱。它的卤代、硝化、磺化取代反应主要在喹啉环的 5，8 位上进行。

习 题

1. 写出下列化合物的构造式。

(1) 糠醛；(2) 糠醇；(3) 5-硝基-2-呋喃甲醛；(4) 四氢呋喃；(5) α-噻吩磺酸；(6) 烟酸；(7) 异烟肼（雷米封）；(8) 六氢吡啶；(9) 2,7-二甲基喹啉；(10) 8-羟基喹啉。

2. 用适当的化学方法，将下列混合物中的少量杂质除去。

(1) 苯中混有少量噻吩
(2) 甲苯中混有少量吡啶
(3) 吡啶中混有少量六氢吡啶

3. 区别下列各组化合物。

(1) 呋喃、噻吩、吡咯、呋喃甲醛
(2) 糠醛、甲醛、苯甲醛

4. 将下列化合物按其碱性由强到弱的次序排列。

苯胺、苄胺、吡啶、喹啉、六氢吡啶

5. 完成下列反应式。

(1) 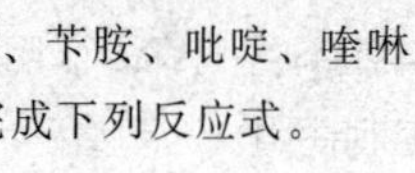 呋喃 $\xrightarrow{?}$ 2-硝基呋喃

(2) furan $\xrightarrow{?}$ furan-SO$_3$H

(3) furan + 2H$_2$ $\xrightarrow[\triangle, P]{Ni}$?

(4) furan-CHO + HCHO $\xrightarrow{浓 \text{NaOH}}$?

(5) furan-CHO + CH$_3$CHO $\xrightarrow{稀 \text{NaOH}}$?

(6) pyridine + H$_2$SO$_4$ ⟶ ? $\xrightarrow{\text{NaOH}}$?

(7) pyridine + SO$_3$ ⟶ ?

(8) pyridine + CH$_3$CH$_2$Br ⟶ ?

(9) 3-methylpyridine $\xrightarrow[\text{KMnO}_4]{[O]}$?

(10) 4-methylpyridine $\xrightarrow{?}$ 4-COOH-pyridine $\xrightarrow{?}$ 4-CONHNH$_2$-pyridine

(11) pyridine $\xrightarrow[350\,℃]{\text{H}_2\text{SO}_4}$?

(12) quinoline $\xrightarrow[0\,℃]{浓 \text{HNO}_3,\ 浓 \text{H}_2\text{SO}_4}$?

*第十二章 碳水化合物和蛋白质

> **学习要求**
> 1. 了解碳水化合物的含义和分类。
> 2. 掌握重要碳水化合物的主要性质，鉴别方法及用途。
> 3. 了解蛋白质的组成和分类。
> 4. 掌握蛋白质的主要性质及鉴别方法。
> 5. 了解酶的催化作用及其特点。

碳水化合物和蛋白质都是重要的天然高分子化合物，是人类三大营养要素（糖类、油脂和蛋白质）中的两大要素，它们对于维持人类生命起着重要的作用，许多碳水化合物和蛋白质还是重要的化工原料。其实，糖类、油脂、蛋白质、维生素、无机盐和水这六大类，通常都称为营养素。

第一节 碳水化合物

碳水化合物是一类重要的有机化合物，它广泛存在于动植物体内，它在维持动植物的生命中起着重要作用。

一、碳水化合物的含义和分类

碳水化合物又称糖类，它是由碳、氢、氧三种元素组成的，许多糖的分子式都可用通式 $C_m(H_2O)_n$ 表示。例如葡萄糖的分子式为 $C_6H_{12}O_6$，可用 $C_6(H_2O)_6$ 表示；蔗糖的分子式为 $C_{12}H_{22}O_{11}$，可用 $C_{12}(H_2O)_{11}$ 表示。从形式看，糖似乎是由碳和水组成的，因此，**糖类又称碳水化合物**。随着科学的发展，后来发现有的糖如鼠李糖的分子式（$C_6H_{12}O_5$）并不符合上述通式，而有些化合物如甲醛（CH_2O）、乙酸（$C_2H_4O_2$）、乳酸（$C_3H_6O_3$）等虽符合上述糖的通式，但却不是糖类。因此，"碳水化合物"这一名称，虽然现在仍旧沿用，但早已失去了它原来的意义。从构造上看，**碳水化合物是多羟基醛或多羟基酮，以及能水解生成多羟基醛或多羟基酮的一类化合物**。

碳水化合物常根据它们能否水解和水解后生成的物质，分为三类。

(1) **单糖** 不能水解成更简单的多羟基醛或多羟基酮的碳水化合物，称为单糖。例如葡萄糖、果糖等。

(2) **低聚糖** 能水解成两、三个或几个单糖分子的碳水化合物，叫低聚糖。水解后能生成两分子单糖的，称为二糖，它是最重要的低聚糖。例如蔗糖、麦芽糖等。

(3) **多糖** 水解后能生成很多（几百个或几千个）单糖分子的碳水化合物称为多糖。例如淀粉、纤维素等。

二、单糖

纯的单糖一般为白色或无色结晶固体，具有甜味，易溶于水。单糖分子结构中含有醛基的多羟基醛称为醛糖；含有酮基的多羟基酮称为酮糖。命名时按分子中碳原子的数目称为某醛糖或某酮糖。自然界中存在的单糖主要是戊糖和己糖。戊糖中最重要的是核糖（戊醛糖），己糖中最重要的是葡萄糖（己醛糖）和果糖（己酮糖）。

1. 葡萄糖、果糖的开链式结构

葡萄糖和果糖的分子式均为 $C_6H_{12}O_6$，根据实验事实证明，葡萄糖具有下列开链五羟基己醛结构，果糖具有开链的五羟基-2-己酮结构。葡萄糖和果糖的构造式分别为：

$$CH_2-CH-CH-CH-CH-C\underset{H}{\overset{O}{\|}} \qquad CH_2-CH-CH-CH-\overset{O}{\overset{\|}{C}}-CH_2$$
$$\;\;|\;\;\;\;\;|\;\;\;\;\;|\;\;\;\;\;|\;\;\;\;\;|\qquad\qquad\;\;|\;\;\;\;\;|\;\;\;\;\;|\;\;\;\;\;|\qquad\;\;\;|$$
$$OH\;OH\;OH\;OH\;OH \qquad\quad OH\;OH\;OH\;OH\qquad OH$$

葡萄糖　　　　　　　　　　　　果糖

上述分子中含有醛基的叫做醛糖，分子中含有酮基的叫做酮糖。

2. 单糖的化学性质

单糖具有羟基和羰基，能发生相应的特征反应。

（1）**氧化反应** 单糖能被多种氧化剂氧化，氧化剂不同，产物也不同。

① **与托伦试剂、斐林试剂反应** 葡萄糖可被托伦试剂、斐林试剂氧化，分别生成银镜和氧化亚铜砖红色沉淀。

$$\begin{matrix}CHO\\|\\(CHOH)_4\\|\\CH_2OH\end{matrix} + 2Ag(NH_3)_2OH \longrightarrow \begin{matrix}COONH_4\\|\\(CHOH)_4\\|\\CH_2OH\end{matrix} + 2Ag\downarrow + 3NH_3 + H_2O$$

葡萄糖酸铵

$$\begin{matrix}CHO\\|\\(CHOH)_4\\|\\CH_2OH\end{matrix} + 2Cu(OH)_2 + NaOH \longrightarrow \begin{matrix}COONa\\|\\(CHOH)_4\\|\\CH_2OH\end{matrix} + Cu_2O\downarrow\text{（砖红）} + 3H_2O$$

葡萄糖酸钠

果糖虽没有醛基，但它属于 α-羟基酮，在碱性溶液中经互变异构，可转化为醛糖，因此，**果糖也能被托伦试剂及斐林试剂氧化**。

凡能被托伦试剂和斐林试剂氧化的糖称为还原糖，否则为非还原糖。单糖都是还原糖。

【演示实验 12-1】 在洁净的大试管中加入 5％ $AgNO_3$ 溶液 8mL，并加 2 滴 10％ NaOH 溶液，在振荡下逐滴加入 1∶1 稀氨水，直到析出的氧化银沉淀恰好溶解为止。然后把制得的银氨溶液分装在 4 支洁净的试管中，并编上号码。再分别滴入 10 滴 5％葡萄糖、果糖、麦芽糖、蔗糖溶液。摇匀，放入 60～70℃水浴中加热几分钟，观察哪些糖有银镜析出，哪些糖没有。

② **与溴水反应** 葡萄糖能被缓和氧化剂溴水氧化，生成葡萄糖酸，但果糖不受溴水氧化，因此，**溴水是区别醛糖和酮糖的试剂**。

$$\begin{matrix}CHO\\|\\(CHOH)_4\\|\\CH_2OH\end{matrix} \xrightarrow{Br_2/\text{水}} \begin{matrix}COOH\\|\\(CHOH)_4\\|\\CH_2OH\end{matrix}$$

葡萄糖酸

葡萄糖酸是制备葡萄糖酸钙的原料。

③ 与硝酸反应 稀硝酸的氧化性比溴水强，可把葡萄糖氧化成葡萄糖二酸。

$$\begin{matrix}CHO\\|\\(CHOH)_4\\|\\CH_2OH\end{matrix} \xrightarrow[100℃]{稀\ HNO_3} \begin{matrix}COOH\\|\\(CHOH)_4\\|\\COOH\end{matrix}$$
葡萄糖二酸

(2) 还原反应 单糖用钠汞齐、$NaBH_4$ 等还原剂或催化加氢法还原，都可生成糖醇。例如：

$$\begin{matrix}CHO\\|\\(CHOH)_4\\|\\CH_2OH\end{matrix} \xrightarrow[\text{或 }H_2、Ni、加热、加压]{NaBH_4} \begin{matrix}CH_2OH\\|\\(CHOH)_4\\|\\CH_2OH\end{matrix}$$
葡萄糖醇

葡萄糖醇又称己六醇、山梨醇，它是非离子型表面活性剂的重要原料。

(3) 成脎反应 单糖因有羰基，故与醛、酮相似，也能与苯肼作用，生成单糖苯腙。单糖的α-羟基可被过量的苯肼氧化成羰基，继续与苯肼反应，最终在 C-1 和 C-2 处生成含有两个苯腙基团的化合物，称糖脎。

$$\begin{matrix}CHO\\|\\CHOH\\|\\(CHOH)_3\\|\\CH_2OH\end{matrix} \xrightarrow{3H_2NNH-C_6H_5} \begin{matrix}CH=N-NH-C_6H_5\\|\\C=N-NH-C_6H_5\\|\\(CHOH)_3\\|\\CH_2OH\end{matrix}$$
葡萄糖   葡萄糖脎

$$\begin{matrix}CH_2OH\\|\\C=O\\|\\(CHOH)_3\\|\\CH_2OH\end{matrix} \xrightarrow{3H_2NNH-C_6H_5} \begin{matrix}CH=N-NH-C_6H_5\\|\\C=N-NH-C_6H_5\\|\\(CHOH)_3\\|\\CH_2OH\end{matrix}$$
果糖   果糖脎

糖脎为黄色结晶，不溶于水。一般来说，不同的单糖所生成的糖脎，其晶形和熔点是不同的。葡萄糖与果糖虽生成相同的脎，但析出脎的时间不同（果糖比葡萄糖快）。因此，常用成脎反应鉴别单糖。

【演示实验 12-2】 在两支试管中，分别加入 8mL 5％葡萄糖、5％果糖溶液，再各加入 4mL 苯肼试剂❶。振荡后，同时放入沸水浴中加热。观察两试管中出现黄色沉淀（糖脎）的时间。

3. 单糖的制法和用途

(1) 葡萄糖 葡萄糖广泛存在于自然界。它以游离态存在于熟葡萄、蜂蜜及甜水果中，正常人的血液中经常含 0.08％～0.11％的葡萄糖，称血糖。工业上是将淀粉（或纤维素）经稀酸

---

❶ 苯肼试剂的配制：5mL 苯肼溶于 50mL 10％乙酸溶液中，再加入 0.5g 活性炭，经搅拌后过滤即得。苯肼试剂宜保存于棕色试剂瓶中，而且不宜放置过久。苯肼有毒，取用时切勿与皮肤接触。

水解而得的。经提纯的葡萄糖为白色结晶粉末，熔点 146℃，易溶于水，味甜，难溶于乙醇。

葡萄糖是人体新陈代谢过程中不可缺少的营养物质，大量用于食品工业中，此外在工业上用作缓和还原剂。因它能发生银镜反应，所以可用于制镜子和热水瓶胆。

(2) 果糖　果糖在自然界以游离态存在于甜水果和蜂蜜中，它是蔗糖的一个组分。工业上将蔗糖水解，即得果糖。

果糖为白色结晶粉末，熔点 102～104℃，溶于水、乙醇和乙醚中。它是食用糖中最甜的糖。**果糖是酮糖，其溶液与盐酸-间苯二酚试剂共热显深红色，而醛糖显很浅的红色，可用于鉴别酮糖与醛糖。**

果糖也是营养剂，在体内易转化为葡萄糖。果糖大量用于食品工业。

三、二糖

二糖是指经水解后能生成两分子单糖的化合物，或者说，二糖可以看做是由两分子单糖脱去一分子水的缩合产物，分子式为 $C_{12}H_{22}O_{11}$。最重要的二糖是蔗糖和麦芽糖。

1. 蔗糖

蔗糖在甘蔗和甜菜中含量很多，是自然界中分布最广的二糖。纯蔗糖为无色晶体，熔点 180～186℃，易溶于水，味甜。其甜味超过葡萄糖、麦芽糖和乳糖，但不及果糖。其相对甜度是：葡萄糖：蔗糖：果糖 = 1：1.45：1.65。

蔗糖在无机酸催化作用下水解，生成一分子葡萄糖和一分子果糖。

$$C_{12}H_{22}O_{11} + H_2O \xrightarrow[\text{水解}]{H^+} C_6H_{12}O_6 + C_6H_{12}O_6$$
$$\text{蔗糖} \qquad\qquad\qquad \text{葡萄糖} \quad \text{果糖}$$

蔗糖不被托伦试剂和斐林试剂氧化，是非还原糖，它也不与苯肼反应成脎。

2. 麦芽糖

麦芽糖存在于麦芽中，纯麦芽糖是白色结晶，熔点 160～165℃。我们常见的麦芽糖是糖膏，它溶于水，有甜味。甜度约为蔗糖的 40%。

麦芽糖通常是淀粉在淀粉酶作用下于 60℃ 水解的产物，是饴糖的主要成分。

麦芽糖经水解可得两分子葡萄糖。**麦芽糖能被托伦试剂和斐林试剂氧化，故为还原糖。它也能与苯肼发生反应生成糖脎。**

四、多糖

多糖可看成是由许多单糖分子彼此失水而形成的产物。多糖的相对分子质量很大，一般在几万以上，是高分子化合物。多糖水解可得到单糖，但在水解过程中，往往生成一系列的中间产物。**自然界中最常见的多糖是淀粉和纤维素。它们有一个共同的分子式 $(C_6H_{10}O_5)_n$。多糖一般不溶于水，没有甜味，没有还原性。**

1. 淀粉

淀粉存在于许多植物的种子、茎或块根中，尤以大米、小米、玉米及薯类含量最高。

淀粉是无色、无味、无臭的颗粒，不溶于一般有机溶剂。淀粉在酸或酶催化下水解，首先生成相对分子质量较小的糊精，然后生成麦芽糖，最后生成葡萄糖。

$$(C_6H_{10}O_5)_n \xrightarrow[H^+\text{或酶}]{H_2O} (C_6H_{10}O_5)_m \xrightarrow[H^+\text{或酶}]{H_2O} C_{12}H_{22}O_{11} \xrightarrow[H^+\text{或酶}]{H_2O} C_6H_{12}O_6$$
$$\text{淀粉} \qquad\qquad\quad (n>m) \qquad\qquad \text{糊精} \qquad\qquad\qquad \text{麦芽糖} \qquad\qquad \text{葡萄糖}$$

淀粉由直链淀粉和支链淀粉两部分组成。随植物的不同，两者所占比例不同。在大多数淀粉中，前者的含量为 10%～20%，后者的含量为 80%～90%。直链淀粉大约由 1000 个以上葡萄糖分子组成，相对分子质量为 150000～600000。它的结构如图 12-1 所示。

图 12-1　直链淀粉结构示意图

直链淀粉因不含支链，排列紧密，不利于与水接触，故不溶于冷水，但能溶于热水。直链淀粉遇碘呈蓝色。

支链淀粉大约含 6000～37000 个葡萄糖分子，相对分子质量为 1000000～6000000。支链淀粉由于具有高度分支，容易与水接触，故易溶于冷水，遇热水则因膨胀而成糊状。支链淀粉遇碘呈蓝紫色。一般淀粉因含支链淀粉为主，故遇碘呈深蓝色，可用于淀粉的检验。支链淀粉结构如图 12-2 所示。

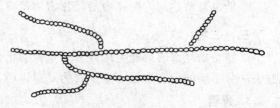

图 12-2　支链淀粉结构示意图

淀粉的用途极为广泛，除供食用外，也是工业上的重要原料。例如淀粉经发酵可制得乙醇、丙酮和丁醇等。近年来还用淀粉氧化来制备草酸。淀粉在纺织工业上用作纺织品的上浆，造纸工业上用作纸张的上胶，医药工业上用淀粉生产葡萄糖及制剂中用作赋形填充剂等。

2. 纤维素

纤维素在自然界中分布很广。棉花中含纤维素 92%～95%，亚麻中约含 80%，木材中约含 50%，其他如麦秆和稻草等都含有大量纤维素。纤维素相对分子质量为 30 万～50 万。其纯品为无色、无味、无臭的固体，不溶于水和一般有机溶剂。

纤维素与淀粉相似，无还原性，完全水解可生成葡萄糖。

纤维素除直接用于纺织、造纸工业外，因分子中含有羟基，能与酸作用生成酯，例如纤维素硝酸酯、纤维素醋酸酯等，故有广泛的工业用途。

（1）纤维素硝酸酯（硝酸纤维素）　纤维素与浓硝酸和浓硫酸的混合液作用，生成纤维素硝酸酯。

$$[C_6H_7O_2(OH)_3]_n + 3nHNO_3 \xrightarrow{H_2SO_4} [C_6H_7O_2(ONO_2)_3]_n + 3nH_2O$$

工业上得到的纤维素硝酸酯含氮量约 10.5%～13.5%。一般将含氮量在 11% 左右的称为胶棉；含氮量在 13% 左右的称为火棉。胶棉容易着火，无爆炸性。将胶棉溶于乙醇和乙醚的混合物中，所得溶液称为珂珞丁，用于瓶口的密封和喷漆及照相软片等。若将胶棉的乙醇溶液加入樟脑，并进行热处理，即得赛璐珞，是最早的塑料之一。火棉易着火并有爆炸性，不溶于水和一般溶剂，可用来制无烟火药。

（2）纤维素醋酸酯（醋酸纤维素）　纤维素与乙酸酐在少量浓硫酸的作用下，生成醋酸纤维素。

$$[C_6H_7O_2(OH)_3]_n + 3n(CH_3CO)_2O \xrightarrow{H_2SO_4} [C_6H_7O_2(OCOCH_3)_3]_n + 3nCH_3COOH$$

工业上一般用的是纤维素醋酸酯，它是由三醋酸纤维素部分水解得到的。二醋酸纤维素溶于丙酮和乙醇中，经细孔抽丝得到丝状纤维素，即人造丝。另外，由于它具有不易着火的优点，可用来制造电影胶片、塑料微孔滤膜、香烟过滤嘴及眼镜架等。

（3）羧甲基纤维素（CMC）　纤维素与氯乙酸在氢氧化钠溶液中作用，生成羧甲基纤维素。

$$[C_6H_7O_2(OH)_2OH]_n \xrightarrow[n\text{NaOH}]{n\text{ClCH}_2\text{COOH}} [C_6H_7O_2(OH)_2OCH_2COONa]_n + n\text{NaCl} + 2n\text{H}_2\text{O}$$

羧甲基纤维素钠盐是白色粉末，是一种用途很广的水溶性高分子化合物，它溶于水可形成透明胶状物，具有黏性，俗称化学糨糊，可用于墙壁粉刷，在纺织、印染工业中代替淀粉上浆，也在造纸、医药、化妆品工业中用作添加剂、黏结剂、增稠剂及成膜剂等。

第二节　蛋　白　质

蛋白质是生物体内构成细胞的基础物质。它存在于生物体的组织、血液、内分泌腺及骨骼中。肌肉、毛发、指甲、皮革、角、蹄、蚕丝等都是由不同的蛋白质构成的。此外，酶、滤过性病毒也属于蛋白质。"生命是蛋白质的存在方式。"蛋白质是生命的物质基础。如呼吸时，吸入的氧气通过血红蛋白输送到全身；人们吃入的食物，靠胃肠中的各种酶进行消化；动物的活动靠肌肉，而肌肉中的肌纤维也是蛋白质。此外，蛋白质又是人类的主要食物，是人体最重要的营养成分。所以说，没有蛋白质就没有生命。

1965年，我国第一次用人工方法合成了具有生理活性的蛋白质——结晶牛胰岛素，在生物化学理论研究方面开创了世界纪录，标志着人类在研究生命起源的伟大历程中迈进了一大步。

基于蛋白质的重要性，我们有必要掌握一些蛋白质的基本知识。

一、蛋白质的组成和分类

蛋白质经元素分析表明，它**一般含有碳、氢、氧、氮和硫元素**，某些蛋白质中还含有微量的磷、铁、锌和碘等元素。一般干燥蛋白质的主要元素组成及含量为：

C	O	H	N	S
50%～55%	20%～23%	6.0%～7.0%	15%～17%	0.3%～2.5%

蛋白质的分类方法有多种。根据蛋白质水解产物的不同，可分为单纯蛋白质和结合蛋白质两大类。蛋白质水解时只生成α-氨基酸的，称单纯蛋白质。如鸡蛋中的卵清蛋白、乳品里的乳清蛋白和乳球蛋白等。水解时除生成α-氨基酸外，还有非蛋白质物质（称辅基，例如糖类、脂肪、核酸、含磷或含铁的化合物等）生成的，称为结合蛋白质。例如细胞中的核蛋白等。根据蛋白质的形状不同，又可分为纤维蛋白质（例如丝蛋白、角蛋白等）和球蛋白质（例如蛋清蛋白等）两类。纤维蛋白质不溶于水，球蛋白质可溶于水。

二、蛋白质的性质

蛋白质是天然高分子化合物。多数蛋白质可溶于水或其他极性溶剂，不溶于有机溶剂。蛋白质的水溶液具有胶体性质。

蛋白质具有如下化学性质。

1. 水解反应和 α-氨基酸

蛋白质在酸、碱或酶的作用下，能水解得一系列中间产物（用各种蛋白酶催化，可使水解产物停留在一定阶段），水解的最终产物，是各种组成不同的 α-氨基酸的混合物。

$$\text{蛋白质} \xrightarrow{\text{水解}} \text{多肽} \xrightarrow{\text{水解}} \text{二肽} \xrightarrow{\text{水解}} \text{α-氨基酸}$$

将混合物用各种分离手段（如色层分离法、电泳法、离子交换法等）进行分离，即可分别得到各种 α-氨基酸。

可见，α-氨基酸是组成蛋白质的"结构单元"，是构成蛋白质的"基石"。

羧酸分子中烃基上的氢原子被氨基取代后的生成物，叫做氨基酸。氨基处于羧酸分子 α-位上的，称 α-氨基酸，一般式为 R—CH—COOH。例如：
　　　　　　　　　　　　　　　　　　　　　　　　　　　　　　　|
　　　　　　　　　　　　　　　　　　　　　　　　　　　　　　　NH$_2$

$$\underset{\text{氨基乙酸（甘氨酸）}}{CH_2COOH} \quad\quad \underset{\text{α-氨基丙酸}}{CH_3CHCOOH} \quad\quad \underset{\text{α-氨基戊二酸（谷氨酸）}}{HOOCCH_2CH_2CHCOOH}$$
　　|　　　　　　　　　　　　|　　　　　　　　　　　　　　　　|
　　NH$_2$　　　　　　　　NH$_2$　　　　　　　　　　　　　　NH$_2$

谷氨酸的单钠盐（HOOCCH$_2$CH$_2$CHCOONa，下标 NH$_2$）简称谷氨酸钠，就是日常生活中常用的调味品——味精。

氨基酸分子结构中含有羧基和氨基，是两性化合物。它与酸或碱作用都可以生成盐。

两个 α-氨基酸分子中，一个 α-氨基酸分子的羧基与另一分子的氨基共同缩合失去一分子水，生成的肽（酰胺化合物）称二肽。

$$H_2N\text{-}\underset{R}{CH}\text{-}\underset{OH}{\overset{O}{C}} + H\underset{R'}{\underset{|}{N}}H\text{-}CH\text{-}\underset{OH}{\overset{O}{C}} \xrightarrow{-H_2O} H_2N\text{-}\underset{R}{CH}\text{-}\overset{O}{C}\text{-}NH\text{-}\underset{R'}{CH}\text{-}\overset{O}{C}\text{-}OH$$

式中，—C(=O)—NH— 键称为**肽键**，也称**酰胺键**。

若由多个 α-氨基酸分子通过分子间的羧基与氨基失水，缩合生成含多个肽键的化合物，则称为**多肽**。

多肽可看成是相对分子质量小的蛋白质。不同的蛋白质水解生成的 α-氨基酸，其种类和含量各不相同。由蛋白质水解得到的 α-氨基酸主要有二十多种，其中有八种是人体必需的从食物中摄取的氨基酸❶。为人类健康提供了依据。

2. 两性和等电点

蛋白质和氨基酸相似，分子中也含有氨基和羧基，因此也具有两性性质，与酸或碱作用都能成盐。**在酸性溶液中，蛋白质带正电荷，呈正离子状态，电解时向阴极移动；在碱性溶**

---

❶ 赖氨酸、苯丙氨酸、缬氨酸、蛋氨酸、色氨酸、亮氨酸、异亮氨酸、苏氨酸。

液中，蛋白质带负电荷，呈负离子状态，电解时向阳极移动。若用式子 $\text{P}{-}\text{COOH}^{\text{NH}_2}$ 表示蛋白质，其两性电离可用下式表示：

$$\text{P}\begin{matrix}\text{NH}_2\\\text{COOH}\end{matrix} \rightleftharpoons$$

$$\text{P}\begin{matrix}\text{NH}_2\\\text{COO}^-\end{matrix} \underset{\text{OH}^-}{\overset{\text{H}^+}{\rightleftharpoons}} \text{P}\begin{matrix}\overset{+}{\text{NH}_3}\\\text{COO}^-\end{matrix} \underset{\text{OH}^-}{\overset{\text{H}^+}{\rightleftharpoons}} \text{P}\begin{matrix}\overset{+}{\text{NH}_3}\\\text{COOH}\end{matrix}$$

负离子　　　　两性离子　　　　正离子
pH > pI　　　　pH = pI　　　　pH < pI

若调节溶液的 pH，使蛋白质主要以两性离子形式存在，这时溶液的 pH，即为该蛋白质的等电点，用 pI 表示。蛋白质在等电点时溶解度最小，最易从溶液中沉淀析出。

要注意等电点不是中性点。不同的蛋白质，分子中氨基和羧基的相对强度不同，等电点也不同。在小于等电点的 pH 溶液中，蛋白质分子作为阳离子向阴极移动；相反，它作为阴离子向阳极移动。表 12-1 为几种蛋白质的等电点。

表 12-1　几种蛋白质的等电点

蛋白质名称	胃蛋白酶	卵清蛋白	胰岛素	血红蛋白	核糖核酸酶
等电点 pI	1.0	4.6	5.3	6.7	9.5

利用蛋白质的两性性质和等电点，可分离和提纯各种蛋白质。

3. 盐析作用

在蛋白质溶液中加入浓的无机盐溶液如 $(\text{NH}_4)_2\text{SO}_4$、$\text{Na}_2\text{SO}_4$、$\text{MgSO}_4$、$\text{NaCl}$ 等，**就会使蛋白质的溶解度降低并从溶液中析出，这种作用称为盐析**。盐析是一个可逆过程，即盐析出来的沉淀仍可重新溶解，同时溶液性质不变。所有蛋白质在浓的盐溶液中都能盐析出来，但盐析时所需盐的最低浓度是不相同的。利用此性质可分离不同的蛋白质。但应注意，析出的蛋白质在盐溶液中过久就会变性，就不能再溶解了。

4. 变性作用

蛋白质在热、酸、碱、重金属盐（如汞盐、铅盐、铜盐等）、**紫外线等的作用下，会改变蛋白质的结构和性质，使溶解度降低而凝固，而这种凝固是一个不可逆过程，不能恢复为原来的蛋白质，这种性质改变的现象，称蛋白质的变性**。变性后的蛋白质往往会失去它原有的生理功能。日常生活中高温消毒灭菌，就是利用这种性质使蛋白质凝固，从而达到灭菌的目的。重金属盐会使人中毒，也是因为它能使体内的蛋白质凝固造成的。抢救误服重金属盐中毒的患者，要及时给患者服用生鸡蛋清、牛奶等，以缓解中毒，也是这个道理。

【演示实验 12-3】 取一支试管，加入 10mL 清蛋白溶液，再加入饱和的硫酸铜溶液 1～2mL，即观察到有蛋白质沉淀析出。

5. 颜色反应（也叫显色反应）

蛋白质可以和多种化学试剂作用，产生特殊的颜色反应，可用于蛋白质的鉴别。

（1）缩二脲反应　在蛋白质溶液中加入浓碱和少量稀的硫酸铜溶液，呈现紫色。可用来检验蛋白质的存在。

（2）米隆（Millon）反应　蛋白质溶液与含有亚硝酸的硝酸汞作用，产生红色沉淀。可用于鉴别蛋白质。

（3）蛋白质黄色反应　分子中含有苯环结构的蛋白质与浓硝酸作用，会呈现黄色。皮肤碰上浓硝酸也会变黄就是这个反应的例子。若再用氨水处理，变为橙色。

（4）茚三酮 [结构式] 反应　蛋白质与稀的茚三酮水溶液（[结构式]，或称水合茚三酮）共热，即呈现蓝紫色。此反应非常灵敏，极稀的蛋白质（$1\mu g/g$）即可用此法检验出来。α-氨基酸与茚三酮也有类似反应。

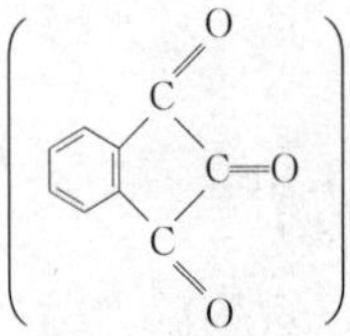

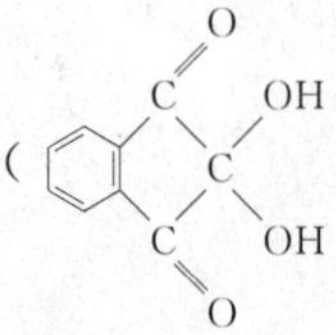

【演示实验12-4】 取一支试管，加入10mL水，再加入清蛋白溶液7～8滴，摇匀，滴加7～8滴茚三酮溶液❶，在沸水浴中加热10～15min，即出现蓝紫色。

三、蛋白质的用途

蛋白质是人类必不可少的营养物质，成年人每天大约需要摄取60～80g蛋白质，才能满足生理需要，保证身体健康。

此外，蛋白质在工业和医药上也有着广泛的应用。例如，动物的毛和蚕丝，其成分主要是蛋白质，它们都是重要的纺织原料。动物皮经药剂鞣制，可加工制成柔软、坚韧、美观、耐用的皮革。动物的皮和蹄等，经过熬煮可制成胶黏剂；无色透明的动物胶（叫做白明胶）可制成照相胶卷和感光纸；用驴皮熬制成的胶，叫做"阿胶"，更是一种名贵的滋补药材。许多蛋白质制品如蛋白酶、血清球蛋白等是重要药品。蛋白质的最终水解产品经分离提纯后得到的各种氨基酸，更是近年来受到青睐的保健食品；市面上的味精（谷氨酸钠）、鸡精更是千家万户不可缺少的调味品。

四、酶

酶是一种具有生物活性的蛋白质，是生物体内许多复杂化学反应的催化剂。几乎所有的生物化学反应都是在酶的催化下进行的。

人体是一个复杂的"化工厂"，人们从食物中摄取淀粉、油脂和蛋白质后，在这个"化工厂"里，经淀粉酶、胃蛋白酶、胰蛋白酶、肠蛋白酶、脲蛋白酶等许多生物酶，进行着许多互相协同配合的化学反应，最后得到葡萄糖、氨基酸等营养物质，维持着生物体的生命和正常的新陈代谢。氨基酸被人体吸收后，输送到各部分组织中，再在各种不同的酶的催化下，在不同的组织里重新合成各种不同的蛋白质。各种功能，都归功于酶的作用。

实验证明，酶的成分与蛋白质一样，也是由氨基酸组成的。酶对于许多有机化学反应和生物体内进行的复杂新陈代谢反应，都具有很强的催化作用。

酶的催化作用，和实验室进行同类的反应相比，具有以下特点：

① 条件温和，不需高温、高压、强酸、强碱等剧烈条件。在接近体温和接近中性的条件下，酶就可以起催化作用。在30～50℃之间，酶的活性最强。当受到高温、强酸、强碱、

---

❶ 茚三酮溶液的配制：溶0.1g茚三酮于50mL水中即成。配制后应在两天内用完。放置过久易变质。

重金属离子、紫外线照射等影响下，酶就容易失去催化活性。

② 催化对象具有专一性。例如上述的淀粉酶只能对淀粉水解起催化作用；蛋白酶只能对蛋白质水解生成氨基酸起催化作用；麦芽糖酶只能催化麦芽糖水解成葡萄糖等。就像"一把钥匙开一把锁"一样。

③ 催化效率极高。生物酶催化剂可降低反应的活化能，提高反应转化率。有资料显示，酶催化的化学反应速率，比普通催化剂高 $10^7 \sim 10^{13}$ 倍。

目前，人们已经知道的酶有数千种。工业上大量使用的酶多数是通过微生物发酵制得的，并且有许多种酶已制成了晶体。酶已得到广泛的应用，如淀粉酶应用于食品、发酵（例如由粮食酿酒）、纺织、制药（例如由酶发酵制抗生素）等工业；蛋白酶用于医药、制革等工业；脂肪酶用于使脂肪水解、羊毛脱脂等。

本 章 小 结

1. 碳水化合物

(1) 单糖

项目	葡萄糖	果糖
分子式	$C_6H_{12}O_6$	$C_6H_{12}O_6$
结构简式	$CH_2OH-(CHOH)_4-CHO$	$CH_2OH-(CHOH)_3-\underset{\underset{O}{\|}}{C}-CH_2OH$
结构特点	分子中 5 个—OH、一个醛基	分子中 5 个—OH、一个酮基
化学性质		
①遇托伦试剂	有银镜生成（为还原糖）	同葡萄糖
②遇斐林试剂	有 $Cu_2O\downarrow$（为还原糖）	同葡萄糖
③遇溴水	被氧化成葡萄糖酸	一般不被氧化
④遇苯肼	生成葡萄糖脒黄色结晶析出	同葡萄糖，但结晶析出较葡萄糖快

(2) 二糖

项目	麦芽糖	蔗糖
分子式	$C_{12}H_{22}O_{11}$	$C_{12}H_{22}O_{11}$
化学性质		
①遇托伦试剂	有银镜生成	无
②遇斐林试剂	有 $Cu_2O\downarrow$ 砖红色沉淀（为还原糖）	无（为非还原糖）
③适当条件下水解	生成两分子葡萄糖	生成一分子葡萄糖和一分子果糖
④遇苯肼	生成糖脒	无

(3) 多糖

碘（或碘-碘化钾）溶液遇淀粉显蓝紫色，这是淀粉的特性。

2. 蛋白质的化学特性

蛋白质分子结构中含有—NH_2 和—COOH，因此它具有两性性质，能发生两性电离。

$$P\begin{subarray}{l}-COOH\\-NH_2\end{subarray}$$

$$\text{蛋白质：} P\begin{subarray}{l}-COO^-\\-NH_2\end{subarray} \underset{OH^-}{\overset{H^+}{\rightleftharpoons}} P\begin{subarray}{l}-COO^-\\-NH_3^+\end{subarray} \underset{OH^-}{\overset{H^+}{\rightleftharpoons}} P\begin{subarray}{l}-COOH\\-NH_3^+\end{subarray}$$

负离子　　　　两性离子　　　　正离子
溶液 pH＞pI　　pH＝pI（等电点）　　pH＜pI

工业上利用等电点原理来分离或提纯各种蛋白质。

蛋白质的性质：

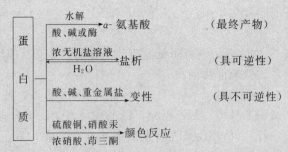

3. 酶

酶是一种具有生物活性的蛋白质，是生物体内新陈代谢反应和许多有机化学反应的催化剂。其催化反应条件温和，催化对象具有高度专一性，且催化效率极高。

习 题

1. 写出葡萄糖和果糖的开链式结构。
2. 解释下列名词。
(1) 还原糖　(2) 非还原糖　(3) 蛋白质的盐析作用　(4) 蛋白质的变性作用
3. 试用化学方法区别下列各组化合物。
(1) 葡萄糖和果糖　　　　　(2) 葡萄糖、蔗糖、淀粉
(3) 麦芽糖和蔗糖　　　　　(4) 淀粉、纤维素、蛋白质
4. 填空题
(1) 淀粉、油脂、蛋白质是人体必需的三种营养物质，这三种物质水解的最终产物分别是：_____；_____；_____。
(2) 下列衣料中，不能用加酶洗衣粉洗涤的是（填序号）；_____。
A. 棉织物　　　　　B. 毛织物　　　　　C. 腈纶织物
D. 涤纶织物　　　　E. 尼龙织物　　　　F. 蚕丝织物
5. 选择题
(1) 欲将蛋白质从水中析出，而又不改变它的性质，应加入（　　　）
A. 浓氯化钠溶液　B. 浓硫酸　C. 硫酸铜溶液　D. 甲醛水溶液
(2) 下列过程中，不可逆的是（　　　）
A. 蛋白质的盐析作用　　　　B. 蛋白质的变性作用
C. 蛋白质的水解作用　　　　D. 蛋白质滴加硫酸钠溶液
(3) 一块布料，要识别它是棉织物还是毛织物，最简单的实验方法是（　　　）
A. 滴加浓氢氧化钠　B. 滴加浓盐酸　C. 滴加浓硝酸　D. 灼烧试验
(4) 鉴定一种织物是真丝还是人造丝，可选用的下列试剂是（　　）。
A. 稀盐酸　　B. 稀硫酸　　C. 浓硝酸　　D. 碘酒
(5) 下图所示是蛋白质分子结构的一部分，其中的四个键分别用 A、B、C、D 标注。当蛋白质发生水解时，断裂的键是（　　　）。

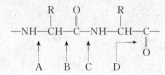

6. 糖尿病是老年人易患的一种常见病，表现为病人尿糖含量较高。有一种尿糖检测试纸，是将试纸浸入鲜尿中，取出后，以其颜色变红的程度与标准比色卡进行比较，以确定尿糖的浓度。试回答：
（1）检测尿糖的方法原理是什么？
（2）尿糖检测试纸的主要化学成分是什么？

7. 试问蛋白质溶液的 pH 为 8 时，下列各蛋白质以何种离子形式存在？
（1）胃蛋白酶（pI＝1.0）　　　（2）血红蛋白（pI＝6.7）
（3）核糖核酸酶（pI＝9.5）　　　（4）鱼精蛋白（pI＝12.0）

8. 推断结构题

A、B 两种有机化合物，分子式都是 $C_9H_{11}O_2N$。

（1）化合物 A 是天然蛋白质的水解产物，经测定显示，分子结构中不存在甲基（—CH_3）。化合物 A 的结构式是_____。

（2）化合物 B 是某种分子式为 C_9H_{12} 的芳香烃经一元硝化后的唯一产物（硝基连在芳环上）。化合物 B 的结构式是_____。

* 第十三章　合成高分子化合物

> **学习要求**
> 1. 了解高分子化合物的基本概念和命名方法。
> 2. 了解高分子化合物的合成方法和特性。
> 3. 熟悉重要的合成高分子化合物——塑料、纤维、橡胶、离子交换树脂等的制法、性能及用途。
> 4. 了解合成高分子材料的发展趋势。

淀粉、纤维素和蛋白质都是天然高分子化合物，它们都是从动、植物机体细胞中合成的，是自然界生命存在、活动与繁衍的物质基础。

随着社会的进步和科学技术水平的提高，人类摆脱了只能依靠天然材料生存的历史。自 20 世纪 30 年代以来，众所周知的三大合成材料——塑料、合成橡胶、合成纤维相继被合成出来，由于合成材料较天然高分子材料的性能优异，从而获得了迅猛发展，广泛用于工农业生产、尖端科学技术和人们日常生活，在国民经济和国防建设中起着重要作用。目前，全世界合成高分子材料的年产量，已超过全部金属材料的产量。据估计，当前高分子材料约占人类所用各种材料的 70% 以上，人们把 20 世纪称为高分子化合物时代。如今，新型有机高分子材料进一步蓬勃发展，我们有必要学习一些合成高分子化合物方面的基本知识。

第一节　高分子化合物的基本概念

高分子化合物，是指由一种或几种简单的低分子化合物（单体）相互聚合，生成相对分子质量很大的大分子有机化合物，所以高分子化合物又称高聚物。

高分子化合物的相对分子质量很大，一般把相对分子质量在 1 万以上的称为高分子化合物。而把相对分子质量低于 1000 的称为低分子化合物。至于相对分子质量介于 1000~10000 之间的物质，是属于低分子还是高分子，则要由它们的物理机械性能来决定。一般说来，高分子化合物具有较好的强度和弹性，而低分子化合物则没有，也就是说，其相对分子质量必须达到其物理机械性能与低分子化合物有着显著差别时，才能称为高分子化合物。

高分子化合物的相对分子质量虽然很大，大的可高达数百万，但其化学组成一般都比较简单。如应用很广的聚氯乙烯，是由碳、氢、氯三种元素的一万多个原子所组成的。并都是由简单的结构单元以重复的方式连接起来的。"—CH_2—$CHCl$—"为聚氯乙烯的结构单元，又叫链节。聚氯乙烯分子可表示为 $\text{{---}CH_2\text{---}CH\text{---}}_n$，$n$ 是链节数目，又称聚合度。因此：
$$\text{Cl}$$

高分子化合物的相对分子质量＝链节式量×聚合度

式中的链节式量等于或近似等于单体的相对分子质量。

应该指出，高分子化合物，特别是合成高分子化合物中各个分子的相对分子质量一般是不相同的，或者说，各个分子所含的链节数是不等的。因此，这里讲的高分子化合物的相对分子质量指的是平均相对分子质量，聚合度也是平均聚合度。高分子化合物中相对分子质量大小不等的现象称为高分子化合物的多分散性，即不均一性。可以说，绝大部分的合成高分子化合物是由性质非常相似而相对分子质量大小不等的同系高聚物组成的混合物。这种现象在低分子化合物中不存在。多分散性对高分子化合物的性能有很大影响，一般来说，分散性越大，性能越差。**相对分子质量大和多分散性，是高分子化合物分子组成的两个显著特点**，也是合成高分子化合物时必须注意控制的问题。

第二节 高分子化合物的分类和命名

一、高分子化合物的分类

高分子化合物的种类繁多，新品种又不断出现，为了便于研究和学习，需要将它们分类。分类的方法有以下几种。

1. 按来源分类

高分子化合物可分为天然高分子化合物和合成高分子化合物两大类。

2. 按性能和用途分类

高分子化合物按性能和用途可分为塑料、纤维、橡胶三大类。

(1) **塑料** 塑料是以合成树脂为主要成分，在一定温度和压力作用下可塑制成型，当恢复常态（除去压力）降至常温时，仍保持原状的高分子材料。塑料的主要成分是树脂，树脂约占塑料总量的 40%～100%，是真正意义上的高分子化合物。

(2) **纤维** 具备或保持其本身长度大于直径 1000 倍以上，而又具有一定强度的线状高分子材料，称为纤维。纤维可分为天然纤维和化学纤维两类，后者又分为人造纤维（如醋酸纤维、黏胶纤维等）和合成纤维（如锦纶、涤纶等）。合成纤维是由低分子单体聚合成的高分子化合物经纺丝而成的纤维。纤维的特点是能抽丝成型，有较好的强度和挠曲性能，作纺织材料使用。

(3) **橡胶** 在室温下具有较高弹性的高分子材料称为橡胶。在外力作用下，橡胶能产生很大的形变，外力除去后，又能迅速恢复原状。橡胶也可分为天然橡胶与合成橡胶两大类。

3. 按高分子主链结构分类

(1) **碳链高分子化合物** 主链上全部由碳原子组成的高分子化合物。例如：

$$\left[\begin{array}{c}H \ H \\ | \ \ | \\ C-C \\ | \ \ | \\ H \ H\end{array}\right]_n \qquad \left[\begin{array}{c}H \ H \\ | \ \ | \\ C-C \\ | \ \ | \\ H \ Cl\end{array}\right]_n$$

　　聚乙烯　　　　　聚氯乙烯

(2) **杂链高分子化合物** 主链上除碳原子外，还有氧、氮、硫等其他元素的高分子化合物。例如：

$$\left[OCH_2CH_2O-\overset{O}{\overset{\|}{C}}-\underset{}{\bigcirc}-\overset{O}{\overset{\|}{C}}\right]_n \qquad \left[\overset{O}{\overset{\|}{C}}-(CH_2)_5-\overset{H}{\overset{|}{N}}\right]_n$$

　　　　涤纶　　　　　　　　　　尼龙 6

(3) **元素有机高分子化合物** 大分子主链中一般不含碳原子，通常由硅、氧、氮、铝、硼、钛等元素组成，但侧基多为有机基团。例如：

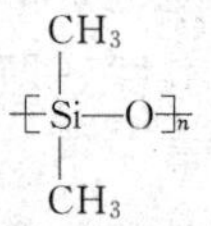

$$\begin{array}{c} CH_3 \\ | \\ -[Si-O]_n- \\ | \\ CH_3 \end{array}$$

甲基硅橡胶

二、高分子化合物的命名

高分子化合物的系统命名法比较复杂，实际上很少使用。天然高分子化合物通常采用俗名。例如，淀粉、纤维素、蛋白质等。合成高分子化合物，通常按制备方法及原料名称来命名。如用**加聚反应制得的高聚物，往往是在原料名称前加个"聚"字来命名**。例如，乙烯的聚合物称为聚乙烯，苯乙烯的聚合物称为聚苯乙烯等。如用**缩聚反应制得的高聚物，则大多数是在简化后的原料名称后面加上"树脂"二字来命名**（即"单体简称"＋"树脂"命名），例如，酚醛树脂、环氧树脂等。加聚物在未制成制品前，也常用"树脂"来称呼。例如，聚氯乙烯树脂、聚乙烯树脂等。**由不同单体共聚制得的合成橡胶，命名时是在单体简称后面加"橡胶"二字来命名**（即"单体简称"＋"橡胶"命名）。例如，由于二烯和苯乙烯共聚，得到的共聚物叫丁苯橡胶，由于二烯和丙烯腈共聚，得到的共聚物叫丁腈橡胶。此外，在商业上为了方便，往往另有商品名称，例如，聚己内酰胺纤维称为锦纶或尼龙 6。其他**聚酰胺纤维在命名尼龙之后还要加上原料单体"二元胺"和"二元酸"的碳原子数，且要记住"胺前酸后"次序**。例如，尼龙 610 是指己二胺癸二酸的聚合物，聚对苯二甲酸乙二醇酯纤维称为涤纶或的确良，聚丙烯腈纤维称为腈纶等。**"纶"**字常作为合成纤维商品名称的后缀。在工程上，为简便起见，高聚物的名称还常以英文缩写符号来表示。例如"PE"代表聚乙烯、"PP"代表聚丙烯、"PVC"代表聚氯乙烯、"PS"代表聚苯乙烯等。常见高聚物的缩写符号见表 13-1。

第三节 高分子化合物的结构和特性

从低分子化合物到高分子化合物，由于相对分子质量的巨大改变而引起了质的变化，使高分子化合物具有不同于低分子化合物的特性。这些特性除与相对分子质量有关外，与高分子化合物的结构也有着极为密切的关系。

一、高分子化合物的结构

高分子化合物的分子结构，可分为两种基本类型。一种是线型结构，具有这种结构的高分子化合物，称为线型高分子化合物。例如聚乙烯。另一种是体型结构，具有这种结构的高分子化合物，称为体型高分子化合物。例如酚醛树脂。如图 13-1 所示。

二、高分子化合物的特性

由于高分子化合物的相对分子质量很大及其在分子结构上的特点，它们具有与小分子物质不同的特性。

1. 溶解性

线型高分子化合物一般可溶解在适当的溶剂中，例如，聚苯乙烯可迅速溶于苯或甲苯中；有机玻璃可迅速溶于三氯甲烷（氯仿）、苯和丙酮中；聚乙酸乙烯酯可迅速溶于乙醇或

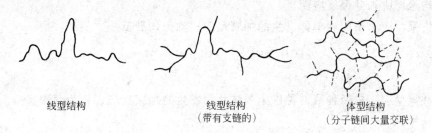

线型结构　　　　　　　线型结构　　　　　　　体型结构
　　　　　　　　　（带有支链的）　　　　　（分子链间大量交联）

图 13-1　高分子的分子结构示意图

丙酮中；聚乙烯可溶于十氢萘，也可较慢地溶于苯和甲苯的混合溶剂中。具有网状结构的体型高分子化合物如丁苯橡胶，一般不易溶解。有的能被溶剂溶胀而不溶解。

2. 热塑性和热固性

线型高分子化合物，例如聚乙烯、聚苯乙烯受热到一定温度就会变软，可塑制成型，冷却后又变为固体，它可重复受热塑制且性能无显著变化，这就是线型高分子化合物的热塑性。

有些体型高分子化合物，经加工成型固化后，就不再受热熔化重复成型，这些高聚物具有热固性，例如酚醛树脂、环氧树脂等。

3. 良好的电绝缘性

不含极性的高聚物，如聚乙烯、聚丙烯、聚苯乙烯等，由于分子中的原子彼此以共价键结合，不存在自由电子和离子，键的极性也很小，因此不易导电，是很好的电绝缘材料，广泛用于电器工业上，例如可制成电气设备的零部件及电线、电缆的护套等。

4. 柔顺性和弹性

线型高聚物的分子链很长，由于原子间的 σ 键可以自由旋转，分子链也能够自由旋转，每个链节的相对位置也可以不断变化，这种性能称为高分子链的柔顺性。具有柔顺性的高聚物往往蜷曲成无规则的乱麻状。在施加外力拉伸时，分子链被拉直；当外力消除后，又蜷曲收缩，所以具有弹性，且柔顺性越大，弹性越好。橡胶就是具有良好弹性的高聚物。

5. 良好的机械强度

高聚物往往由几万或几十万个原子组成，分子间的引力大，尤其是高分子链包含有极性基团或者分子链间存在着氢键的高聚物（例如尼龙 66）分子间引力更大，具有更高的机械强度，所以，某些高聚物可代替金属制造多种机械零件。例如将 10kg 高聚物材料与金属材料各制成 100m 长的绳子悬吊重物做实验，碳钢绳子能吊起 6500kg，涤纶绳能吊起 12000kg，尼龙 66 绳能吊起 15500kg，尼龙绳的承重能力是碳钢绳的 2 倍。

第四节　高分子化合物的合成

如何使低分子化合物的单体连接起来形成高分子化合物呢？主要有两种方法。一种是通过加成聚合反应，简称加聚反应；另一种是通过缩合聚合反应，简称缩聚反应。

一、加聚反应

由一种或两种以上的单体，在一定条件下（一般是在光、热、引发剂、催化剂等引发作用下）相互加成，聚合成为高聚物而不析出低分子副产物的反应，称为加聚反应。加聚反应又可分为均聚反应和共聚反应两类。

（1）**均聚反应** 由同种单体发生的加聚反应，称为均聚反应。例如：

$$n\text{CH}_2=\text{CH}_2 \longrightarrow \text{-[CH}_2-\text{CH}_2\text{]}_n\text{-}$$
　　乙烯　　　　　　　聚乙烯

（2）**共聚反应** 由两种或两种以上单体共同发生的加聚反应，称为共聚反应。例如，乙烯和丙烯共聚。

$$n\text{CH}_2=\text{CH}_2 + n\text{CH}=\text{CH}_2 \longrightarrow \text{-[CH}_2\text{CH}_2\text{CHCH}_2\text{]}_n\text{-}$$
$$\qquad\qquad\qquad |\qquad\qquad\qquad\qquad\qquad |$$
$$\qquad\qquad\qquad \text{CH}_3 \qquad\qquad\qquad\qquad\text{CH}_3$$
　　　　　　　　　　　　　　乙丙橡胶

合成物有弹性，称乙丙橡胶。

共聚物与均聚物相比，共聚物的性能往往优于均聚物。

加聚反应大都为链式反应，瞬间即可生成高聚物。其结构特征是加聚反应生成的高聚物与单体分子具有相同的化学组成。

加聚反应具有两个特点。

第一，加聚反应所用的单体，是带有不饱和键的化合物。如乙烯、丙烯、氯乙烯、苯乙烯、丙烯腈、甲基丙烯酸甲酯、乙酸乙烯酯、丁二烯、异戊二烯、2-氯-1,3-丁二烯等，都是常用的重要单体。它们与不饱和化合物的加成反应一样，加聚反应发生在不饱和键上。

第二，加聚反应是通过一连串单体分子间的相互加成反应来完成的。现以 M 代表单体分子，其反应如下：

$$M+M \longrightarrow M_2 \xrightarrow{M} M_3 \xrightarrow{M} \cdots\cdots \xrightarrow{M} M_n$$

反应一旦发生，便以连锁反应方式很快进行下去，得到高分子化合物即加聚物。相对分子质量增长几乎与时间无关，但单体转化率则随时间而增大。

二、缩聚反应

由一种或两种以上的单体，通过聚合生成高聚物，同时有低分子物质如水、卤化氢、氨、醇等析出的反应，称缩聚反应。例如，由己二酸和己二胺缩聚生成尼龙66的反应：

$$n\text{HOC(CH}_2)_4\text{C-[OH} + n\text{H-]N(CH}_2)_6\text{N-H} \longrightarrow$$
$$\quad\|\qquad\quad\|\qquad\qquad\quad|\qquad\qquad|$$
$$\quad\text{O}\qquad\quad\text{O}\qquad\qquad\quad\text{H}\qquad\qquad\text{H}$$

$$\text{HO-[C-(CH}_2)_4-\text{C-NH(CH}_2)_6\text{NH-]}_n\text{H} + (2n-1)\text{ H}_2\text{O}$$
$$\quad\quad\|\qquad\qquad\|$$
$$\quad\quad\text{O}\qquad\qquad\text{O}$$
　　　　　　　　　尼龙66

由于反应中析出了低分子物质，所以，通过缩聚反应所生成的高聚物，其化学组成与原料低分子的组成不完全相同。

缩聚反应也具有两个特点。

第一，缩聚反应所用的单体，通常是二元酸、二元胺、二元或三元醇、苯酚及氨基酸等分子中含有两个以上官能团的化合物。

第二，缩聚反应是通过一连串的缩合反应来完成的，且大多是可逆反应。例如：

$$HOOC-R-COOH + HO-R'-OH \xrightleftharpoons{\text{酯化}} HOOC-R-COOR'-OH + H_2O$$

故缩聚反应又称逐步增长聚合反应，它不是瞬时完成的。

上述两个特点是缩聚反应与加聚反应最显著的区别。

第五节 重要的合成高分子材料

许多合成高分子化合物具有天然材料所没有的优越性能，广泛应用于制造各种产品。重要的合成高分子材料，包括塑料、合成纤维、合成橡胶三大合成材料及离子交换树脂等。

一、塑料

塑料的成分主要是合成树脂，为增强或改进塑料的性能，降低成本，塑料中还需加入填料、增塑剂、稳定剂、润滑剂、色料等辅助剂。

塑料按其受热后性能的不同，分为热塑性塑料和热固性塑料两类。**热塑性塑料是指受热时变软，可塑制成型，冷却后可硬化定型，可重复受热塑制且性能无显著变化的塑料**。如聚乙烯、聚丙烯、聚氯乙烯、聚苯乙烯是通用塑料的四大主要品种，俗称"四烯"，其总产量达到全部塑料总产量的80%。产量仅次于"四烯"的通用塑料是酚醛、脲醛等热固性塑料。**热固性塑料是指加工成型固化后，不能再受热重复成型的塑料**。

所谓"通用"塑料是指产量高、价格低、用途广泛的塑料。塑料中除上述的通用塑料外，还有一类机械强度好，可代替金属用作工程材料的，俗称工程塑料。如聚酰胺、聚甲醛、聚碳酸酯和ABS树脂等，称为四大工程塑料。工程塑料约占塑料总产量的5%~7%，广泛用于机械制造、仪器、仪表、交通运输、化工、医药等工业部门，也应用于航空航天及国防科技领域中。

下面介绍几个重要的代表物。

1. 聚苯乙烯

它是应用较久、较广的塑料之一，其产量仅次于聚乙烯和聚氯乙烯。工业上聚苯乙烯树脂是由苯乙烯经过氧化物引发或直接由热引发聚合而成的。

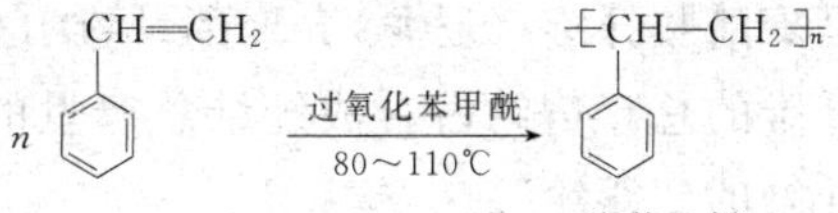

$$n \underset{}{\text{CH}=\text{CH}_2\text{-C}_6\text{H}_5} \xrightarrow[80\sim110℃]{\text{过氧化苯甲酰}} \underset{\text{聚苯乙烯}}{\left[\text{CH}-\text{CH}_2\right]_n\text{-C}_6\text{H}_5}$$

由于大分子链上有苯基，影响了分子链碳碳键的自由旋转，所以在室温下较脆硬，但透明性和绝缘性都很好。

聚苯乙烯树脂常用来制仪表外壳及高频绝缘元配件。聚苯乙烯泡沫塑料是防震隔声材料，在包装上应用很广。

2. ABS树脂

它是由三种单体共同聚合而成的，所以它是共聚物。ABS树脂中的A是指丙烯腈（acrylontrile），B是指1,3-丁二烯（1,3-but adiene），S是指苯乙烯（styrene）。这三种单体进行共聚反应生成的树脂，即ABS树脂，其制品称ABS塑料。

ABS树脂的合成方法，是先将苯乙烯和丙烯腈进行共聚合，待反应接近完成时，再加入丁二烯继续聚合而得，一般是接枝聚合物。如图13-2所示。

图 13-2 ABS 共聚物示意图

ABS 树脂克服了苯乙烯容易碎裂和抗冲击能力低的缺点，它具有良好的力学性能，耐化学腐蚀，耐高、低温，容易加工，并可电镀。它与塑料和橡胶都有很好的黏合力，可与聚碳酸酯、聚砜、聚氨酯等进行掺和共混改性。它的综合性能好，是一种很有发展前途的新型工程塑料，广泛应用于机械、电器、化工、纺织等工业部门。例如：制造仪器、仪表外壳，汽车部件，日用品等。

3. 酚醛树脂

酚醛树脂是高分子科学建立以前人类最早（1907 年）合成的缩聚物。

酚醛树脂在工业上是以苯酚和甲醛为原料，在酸（HCl 或 H_2SO_4）催化下，在酚羟基的邻位或对位上发生缩合作用，先缩聚生成线型结构的树脂，再与甲醛、苯酚继续作用，最后缩聚生成网状体型结构的酚醛树脂。其主链结构如下：

工业上常将线型的酚醛树脂先研磨成粉，然后加入乌洛托品或多聚甲醛，以及各种粉状填料、着色剂等，再经充分混合粉碎，就成为"压塑粉"。将压塑粉放在模子中加热、加压、可进一步缩聚成体型结构的塑料制品，俗称"电木"。酚醛塑料是一种热固性塑料。

酚醛树脂耐腐蚀、耐高温、电绝缘性好，它的用途很广，主要用在电器，汽车、无线电、航天工业和国防工业中，例如用作导弹的防热材料；此处还用来制备涂料、黏合剂等。

二、合成纤维

在合成纤维中最重要的是聚酰胺纤维（尼龙）、聚酯纤维（涤纶）和聚丙烯腈纤维（腈纶）三大类。这三大类合成纤维的总产量约占合成纤维总产量的 90%。锦纶（尼龙 6）、涤纶、腈纶和维纶，合称合成纤维的**"四纶"**。

1. 聚酰胺纤维

它是以酰胺键（$-\overset{\underset{\parallel}{O}}{C}-NH-$）连接分子中各链节的合成纤维，商品名称叫尼龙。聚己内酰胺是聚酰胺纤维的一个品种，聚己内酰胺纤维的商品名称叫尼龙 6，这是因为它是由含 6 个碳原子的单体己内酰胺聚合而成的。

己内酰胺的合成方法有多种，例如它可由苯酚为原料来合成。

纯己内酰胺不能自行聚合，但在少量水催化下，并加热至 260～270℃ 时，则聚合成高分子。

$$\text{己内酰胺} \xrightarrow[260\sim270℃]{\text{少量 } H_2O} \left[\begin{array}{c}O\\\|\\-C-(CH_2)_5-NH\end{array}\right]_n$$
尼龙 6（聚己内酰胺）

聚酰胺纤维品种较多，除尼龙 6 外，还有尼龙 66、尼龙 610、尼龙 1010 等。聚酰胺纤维耐磨性能极优，也是强度最高的合成纤维。此外，还有较好的耐油性、耐腐蚀性，并有一定的弹性和抗虫蛀霉烂等性能。它的缺点是耐光性差，长期光照下易发黄，强度有所下降。

尼龙不仅是民用衣着的材料，而且在工业上和国防上都有着重要的用途。例如在国防上由于尼龙强度高、质轻、弹性好，所以是制作降落伞的优质材料。尼龙制造的轮胎帘子线强度高，耐冲击，较棉花作帘子线制造的轮胎行驶里程可提高 60%。此外，尼龙也是制造渔网、绳索的好材料。

2. 聚酯纤维

它是各个链节都以酯基（$-\overset{\underset{\|}{O}}{C}-O-$）相连接的合成纤维。聚对苯二甲酸乙二醇酯纤维的商品名为涤纶，俗称的确良。

聚对苯二甲酸乙二醇酯的合成，一般是经过下述两步反应。

① 将对苯二甲酸制成二甲酯，然后再用酯交换的方法，用乙二醇将甲醇交换下来，生成对苯二甲酸乙二醇酯。

$$n\text{H}_3\text{COOC}-\text{C}_6\text{H}_4-\text{COOCH}_3 + 2n\text{HOCH}_2-\text{CH}_2\text{OH} \xrightarrow[200℃]{\text{乙酸锌}}$$

$$n\text{HOCH}_2-\text{CH}_2\text{OOC}-\text{C}_6\text{H}_4-\text{COOCH}_2-\text{CH}_2\text{OH} + 2n\text{CH}_3\text{OH}$$

② 对苯二甲酸乙二醇酯经过缩聚反应，即得聚对苯二甲酸乙二醇酯。

$$n\text{HO}-\text{CH}_2-\text{CH}_2\text{OOC}-\text{C}_6\text{H}_4-\text{COOCH}_2-\text{CH}_2\text{OH} \xrightarrow[275℃]{\text{Sb}_2\text{O}_3}$$

$$[\text{OCH}_2-\text{CH}_2\text{OOC}-\text{C}_6\text{H}_4-\text{CO}]_n + n\text{HOCH}_2\text{CH}_2\text{OH}$$

再经抽丝，即得涤纶纤维。

目前已有不经过酯交换而直接缩聚合成涤纶的新工艺。

涤纶纤维具有强度大、耐磨、富有弹性、不易褶皱、吸水性小、耐光、耐漂白剂及耐无机酸腐蚀等优良性能，但耐碱性稍差。它是优良的纺织材料。据统计，目前全世界合成纤维总产量中占首位的是涤纶纤维。

3. 聚丙烯腈（腈纶）纤维

它的商品名称叫做"腈纶"，其性能和用途与羊毛相似，所以又被称为"人造羊毛"。

腈纶的主要原料是丙烯腈。丙烯腈在引发剂存在下发生聚合作用，生成的高聚物即聚丙烯腈。

$$n\mathrm{CH_2}\!=\!\mathrm{CHCN} \xrightarrow[35℃]{引发剂} \mathrm{-\!\!\left[CH_2\!-\!CH\right]\!\!-}_{\!n}$$
$$\quad\quad\quad\quad\quad\quad\quad\quad\quad\quad\quad\quad\quad\quad | $$
$$\quad\quad\quad\quad\quad\quad\quad\quad\quad\quad\quad\quad\quad\quad \mathrm{CN}$$

聚丙烯腈经抽丝便制得聚丙烯腈纤维，即腈纶纤维。

腈纶纤维的特点是质轻、蓬松柔软、保温性好、不霉不蛀、着色力强、制品颜色鲜艳、耐日晒和经久耐用等。腈纶纤维适宜制毛衣、毛毯、运动衫等，深受人们的欢迎。

三、合成橡胶

合成橡胶不但品种很多（合成橡胶中的"四胶"，是丁苯橡胶、顺丁橡胶、异戊橡胶和乙丙橡胶），其产量也远远超过天然橡胶。这里主要介绍丁苯橡胶和丁腈橡胶。

1. 丁苯橡胶

是合成橡胶中产量最大的一个品种，占世界上合成橡胶总量的 60%～70%。它是丁二烯和苯乙烯共聚的产物，所以称为丁苯橡胶。其合成方法如下：

$$n\mathrm{CH_2}\!=\!\mathrm{CH}\!-\!\mathrm{CH}\!=\!\mathrm{CH_2} + n\ \mathrm{CH}\!=\!\mathrm{CH_2}(\mathrm{C_6H_5}) \xrightarrow[0.5\sim0.9\mathrm{MPa}]{\mathrm{K_2S_2O_3},\ 5℃} \mathrm{-\!\!\left[CH_2\!-\!CH\!=\!CH\!-\!CH_2\!-\!CH_2\!-\!CH(C_6H_5)\right]\!\!-}_{\!n}$$

丁苯橡胶

丁苯橡胶中丁二烯和苯乙烯的相对比例对丁苯橡胶的性能影响很大。当共聚物中苯乙烯含量为 10% 时，得到弹性良好的耐寒橡胶，但力学性能较差。当苯乙烯含量达 25% 时，可得到弹性、力学性能和加工性能都良好的丁苯橡胶。

丁苯橡胶为红褐色的弹性体，经适当的硫化后，它的耐磨性、气密性、耐老化性都超过了天然橡胶。但它的弹性及黏合性比天然橡胶差些。丁苯橡胶的主要用途是制造车辆的外胎、内胎、电缆和胶鞋等。

2. 丁腈橡胶

它具有独特的性能和用途，是一种特种橡胶。它是由丁二烯和丙烯腈两种单体共聚而成的。

$$n\mathrm{CH_2}\!=\!\mathrm{CH}\!-\!\mathrm{CH}\!=\!\mathrm{CH_2} + n\mathrm{CH_2}\!=\!\mathrm{CHCN} \xrightarrow[35℃]{引发剂} \mathrm{-\!\!\left[CH_2\!-\!CH\!=\!CH\!-\!CH_2\!-\!CH_2\!-\!CH(CN)\right]\!\!-}_{\!n}$$

丁腈橡胶

丁腈橡胶由于在其分子结构中带有强的极性基团氰基（—CN），因此，它具有极优的耐油性。它还具有耐磨性、耐热性和粘接力强，对空气的渗透性低等优良物理性能及良好的加工性能。主要缺点是弹性及耐臭氧能力较差。丁腈橡胶主要用于制造各种耐油制品，如胶管、密封垫圈、贮槽衬里等。由于它的耐热性能良好，还可用于制造输送热物料（140℃ 以下）的传送带等。

常见的塑料、合成纤维、合成橡胶的结构和性能见表 13-1。

四、离子交换树脂

离子交换树脂是用人工方法合成的具有离子交换作用的一类高分子化合物。这类高分子化合物的特点，是在高分子的"骨架"上带有活性基团，这种活性基团能离解出离子，与溶液中的其他离子进行交换，故称为离子交换树脂。

*第十三章 合成高分子化合物

表 13-1 常见塑料、合成纤维、合成橡胶的结构和性能

类别	名称	单体	高聚物结构	主要性能	缩写符号
塑料	聚乙烯	乙烯	$+CH_2CH_2+_n$	热塑性、电绝缘性、化学稳定性、耐低温性良好，机械强度、耐热性差	PE
	聚丙烯	丙烯	$+CH-CH_2+_n$ 　　　$|$ 　　CH_3	耐热、耐腐蚀，力学性能良好，耐磨性好	PP
	聚氯乙烯	氯乙烯	$+CH_2CHCl+_n$	电绝缘性能、化学稳定性良好，耐热性差，使用温度不超过60℃，抗冲击强度差	PVC
	聚苯乙烯	苯乙烯	$+CH_2-CH+_n$ 　　　　$|$ 　　　　C_6H_5	电绝缘性能良好，透光性仅次于有机玻璃，易于成型、着色性、热耐性差	PS
	有机玻璃	甲基丙烯酸甲酯	$\quad\quad CH_3$ $+CH_2-C+_n$ $\quad\quad COOCH_3$	透光性极优，机械强度高，耐气候性好，易加工成型，易着色，表面强度差	PMMA
	聚四氟乙烯	四氟乙烯	$+CF_2-CF_2+_n$	化学稳定性、热稳定性及电性能极为优越，摩擦系数低，但不易加工	PTFE
合成纤维	涤纶（聚对苯二甲酸乙二醇酯）	对苯二甲酸乙二醇	$+OCH_2CH_2OOC-C_6H_4-CO+_n$	织物具有优良的抗皱和保型性，耐热、耐磨、耐磨蚀、耐日光性都很好	PET
	尼龙 6（聚己内酰胺）	己内酰胺	$+NH-(CH_2)_5-CO+_n$	耐磨、耐油、耐腐蚀、耐细菌，高强度，有一定弹性	PA-6
	尼龙 66（聚己二酰己二胺）	己二酸 己二胺	$+C(CH_2)_4CNH-(CH_2)_6NH+_n$ 　$\|\|\quad\quad\quad\|\|$ 　O　　　　O	质轻，强度大，耐磨性好，吸水率低	PA-66
	腈纶（聚丙烯腈）	丙烯腈	$+CH_2CH+_n$ 　　　　$|$ 　　　CN	柔软、蓬松、强度高，保暖性、弹性高，耐光性、耐气候性优良	PAN
合成橡胶	丁苯橡胶	1,3-丁二烯 苯乙烯	$+CH_2CH=CHCH_2CH+_n$ 　　　　　　　　　　　$|$ 　　　　　　　　　　C_6H_5	耐磨、耐老化及气密性优于天然橡胶，但黏合性、弹性不及天然橡胶	SBR
	顺丁橡胶	1,3-丁二烯	$+CH_2\quad CH_2+_n$ 　　　$\diagdown\ \diagup$ 　　　　$C=C$ 　　　$\diagup\ \diagdown$ 　　$H\quad\quad H$	高弹性，耐老化，耐磨	CBR
	异戊橡胶（合成天然橡胶）	异戊二烯	$+CH_2\quad CH_2+_n$ 　　　$\diagdown\ \diagup$ 　　　　$C=C$ 　　　$\diagup\ \diagdown$ 　　$CH_3\quad H$	具有天然橡胶的各种优良性能	IR
	氯丁橡胶	2-氯-1,3-丁二烯	$+CH_2C=CHCH_2+_n$ 　　　　$|$ 　　　Cl	耐油、不燃，气密性好，耐磨性高，耐臭氧，对日光、酸、碱稳定	CR
	丁腈橡胶	1,3-丁二烯 丙烯腈	$+CH_2CH=CHCH_2CH+_n$ 　　　　　　　　　　　$|$ 　　　　　　　　　　CN	优良的耐油性，耐磨、耐热、气密性好，对苯及酸、碱稳定性好，弹性及耐臭氧能力差	NBR

1. 阳离子型离子交换树脂

在溶液中能离解出阳离子（例如 H^+）的树脂，它离解出的阳离子能与溶液中其他的阳离子（如 Na^+、K^+、Ca^{2+}、Mg^{2+}等）进行交换，这类树脂，称为阳离子交换树脂。这类树脂中含有酸性基团［如—SO_3H、—COOH、—OH、—$PO(OH)_2$等］；根据树脂所含酸性基团的强弱，又分为强酸性和弱酸性阳离子交换树脂。

离子交换树脂的制法，绝大多数是以苯乙烯和二乙烯基苯的共聚物作为骨架，然后再在共聚物大分子的苯环上引入可以交换离子的基团。

聚苯乙烯-二乙烯基苯磺酸型离子交换树脂，是最常见的强酸性阳离子型树脂。它可通过苯乙烯与对二乙烯基苯聚合，共聚物苯环上的氢原子再被磺酸基取代而成。反应式为：

左式可简写为 R —SO_3H

R 代表离子交换树脂的骨架

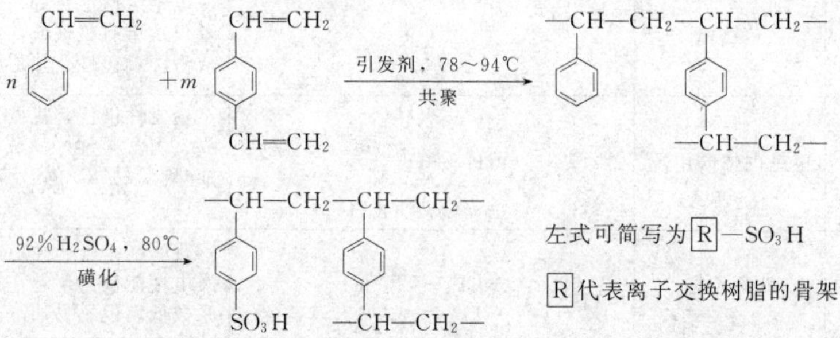

这种磺酸型离子交换树脂还可代替硫酸或芳磺酸作催化剂，既可避免后者所产生的废酸对环境的污染，又便于催化剂与产物的分离，已在工业上得到了应用。

2. 阴离子型离子交换树脂

在溶液中能离解出阴离子的树脂，它离解出的阴离子可与溶液中其他的阴离子交换，这类树脂，称为阴离子交换树脂。这类树脂中含有碱性基团［如—$\overset{+}{N}R_3\overset{-}{O}H$（季铵碱型）、—$NH_2$、—NHR、—$NR_2$ 等］；根据树脂所含碱性基团的强弱，又分为强碱性和弱碱性阴离子交换树脂。

聚苯乙烯-二乙烯基苯季铵碱型离子交换树脂，是目前最常见的强碱性阴离子型树脂。

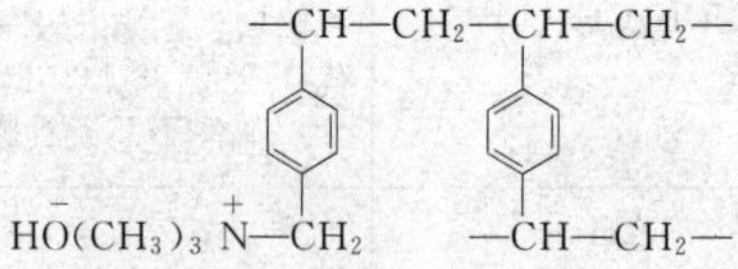

左式可简写为 R —$\overset{+}{N}(CH_3)_3\overset{-}{OH}$

R 代表离子交换树脂的骨架

3. 离子交换树脂的离子交换原理

离子交换树脂广泛用于硬水软化、海水淡化以及去离子水的制备。离子交换原理如下。

① 普通水先通过强酸性阳离子交换树脂，水中的阳离子被交换除去。例如：

$$2\ \boxed{R}-SO_3H + Ca^{2+}(Mg^{2+}、Na^+等) \underset{再生}{\overset{交换}{\rightleftharpoons}} (\boxed{R}-SO_3)_2Ca(Mg^{2+}、Na^+等) + 2H^+$$

（来自水中）　　（交换后的阳离子树脂）　　（水中）

② 水继续通过强碱性阴离子交换树脂，水中的阴离子被交换除去。例如：

$$2\ \boxed{R}-\overset{+}{N}R_3OH^- + SO_4^{2-}(HCO_3^-、Cl^-等) \underset{再生}{\overset{交换}{\rightleftharpoons}} (\boxed{R}-N\overset{+}{R_3})_2SO_4^{2-}、(HCO_3^-、Cl^-等) + 2OH^-$$

（来自水中）　　（交换后的阴离子树脂）　　（水中）

$$H^+ + OH^- \longrightarrow H_2O$$
$$\text{(水中)} \quad \text{(水中)}$$

利用强酸性阳离子交换树脂和强碱性阴离子交换树脂，就可以把水中所含有的阳离子和阴离子杂质除去，它们在进行离子交换后分别放出的 H^+ 和 OH^- 又可结合成水，因而得到了去离子的纯水。

离子交换树脂经过一段时间交换后，其离子交换能力就会大大降低，阳离子交换树脂和阴离子交换树脂若分别用酸（5%～10%的盐酸）、碱（4%～10%的氢氧化钠）溶液淋洗，即可使其再生。正如以上交换反应的逆反应。

离子交换树脂的用途很广，目前最大用途除工业用水的软化、纯化、水中污染物的去除和海水淡化外，还可以应用于分离稀有金属和从贫铀矿中提取铀，以及抗生素的提炼，氨基酸的分离等。此外，还可以利用它们所带的酸性基或碱性基，在适当条件下对有机反应如水解、酯化、加成、缩合等起催化作用。

五、合成高分子材料的发展趋势

当今社会，有人将能源、信息和材料并列为新科技革命的三大支柱，而材料又是能源和信息发展的物质基础，可见，材料在新科技革命中的重要地位。

合成材料从出现的那天起，就不断在研究、开发着性能更优异、应用更广泛的新型材料，除传统的三大合成材料外，还出现了许多特种性能的高分子材料，如特殊耐热材料、特殊功能高分子材料、生物功能高分子材料、高分子分离膜等这些新型有机高分子材料，在人们日常生活、工农业生产、国民经济、国防建设以及计算机、生物工程、海洋工程、航天工业等尖端技术发展中起着越来越重要的作用。

我们在这里仅展望其中几个领域的发展趋势。

1. 对重要的通用高分子材料进一步改进和推广

产量大、应用面广的通用高分子材料，对国民经济发展关系很大，首先应当又好又快地重点研究和推广。塑料中和聚"四烯"：聚乙烯、聚丙烯、聚氯乙烯、聚苯乙烯；合成纤维中的"四纶"：涤纶、锦纶、腈纶、维纶；合成橡胶中的"四胶"：丁苯橡胶、顺丁橡胶、异戊橡胶、乙丙橡胶。这些通用高分子材料，目前世界各国都趋向于实现大型化、连续化、自动化、高速化、高效化及定向化（六化）发展，以达到节约原料和能源、降低成本、提高质量的目的。

对通用高分子材料进行改性，提高其使用性能，推广其使用领域，也是目前和今后十分重要的发展趋势。这种改性包括通过化学共聚、交联、共混、填充、增强、增型和复合等途径。复合材料是指由两种或两种以上材料组合或一种新型的材料而言，包括不同薄膜的复合，金属、塑料的复合，特种纤维与塑料的复合等，其中一种材料作为基体，另一种材料作为增强剂。例如，以玻璃纤维和树脂组成的复合材料——玻璃钢。质轻而坚硬，机械强度可与钢材相比。复合材料一般都具有强度高、质量小、耐高温、耐腐蚀等优异性能，在综合性能上超过了单一材料，世界各国都把复合材料作为大有发展前途的新型材料，希望高分子复合材料朝着最终代替或超过金属材料的方向发展。

绝大多数聚合物的耐热性、机械强度、防老化性能还不够十分理想，往往在加工成型过程中需要加入热稳定剂、抗氧剂、紫外线吸收剂、防腐杀菌剂等防老剂以延缓老化过程，提高其性能，今后要继续努力研制性能更优异的高分子材料。

2. 特种耐热、功能、仿生高分子材料

(1) 特种耐热高分子　特种三大合成材料在工农业和国防尖端技术中是不可少的物质，特种合成材料通常是指具有耐高温或高强度等特殊性能的高分子材料而言。例如，超音速飞机所用的特种橡胶密封件的耐温要求为 $-55\sim320℃$，使用时间达 10^4 h。而氟高分子可制成氟塑料、氟橡胶和氟纤维，它们都是具有出色耐热性和化学稳定性的材料。为了满足在 $500\sim800℃$ 长期使用的高分子材料，元素高分子材料是有希望的。硅、磷、硼等元素有机高聚物，它们的共同特征是耐高温。此外，还各具特性，有机硅聚合物具有优良的电绝缘性质；有机磷则以不燃性著称。洲际导弹以 7000m/s 的速度穿过大气层，头锥部产生约 5000℃ 的高温，只有用特种耐高温复合材料（酚醛碳纤维复合材料等）制成的烧蚀材料制件，才能满足上述耐热要求。

(2) 功能高分子　功能高分子是指对物质、能量和信息具有传统、转换和储存功能的特殊高分子材料。通常是指具有光、电、磁等物理功能，以及具有生命活性或生物相容性的特殊高分子材料。人们认为高分子半导体材料——导电高分子，将是 21 世纪新材料革命的主角。

众所周知，传统意义上的导电体是金属和结晶形态的碳。发现某些高分子化合物具有导电性是近 20 年来的事情。日本的白川英树、美国的艾伦·黑格、艾伦·马克迪乐米德三位化学家于 1978 年首先在一次国际会议上演示了以掺杂聚乙炔薄膜为连接线的电灯能够发光的实验，因此，突破了"合成聚合物都是绝缘体"的传统观念，开创了导电高分子的新纪元。为表彰上述三位化学家在导电聚合物的开发和研究方面做出的杰出贡献，获得了 2000 年度诺贝尔化学奖。此后，又相继合成出了掺杂聚苯乙炔、聚苯醚、聚吡咯、聚噻吩等多种导电高分子。这些导电聚合物都是由某些聚合物经化学和电化学掺杂后形成的电导率可从绝缘体延伸到半导体—导体范围的一类高分子材料。但掺杂聚乙炔至今仍然是所有导电高分子材料中导电性能较好、合成难度较低、研究得最多、也是接近于实际应用的一类。

有人估计，现在高分子半导体材料在电子技术中的地位，正如二十多年前无机半导体（硅、锗）所处的地位，预期在 21 世纪 80 年代，将得到较广泛的应用，到 21 世纪末将实现"高分子电路"，并产生新型大规模集成电路。

(3) 仿生高分子　多年来医学界一直想用人工器官来取代病人不能治愈的病变器官，但长期以来，材料问题解决不了。这种材料要求具有优异的生物相容性，较少受到排斥。此外，用作不同部位的人工器官，还必须具备某些特殊功能。例如人工心脏，不仅要求材料与血液有很好的相容性，不会引起血液凝固、不会破坏血小板等，而且还要求材料具有很高的力学性能。因为人的心跳一般为 75 次/min 左右，如果使用 10 年，人工心脏就得反复挠曲 4 亿次，这样高的要求，一般材料是很难胜任的。从 20 世纪 50 年代以后，高分子材料得到了很大发展，开始了利用特殊高分子材料修补或替换人体患病器官的研究和实践。各种各样的生物医学材料用于外科手术和制造人体代用器官已越来越广泛，到目前为止，已经制作成从皮肤到骨骼、从眼到喉、从心肺到肝肾等各种人工器官。一门年轻的边缘交叉学科"生物医学科学与工程"正受到广泛的重视。

目前，仿生高分子材料大都使用硅聚合物和聚氨酯高分子材料。此外，有机氟聚合物、聚乙烯、聚丙烯、聚乙烯醇、醋酸纤维素等高分子材料，普遍认为都是生物相容性较好、安全无毒，可用于制作医用组织和人工器官的高分子材料。再加上新型高分子药物向长效化和低毒化方向发展，这些都将为人类健康长寿做出不可估量的贡献。

📖 【阅读资料】

常见高分子材料的简易鉴别法

日常生活中有时需要对聚合物的种类做出快速判断。下面介绍一些简便的判断方法，这些方法包括观察比较、燃烧和溶解试验等。

方法一：观察比较

各种聚合物都具有各自的外观性状特征，可以依据这些特征对聚合物进行初步的鉴别。

（1）塑料薄膜 主要有聚乙烯、聚丙烯、聚氯乙烯、聚酯四种。

聚氯乙烯薄膜：多见于农村的地膜、化肥、固体化学品的包装袋。特别是那些着色的薄膜，基本上都是聚氯乙烯薄膜。按照食品卫生法的规定：普通悬浮法聚合的聚氯乙烯，由于单体残留量较高而不允许作为食品包装。仔细比较可以发现，聚氯乙烯薄膜比聚乙烯薄膜稍硬，但是最准确的鉴别还是下面介绍的燃烧法。

聚乙烯、聚丙烯薄膜：目前较常见的是以高压聚乙烯（即低密度聚乙烯）制作的食品包装薄膜。聚丙烯薄膜由于其结晶度较高而表现出明显的各向异性，如日常作为捆绑用的薄膜带，其横向很容易撕裂而纵向的强度却很高。

聚酯薄膜：多见于制作照相底片、电影胶片、幻灯投影片等。其特点是较硬，拿在手中快速晃动能发出"哗哗"的响声，受力折叠以后易留下折叠痕迹。

（2）塑料板 主要包括有机玻璃板、聚苯乙烯板、聚氯乙烯板、聚乙烯板四种，它们的特点如下。

有机玻璃板和聚苯乙烯板：两者都是无色透明的，不严格的时候都被叫做有机玻璃板。不过前者稍软而后者稍硬，轻轻敲击时前者响声较低沉，后者声音较清脆。另外真正的有机玻璃聚甲基丙烯酸甲酯板的韧性较好而聚苯乙烯板却较脆。

聚氯乙烯板和聚乙烯板：一般聚乙烯板都较薄，呈乳白色半透明，显得相当绵软。聚氯乙烯板通常都有着各种颜色（以灰蓝色为主），不透明，硬度高于聚乙烯板，厚度1~50mm，可采用热空气焊接加工成各种耐腐蚀容器。

方法二：燃烧试验

不同种类聚合物具有不同的燃烧特征和气味，依据此特征可以有效鉴别聚合物，下面列表（表13-2）予以比较。

表13-2 各种聚合物燃烧试验的现象及气味比较

聚合物	着燃难易	燃烧特征及现象	燃烧气味
聚乙烯	相当容易	燃烧部位熔化滴落	似燃烧蜡烛气味
聚丙烯	相当容易	燃烧部位熔化滴落	似燃烧蜡烛气味
聚氯乙烯	不容易	部分变黑、不滴落	有氯化氢气味
尼龙纤维	容易	不熔、变黑、不滴落	有燃烧毛发味
涤纶纤维	容易	熔化、不变黑、不滴落	无燃烧毛发味
腈纶纤维	不容易	不熔化、变黑、不滴落	有刺激性气味
黏胶	容易	不熔化、变黑、不滴落	有燃烧棉纤维气味
聚苯乙烯	容易	熔化、稍变黑、不滴落	有苯乙烯特殊气味

方法三：溶解试验

各种聚合物的溶剂和溶解特性各不相同，可以根据它们在常见溶剂中的溶解表现作出初步鉴别，现列表（表13-3）比较。

表 13-3　一些聚合物在常见溶剂中的溶解性能比较

聚合物	特征性溶剂	溶解速度
聚乙烯	沸腾十氢萘、甲苯十苯	较慢
聚丙烯	沸腾十氢萘、甲苯十苯	慢
聚氯乙烯	环己酮	很慢
聚苯乙烯	甲苯、苯	快
有机玻璃	氯仿、丙酮、芳烃	快
聚乙酸乙烯酯	乙醇、丙酮	快
尼龙 66	浓度≥10%的盐酸、苯酚水溶液等	慢
涤纶	氯仿	慢
聚丙烯腈	N,N-二甲基甲酰胺、饱和 NaSCN 水溶液	慢

本 章 小 结

1. 高分子化合物的相对分子质量很大，只有平均相对分子质量，它具有多分散性，这是高分子化合物与低分子化合物的重要区别。

2. 高分子化合物的特性：具有较好的机械强度；优良的电绝缘和耐腐蚀性能；良好的可塑性和高弹性等。

3. 高分子化合物的结构和性能的关系

（1）线型结构——具有可塑性、弹性，有热塑性。

（2）体型结构——不能溶解和熔融，具有热固性。

4. 高分子化合物的合成方法

$$\text{合成方法}\begin{cases}\text{加聚反应}\begin{cases}\text{均聚反应}\\\text{共聚反应}\end{cases}\\\text{缩聚反应}\end{cases}$$

5. 三大合成材料

$$\text{三大合成材料}\begin{cases}\text{塑料}\begin{cases}\text{热塑性塑料}\\\text{热固性塑料}\end{cases}\\\text{合成纤维}\\\text{合成橡胶}\end{cases}$$

习　题

1. 解释下列名词。

（1）单体；（2）聚合度；（3）链节；（4）加聚反应；（5）缩聚反应。

2. 命名下列高聚物。

(1) $\mathrm{-\!\!\!\!-\!\!\!\!-CH_2-CH\!\!\!-\!\!\!\!-}_n$
　　　　　$|$
　　　　　CN

(2) $\mathrm{-\!\!\!\!-\!\!\!\!-CH_2-C\!\!=\!\!CH-CH_2\!\!-\!\!\!\!-}_n$
　　　　　　　　$|$
　　　　　　　　Cl

(3) $\mathrm{-\!\!\!\!-\!\!\!\!-NH-(CH_2)_6-NH-\overset{O}{\overset{\|}{C}}-(CH_2)_4-\overset{O}{\overset{\|}{C}}\!\!-\!\!\!\!-}_n$

(4) $\mathrm{-\!\!\!\!-\!\!\!\!-CH_2-CH\!\!\!-\!\!\!\!-}_n$
　　　　　　$|$
　　　　　　$\mathrm{O-\overset{\|}{\underset{O}{C}}-CH_3}$

3. 热塑性塑料和热固性塑料在性质上有何不同？其原因是什么？

4. 试比较尼龙、涤纶（的确良）、腈纶的优缺点。
5. 丁苯橡胶、丁腈橡胶这两种橡胶的名称是怎样来的？
6. 简述离子交换树脂的离子交换和再生的原理。
*7. 用最简便的方法鉴别：
(1) 聚乙烯和聚氯乙烯；(2) 人造羊毛和羊毛；(3) 尼龙丝和蚕丝。
8. 用石油裂化气为基本原料，合成下列高聚物。
(1) 乙丙橡胶   (2) 聚丙烯腈   (3) 聚氯乙烯
9. 填空题。

纪念邮票背面的一层胶主要成分是聚乙烯醇。它的生产过程可简要表示如下。请在方框内填上相应的结构简式。

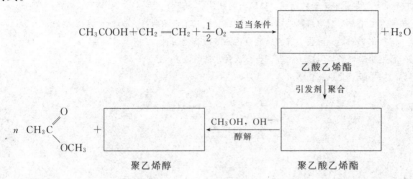

参 考 文 献

[1] 张法庆主编. 有机化学（三年制）. 北京：化学工业出版社，2008.
[2] 初玉霞主编. 有机化学. 第2版. 北京：化学工业出版社，2007.
[3] 高鸿宾主编. 有机化学. 第4版. 北京：高等教育出版社，2006.
[4] 人民教育出版社化学室编著. 高级中学化学：第二册. 北京：人民教育出版社，2005.
[5] 徐寿昌主编. 有机化学. 第2版. 北京：高等教育出版社，1993.
[6] 袁履冰，牛瑞 珍主编. 有机化学. 北京：中央广播电视大学出版社，1990.
[7] 汪巩编. 有机化学. 北京：高等教育出版社，1985.
[8] 王槐三，寇晓康编著. 高分子化学教程. 北京：科学出版社，2002.
[9] 林尚安，陆耘，梁兆熙编著. 高分子化学. 北京：科学出版社，2000.
[10] 邓苏鲁，黎春南主编. 有机化学例题与习题. 第2版. 北京：化学工业出版社，2007.
[11] 丁新腾，黄乃聚编. 有机化学纲要 习题 解答. 北京：高等教育出版社，1984.
[12] 刘万山，刘福安编. 有机化学例题与习题. 长春：吉林人民出版社，1983.
[13] 王箴主编. 化工辞典. 第4版. 北京：化学工业出版社，2000.